생각이 필요한 식품재료학

FOOD Materials Science

개정판

생각이 필요한 식품재료학

노봉수 · 이승주 · 백형희 · 이재환
윤현근 · 정승현 · 이희섭

수학사

머리말

식품의 재료는 식품을 가공하거나 조리하는 데에 있어 가장 중요한 요소 중의 하나로, 가공 및 조리 시에는 원료가 갖고 있는 영양 성분뿐만 아니라 물리적 특성과 가공 중의 변화까지도 모두 파악하고 있어야 알맞은 재료를 선택할 수 있다. 이러한 식품의 재료는 땅, 바다 또는 동물로부터 얻을 수 있는 것이 있는가 하면, 이들 원료를 일부 가공 처리하여 얻는 가공식품인 제2의 원료도 있다. 이 책에서는 1차 원료이든 2차 원료이든 이들이 갖고 있는 영양학적 특성과 가공 중의 변화 성질을 파악하는 데 도움이 되는 정보를 모아 정리하였다. 그러나 초판을 출간한 후에도 새로운 통계 정보들이 수립되었고 '국가표준식품성분표'도 제9개정판이 소개되어 이를 토대로 한 수정이 불가피해졌다. 또한 오메가 6도 우리 몸에 꼭 필요한 필수지방산을 포함하고 있지만, 그렇다고 오메가 6만을 집중적으로 선택하는 것도 문제가 된다. 식재료를 골고루 선택하는 지혜가 필요하므로 오메가 3와 오메가 6의 균형적인 섭취가 무엇보다도 중요하다는 사실을 언급하기도 하였다. 전체적으로 최신의 자료를 토대로 수정 보완하였으며, 사진도 보완하거나 별도로 더 추가하여 개정판을 발간하게 되었다.

기존의 '식품재료학'에서 다루던 것과는 달리 직접 요리를 하는 경우에 알아야 할 재료의 특성을 레시피와 함께 설명한 부분에 대한 좋은 평이 있어서 가능한 한 많은 예를 제시하려고 노력하여 '식품재료학'을 공부하는 사람들에게 많은 도움이 될 것으로 기대한다.

또한 기능성 식품에 대한 관심을 반영하여 생리활성물질에 대한 부분을 15장 향신료의 허브와 스파이스 범위에서 다루었다. 이 부분을 국제 시장에서 활용되는 원료에 대한 정보를 바탕으로 현직에 계신 (주)오뚜기의 정승현 이사님이 집필해 주셔서 책의 가치를 높였다.

식품의 원료를 확보함에 있어 또 하나 중요한 문제는 안전성에 관한 요소이다. 이를 위해 식품 재료가 어떻게 관리되고 있으며 소비자로서 어떻게 선택하는 것이 바람직한가를 이해하는 데 도움이 되는 정보를 제공하고자 하였다. 안전성의 문제와 더불어 신선한 상태의 품질을 유지하기 위해서는 무엇보다도 유통 시스템이 중요한 역할을 하므로 좋은 원료의 확보를 위한 유통 메커니즘을 이해하는 데 이 책의 한 부분을 할애하였다. 부록에서는 독자 여러분의 이해를 돕고자 본문에서 다루지 못한 내용에 대한 추가 설명을 넣었다.

이 책은 각 장마다 용어 정리와 단원 정리를 통해 핵심을 파악할 수 있도록 하였으며, 연습문제를 풀어봄으로써 자신이 이해하고 있는 정도를 가늠할 수 있도록 하여 혼자서 학습하는 데 따른 어려움이 없도록 하였다. 또한 해당 내용과 관련된 풍부한 그림과 사진을 제공하여 이해를 돕고 있다. 이 책의 용어는 「식품과학용어사전」과 대한화학회의 '화합물명명법'에 준하여 표기하였고, 16장 식품첨가물 부분은 「식품첨가물공전」의 표기에 따랐다.

좋은 책으로 다시 태어나길 바라는 마음으로 따끔한 충고와 비판을 아끼지 않고 던져주신 여러 선배님과 후배 교수님들께 다시 한 번 이 자리를 빌려 감사의 인사를 드리고자 한다. 무엇보다도 집필에 참여한 여러 교수님들께 감사드리고, 책의 출간과 수많은 사진 촬영을 직접 해주신 수학사의 이영호 사장님과 사진 자료를 협조해 주신 ㈜오뚜기, ㈜동서식품, ㈜오리온의 관계자 여러분께도 깊은 감사를 드리며, 편집을 위해 고생하신 수학사 편집팀에게도 감사의 뜻을 전한다.

노봉수 외 저자 일동

차례

CHAPTER 17 식품의 유통

APPENDIX 부록

CHAPTER **1**

제1장

식품재료학의 기초

학습목표

1. 식품학에 대한 일반적 특성을 알 수 있다.
2. 가공 중에 일어나는 식품 재료의 변화들에 대하여 이해할 수 있다.
3. 각 식품 재료의 특징을 알고 조리와 가공에 응용할 수 있다.

우리가 먹는 식품의 종류는 참으로 다양하다. 농산물, 수산물, 축산물에서부터 가공 제조한 식품은 물론 미생물에 이르기까지 못 먹는 것이 없을 정도다. 이러한 식품들은 원산지에서 생산되면 수확하여 보관, 저장되며, 공장에서 가공 및 포장된 후 유통되면서 또 다시 저장되기도 한다. 수많은 공정을 거치면서 변화되는 식품은 변화를 활용하거나 억제하여 좀 더 품질이 좋은 식품으로 소비자들에게 생산, 제공된다.

이때 식품의 원료에서 일어나는 변화나 가공 중에 일어나는 변화, 또는 저장 및 발효 중에 일어나는 변화를 잘 이해하지 않으면 안 된다. 식품재료학은 각 원료들이 갖고 있는 특성을 이해하고 이를 바탕으로 가공, 유통, 저장, 조리되는 과정에서 일어날 수 있는 변화를 파악하여 공정 중에 적용하거나 또는 변화를 억제할 수 있는 방안을 모색하여 변질에 대비하는 데 관여하는 부분을 공부하는 학문이다. 따라서 각 원료별 특성에 대한 이해와 이를 어떻게 활용할 것인가 하는 내용들이 포함된다. 본 교재에서는 식품의 재료를 곡류, 콩류, 서류, 채소류, 과일류, 육류, 유류(유가공), 난류, 수산식품, 유지류, 조미식품, 기호식품, 버섯류, 향신료와 허브, 첨가물류 등으로 나누어 알아보기로 한다.

1. 식품 재료의 분류

식품의 재료는 여러 방법에 따라 구분할 수 있겠으나 자원에 의한 분류가 가장 현실적이고 실용적이라 판단하여 이 방법에 따라 분류하고자 한다. 자원에 의한 분류는 우선 농산식품 재료, 축산식품 재료, 수산식품 재료, 임산식품 재료, 기타 가공식품 등으로 나누어볼 수 있다.

1) 농산식품 재료

토지를 이용하여 재배, 수확하여 그대로 사용하거나 일부 가공한 것들로 벼를 도정한 쌀은 밥 또는 인스턴트 밥이나 생선초밥 등의 원료로 사용된다. 밀을 제분하여 얻은 밀가루는 빵을 제조하는 데 그 원료로 활용된다. 콩은 된장, 고추장, 콩국수, 두유, 콩나물을 만드는 데 재료로 활용된다. 그런가 하면 과수나무에 열리는 복숭아, 배, 사과, 앵두, 복분자, 매실 등은 열매 그대로 활용되기도 하지만 일부 통조림이나 주스 등에 활용되기도 한다. 또 상추, 깻잎, 셀러리, 고추 등은 원료 그대로 식재료로 활용된다. 이처럼 농지나 과수원, 근래 비닐하우스 등에서 재배되는 재료들이 이에 속한다.

2) 축산식품 재료

가축을 도살하여 얻은 고기류, 가축이나 가금류가 생산한 우유나 달걀 등 난류와 꿀벌로부터 채취한 꿀 등이 이에 속하며, 햄, 소시지, 치즈, 요구르트, 버터, 달걀가루 등을 제조하는 원료로 활용되는 식재료들이다.

3) 수산식품 재료

연근해, 원양, 하천 등에서 포획하거나 양식하여 수확한 재료들로 냉동식품, 염장제품 등이나 2차 가공식품 등을 제조하는 원료로 활용된다. 어류 자체도 식재료로 이용된다.

4) 임산식품 재료

삼림에서 재배하거나 혹은 자연 그대로 얻을 수 있는 것들로 밤, 도토리, 버섯류 등이 이에 속한다. 양송이버섯이나 부가가치가 있는 표고버섯 등은 직접 재배하여 재료를 확보하기도 한다.

5) 기타 가공식품 재료

농산, 축산, 수산, 임산 식품 재료를 활용하여 2, 3차 가공 과정을 거쳐 만드는 식품의 재료로 이용되는 것들이다. 예를 들어 수산물인 게 껍질에서 추출한 키틴, 키토산이나 해초 등에서 추출하여 식품의 안정성을 향상시키기 위해 이용되는 카라기난 등과 같은 식품첨가물이 이에 속한다. 인조육을 만들기 위해 콩에서 추출한 콩단백질이나 천연 전분의 화학적 구조를 바꾸어 만든 변성 전분이라든가 2, 3차 가공을 거쳐 새로운 형태의 식재료로 활용되는 것들이 여기에 속한다.

보통 식재료를 선택할 때는 어떻게 가공할 것인지 또는 어떠한 편리성을 갖춘 재료인지를 생각하게 되는데 무엇보다도 선택한 재료가 식사용으로 포만감을 제공할 것인지, 맛과 향을 느낄 수 있는 기호성을 강조할 것인지, 마지막으로 영양 면이나 건강 면에서 새로운 기능을 제공해 줄 것인지를 판단한 후 원료를 선택하게 된다. 그리고 식품이 제공해 줄 수 있는 이러한 기능 외에도 경제적인 가치에 따라 소비자 선택의 폭이 달라질 수 있으므로 이러한 점도 고려해야 한다.

2. 식품 재료의 성분

식품 재료를 구성하고 있는 성분계로는 탄수화물, 단백질, 지방, 무기질, 비타민, 향, 색소, 생리활성물질, 첨가물을 들을 수 있다. 이들 외에도 원치 않는 독소 성분이나 잔류 농약 등의 유해물질이 공존하기도 하고 경우에 따라서는 가공 처리 중에 생성되기도 한다. 이와 같은 식품 성분계에 대하여 알아보기로 한다.

1) 단백질

단백질은 아미노산들이 공유결합인 펩타이드 결합을 통하여 결합된 고분자로서 신체를 구성하는 데 매우 중요한 영양소 성분이다. 비공유결합인 수소결합, 이온 결합, 소수성결합, 반데르발스van der Waals 힘에 의해 결합된 구조들이 외부에서 전달되는 요인들에 의해 3차 구조의 변화가 생기면서 물성 면에서 다양한 기능을 갖게 되고, 이런 변성을 활용하여 새로운 식품을 만들거나 기능적인 특성을 부여할 수 있다.

식품을 가공하면서 이용하게 되는 환경적 변화 요인으로는 가열, 교반, 냉동, 압력 등과 같은 물리적 요인과 산, 알칼리 등 pH, 염류, 중금속을 포함한 금속이온류, 유기용매 등의 화학적 요인이 있다. 이런 요인들에 의해서 단백질의 3차 구조가 변화하게 되어 물에 대한 용해도가 달라지는데 친수성기들이 안쪽으로 들어가고 소수성 잔기들은 밖으로 튀어나오면서 물에 대한 용해도가 떨어지고 계면활성능과 거품의 안정도 등에 많은 변화를 제공한다.

단백질은 pH에 따라 알짜전하net charge가 다르게 변화하여 극성을 띠고 있는 단백질의 이온 간의 이온 결합이 약화되어 떨어지거나 혹은 강해지는 결합 양상을 보여 준다. 뿐만 아니라 물분자와의 결합이 향상되면 친수성기 주변에는 많은 물분자들에 의해 수화된 형태를 이룰 수 있게 된다. 특히 고기나 생선 등에서 육류 단백질과 수분과의 결합이 매우 중요한데, 단백질의 변성이 일어나 수분과의 결합이 형성되지 못하면 물이 빠져나오면서 영양소 성분을 유출시키게 될 뿐만 아니라 고기나 생선의 조직감이 떨어져 최종제품의 품질을 떨어뜨리는 원인이 되기도 한다(그림 1.1).

또한 열처리에 의해 단백질 간에 이황화교환반응disulfide interchange reaction이 일어나면 단백질의 이황화결합이 있는 부위와 -SH기가 있는 부위 간 교환반응에 의한 새로운 결합이 이루어져 새로운 단백질이 만들어지기도 한다(그림 1.2).

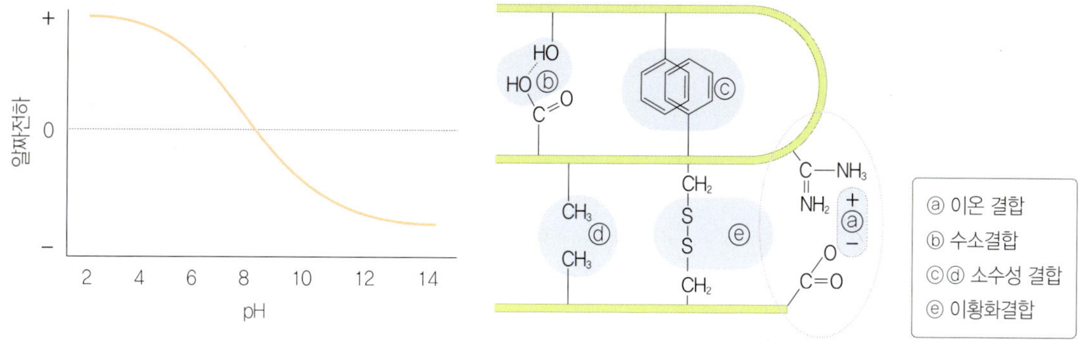

그림 1.1 pH에 따른 알짜전하의 변화와 단백질의 이온 결합

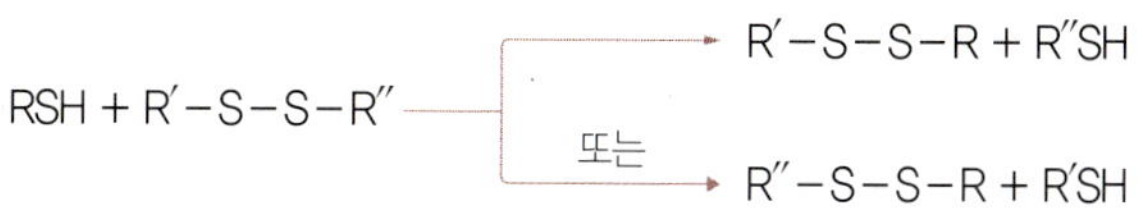

그림 1.2 이황화교환반응

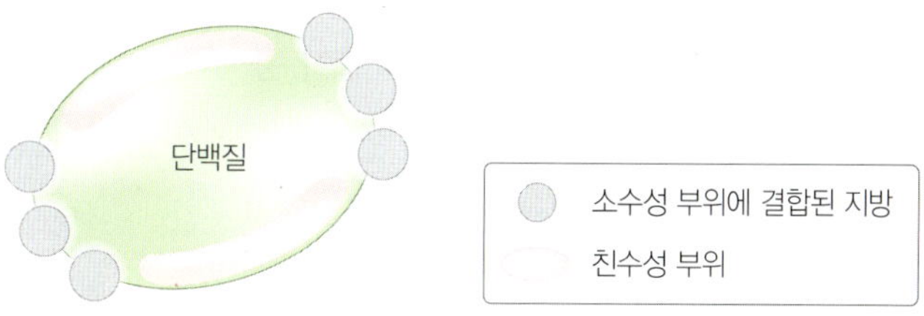

그림 1.3 단백질의 구조 특성과 지방 성분의 결합

단백질은 구조 특성상 친수성기 부위와 소수성 잔기 부위를 갖고 있어 지방 성분이나 향 등과도 잘 결합할 수 있으므로 제조, 가공 처리 과정 중에 이러한 성질을 이용하여 맛과 향기를 높이기도 한다.

단백질은 영양학적으로도 매우 우수하고 단백질의 하나인 효소에 의해 단백질뿐만 아니라 탄수화물, 지방을 가수분해함으로써 소화력은 물론 영양가를 높이는 데 기여하며, 다양한 물성을 제공하기도 한다. 단백질이 가수분해되어 펩타이드로 분해되면 이들 중에 신맛이나 짠맛, 쓴맛의 맛 특성을 제공하고 생리활성을 부여하기도 한다. 그런가 하면 우리 몸 안에서도 가수분해되지 못하여 아토피나 알레르기를 유발하는 경우도 있다. 예를 들어 글루텐이 없는 식품을 먹어야 하는 경우라든가, 우유에 예민한 반응을 보이는 경우가 이에 속한다. 펩타이드 결합이 모두 다 분해되어 아미노산으로까지 분해되기도 하는데 아미노산 중에 생리활성을 갖고 있는 것들이 알려져 아미노산 음료제품 등을 만드는 데에도 이용될 수 있다.

2) 탄수화물

탄수화물은 식품 중 가장 많은 부피를 차지하는 것으로 효소에 의해 가수분해되는 소화성 전분과 효소에 의해 가수분해되지 않는 난소화성 전분으로 나뉜다. 소화성 전분은 아밀로스amylose와 아밀로펙틴amylopectin 등으로 나뉘고, 난소화성 전분은 효소에 의해 쉽게 가수분해되는 알파-1,4결합이나 알파-1,6결합 이외의 결합으로 구성된 것들과 가열처리나 효소 처리 등 다양한 변화 과정을 통해 변성 전분으로 만들어 소화가 잘 되지 않는 형태로 만든 것이다. 소화가 안 되는 이들 난소화성 변성 전분들은 다이어트용이나 당뇨 환자들을 위한 식재료로 이용할 수 있다.

소화가 되면 g당 4 kcal를 제공하는 소화성 전분에 대하여 알아보기로 한다. 아밀로스는 포도당이 알파-1,4결합을 하고 있으면서 알파-헬리칼α-helical 구조를 하고 있는 것으로 구조 내부는 소수성으로 지방 등과 결합이 용이하나 베타-아밀레이스나 알파-아밀레이스 등에 의해서 가수분해되면 알파-헬리칼 구조를 유지하기 어렵다. 이런 구조를 유지하는 경우 요오드와의 반응에 참여하여 청색반응값blue value이 높게 나타나지만, 효소에 의해 가수분해되면 요오드와의 결합이 이루어지지 못해 청색반응값은 낮게 나타난다. 아밀로스는 물에 잘 녹지 않는 편이며 베타-아밀레이스나 알파-아밀레이스 등에 가수분해되면 맥아당이나 올리고당으로 분해된다. 즉 환원당이 많아지는데 환원당은 다른 단백질이나 펩타이드 등과 반응하여 갈변화를 일으키기도 한다. 갈변화는 단순히 색만 변화하는 것이 아니라 향기 성분도 제공하며 어떤 경우에는 항돌연변이 인자까지도 제공한다. 제빵에서는 이러한 갈변화가 바람직한 반응으로 활용되지만, 된장이 저장 중에 변화되거나 튀긴 감자가 갈변화되는 것은 품질 저하를 유도하기 때문에 바람직하지 못하다. 이런 갈변화 과정은 최종제품에 따라 달라질 수 있으므로 목적에 맞게 활용하거나 또는 억제시킴으로써 품질의 가치를 높이는 방향으로 선택하여야 한다.

아밀로펙틴은 포도당이 알파-1,4결합을 하여 구성된 짧은 아밀로스가 여러 개 알파-1,6결합을 통해 가지를 친 형태로, 구성된 분자량이 100만이 넘는 거대분자이다. 아밀로스가 물에 잘 녹고, 긴 직선상의 형태로 쉽게 호화가 되는 데 반하여 아밀로펙틴은 가지가 많은 구조상의 특징을 갖고 있어 호화되기 어렵다. 호화가 되는 것도 시간이 걸리

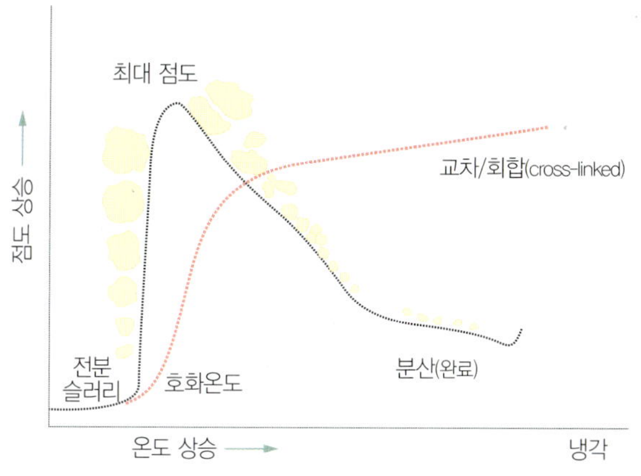

그림 1.4 전분의 호화와 점도(조직감)의 변화

는 편이고 수분분자가 증발하여 전분-전분 간의 수소결합 형태로 바뀌어 노화가 되는 것도 아밀로스에 비하면 천천히 일어난다. 그래서 노화가 천천히 일어나는 빵이나 전분 가공품을 만들고자 할 때 아밀로펙틴과 마찬가지로 알파-1,6결합의 가지를 친 형태로 된 전분을 제조하면 저장성이 향상되고 부드러운 상태의 조직감을 좀 더 오래 유지할 수 있다.

전분의 호화나 노화는 조직감과 깊은 관계가 있다. 쌀이나 밀가루 상태의 전분은 체내의 효소에 의해 가수분해되기 어렵다. 따라서 이를 호화시키면 조직감이 부드러워지고, 효소들이 공격하기가 용이해진다. 호화된 식품들이 수분이 제거되는 건조 과정을 거쳐 노화가 되면 쌀알처럼 딱딱해져서 씹기가 어렵고 그 상태로 먹기에는 어려움이 많다. 또 효소들에 의한 침투와 공격이 원활하지 못하여 소화도 잘되지 않는다. 소비자들은 호화된 상태로 구입하고 먹으려 하기 때문에 이런 점을 고려해야 한다.

품질이 좋은 빵이나 떡은 오랜 시간이 흘러도 말랑말랑한 상태가 유지되어야 하는데 이는 어떤 종류의 전분을 선택하느냐에 따라 크게 좌우된다. 즉 아밀로펙틴이나 아밀로펙틴과 유사한 구조 형태를 이루고 있는 변성 전분들이 그런 역할을 하게 된다. 아밀로펙

변성 전분 기존의 전분 구조를 화학적 또는 효소적으로 변형시켜 효소에 의한 분해가 잘 이루어지지 않도록 유도하여 칼로리를 적게 만들어 내도록 변화시킨 전분을 비롯하여 각기 다른 목적에 맞게 호화 온도를 낮추거나 수용성을 개선하거나 한 개량 전분.

호화 전분에 물이 첨가되어 전분 간의 수소결합이 물분자와의 수소결합으로 팽윤되고 이어 가열에 의해서 젤 구조를 가지게 되며, 효소의 침투가 용이하여 소화되기 쉬운 상태.

노화 호화된 전분으로부터 물분자가 빠져나가면서 다시 전분과 물분자 간의 수소결합이 전분과 전분 간의 수소결합으로 바뀌고 젤 상태가 매우 단단해져 효소의 침투가 어려운 상태. 소화가 잘 안 된다.

틴과 유사한 형태를 갖는 것이 꼭 포도당이 아니어도 무방하다. 다른 당류도 여러 가지 형태의 결합을 취하여 쉽게 노화되지 않는 빵이나 떡을 제조할 수 있다.

탄수화물의 한 종류로 단당류나 이당류가 환원되어 알코올 형태를 갖추고 있는 당알코올은 현재 국내에서는 식품첨가물로 인정받고 있다. 이들은 전분의 유도체로 우리 몸 안에서 기존의 전분만큼 칼로리를 발생하지 않는다. 일반적으로 2.4 kcal/g 정도의 열량을 발산하여 다이어트 목적으로 이용할 수 있고, 충치 유발균이 이용하지 못하므로 충치 방지용 목적으로도 사용할 수 있다. 체내에서는 혈당치의 변화가 완만하여 당뇨 환자들을 위한 식이 제조도 가능하다. 이런 당알코올에는 자일리톨을 비롯하여 에리스리톨erythritol, 만니톨mannitol, 말티톨maltitol, 팔라티노스palatinose 등이 있다.

3) 지방

지방은 검화될 수 있는 지방과 검화되지 못하는 지방으로 나뉜다. 검화될 수 있는 지방은 KOH나 NaOH에 의해 검화되는 것들로 지방분해효소 라이페이스lipase에 의해 가수분해되는 성질을 가지고 있다. 이들은 가수분해되거나 검화되면 유리지방산과 글리세롤glycerol로 분해된다. 이와 같은 형태를 취하지 않은 지방들도 있는데 이들은 검화될 수 없는 지방이다. 스테로이드 계통의 지방이나 비타민 A, D, E 등이 이에 속한다. 지방은 고칼로리를 내고, 식품에서 맛과 향을 낸다. 따라서 풍미를 주기 위한 제품에는 반드시 지방이 첨가된다. 입안에서 느껴지는 감촉이 부드러우며 식물성 지방보다는 동물성 지방이 훨씬 더 맛이 좋다. 구조적으로 유리지방산은 *cis*-, *trans*- 형태를 취하게 되는데 불포화지방에 수소를 첨가하는 과정이나 높은 열로 가열 처리하는 과정 중에 생성되는 트랜스 지방은 바삭바삭한 질감을 제공하고 맛을 좋게 하는 원료로 선호도가 높으나 건강상에 문제를 일으킬 수 있으므로 유념해야 한다. 최근에는 이런 트랜스지방이 생성되지 않도록 제조 가공하고 또 조리하는 방법들이 많이 보급되어 활용되고 있다.

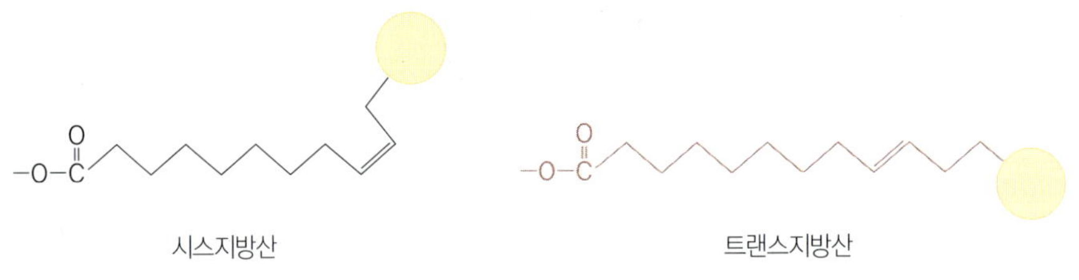

그림 1.5 *cis*-, *trans*- 형태를 취하고 있는 지방

유리지방산은 이중결합이 있는 불포화지방산과 이중결합이 없는 포화지방산으로 나뉜다. 일반적으로 식물체에는 불포화지방이 많이 함유되어 있다. 이중결합의 수가 많은 것들이 기능성 식품으로 각광을 받고 있으며 공액리놀레산CLA 같은 것들이 대표적인 예이다. 그러나 불포화도가 높은 지방일수록 산패가 빨리 일어나기 때문에 각별히 신경 써서 관리해야 한다. 이런 산패를 촉진하는 요인으로는 가열, 햇빛, 산소, 금속이온, 감광제(클로로필, 리보플라빈, 사이토크롬 c) 등이 있다. 이런 산패 요인들에 노출되면 지방은 초기에 서서히 산패반응이 일어나다가 유도기간이 경과하면 연쇄반응이 확대되면서 생성된 페록시라디칼peroxy radical이나 알킬라디칼alkyl radical 등이 신선한 지방과 결합하여 산패 속도가 급속히 빨라지고 지방 산패를 촉진하게 된다. 따라서 이런 요인들을 차단하여 보관, 관리하고 제조 가공 중에도 이런 점들을 유념하여야 품질 좋은 식품을 제조할 수 있다.

산패를 억제하기 위해서는 가능한 낮은 온도를 유지하며 냉장할 수 있으나 -18℃ 이하에서 냉동하는 것이 가장 바람직하다. 햇빛을 차단하기 위하여 냉암소에 보관하거나 부득이 햇빛에 노출하게 되는 경우 갈색병이나 자외선을 차단할 수 있는 포장재를 사용해야 한다. 산소 농도가 아주 적은 곳에서도 지방 산패는 피할 수 없다. 일단 공기를 최소한으로 줄이고 진공 상태로 만들어 주거나 질소를 충전시키는 것이 지방 산패를 억제하는 방안이다. 포도당산화효소glucose oxidase와 카탈레이스catalase와 같은 효소 시스템과 포도당을 사용하여 산소를 제거하는 방법이 활용되기도 한다. 금속이온이 있으면 지방 산패가 가속화되므로 EDTA와 같은 금속제거제를 사용하여 금속이온에 의한 산패를 최소화한다. 또한 빛이나 방사선의 작용으로 물리적·화학적 변화를 일으켜 산패가 촉진되므로 햇빛 차단을 우선시하고, 이런 감광제가 포함되는 제품인지 여부를 먼저 파악하고 관리하는 것이 바람직하다.

최근 지방질의 문제가 대두되는데 그중에서도 오메가 3와 오메가 6 지방의 비율이 비만을 비롯한 성인병과 면역 기능에 영향을 미치는 것으로 나타났다. ω-3 : ω-6의 비율이 1 : 1인 것이 가장 바람직하나 이들 비율이 1 : 10~100에 이를 정도로 불균형된 재료들이 있어 이에 관한 올바른 정보를 바탕으로 가능한 1 : 4.5 이하의 식재료를 선택하는 것이 건강을 위한 선택이라고 본다.

4) 무기질

무기질은 칼로리원은 아니지만 신체를 구성하는 중요 성분으로 단백질, 혈색소, 효소,

엽록소 등의 유기물 속에 들어 있어 생리작용을 나타낸다. 여러 가지 기능 중 대표적인 것들로는 생체 내의 pH와 삼투압을 조절하여 물리 화학적 작용들을 정상적으로 유지하는 데 중요한 역할을 한다. 혈액 속에서 단백질 및 무기질이 완충작용을 하는데 이런 완충작용에 관여하는 무기질로는 Na^+, K^+, CO_2^{2-}, PO_4^{3-} 등이 있다. 전리성 염류들은 신경의 자극 감수성과 근육의 탄성을 유지하며 항상성을 유지하는 역할을 한다.

육류의 섭취가 증가함에 따라 몸이 산성화되는 것을 피하기 위해서는 무기질이 풍부한 식재료를 선택하여 조절해 나가는 것이 중요하다. 또, 뼈나 치아를 구성하는 칼슘Ca, 인P 성분은 다른 유기화합물과 결합하여 핵단백질이나 인지질을 구성하며 에너지의 원천이 되는 ATP를 구성하기도 한다. 머리털, 손톱, 피부를 구성하는 황S, 혈액을 구성하는 철Fe, 성호르몬에 존재하는 아연Zn 등 체내 여러 조직을 구성하는 요소로 작용한다.

인체 내에서 일어나는 모든 생리적 반응에서 효소들의 역할을 빼놓을 수 없다. 이들 효소들은 여러 반응의 촉매적 역할을 담당하는데 무기질은 효소의 구성 성분이 되거나 또는 효소의 활성제activator로 작용한다.

이들 무기질은 열이나 그 외의 여러 가지 조건에 의해 파괴되지는 않지만 물과 함께 가열 처리를 하면 물 쪽으로 유출된다. 굽는 경우 거의 손실이 없으나 찌거나 삶거나 하는 과정에서 손실이 예상되므로 목적에 따라 가공, 조리 시 잘 대처해야 하는 부분이다. 이들은 흡수율이 식품에 따라 각기 다르다. 예를 들어 철Fe은 시금치나 콩류보다는 송아지 근육이 4~5배 흡수율이 높다. 또 식물성보다는 동물성에 많이 분포되어 있고 해조류나 조개류에도 많이 함유되어 있다. 이런 점을 고려하여 식재료를 선택해야 한다.

5) 비타민

비타민은 생체 내에서 대부분 합성되지 않아 음식물로 섭취하여 보충하지 않으면 안 되는 성분이다. 에너지원으로 또는 신체 조직을 구성하는 데 사용되지는 않지만 생리적 작용을 하는 데에 없어서는 안 되는 필수적인 영양소이다. 비타민은 주로 효소들의 보조효소로 작용하여 효소작용을 도와주는 역할을 많이 하는 아민 성분이다. '생명력이 있는vital'과 '아민amine' 성분이라는 말이 합쳐서 이루어진 용어로, 비타민이 부족하면 여러 가지 질병을 초래하여 정상적인 신체활동을 하기 어렵고 궁극적으로 생명에까지 영향을 미치기도 한다. 또 한편으로는 너무 과다하게 섭취하면 지용성 비타민의 경우 체내에서 축적되어 독소로 작용하여 목숨을 앗아가기도 한다. 비타민은 크게 수용성 비타민(B, C 등)

과 지용성 비타민(A, D, E 등)으로 나뉘어 목적에 따라 각기 적절한 비타민을 강화하는 식품을 만들 수 있다. 예를 들어 비타민 A는 마가린이나 탈지우유를 강화시키는 데 활용되며 비타민 A, D를 일반 우유에 강화하기도 한다. 비타민 A는 지용성으로 식품 가공 중에는 일반적으로 안정하지만 산소 존재하에서는 높은 온도로 가열하면 손실되며, 광선에 노출되면 파괴되기 시작하므로 비타민 A를 함유한 식품들은 가급적 광선이 차단되는 용기에 보관하는 것이 바람직하다. 비타민 D도 매우 안정되어 가공 중 파괴는 일어나지 않는다. 비타민 E는 항산화 기능을 갖고 있으며 가공 및 저장 중에 상당한 손실이 일어난다. 따라서 비타민 E 함유 식재료는 가급적 빠른 시일 내에 활용해야 한다.

아무리 좋은 영양소를 함유한 식재료라 할지라도 체내에서 흡수가 잘 이루어지지 못하면 생체이용률 측면에서 바람직한 식재료라고 하기가 어렵다. 따라서 이들 지용성 비타민인 A, D, E 등은 올리브유나 들기름 등과 같은 기름을 첨가하여 조리하는 것이 매우 중요하다. 수용성 비타민은 대체로 물에 잘 녹기 때문에 물과 함께 조리하거나 가공하는 과정 중에 손실이 많고 가열 처리 과정을 통해서도 많이 파괴된다. 수용성 비타민들은 저장 기간 중에도 서서히 파괴가 일어나며 1차 반응 속도에 따라 파괴되므로 아레니우스 Arrhenius 관계식을 적용하여 관능검사 결과와 함께 유통기한을 설정하는 데 지표로 많이 활용이 된다. 특히 비타민 C나 B의 경우 파괴되는 속도와 관능검사에서의 선호도 간의 관계를 바탕으로 제품 수명 기간을 산출하는 지표로 활용되고 있다.

6) 향

맛을 결정하는 데 사람이 느끼는 미각이 5%, 그리고 후각이 95%를 좌우한다고 한다. 후각을 느끼게 만드는 성분이 바로 향기 성분이다. 향기 성분은 휘발도가 높은 것으로 주로 알코올, 알데하이드, 에스터류 등이 여기에 속한다. 식품의 선호도를 좌우하는 매우 중요한 요소로 원료 자체가 갖고 있는 것이 있는가 하면 가공 처리 과정 중에 열에 의해 생성되는 것, 혹은 다른 물질과 반응하여 생성되는 것들이 있다. 발효식품의 경우 발효 과정 중 미생물에 의해 다양한 맛 성분과 더불어 향기 성분이 생성된다. 이들 중에는 좋은 향을 내는 것도 있으나 불쾌취를 생성하는 것도 있다. 많은 냄새 성분들은 주로 가열조리 과정 중에 형성되는데 대표적인 것으로 갈변화반응을 통하여 색의 변화와 함께 향기 성분도 생성된다. 피라진pyrazine, HMF, 퓨란furan, 피리딘pyridine, 피롤pyrrole, 티아졸 thiazole, 그리고 메틸 머캡탄methyl mercaptan, 다이메틸 다이설파이드dimethyl disulfide 등의 황화합물로 분해되어 냄새 성분으로 나타난다.

이외에도 인위적으로 향을 첨가하는 경우가 있다. 산지가 다른 재료를 사용하거나 계절적 요인이나 기후 차이로 인하여 생산된 농산물이 갖고 있는 향기 성분의 차이가 많은 경우 이 문제를 극복하기 위하여 인위적으로 향을 첨가하여 균일한 품질 상태를 유지하기도 한다.

쇠고기, 초콜릿, 커피, 볶은 견과류, 땅콩 등에서도 다양한 향이 발견되는데 좋은 향에서는 그리 큰 문제가 되지 않으나 콩 비린내, 고기 비린내, 생선 비린내처럼 역겨운 냄새가 나는 경우 이 냄새를 감추기 위하여 마스킹masking을 하거나 또 다른 강한 향이 있는 재료를 첨가하기도 한다. 이런 종류에는 후추 같은 양념류, 참기름이나 들기름처럼 향이 강한 기름, 향기 성분과 결합하기 용이한 녹말 성분, 그리고 된장 같은 장류가 이에 해당된다고 할 수 있다.

7) 색소

식품에서의 색은 미관과 더불어 식욕을 돋우는 중요한 요소이다. 음식을 먹고 싶다는 충동은 색으로부터 출발한다. 천연의 색은 밝고 선명하다. 그러나 가공 후 저장 기간이 길어질수록 본래의 색이 퇴색되고 어두운 색깔로 변하게 된다. 이처럼 식품의 색깔 변화는 식품 내의 품질 변화를 나타내는 척도가 되므로 왜 이러한 색의 변화가 일어나는가를 잘 이해해야 한다.

색 성분은 천연식품에 존재하는 색소와 식품첨가물로 인위적으로 첨가하는 색소로 나뉘며, 출처에 따라 식물성 색소와 동물성 색소로 나뉜다. 식물성 색소로 대표적인 것에는 클로로필, 카로티노이드, 안토사이아닌, 플라보노이드 등이 있다. 동물성 색소에는 헤모글로빈, 미오글로빈, 카로티노이드 계통에 속하는 것들이 있다. 이런 색소 성분들은 식품 속에 함께 존재하는 효소의 작용에 의해, 가열 과정에 의해 또는 pH의 변화 등에 따라 다른 색으로 바뀌게 된다. 따라서 이런 색소 변화 과정을 이해해야 어떤 식품 재료를 선택할 것인가를 결정하는 데 도움이 된다.

클로로필은 산에 의해서 갈색을 생성한다. 배추나 오이를 발효시키면 젖산이나 아세트산 등이 생성되면서 pH를 떨어뜨리게 되는데 낮은 pH 조건에서는 페오파이틴pheophytin으로 바뀌면서 Mg^{2+}이 수소이온으로 치환되고 갈색을 띠게 된다. 토마토의 라이코펜은 카로티노이드 계통의 붉은색을 띠는 색소 성분이기도 한데 토마토케첩을 제조하기 위하여 농축을 하다 보면 쉽게 갈변화가 되어 품질이 떨어진다. 이런 점을 극복하기 위하여 감압농축을 실시하여 70℃ 부근에서 가열 처리함으로써 색의 변화를 최소화할 수 있다. 안토사이아닌 색소는 산, 알칼리, 효소에 의해 안토사이아니딘anthocyanidin으로 변화하고 pH에 따라 청색에서 붉은색으로 변화된다. 플라보노이드 계통의 색소 성분은 색소 기능과 더불어 향기를 갖고 있으며 그중에 전립선암 예방 효과나 항산화 기능과 같은 생리활성을 갖고 있는 성분들도 있다. 또, 동물성 색소인 헤모글로빈이나 미오글로빈은 가열에 의해 선홍색에서 갈색으로 바뀌게 되는데 이처럼 색소 성분의 변화를 최소화하기 위해서는 색소 성분의 특성을 잘 아는 것이 매우 중요하다.

8) 생리활성물질

생리활성물질은 생리 기능을 조절하는 물질로서 생체 내 기능 조절에 관여하는 물질이 결핍되거나 과도하게 분비되는 경우 비정상적인 현상을 나타내는데 이를 바로잡아 주는 역할을 한다. 또 식물체 자체가 곤충이나 미생물로부터 자신을 보호하기 위하여 만들어 내놓은 성분들인데 인간에게도 매우 유용한 물질이라고 알려지면서 최근 관심이 커졌다. 생리활성물질은 항산화작용, 해독작용, 면역 기능 증강작용, 호르몬 조절작용, 항균 또는 항바이러스 작용을 통해 노화를 지연시키거나 각종 성인병을 예방하는 것으로 알려져 있다. 이들 물질들은 과일, 채소, 콩류, 견과류, 버섯류 등에 많이 존재하며 식물성 유용 성분과 함께 존재하기도 한다.

생리활성물질은 천연의 동물, 식물로부터 얻을 수 있으며, 또는 미생물로부터 혹은 세포의 대사활동을 통해서 얻을 수 있다. 이들 중 몇 가지를 소개하면 아이소플라본, 폴리페놀(레스베라트롤, 타닌, 퀘르세틴 등), 파이토케미컬, 프로폴리스, 사포닌, 카로티노이드, 플라보노이드, 진세노사이드, 글루코시놀레이트, 아이소싸이오사이아네이트, 레시틴, 아세틸콜린, 프로테아제, 베타-글루칸 등이 있다. GABAgamma-aminobutyric acid 등과 같이 현미나 콩을 발아시키면 발아 과정 중 많이 생성되기도 한다. 이들 생리활성물질은 이들을 함유하고 있는 식물체나 동물에 따라 그 효능이 조금씩 다를 수 있으며 여러 가지 생리활성 기능을 강화하여 건강한 신체를 만드는 데 도움을 준다. 그러나 이를 약으로 생각하여 치료를 목적으로 사용하는 것은 바람직하지 못하다.

여기서는 모든 것을 논할 수 없으며 각 장에서 언급되는 재료에 대한 설명 중 이러한 특성들이 언급될 것이다.

9) 식품첨가물

식품첨가물은 식품을 제조 가공하는 공정에서 식품의 외관, 향미, 조직감 등의 품질을 향상시키거나 균일하게 유지시키고자 또는 보존력을 향상시켜 제품의 수명 기간을 연장할 목적으로 인위적으로 소량 첨가하는 비영양물질을 말한다. 그 목적에 따라 보존제, 살균제, 산화방지제, 표백제, 영양보충제, 피막제, 유화제, 수분조절제, 안정제(농화제, 경화제), 색소(착색제), pH조절제, 팽창제, 당알코올, 생장조절제 등이 있다. 인위적으로 소량 첨가하기 때문에 「식품위생법」에 따라 규제받는 물질의 범위를 규정하고 있으며 이를 철저히 준수해야 한다.

식품첨가물 중에는 보존제나 착색제, 산화방지제와 마찬가지로 유통 중에도 오랜 기간 잔존하면서 그 효력을 발휘하는 것이 있는가 하면 표백제와 같이 가공 공정 중에서 변화하거나 분해된 다음에 효과를 나타내는 것들도 있다. 또 강산, 강알칼리, 소포제 등과 같이 식품의 제조 과정 중에만 사용하고 최종제품이 완성되기 전에 제거되어 최종제품에는 잔존하지 않는 것도 있다.

화학적 합성품의 경우 식품첨가물로 지정받기 위해서는 다음과 같은 사항이 충분히 검토되어야 한다. 보통의 사용 방법에 의할 때 인체에 대한 충분한 안전성이 확보되고, 식품에 사용할 때 충분한 효과가 있어야 하며, 화학명과 제조 방법이 확실해야 하고, 이화학적 시험(화학적, 물리적 성상, 순도시험, 식품 중에 존재할 때 그의 정성 및 정량 시험)이 확립되어 있는 것이어야 하며, 급성 독성시험, 만성 독성시험, 발암성 시험, 기형성 시험, 생화학적 시험 등에 관하여 2개 이상의 권위 있는 시험 연구기관에 의한 자료가 구비되어야 함은 물론이고 시험 성적이 거의 일치하는 것이어야 한다.

식품첨가물은 지정된 품목이라 하더라도 정제가 불충분하여 유해, 유독 물질을 함유하거나 불결하게 취급된 이물 등이 혼입되면 위생상 좋지 않아 위생적인 물질을 확보하기 위하여 성분 규격이 마련되어 있다. 또 사용 방법이나 사용량 등이 부적당할 경우에는 인체의 건강을 해칠 염려가 있는 첨가물(보존료, 산화방지제, 착색료, 표백제, 강산, 강알칼리 등)에 대해서는 사용 기준을 규정하여 사용 대상 식품의 종류, 사용량, 사용법 및 사용 목적 등을 제한함으로써 일정량 이상을 섭취하지 않도록 하고 있다. 이제까지는 한 품목의 양만을 규제하여 왔으나 향후에는 여러 가지 식품첨가물의 첨가량을 복합적으로 산정하여 규제를 받게 될 것이므로 이에 대비한 노력도 필요하다.

3. 식품 성분 간 상호작용

식품은 물을 제외하고는 단일 성분이 아닌 여러 가지 성분으로 구성된다. 성분 간 상호작용을 한다는 것이 충분히 가능한 일이며 실제로 이런 상호 반응이 가공 처리 과정은 물론이고 저장 유통 중에도 일어나고 있다. 이러한 상호작용에는 어떤 것들이 있는지 살펴보기로 한다.

1) 색소 변화

- 당과 단백질이 가열에 의해 갈색 물질을 생성하는 메일라드 반응Maillard reaction
- 효소와 폴리페놀과의 효소적 갈변화 반응
- 당이 가열에 의해 탈수되면서 생성하는 캐러멜 반응
- 아스코르브산이 공기 중의 산소와 산화반응에 의해 갈색화되는 반응

2) 영양가 파괴

- 메일라드 반응에 참여하는 아미노산이 파괴되어 영양가 감소
- 비타민 C가 공기 중에 노출되거나 물속에서 산화되면서 파괴
  예) 뚜껑을 열어 둔 오렌지주스
- 가열 처리 공정 중 비타민의 파괴반응
- 메일라드 반응 중 또 다른 여분의 아미노산과 스트레커Strecker 반응에 의한 아미노산의 파괴

3) 효소에 의한 반응

- 긍정적인 분해 : 고기를 숙성aging시키는 동안 양파 등에 존재하는 단백질분해효소에 의한 연육작용으로 먹기 좋게 조직이 부드러워짐
- 발효 과정 중 탄수화물분해효소나 단백질분해효소의 작용에 의해 아미노산 또는 올리고당으로 분해 예) 된장, 고추장, 청국장의 제조 중 변화 등

메일라드 반응 당의 알데하이드기와 단백질 혹은 아미노산의 카보닐기가 가열에 의해 축합반응을 거쳐 하이드록시메틸푸르푸랄(hydroxymethylfurfural)을 만들고 이어 계속된 반응으로 갈색물질인 멜라노이딘(melanoidine)을 생성하는 반응. 아직까지 정확한 메커니즘은 밝혀지지 않았다. 색과 더불어 향을 생성한다.

- 쓴맛을 내는 오렌지의 나린진naringin을 나린지네이스naringinase에 의해 분해시켜 쓴맛을 제거
- 단당류와 또 다른 단당류 간의 효소적 당전이반응에 의한 새로운 형태의 이당류 합성반응
- 부정적인 분해 : 부패, 식중독 유발
- 지방이 라이페이스에 의해 지방산과 글리세롤로 분해되고 산패가 시작됨

4) 독성물질 생성

- 지나친 가열에 의한 단백질과 단백질 간의 반응으로 독성물질인 라이시노알라닌lysinoalanine 생성
- 고기 및 생선의 지나친 가열로 인해 탄 부분에서 벤조피렌benzopyrene 성분의 생성

5) 호화 및 노화

- 전분과 물 사이의 수소결합과 가열에 의한 젤화
- 전분과 전분 간의 새로운 수소결합으로 새로운 구조의 물질 생성(변성 전분의 제조)

6) 탄수화물, 지방, 단백질의 반응

- 이황화결합을 가진 물질과 -SH기를 가진 잔기가 이황화교환반응에 의해 새로운 구조의 물질을 구성
- 우유단백질에 산을 첨가하는(혹은 생성시킨) 과정을 통해 치즈, 요구르트 제조
- 콩단백질에 염류$MgCl_2$를 첨가하여 새로운 네트워크를 형성하여 만든 두부제품의 구조
- 전분, 쇼트닝과의 반응으로 빵 제조 시 탄산가스의 유출을 억제하는 보호막 형성
- 단백질과 또 다른 단백질 간의 플라스테인plastein 반응에 의해 단백질 간 결합
- 지방분자 간의 에스터 교환반응
- 불포화지방들 간의 1,4 Diels-Alder 반응에 의해 이합체, 삼합체 등 고분자물질 생성
- 탄수화물과 각종 화학물질과의 화학적 변형 반응에 의한 개량 전분 제조반응
- 펙틴 성분과 설탕 간의 수소결합, 펙틴 성분과 칼슘Ca이온 간의 이온 결합에 의한 잼, 젤리 생성 반응

4. 식품 재료로서의 요건

식품 재료로서 갖추어야 할 기본적인 요건은 안전성, 영양성, 기호성, 기능성 등이다. 기능성은 과거에는 포함되지 않았으나 최근 건강에 대한 관심이 높아지면서 기능성 식품을 선호하는 소비자들의 동향을 고려한 것이다.

1) 안전성

인체에 해가 되는 성분이 치명적인 양만큼 포함되어서는 안 된다. 영양학적으로 우수한 성분이라 하더라도 유해물질이 포함되어 있거나 섭취 후 식중독을 유발하거나 장기간 복용 시 만성적인 질병의 원인을 초래해서는 안 된다. 안전성은 그 어느 것보다도 중요한 항목이다. 치명적인 양에 대한 논의는 '식품독성학' 분야에서 제시 또는 권고하는 양을 말한다. 다시 말하면 대장균이 한 마리도 있어서는 안 된다는 것이 아니라 식중독을 유발하기에 충분한 양을 허용해서는 안 된다는 말이다. 환경 오염이 전 세계적으로 문제시되는 오늘날, 식품이야말로 깨끗한 환경으로부터 생산 공급되어야 한다.

2) 영양성

사람이 생명을 유지하기 위해서는 기본적으로 섭취해야 하는 영양 성분이 있으며 이러한 영양 성분은 음식물로부터 섭취해야 한다. 따라서 식품 재료로부터 우리가 필요한 영양소인 탄수화물, 단백질, 지방, 식이섬유, 비타민, 무기질 등을 제공 받는다. 이러한 영양소를 한 식품이 다 포함할 수는 없지만 여러 식품을 혼합하여 섭취함으로써 영양 공급이 충분히 이루어질 수 있다.

영양소를 단순히 포함하는 것으로만 그치는 것이 아니라 이들 영양소가 체내에 흡수되어 이용될 수 있는가 하는 것이 중요하다. 따라서, 조리나 가공을 통하여 생체이용률을 최대한으로 높일 수 있는 그러한 특성을 지니고 있어야 한다.

3) 기호성

식품을 선택하고자 하는 욕구는 식품이 갖고 있는 색깔, 향기, 맛, 조직감, 외형 등에 따라 달라질 수 있으며 이러한 특성들은 사람마다 각기 다를 수 있다. 결국 식품을 선택하는 요건으로 중요한 특성을 갖추어야 식품으로서의 가치를 상실하지 않을 수 있다. 아무리 맛이 있고 영양가가 있다고 하더라도 기호성이 떨어지면 식품으로서 자격을 상실하고 만다. 기호성의 문제는 식품이 새로운 제품으로 개발되어 소비자에게 최종식품으로 소개되고자 할 때 마케팅 전략에서도 중요시되는 항목이다.

4) 기능성

앞서 언급한 3가지 요건은 식품으로서 갖추어야 할 기본적인 요건들이다. 그러나 최근 건강에 대한 관심도가 높아지면서 새롭게 추가된 기능으로, 생체 조절 기능에 관여하는 생리활성물질들이 함유된 식품을 선호하는 경향이 높아지고 있다. 이러한 생리활성물질들은 항산화 기능을 비롯하여 면역력 증진, 항염증, 혈당이나 혈압 조절, 골다공증, 치아 및 장의 건강을 개선할 목적으로, 질병을 치료하는 것이 아니라 예방하거나 생체 조절 기능을 개선할 수 있는 기능을 갖추어야 한다는 것이다.

단원정리

1. 식품 재료는 농산품, 수산품, 축산품, 임산품, 기타 가공식품 재료로 나뉜다.
2. 성분별로 보면 탄수화물, 지방, 단백질, 비타민, 무기질, 색소, 향, 생리활성물질, 식품첨가물 등으로 나누어 살펴볼 수 있다.
3. 식품 상호 간의 반응으로는 색소 변화, 영양가 파괴, 단백질과의 상호반응, 효소에 의한 반응, 독성물질의 생성, 기타 각 성분 간의 상호반응 등이 있다.
4. 식품 재료로서 갖추어야 할 요건은 안전성, 영양성, 기호성, 기능성이 있다.

연습문제

1. 식품 재료들은 어떤 과정에서 성질 혹은 품질이 변화하는지를 답하시오.

2. 식품 재료를 선택할 때 고려해야 할 항목은 무엇인지 답하시오.

3. 식품 재료의 성분에는 어떤 것들이 있는지 답하시오.

4. 단백질의 3차 구조를 변화시키는 요소들은 어떤 것들이 있는지 답하시오.

5. 냉동시켰던 육류나 생선이 빠르게 상하는 이유를 설명하시오.

6. 같은 양의 아밀로스와 아밀로펙틴 중 어느 것이 청색반응값(blue value)이 상대적으로 높을지 답하시오.

7. 맛이 있는 식이섬유에는 어떤 것들이 있는지 답하시오.

8. 지방 구조 중 *trans*- 형태를 갖는 지방들은 모두 건강에 해로운지 아닌지를 답하시오.

9. 지방 산패를 촉진하는 요인으로 어떤 것들이 있는지 설명하시오.

10. 지방이 많은 식품의 저장 방법 중 어떤 방법이 산패를 최소화하는지 답하시오.

11. 비타민 중 첨가물의 성격으로 주로 첨가되는 것이 무엇이지 답하시오.

12. 생리활성물질들의 기능에는 어떤 것들이 있는지 설명하시오.

13. 식품첨가물을 사용할 때 가장 유념해야 할 요소가 무엇인지 답하시오.

14. 식품을 구성하고 있는 성분들 간에 생성될 수 있는 유해 성분은 어떤 것이 있는지 답하시오.

정답 및 해설

1. 가공 공정 중, 유통 중, 저장 중, 조리 중.
2. 식사용의 포만감, 맛과 향의 기호성, 영양성, 건강 기능(생리활성작용), 외관 등.
3. 탄수화물, 지방, 단백질, 비타민, 무기질, 색소, 향, 생리활성물질, 식품첨가물.
4. pH, 가열 처리, 고압, 교반, 압력, 냉동과 해빙, 염류, 금속이온, 유기용매 등.
5. 냉동식품을 해빙하는 과정에서 단백질 변성이 일어나 미생물이나 효소의 작용이 용이해지기 때문이다. 또 드립 현상에 의해 영양 성분이 유출되면서 비린내를 유발한다.
6. 청색반응값(blue value)은 알파-헬리칼 구조를 갖는 아밀로스의 내부공간(cavity) 안으로 요오드가 결합하여 나타난다.
7. 일반적으로 식이섬유는 체내에서 분해되지 않기 때문에 단당류로 전환이 안 되고 단맛을 제공하지 못한다. 이에 비해 당알코올은 저칼로리 재료이면서 단맛을 어느 정도 제공한다.
8. 모든 트랜스지방이 해로운 것은 아니며 리놀렌산의 *trans* 형태만 건강에 해롭다.
9. 가열, 햇빛, 산소, 금속이온, 감광제 등이 영향을 미친다.
10. 진공 상태나 질소를 충전하고 냉암소에 보관하며 금속 성분과의 접촉을 억제한다.
11. 항산화 기능이 있는 비타민 C, E
12. 항산화작용, 해독작용, 면역 기능 증강작용, 호르몬 조절작용, 항균 또는 항바이러스 작용을 통해 노화를 지연시키거나 각종 성인병을 예방하는 것 등이 있다.
13. 사용량이 부적절하여 건강을 해칠 염려가 있는지 여부.
14. 라이시노알라닌(lysinoalanine), 벤조피렌(benzopyrene) 등.

제2장
곡류

학습목표

1. 곡류의 종류를 알 수 있다.
2. 곡류의 재료적 특징을 물리적, 영양학적, 기능적인 면에서 이해할 수 있다.
3. 곡류의 특징을 알고 조리와 가공에 응용할 수 있다.

곡류는 인간이 농업을 시작한 이래 가장 소비가 많이 되어 온 식품이다. 아시아 지역에서는 쌀, 인도로부터 대서양 연안 지역에 걸쳐서는 밀과 보리, 북유럽 지역에서는 귀리와 호밀, 아메리카 지역에서는 옥수수, 아프리카에서는 기장과 수수가 주된 작물로 재배되어 왔다.

지난 수 세기 동안 곡류의 소비는 산업화가 진행되면서 주춤해 온 반면, 여전히 제3세계 지역에서는 가장 중요한 주식으로 자리 잡고 있다.

모든 곡류는 볏과Grass family에 속한다. 다만 메밀은 종종 곡류로 보기도 하지만 엄밀히 말하면 마디풀과Polygonaceae family로 분류된다. 대부분의 곡류는 공통된 구조를 갖지만 그 비율은 종류에 따라 다양하게 분포된다. 껍데기(왕겨)를 제거한 곡립은 외층(겨), 배유 및 배아로 구성된다(그림 2.1).

외층은 주로 섬유질로 구성되며, 비타민과 무기질이 풍부하다. 섭취 시 치질을 방지하는 등 여러 좋은 효과를 얻을 수 있다. 배유는 가장 큰 비율을 차지하며 주로 전분으로 구성된다. 전분은 인체 내에서 서서히 소화되어 오랫동안 포만감을 준다. 배아는 곡립 하단부에 위치하고 새싹의 근원이 되며, 작은 비율로 존재함에도 비타민, 무기질, 단백질이 매우 풍부하다. 또한 지방도 다량 포함하여 저장 시 변질의 근원이 될 수 있다.

곡류는 다양하게 사용되는데 1차 가공인 도정, 제분 등을 통하여 곡립, 분말 형태로 소비되거나, 2차 가공인 제과, 제빵, 제면, 양조 등을 통하여 다양한 가공품의 형태로 소비된다. 또한 전분제품의 원료로 사용된다.

곡류는 일반적으로 8~15%의 단백질을 함유한다. 곡류의 근원 단백질은 8가지 필수아미노산을 포함하지만 라이신과 같은 일부 아미노산은 매우 미량 존재하여 이를 제한아미노산이라 부른다. 글루텐은 글리아딘과 글루테닌의 복합 단백질이며 밀 글루텐의 경우 수화되면 탄성을 갖는 반죽을 형성한다. 지방은 1~7%로 미량 존재하며 주로 불포화지

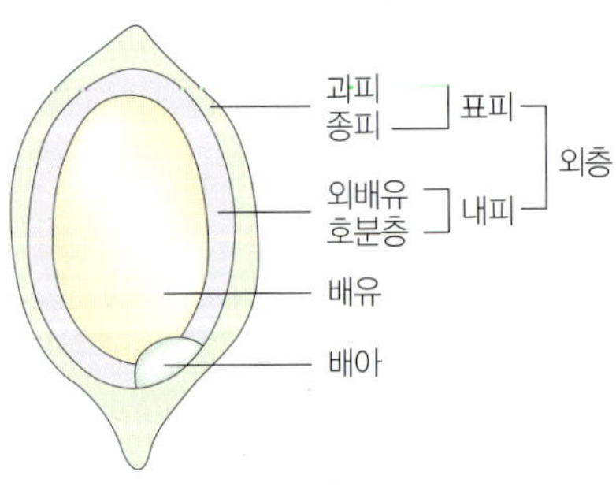

그림 2.1 **곡류의 구조**

방산의 형태이고 콜레스테롤은 포함하지 않는다. 곡류의 주된 성분은 탄수화물로 그 함량은 60~80%이며 주로 전분으로 존재한다. 무기질은 대부분 철, 인, 마그네슘, 아연이고, 비타민은 나이아신niacin, 티아민thiamine, 리보플라빈riboflavin과 같은 비타민 B 복합체이며 엽산folic acid도 포함된다. 특히 비타민 B 복합체는 외층에 주로 함유되어 있으므로 외층이 제거된 쌀, 밀가루 등에는 결핍이 된다. 배아가 제거될 경우에는 비타민 E가 다량 손실된다. 한편 칼슘의 흡수를 방해하는 피트산phytic acid도 존재하는데 그 함량은 종류에 따라 광범위하다. 그러나 이를 분해하는 효소인 피테이스phytase가 함께 내재되어 칼슘 흡수 방지 효과가 억제된다.

곡류는 열과 습기가 차단된 용기 또는 장소에 보관하는 것이 바람직하며, 냉장에 의하여 산패rancidity를 지연시킬 수 있다.

1. 쌀rice

쌀은 가장 중요한 곡류로서 역사적으로 중국에서 재배되기 시작하여 아랍의 행상을 통해 그리스로 전파되고 알렉산더 대왕 때 인도에 도입되었다. 그 후 A.D. 8세기경 스페인, 17세기경 남아메리카에도 전파되어 오늘에 이르고 있다.

전 세계의 쌀 재배량은 밀 다음으로 많으며 인류의 반 이상의 식량 공급원이 되고 있다. 특히 아시아 지역에서는 가장 중요한 작물로 전 세계 쌀의 약 90% 이상이 생산된다.

1) 재료 및 특성

쌀의 종류는 아시아 지역 근원의 백색 쌀sativa과 아프리카 근원의 아프리카 쌀glaberrima로 크게 나눌 수 있으며 전체적으로 약 8,000종이 존재한다.

또한 단순하게 형태에 따라 단립종, 중립종, 장립종으로 구분할 수 있다. 단립종은 약 4~5 mm 길이와 2.5 mm의 굵기를 갖고 전분 함량이 높아 밥이 찰기가 많다. 중립종은 단립종과 장립종 중간 크기이며 밥은 연하지 않지만 냉각하면 찰기가 형성되는 특징을 갖는다. 장립종은 약 6 mm 이상의 길이를 갖고 밥은 찰기가 적다. 그러나 밥짓기 시간을 늘리거나 저어 주면 찰기를 높일 수 있다.

산패　식품의 지방 성분이 변패하여 품질이 저하되는 현상. 주요 원인은 지방의 종류, 산소와의 접촉, 온도, 습도, 식품에 내재하는 효소와 그 영향 인자 등이 있다.

그림 2.2 **장립종(왼쪽), 중립종(가운데), 단립종(오른쪽)**

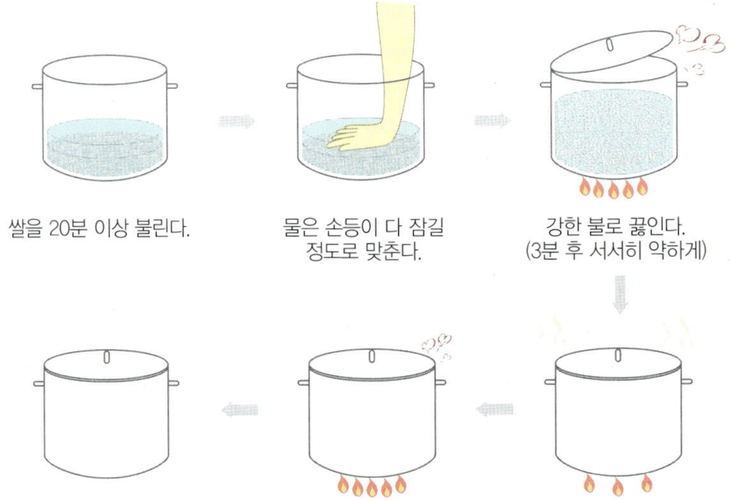

그림 2.3 **밥짓기 과정**

쌀은 도정milling에 의하여 껍데기와 외층이 제거된다. 외층으로 갈수록 여러 영양 성분들이 다량 존재하므로 도정의 정도에 따라 잔존량이 결정된다. 현미brown rice, whole rice, cargo rice는 왕겨만 제거된 쌀 곡립으로 거의 모든 영양 성분을 보존한다. 백미white rice, hulled rice, polished rice는 현미의 외층을 제거한 것으로 외층의 영양 성분이 상당량 결핍된다. 도정의 정도에 따라 외층의 제거량이 결정되는데 5분 도정이라 함은 외층과 배아의 50%가 제거되었음을 의미한다.

벼를 습식 가열하여 건조시킨 후에 도정하여 파보일드 현미parboiled brown rice 또는 파보일드 백미parboiled white rice를 만든다. 파보일드 현미는 사전 가열에 의한 효소 불활성에 의하여 배아의 지방이 산패되지 않으며 밥짓기 시간이 덜 소요된다. 파보일드 백미는 배아

그림 2.4 **벼(왼쪽), 현미(가운데), 백미(오른쪽)**

그림 2.5 **쌀의 도정 공정**

그림 2.6 **파보일드 쌀**

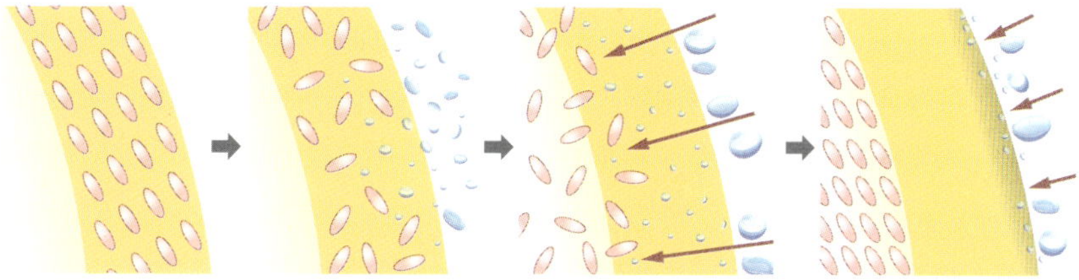

그림 2.7 **파보일링에 의한 겨 영양 성분의 내부 이동**

나 외층에 있던 수용성 영양 성분들이 사전 가열 중 내부의 배유 부분으로 확산되기 때문에 도정 후에도 영양 성분이 더 많이 보존이 되어 외층은 제거됐지만 영양적으로 매우 우수한 쌀이라 할 수 있다.

또한 현미나 백미를 직접 습식 가열하고 건조하여 각각 인스턴트 현미instant brown rice 또는 인스턴트 쌀instant white rice을 만들 수 있다. 밥짓기 시간이 현저히 단축되며 외관, 텍스처 등의 품질 변화를 기대할 수 있다.

특이한 성질의 품종을 따로 분류할 수 있는데 대표적인 예로 이탈리아 음식의 주재료로 사용되는 아보리오 쌀Arborio rice은 밥짓기 시 퍼짐이 없이 상당량의 물을 흡수하는 백미로 알려져 있다. 바스마티 쌀Basmati rice은 인도 음식에 사용되며 특이한 향을 갖는다. 재스민 쌀Jasmine rice도 특유한 향이 있다.

그 밖에 파보일드 쌀이나 인스턴트 쌀을 만드는 과정에 소금이나 여러 향신료로 처리

그림 2.8 **아보리오 쌀(왼쪽), 바스마티 쌀(가운데), 재스민 쌀(오른쪽)**

한 조미 쌀seasoned rice이 있다.

2) 성분

쌀은 마그네슘, 비타민 B 복합체(나이아신, 비타민 B_6, 티아민), 인, 아연, 구리의 공급원이며, 판토텐산pantothenic acid과 칼륨을 미량 함유한다. 쌀의 영양 성분표는 표 2.1과 같다.

장립종의 파보일드 백미는 나이아신, 마그네슘, 구리, 판토텐산과 미량의 인, 아연, 칼륨을 함유한다. 장립종 백미 밥은 마그네슘, 구리, 판토텐산, 비타민 B_6, 아연과 미량의 인, 나이아신, 칼륨을 함유한다. 쌀은 다른 곡류에 비하여 단백질 함량이 매우 낮지만, 품종개량에 의하여 최대 14%까지 가능하게 되었다. 쌀의 제한아미노산은 라이신이다. 쌀 전분은 아밀로스amylose와 아밀로펙틴amylopectin으로 구성되며 밥짓기에 의하여 소화될 수 있는 호화gelatinization 전분으로 변환된다.

백미는 현미와 달리 미량의 티아민, 비타민 B_6를 함유하여 이를 보충하지 않을 경우 그

표 2.1 쌀의 영양 성분표

(단위 : g/100 g당)

구분	장립종(인디카형) 백미	단립종(자포니카형) 현미	단립종 백미
수분	12.3	12.7	10.8
단백질	7.0	6.4	6.7
지방	0.2	2.7	0.6
탄수화물	79.5	76.9	81.4
식이섬유	-	-	5.7

*여러 품종 및 종류들을 평균한 값으로 합하면 100 g이 넘을 수 있다.
자료 : 농촌진흥청 국립농업과학원, 국가표준식품성분표 제9개정판, 2017

호화 식품의 전분 성분이 가열에 의하여 연화되는 현상. 호화된 전분은 소화되기 쉽고 텍스처도 부드러워 먹기에 좋다. 충분한 물에 전분을 넣고 가열하면 입자가 팽윤되고 페이스트상으로 변하여 소화하기 좋은 상태가 된다.

결핍증인 각기병beriberi에 걸려 부종edema, 심장 장애, 마비 증상을 보인다. 특히 티아민 결핍은 근육 약화 및 소화 기능의 저하 증상을 초래한다. 쌀은 설사diarrhea와 동맥경화 방지에 효과적인 것으로도 알려져 있다.

3) 취급 및 보관

현미는 지방을 다량 함유한 배아를 포함하므로 산패를 방지하기 위해서 냉장 보관하며 밀폐된 통에 넣어 냉장고 안의 이취 흡착을 방지한다.

백미는 곤충을 차단할 수 있는 서늘하고 건조한 장소에 보관한다. 밀폐 상태에서 약 1년간 보관이 가능하다.

밥은 냉장고에서는 밀폐 상태에서 2~3일, 냉동시키면 6~8개월 보관할 수 있다.

4) 조리 및 가공

쌀은 조리 음식으로 밥, 죽, 크로켓, 샐러드, 푸딩, 파이, 케이크, 리소토risotto, 필라프pilaf, 커리 등의 주재료이다. 가공식품으로 죽, 떡, 면, 빵, 과자, 시럽, 막걸리, 약주, 식초 등을 만드는 데 재료로 다양하게 사용된다.

그림 2.9 **가공의 예 : 쌀 막걸리 제조 공정**

그림 2.10 **쌀 가공식품**

재료

쌀	120 g	버터	30 g
우유	2컵	생크림	1 T
바닐라빈	1개	건포도	약간
오렌지 껍질	1개분	달걀노른자	2개
소금	약간	앙글레즈 소스(우유 500 mL, 바닐라빈 1/2개, 달걀노른자 5개, 설탕 100 g)	
설탕	100 g		

조리방법

1. 냄비에 우유, 바닐라빈, 오렌지 껍질, 소금을 넣어 끓이다가 쌀을 넣고 눌어붙지 않도록 저어 준다.
2. 쌀이 익으면 설탕으로 간을 하여 불에서 내리고, 버터, 생크림, 건포도, 달걀노른자 순으로 넣어 섞는다.
3. 우유에 바닐라빈을 넣고 끓인다. 달걀노른자에 설탕을 넣고 거품기로 저어 우유 끓인 것과 섞어 다시 뭉근하게 끓여 앙글레즈 소스를 만든다.
4. 푸딩 틀에 ②를 넣고 170°C로 예열한 오븐에서 중탕으로 20~30분간 익힌다. 오븐에서 꺼내 냉장고에 넣었다가 틀에서 빼고 앙글레즈 소스를 곁들여 낸다.

2. 보리barley

보리는 가장 오랫동안 재배되어 온 곡류의 하나로서 약 1만 년 전 서남 및 동남 아시아 지역에서 그 기원을 찾을 수 있다. 추위, 가뭄, 열악한 토양 등에 강하여 세계 많은 나라에서 재배되고 있다.

1) 재료 및 특성

보리는 줄기 끝에 있는 곡립 열 수에 따라 2맥 및 6맥 종으로 구분된다. 건조한 지역의 보리는 더 단단하고 단백질 함량이 높아서 위스키 제조에 사용된다. 반면에 더 연하고 단백질 함량이 낮으며 전분 함량이 높은 보리는 맥주 제조에 적당하다.

보리는 도정에 의하여 껍데기와 외층이 제거되는데, 외층으로 갈수록 여러 영양 성분이 다량 존재한다. 겉보리hulled barley는 껍데기만 제거되고 거의 모든 외층을 포함하는 곡립으로 거의 모든 영양 성분을 보존한다. 도정된 보리pot, polished barley는 외층을 많은 부분 제거한 것으로 외층의 영양 성분이 상당량 결핍된다. 펄 보리pearled barley는 거의 모든 외층을 제거하면서 모양이나 크기가 균일하게 성형된 보리로서 영양성은 매우 떨어진다. 할맥은 보리알을 길이 방향으로 자른 후 쌀처럼 다듬은 것으로 가열조리가 용이하다. 보리 플

그림 2.11 **2맥종(왼쪽), 6맥종(오른쪽)**

그림 2.12 **보리 가공식품**

레이크barley flake는 압연 보리rolled barley로서 제조법 및 용도가 압연 귀리와 유사하다. 보릿가루는 견과 향nutty flavor을 가지며 밀가루보다 어두운 외관을 갖는다.

맥아 또는 엿기름malt은 발아germination된 보릿가루로서 발아, 건조, 볶음, 분쇄를 거쳐서 제조된다. 발아에 의하여 전분이 여러 당으로 변환된 맥아는 양조, 엿, 감주 등의 제조에 사용된다.

2) 성분

보리에는 단백질hordein이 풍부하지만 트립토판tryptophan과 라이신lysine이 결핍되어 있다. 보리는 식이섬유를 다량 함유한다. 또한 나이아신, 철, 아연, 마그네슘, 칼륨, 엽산, 비타민 B_6, 티아민, 구리, 인 등을 함유한다. 보리의 영양 성분표는 표 2.2와 같다.

보리는 호흡계에 좋아 기침을 줄이는 데 효과적인 것으로 알려져 있다.

표 2.2 보리의 영양 성분표

(단위 : g/100 g당)

구분	겉보리(통보리)
수분	13.4
단백질	8.74
지방	1.66
탄수화물	75.38
식이섬유	11.0

자료 : 농촌진흥청 국립농업과학원, 국가표준식품성분표 제9개정판, 2017

3) 취급 및 보관

보리는 일반 곡류와 동일하게 곤충을 차단할 수 있는 서늘하고 건조한 장소에 보관한다.

4) 조리 및 가공

보리는 쌀 등과 함께 잡곡밥에 사용된다. 펄 보리, 할맥, 압연 보리 등은 밥짓기 시 수분 흡수가 용이하며 특히 할맥은 텍스처가 부드럽다. 전통 향토음식인 보리수단의 조리 과정은 다음의 레시피와 같다.

보리수단

재료

오미자	1/2컵	소금	약간
물	6컵	녹말	적당량
설탕	1컵	잣	1 T
햇보리	1/4컵		

조리방법

1. 오미자는 물에 씻어서 물 2컵을 부어 하루를 우려내 고운 면포에 밭친다.
2. 오미잣물의 색깔과 신맛을 보면서 물과 설탕을 섞는다. 신맛이 강하면 소금을 약간 넣는다.
3. 햇보리를 잘 씻어 삶는다. 삶은 보리를 물에 여러 번 헹궈 맑은 물이 나도록 씻어 물기를 뺀다.
4. 넓은 접시에 녹말을 담고 삶은 보리를 고루 굴려 가루를 묻힌다.
5. 체에 담고 흔들어 여분의 녹말가루는 털어 낸다.
6. 녹말 묻힌 보리를 끓는 물에 삶아 보리가 익어 떠오르면 건져서 찬물에 헹군다.
7. ⑥을 다시 녹말에 굴려 삶는 ④~⑥의 과정을 세 번 정도 반복한다.
8. 그릇에 ⑦을 담고 ②의 오미잣물을 넣은 후 잣을 띄운다.

가공식품으로 된장, 고추장, 간장, 제과, 보리차, 맥주, 엿, 감주, 소주, 소화제 등을 만드는 데 재료로 사용된다.

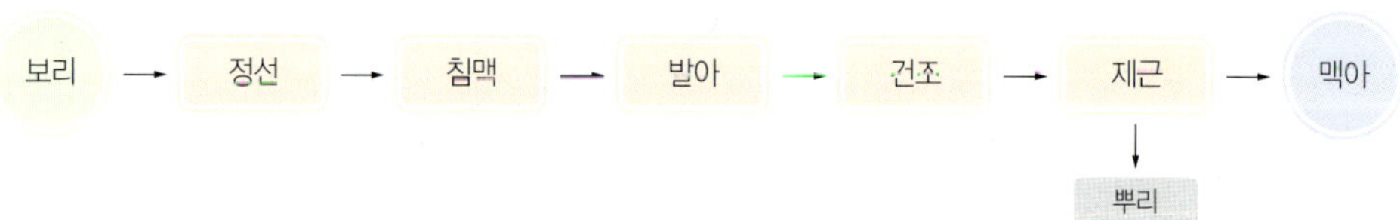

그림 2.13 **가공의 예 : 맥아 제조 공정**

3. 밀wheat

밀은 약 1만 2,000년 동안 인류의 주요 식량으로 소비되어 왔다. 기원은 남서아시아 지역으로 전해지고 있으며, 고대 이집트의 유적에서 밀빵으로 보이는 그림이 발견되기도 하였다.

1) 재료 및 특성

밀의 주요 생산국은 미국, 러시아, 중국, 인도, 캐나다, 호주 등이며, 국내에서도 우리밀이 재배되고 있다. 밀은 지역과 기후에 따라 그 이화학적 성질이 일정하지 않은데, 각 국가에서 재배되는 밀의 대표적인 성질이 알려져 있어서 그 특성에 따라 조리나 가공에 선택적으로 사용된다.

밀의 단백질은 제빵, 제과, 제면에 사용되는 밀가루의 매우 중요한 성분으로서 밀알의 경도가 높을수록 그 함량이 높다. 단백질 함량이 높은 강력분은 제빵에 사용되며, 단백질 함량이 낮은 박력분은 제면, 제과에 사용된다.

밀의 품종은 일반적으로 사용되고 있는 보통 밀*Triticum vulgare*, 파스타의 원료인 듀럼밀*Triticum durum*, 독일, 스위스, 프랑스 등에서 20세기 초까지 대량 생산되어 쌀 대신 식량으로 사용되었던 스펠트밀*Triticum spelta* 등이 대표적이다.

밀알의 구조는 밀겨, 배아, 배유로 구성되어 있다(그림 2.14). 배유는 밀알 총질량의 약 83%를 차지하며 전분을 다량 함유한다(70~72%). 밀 단백질은 물과 함께 점탄성이 있는

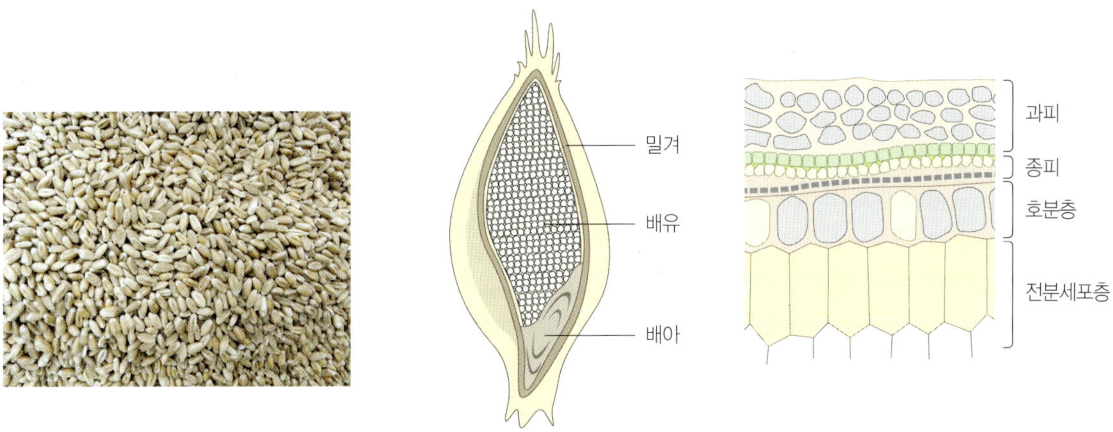

그림 2.14 **밀(왼쪽)과 그 구조(오른쪽)**

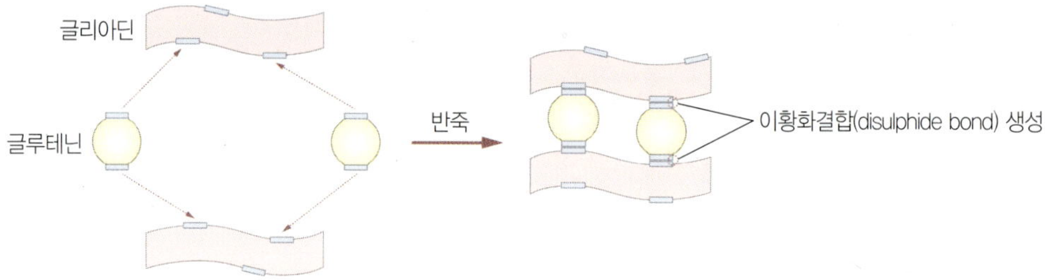

그림 2.15 **밀 글루텐의 형성 과정**

글루텐gluten을 형성하여 반죽의 텍스처를 결정한다. 효모나 화학팽창제에 의한 가스 형성에 의하여 반죽이 팽창되고 제빵 및 제과의 중요한 적성을 제공한다. 글루텐의 점탄성viscoelasticity은 밀 품종, 반죽 시간, 첨가제의 종류에 따라 달라진다.

밀겨는 총질량의 약 14.5%를 차지하며 섬유질, 단백질, 비타민, 무기질 등을 함유한다. 총나이아신의 80%가 밀겨에 함유되어 있으며 다른 비타민 B군의 상당량이 존재한다. 밀겨는 물을 질량의 약 3배까지 흡수할 수 있다.

배아는 총질량의 약 2.5%를 차지하며, 기름을 추출하는 데 쓰인다.

2) 성분

밀의 일반 성분은 표 2.3과 같다. 다른 곡류처럼 필수아미노산인 라이신, 트립토판, 메싸이오닌methionine의 함유량이 부족하다. 따라서 다른 식품과 함께 섭취하여 그 부족량을 보충할 수 있다.

밀겨는 마그네슘, 칼륨, 인, 나이아신, 비타민 B_6, 철, 아연, 구리, 식이섬유의 우수한 공급원이다. 또한 티아민, 리보플라빈, 엽산, 판토텐산 등도 포함한다. 한편 밀가루의 미네랄 함량은 중요한 품질 인자로 사용되는데, 미네랄 함량이 높은 밀가루는 제분 과정에서 밀

글루텐 밀가루에 있는 단백질인 글리아딘(glyadin)과 글루테닌(glutenin)이 반죽에 의하여 물과 수화될 때 형성되는 점탄성의 복합체. 제빵 시 글루텐의 역할은 반죽이 발효되면서 생성되는 가스를 반죽이 보유하도록 하여 마치 풍선처럼 부풀게 하는 것이다.

화학팽창제 제빵 및 제과 시 반죽을 부풀게 하는 베이킹소다와 같은 첨가제. 반죽의 팽창은 효모를 사용한 발효에 의한 것과 화학팽창제에 의한 것 두 가지가 있다. 베이킹소다는 산제가 첨가되면 이산화탄소가 발생되는데, 이들을 미리 섞어 물만 가하면 가스가 발생되는 제품이 베이킹파우더이다.

점탄성 고체와 액체의 성질을 동시에 갖는 탄성과 점성이 융합된 텍스처. 식품을 손으로 눌러 변형시킨 후 다시 놓았을 때 원래 모양으로 돌아온다면 탄성이 높은 식품이며, 변형된 상태로 그대로 있다면 점성이 높은 식품이다. 예로서 젤 식품은 탄성 식품이며 죽 제품은 점성 식품이라 할 수 있다.

표 2.3 **수입산 밀의 영양 성분표**

(단위 : g/100 g당)

	강력분	중력분	박력분
수분	12.0	12.4	12.8
단백질	13.59	9.4	8.7
지방	1.11	1.0	0.8
탄수화물	72.89	77.0	77.5
식이섬유	2.5	-	-

자료 : 농촌진흥청 국립농업과학원, 국가표준식품성분표 제9개정판, 2017

겨 부분의 혼입이 많음을 나타내므로 저품질로 평가된다.

배아는 지방을 다량 함유하는데 대부분 리놀레산으로 존재한다. 특이하게 밀알의 다른 부분에는 없는 라이신을 다량 함유한다. 배아에도 밀겨에 있는 여러 무기질과 비타민이 존재하며 섬유질도 풍부하다.

일부 소비자는 밀 글루텐 알레르기allergy를 갖는 것으로 나타났다. 주된 증상으로 소화기(복통, 설사), 피부(두드러기, 습진), 순환계, 중추신경계(피로, 편두통, 과민성)에 문제를 일으킬 수 있다.

3) 취급 및 보관

밀가루는 일반 곡류와 동일하게 설치류나 곤충을 차단할 수 있는 서늘하고 건조한 장소에 보관한다. 밀겨는 산패를 방지하도록 냉장 보관해야 한다. 배아는 급격히 산패되므로 진공 포장하거나 냉동 보관하는 것이 바람직하다.

4) 조리 및 가공

밀가루는 조리 시 전분의 주된 공급원으로 사용되는데 특히 호상의 텍스처를 얻을 수 있다. 다음 레시피는 최근 인기가 높은 밀가루 글루텐을 이용한 밀고기의 조리 과정을 소개한 것이다.

가공식품으로 제빵, 제과, 제면에 사용된다. 또한 누룩, 장류, 막걸리 등 전통발효식품의 전분 공급원으로 다양하게 사용된다.

그림 2.16 **밀 가공식품**

밀고기

재료

글루텐 가루	3컵	간장	약간
양파	2개	청·홍 피망	각 1 1/2개
호두	1컵	느타리버섯	100 g
조청	약간		

조리방법

1. 양파는 강판에 갈고, 호두는 곱지 않게 분쇄기에 간다.
2. 글루텐 가루에 간 양파, 호두를 넣고 약하게 소금 간하여 반죽한다.
3. 반죽된 밀고기를 냉동실에 얼린다.
4. 언 밀고기를 꺼내 1 cm 두께로 얇게 자른다.
5. 예열된 200℃ 오븐에서 5분간 굽거나 찜솥에 찐다.
6. 밀고기에 청·홍 피망과 느타리버섯을 넣고 볶는다.
7. 조청과 간장으로 만든 양념에 무쳐 접시에 담아 낸다.

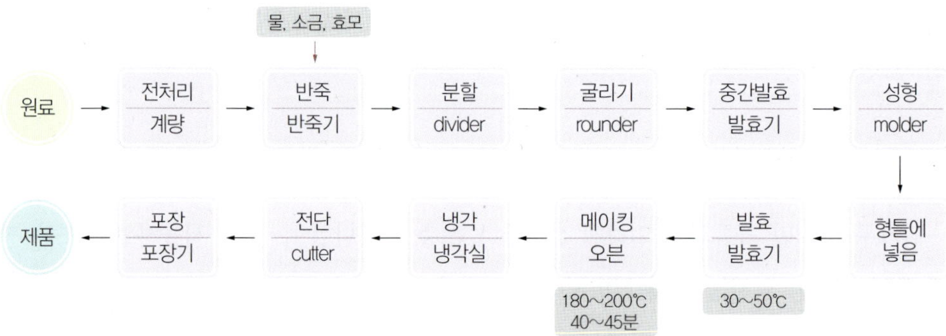

그림 2.17 **가공의 예 : 제빵(직접반죽법) 공정**

4. 호밀rye

호밀은 약 B.C. 400년부터 재배되어 온 식량으로서 생활 수준이 향상됨에 따라 소비량이 증가하고 있고, 동물 사료로서도 사용량이 증가하고 있다. 그러나 여전히 스칸디나비아 및 동유럽 지역에서는 식량으로 소비되고 있다.

1) 재료 및 특성

호밀은 황폐한 땅이나 추운 날씨에도 잘 자라지만, 맥각ergot과 같은 곰팡이에 쉽게 감염되어 알칼로이드alkaloid성의 독소를 포함할 수 있다. 따라서 도정하기 전에 충분히 세척해야 한다. 도정된 호밀을 곡립 자체로 또는 분쇄하여 가루로 사용한다.

그림 2.18 **호밀**

호밀가루는 제빵의 재료로 사용되지만 글루텐의 탄성이 부족하고 반죽 팽창 시 가스 보유력이 떨어져서 밀빵보다 텍스처가 더 조밀하고 단단하다. 보관 시 밀빵보다 건조가 느린 특징이 있다. 도정할 때 호밀의 겨와 배유 부분은 서로 분리되기 어려워 호밀가루의 영양적 가치는 다른 곡류 가루보다 더 높다.

2) 성분

어두운 빛의 호밀가루는 마그네슘, 칼륨, 아연, 인, 철, 구리, 엽산, 비타민 B_6의 우수한 공급원이며, 티아민, 판토텐산, 나이아신, 리보플라빈을 함유한다. 칼슘은 미량 존재한다. 특히 밝은색의 가루는 다량의 마그네슘과 티아민, 적당량의 칼륨, 아연, 인을 포함한다. 호밀도 다른 곡류처럼 필수아미노산인 트립토판과 메싸이오닌이 결핍되어 있다.

호밀에 존재할 수 있는 맥각은 식중독을 일으키기도 하지만 편두통과 두통의 완화, 출혈 제어 및 출산에 좋은 것으로 알려져 있다. 호밀의 기능성으로는 고혈압 및 동맥경화 방지가 있다.

표 2.4 호밀의 영양 성분표

(단위 : g/100 g당)

	어두운색 호밀가루	밝은색 호밀가루
수분	10.2	7.9
단백질	14.0	8.4
지방	2.6	1.4
탄수화물	68.8	80.2
식이섬유	2.4	0.4

자료 : Fortin, F., *Visual Food Encyclopedia*, 1996

식중독 음식물 섭취에 의하여 발생되는 질병의 총칭. 그중 세균성 식중독은 감염형과 독소형이 있다. 감염형은 식품 내 증식된 세균성 미생물에 의하여 질병이 발생되며, 독소형은 세균성 미생물에 의하여 생성된 독성물질에 의하여 발병된다. 독소형인 경우 미생물은 사멸되어도 이미 생성된 독소가 여전히 남아 있다면 질병을 일으키는 특징이 있다.

3) 취급 및 보관

일반 밀빵에 캐러멜 색소를 사용하면 호밀빵과 유사하게 보이기 때문에 구입 시에는 성분표를 확인하는 것이 좋다. 호밀은 공기가 밀폐된 통에 담아 서늘한 장소에 보관하는 것이 좋다.

4) 조리 및 가공

호밀 곡립을 잡곡밥에 사용할 경우 밤새 물에 담가 불린 후에 사용하며, 일반적으로는 호밀가루의 형태로 조리에 사용한다. 다음 레시피는 호밀빵의 조리 과정이다.

호밀빵

재료

강력분	200 g	물	160 mL
호밀가루	100 g	소금	1 t
이스트	5 g	쇼트닝	1 T
설탕	30 g		

조리방법

1. 밀가루와 호밀가루를 넣고 섞은 다음 2~3번 체에 내린다.
2. ①의 가루에 이스트, 소금, 설탕을 넣고 섞은 뒤 물과 쇼트닝을 넣고 반죽한다.
3. 반죽 표면을 매끈하게 둥글려 볼에 넣고 표면이 건조되지 않도록 랩을 씌워 30℃에서 1시간 정도 발효시킨다. (오븐에 넣어 온도를 30~40℃에 맞추고 습도 조절을 위해 뜨거운 물 한 컵을 넣어서 60분간 두어도 된다.)
4. 부풀어 오른 반죽을 꺼내 손으로 가볍게 눌러 가스를 뺀 후 동그란 모양으로 2등분해서 15분 정도 실온에 둔다.
5. 모양 낸 반죽에 칼집을 넣은 다음 위에 호밀가루를 약간 뿌려 30℃에서 30분간 2차 발효시킨다. 180℃ 예열한 오븐에서 20분 정도 굽는다. 이때 팬의 위치를 바꿔 전체적으로 색깔이 균일하게 충분히 익힌다.

세계적으로 유명한 독일의 호밀빵은 약간 신맛과 조밀한 텍스처를 갖는다. 호밀은 위스키, 맥주, 버번bourbon, 보드카vodka 등 양조에 사용된다.

호밀, 옥수수 등 → 발 효 → 증 류 → 여 과

그림 2.19 **가공의 예 : 호밀 보드카 제조 공정**

5. 귀리oat

귀리는 유럽에서 서기 원년 이후 재배되기 시작했으며 식용으로 사용되기 전까지는 의약용으로 사용되었다. 19세기까지 유럽에서 주로 식용으로 사용되었다. 현재 귀리의 대량 생산국은 러시아, 미국, 캐나다, 독일, 폴란드, 핀란드의 순이다.

1) 재료 및 특성

귀리는 황폐한 토지나 다양한 기후에 내성이 강한 작물이다. 수확 후 건조하여 볶음 처리를 하는데, 크고 온전한 모양의 귀리는 식용으로 쓰고 깨진 것들은 사료로 사용한다. 정백된 귀리는 압연에 의하여 플레이크로 만든다.

그림 2.20 **귀리(왼쪽)와 귀리 플레이크(오른쪽)**

스틸컷 귀리steel-cut oat는 정백된 귀리를 한 쌍의 칼날 사이로 통과시켜 다양한 두께로 절단한 것이며 두께가 얇을수록 조리 시간이 단축된다. 압연 귀리old-fashioned rolled oat는 증자steaming한 후 압연한 것이다. 압연 귀리는 더 작게 절단되어서 조리 시간을 단축시킬 수 있다. 인스턴트 귀리는 미리 조리하고 건조한 후 얇게 압연한 제품으로 뜨거운 물만 부으면 즉석에서 먹을 수 있다. 또한 당, 소금 등의 조미를 더하여 만든 다양한 오트밀oatmeal이 조식용 시리얼로 소비되고 있다.

도정한 귀리의 겨를 사용하기도 하지만 일반적으로 정백된 귀리를 사용하여 가공한다. 귀리가루는 글루텐을 갖지 않아서 제빵 시에는 밀가루 등과 혼합하여 사용한다.

2) 성분

일반적으로 사용되는 귀리는 겨와 배아 부분을 모두 함유하므로 다른 곡류제품과는

표 2.5 **귀리의 영양 성분표**

(단위 : g/100 g당)

	정백된 귀리	오트밀
수분	9.4	12.0
단백질	11.4	13.2
지방	3.7	8.2
탄수화물	73.5	64.9
식이섬유	-	18.8

자료 : 농촌진흥청 국립농업과학원, 국가표준식품성분표 제9개정판, 2017

달리 거의 모든 영양소를 그대로 포함한다. 그러나 곡류에 공통적으로 결핍된 필수아미노산은 역시 부족하다. 귀리는 산패에 강한 자연 항산화제를 함유한다. 또한 베이킹파우더, 팜유, 코코넛유 등과 접촉할 때 비누 향soapy taste을 생성하는 피트산과 라이페이스lipase를 함유하는데, 가열 처리에 의하여 그 생성을 방지할 수 있다.

귀리의 가장 큰 영양학적 장점은 혈중 콜레스테롤 수준을 낮출 수 있는 가용성 섬유를 갖는다는 점이다. 또한 높은 실리카silica 함량으로 이뇨제의 역할을 한다.

오트밀은 마그네슘, 티아민의 좋은 공급원이며, 인, 칼륨, 철, 판토텐산, 구리, 식이섬유를 함유한다.

3) 취급 및 보관

귀리는 일반 곡류 보관과 마찬가지로 곤충을 차단할 수 있는 서늘하고 건조한 장소에 보관한다.

4) 조리 및 가공

귀리는 일반적으로 죽의 재료로 사용되며, 가공식품으로는 빵, 조식용 시리얼breakfast cereal 등의 재료로 다양하게 쓰인다.

원 료 → 가 열 → 압 연 → 토스팅 → 코 팅 → 포 장

그림 2.21 **가공의 예 : 오트밀, 조식용 시리얼 제조 공정**

6. 옥수수corn, maize

오래전부터 북미 및 남미에 걸쳐 소비되어 온 옥수수는 15세기경 콜럼버스가 아메리카 대륙에 도착한 이후에 아프리카 등지까지 전 세계로 퍼져 재배되기 시작했다. 유럽에서는 옛 인디언의 말에서 전래된 단어를 따서 'corn' 대신에 'maize'라고 부른다. 옥수수는 현재에도 아메리카 대륙에서는 매우 중요한 작물이다. 최근에는 바이오 에너지인 바이오 알코올의 생산 원료로 각광을 받고 있다.

1) 재료 및 특성

옥수수는 6가지의 품종이 있는데 가장 사용량이 많은 마치종dent corn은 주로 사료로 사용된다. 알갱이가 단단하며 당 함량이 낮고 전분 함량은 높다. 색상은 다양하여 노란색, 하얀색 또는 적색을 띤다. 다음으로 중요한 감미종sweet corn은 식용으로 사용되며, 알갱이는 부드럽고 수분 함량과 당도가 높다. 감미종은 상온에 방치하면 원래 다량 존재하던 당이 전분으로 변하여 단맛이 없어지므로 냉장 보관해야 한다. 그 밖에 중요한 옥수수로 폭렬종popcorn이 있는데 알갱이가 상대적으로 작으며, 장식용으로 쓰이는 종류도 있다.

옥수수 최대 생산국은 미국이며, 중국, 브라질, 러시아, 멕시코, 인도 등의 순서로 많이 재배하고 있다.

옥수수 알갱이를 분쇄한 마사 바리나masa barina는 토르티아tortillas의 재료로 사용되며, 더 거칠게 분쇄한 호미니 그리트hominy grit는 죽이나 편이식품의 재료로 사용된다. 미국에서는 옥수수 죽을 베이컨이나 달걀과 함께 식사로 먹는다.

그림 2.22 **마치종(왼쪽), 감미종(가운데), 폭렬종(오른쪽)**

그리트 옥수수를 거칠게 빻은 가루. 입자의 크기에 따라 조리했을 때 텍스처가 다양하며, 죽을 만들어 먹거나 압출성형을 이용한 팽화 스낵 제조의 주된 재료이다. 이와 비슷한 제품으로 가성소다로 제피하여 건조한 옥수수(hominy)를 간 그리트가 있다.

옥수수 전분은 카사바cassava 전분보다 더 불투명한 젤화제gelling agent나 점증제thickener로 사용된다. 덩어리지는 것을 방지하기 위하여 뜨거운 물에 직접 넣지 않고 먼저 찬물에 넣고 가열한다. 옥수수 전분은 가수분해 또는 다른 이화학적 방법으로 처리하여 원래의 성질이 변성된 변성 전분modified starch을 만들어 사용하기도 한다.

옥수수밀cornmeal은 옥수수 알갱이의 배아를 제거하고 여러 크기로 분쇄하여 만든다. 옥수수밀은 쿠키, 머핀, 케이크, 빵에 첨가되어 약간 바삭한crunchy 텍스처를 제공하고, 죽, 토르티야 등을 만들 때도 사용된다. 옥수숫가루는 미세하게 분쇄된 옥수수밀과 동일하다. 글루텐 함량이 낮아서 제빵 시 밀가루와 함께 사용한다.

옥수수 배아는 지방을 다량 함유하여 옥수수 전체의 약 46%의 열량을 차지한다. 산패의 원인이 되므로 항상 제거한 후 가공한다. 배아는 바삭한 텍스처와 헤이즐넛 향hazelnut-like flavor을 가지며 시리얼의 재료로 소비된다.

옥수수 플레이크는 열수에 담갔다가 압연하여 제조한다.

2) 성분

옥수수의 탄수화물은 주로 전분이며 약간의 당을 함유한다. 그러나 감미종은 광합성에서 만들어진 당이 전분으로의 전환을 지연시키는 유전자를 가져서 당 함량이 높지만 수확 후에는 전분으로의 전환이 빨리 일어난다.

옥수수는 엽산, 칼륨, 티아민의 우수한 공급원이며, 마그네슘, 판토텐산, 비타민 C, 인, 나이아신, 아연, 리보플라빈을 함유하고, 식이섬유를 다량 포함한다. 그러나 옥수수 나이아신의 50~80%는 인체 내에서 흡수되지 못하므로 옥수수만 섭취할 경우 나이아신 결핍 질병인 펠라그라pellagra에 걸리기 쉽다. 전통적으로 라임lime, 가성소다caustic soda, 재ash를 같이 섭취해 이러한 단점을 극복하였는데, 이들은 나이아신의 소화를 촉진한다.

젤화제 젤을 형성하는 하이드로콜로이드(hydrocolloid)와 같은 식품첨가물. 젤은 수화된 망상 구조의 고형분 복합체라고 할 수 있는데 두부, 양갱, 푸딩 등이 모두 젤 식품에 속한다.

점증제 용액의 점도를 증가시키는 하이드로콜로이드와 같은 식품첨가물. 점증제의 용도로 텍스처를 강하게 하거나, 복합체 내 균질화된 성분 간 분리가 일어나는 것을 방지하는 데 사용된다. 예로 아이스크림 내 미세 얼음 입자가 큰 입자로 성장하는 것 억제, 토마토케첩의 상분리 방지 등에 사용된다.

변성 전분 자연 전분을 화학적, 물리적, 효소적으로 처리해서 가공 적성을 변성시킨 것. 변성 전분의 주된 용도는 호화 온도, 재수화, 교반조에 따라 호화 전분의 구조 내성, 노화에 관한 장점을 지니는 것으로, 예를 들면 용기라면의 재수화, 떡의 노화 방지, 기계적 교반을 거쳐 제조되는 토마토케첩의 물성 유지 등을 위해서는 해당되는 변성 전분을 사용한다.

표 2.6 **옥수수의 영양 성분표**

(단위 : g/100 g당)

	마치종(dried)	감미종(raw)
수 분	13.1	71.5
단백질	9.7	3.8
지 방	3.8	0.5
탄수화물	71.9	23.4
식이섬유	–	–

자료 : 농촌진흥청 국립농업과학원, 국가표준식품성분표 제9개정판, 2017

3) 취급 및 보관

옥수수를 구입할 때 손톱으로 눌러 보아 유액과 같은 즙이 나오면 신선함을 나타내고, 변색되거나 쭈글쭈글한 알갱이는 신선하지 않음을 나타낸다. 어둡고 마른 옥수수수염이나 노랗게 바랜 껍질 또한 신선하지 않음을 나타낸다. 햇빛이나 고온에 노출되었던 옥수수는 당의 상당수가 전분으로 전환되어서 좋지 않다. 30°C에서 하루 보관 시 당의 50%가 전분으로 전환되며, 20°C에서는 26%가 유실된다.

옥수수는 구입한 날 가능한 빨리 먹는 것이 좋으며 보관할 경우에는 껍데기를 그대로 또는 플라스틱 백에 넣어 냉장고에 보관한다. 옥수수는 알갱이를 분리하지 않은 채 7~11분간 데친 후 냉동하여 보관하면 약 1년간 보관이 가능하다. 그러나 분리된 냉동 알갱이는 약 3개월만 저장할 수 있다. 옥수숫가루나 전분은 밀봉된 용기에 넣어 서늘한 장소에서 보관한다. 옥수수 배아는 쉽게 산패되므로 진공 포장하며 개봉 후 냉장 또는 냉동 저장한다.

그림 2.23 **옥수수 가공식품**

4) 조리 및 가공

옥수수는 옥수수밀, 가루 등의 형태로 죽을 만드는 재료로 사용된다. 옥수수 그리트 형태로 스낵 등 가공식품의 재료로 사용되며, 전분

옥수수 → 침 지 → 파 쇄 → 분 리 → 탈 수 → 건 조 → 전 분

(파 쇄 → 분 리 단계에서) ↓ 배아옥피

(분 리 → 탈 수 단계에서) ↓ 글루텐

그림 2.24 **가공의 예 : 옥수수 전분 제조 공정**

제조의 주재료이다. 또한 맥주, 위스키, 진 등의 제조에도 쓰인다.

7. 메밀buckwheat

메밀은 일반적으로는 곡류로 분류되지만 엄밀하게는 마디풀과Polygonaceae family에 속하는 식물의 열매이다. 북유럽과 아시아가 원산지이며 현재는 전 세계에서 재배되고 있다. 메밀의 최대 생산국으로 러시아와 폴란드를 들 수 있다.

1) 재료 및 특성

메밀은 삼각형을 띠기 때문에 특수한 정백 기기를 사용해야 한다. 먼저 수세하고 크기에 따라 분류한 후 도정기로 겉껍질을 으깨서 제거한다. 이렇게 정백된 메밀은 동유럽에서는 카샤kasha라고 하며 선호도가 높은 재료이다. 카샤는 볶은 후 빻아서 죽, 수프 등의 조리에 사용된다. 볶지 않은 메밀은 매우 강한 풍미를 갖기 때문에 생선이나 디저트와 함께 제공된다.

그림 2.25 **메밀(왼쪽), 거피 메밀(가운데), 카샤(오른쪽)**

분쇄된 메밀가루는 글루텐이 없어 제빵 시 밀가루와 함께 사용하며, 면, 쿠키, 케이크 등에도 쓰인다. 메밀가루는 색이 어두울수록 영양성이 더 높다.

2) 성분

메밀은 마그네슘, 칼륨, 아연, 비타민 B_6, 티아민, 인, 철, 나이아신, 구리, 엽산의 우수한 공급원이며, 리보플라빈, 판토텐산, 칼슘을 함유한다. 메밀은 필수아미노산인 메싸이오닌은 부족하지만 라이신은 풍부하다.

메밀은 루틴rutin을 1~6%를 함유하고 있어 뇌출혈이나 동상의 치유에 사용된다. 메밀

표 2.7 메밀의 영양 성분표

(단위 : g/100 g당)

	정백된 메밀	메밀가루
수분	13.1	10.5
단백질	13.64	12.96
지방	3.38	3.29
탄수화물	67.84	71.36
식이섬유	6.3	8.5

자료 : 농촌진흥청 국립농업과학원, 국가표준식품성분표 제9개정판, 2017

은 소화가 잘될 뿐 아니라 활력소가 되는 영양성이 높은 재료이다.

3) 취급 및 보관

메밀가루는 밀폐된 통에 냉장 보관한다. 카샤는 밀폐된 통에 담아 서늘하고 건조한 장소에 보관한다. 서늘하고 건조한 장소에서 통메밀은 1년까지도 보관할 수 있으나 메밀가루는 몇 달밖에 보관할 수 없다.

4) 조리 및 가공

유럽에서는 메밀을 주로 수프나 죽의 조리에 사용한다. 통메밀을 잡곡밥에 사용하면 조리 시간이 30분 정도 걸리지만, 깨진 메밀cracked buckwheat은 조리 시간이 단축된다. 메밀가루를 이용한 가공식품으로 면, 쿠키, 케이크 등이 있다.

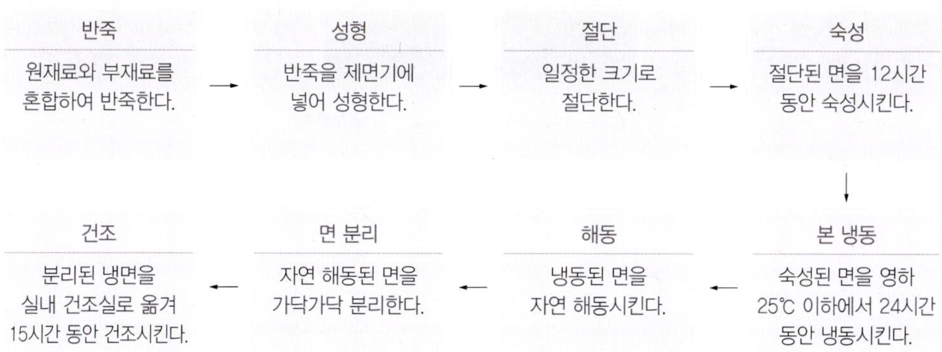

그림 2.26 **가공의 예-메밀국수(냉면) 제조 공정**

8. 수수·조·기장millet

수수sorghum, African millet, 조foxtail millet, 기장common millet은 밀레트millet에 속하는 곡류로서 아시아와 북아프리카 지역에서 재배되어 왔다. 현재 북아메리카와 서유럽에서는 주로 말먹이로서 소비되고 있다. 현재 주요 재배국은 인도, 중국, 나이지리아의 순이다. 가뭄에 강하지만 저온에 약한 작물이다.

1) 재료 및 특성

수수는 세계적으로 소비량이 많은 밀, 쌀, 옥수수, 보리에 이어서 다섯 번째로 많이 소비되는 곡류이다. 건조한 지역에서도 잘 자라는 작물이다. 수숫가루는 글루텐을 함유하지 않아서 제빵 시 밀가루와 같이 쓰인다. 통수수는 잡곡밥에 사용된다. 수수는 타닌tannin을 함유하여 떫은맛이 있다.

조는 중국에서 성스러운 곡류로 알려져 있으며, 미국에서는 대표적인 말먹이로 사용된다. 러시아에서는 주로 맥주의 재료로 쓰이며, 영국에서는 새 모이로 많이 쓰인다.

기장은 식용으로 쓰이며 러시아, 아시아, 남유럽, 북미에서 재배되고 있다. 우리나라에서는 오곡밥에 사용되는 잡곡이다.

그림 2.27 **수수(왼쪽), 조(가운데), 기장(오른쪽)**

2) 성분

밀레트는 마그네슘의 우수한 공급원이다. 나이아신, 티아민, 리보플라빈, 엽산, 비타민 B_6, 칼륨, 인, 철, 아연, 구리를 함유한다. 밀, 쌀, 옥수수보다 더 고품질의 단백질을 제공한다. 그러나 필수아미노산인 라이신과 트립토판은 결핍되어 있다. 다른 곡류에 비하여 특이하게도 알칼리성 곡류이다. 쉽게 소화되며 알레르기를 일으키지 않는다. 또한 실리카

표 2.8 수수, 조, 기장의 영양 성분표

(단위 : g/100 g당)

	통 수수	정백된 조	정백된 기장
수분	8.7	11.4	11.3
단백질	10.5	10.7	11.2
지방	3.1	3.7	1.9
탄수화물	76.5	72.81	74.6
식이섬유	-	5.9	-

자료 : 농촌진흥청 국립농업과학원, 국가표준식품성분표 제9개정판, 2017

silica 함량이 높아 특유의 맛이 있으며 혈중 콜레스테롤을 낮추고 뼈 형성에 좋은 효과가 있다. 변비, 담석, 위염 및 대장염 방지에 효과적이며 방광, 신장, 위장에 좋다.

3) 취급 및 보관

밀폐된 통에 담아 서늘하고 건조하며 어두운 장소에 수개월간 보관할 수 있다.

4) 조리 및 가공

수수로 잡곡밥이나 떡을 만들 때는 미리 물에 담가 수수의 붉은색과 타닌의 떫은맛을 우려낸 후 사용한다. 수수는 죽, 케이크 등 가공식품의 재료로 사용된다. 아프리카에서는 맥주, 중국에서는 마오타이mao-tai라는 술을 만드는 데 사용한다.

조는 잡곡밥 재료나 새 모이로 사용된다. 조가루는 주정용 또는 떡, 엿, 과자 등의 재료로 쓰인다.

기장은 오곡밥의 잡곡으로 사용하며 죽, 떡, 과자 등 가공식품의 재료로 쓰인다.

원료 및 첨가물 투입 → 액 화 → 당 화 → 농 축 → 브릭스(Brix) 조정 및 포장

그림 2.28 **가공의 예 : 엿 제조 공정**

9. 율무Job's tears, coixseed, adlay

율무는 동아시아와 말레이시아에서 유래된 작물로서 미국 남부나 열대지방에서 재배된다. 주로 쌀, 옥수수 등은 자랄 수 없는 높은 지대에서 재배되며 아시아 지역에서는 중

국펄보리Chinese pearl barley로 불리며 유통되고 있다.

그림 2.29 **율무**

1) 재료 및 특성

율무는 한쪽 끝에 홈이 패어 있고 갈색이지만 정백된 율무는 흰색을 띤다. 율무가루는 우리나라에서 전통차의 하나인 율무차 재료로 사용된다. 이와 유사한 중국의 *yìmí shǔi*薏米水는 통율무를 물에 넣고 끓인 뒤 가당하여 율무는 건져 내고 차만 마시거나 또는 율무를 함께 먹는 전통음식이다.

우리나라의 옥로주는 쌀과 율무로 만든 술이며, 일본에서는 식초를 만드는 데 쓰인다. 율무는 한약재로도 사용된다.

2) 성분

율무는 수분 8.8%, 탄수화물 69.5%, 단백질 15.1%, 조지방 6.4%를 함유한다. 지방 함량이 다른 곡류에 비하여 높은 것이 특징이다.

3) 취급 및 보관

율무는 일반 곡류와 마찬가지로 밀폐된 통에 담아 서늘하며 어둡고 건조한 장소에 보관한다. 지방 함량이 높으므로 가능하면 진공 포장한다.

4) 조리 및 가공

율무는 차, 과자, 국수의 재료로 사용된다. 또한 한방에서는 건위, 건습, 물사마귀, 신경통, 류머티즘 등의 치료 약재로 사용된다.

원료 세척 → 불림 → 찜 → 건조 → 혼합 · 분쇄 · 포장

그림 2.30 **가공의 예 : 율무차 제조 공정**

단원정리

1. 곡류는 중요한 식량 자원으로 섬유질 및 비타민, 무기질이 풍부한 외층과, 가장 큰 비율을 차지하며 전분으로 구성된 배유, 그리고 새싹의 근원인 배아 부분으로 구성된다.
2. 쌀은 단립종, 중립종, 장립종으로 구분되는데 단립종이 가장 찰기가 많다. 파보일드 쌀은 도정 전에 가열에 의하여 외층의 영양 성분들이 배유 부분으로 확산되어 영양성이 좋다.
3. 보리는 잡곡밥용과 맥아 제조용으로 구분된다. 맥아는 발아된 보릿가루로서 높은 효소 활성을 가지므로 양조, 엿, 감주 등의 제조에 사용된다.
4. 밀은 제과, 제빵, 제면에 주된 재료로 사용된다. 특히 글루텐 함량이 높아 제빵의 반죽 제조에 적당하다. 밀가루의 품질 평가 지표로 회분 함량을 사용하는데 제분 시 밀가루에 혼입된 회분 함량이 높은 밀겨의 양이 판단 척도이다.
5. 귀리는 조식용 시리얼인 오트밀로 사용된다. 글루텐은 없으며 산패에 강한 특유의 자연 항산화제를 함유한다.
6. 옥수수는 전분 및 변성 전분 제조의 주요 작물이다. 감미종은 상온에 방치하면 당이 전분으로 변하여 단맛이 없어지므로 냉장 보관해야 한다.
7. 메밀은 글루텐이 없으며 건강 기능성 물질인 루틴rutin을 함유하고, 제면, 제빵에 사용된다.
8. 수수는 잡곡밥, 떡의 재료로 사용하며 타닌을 함유하여 떫은맛이 있다. 조는 잡곡밥의 재료 및 주정용 또는 떡, 엿, 과자 등의 재료로 사용한다. 기장은 오곡밥의 잡곡으로 사용하며 죽, 떡, 과자 등의 재료로도 쓰인다.
9. 율무는 율무차의 재료이다. 옥로주의 양조 원료로 쌀과 율무가 쓰인다. 율무는 한약재로도 사용된다.

연습문제

1. 곡류의 구조에서 영양적으로 우수한 외층 또는 겨 부위가 유실되는데 이에 대한 방지 방안에 관하여 설명하시오.

2. 쌀을 도정할 때 7분도 정미란 현미 100%를 기준으로 얼마나 겨층을 제거한 것인지 답하시오.

3. 전분의 호화에 대하여 설명하시오.

4. 보리와 맥아의 차이점을 설명하시오.

5. 옥수수 배아는 쉽게 산패되는데 이에 대한 방지 방안을 설명하시오.

6. 용기라면용 변성 전분의 적합한 성질을 설명하시오.

7. 알칼리성 식품의 의미와 알칼리성 식품인 곡류에는 어떤 것이 있는지 답하시오.

정답 및 해설

1. 곡류를 도정할 때 제거되는 외층 부위인 겨에 영양소가 많이 분포한다. 이에 대한 유실 방지 방안으로는 도정을 하지 않고 섭취하거나, 겨 부분의 텍스처를 향상할 수 있는 발아현미, 도정하기 전에 외층의 영양분을 배유 부분으로 확산시키는 파보일링 등의 방법을 생각할 수 있다.
2. 겨의 양은 현미의 약 8%이며 백미는 10분도 미로서 겨의 100%를 제거한 것에 해당한다. 따라서 백미의 도정률은 (100－8)×1＝92%가 된다. 7분도 미는 겨의 70%를 제거한 것으로 도정률은 (100－8)×0.7＝94%가 된다.
3. 전분에 충분한 물을 가하고 가열하면 호화가 된다. 전분 입자는 아밀로스(amylose)와 아밀로펙틴(amylopectin) 분자의 복합체이며 준결정 구조를 갖는다. 물을 넣고 가열하면 물이 침투하면서 팽화되고 결국 준결정 구조가 풀려서 페이스트 상으로 바뀌어서 인체 내에서 소화되기 쉬운 형태로 된다.
4. 맥아는 발아된 보리이다. 보리가 발아되면 당화효소가 내부에 생성되어 맥아는 당화를 시키기 위해 사용된다. 예로 맥주 제조는 크게 당화와 발효 과정으로 구성되는데 당화를 위해 맥아가 사용된다.
5. 옥수수 배아는 지방 함량이 높기 때문에 산패되기 쉬운데 산패를 방지하기 위해서는 먼저 공기와 빛을 차단하고, 낮은 온도에서 보관한다. 수분 함량은 오히려 너무 건조되면 산패가 더 잘되므로 수분활성도 약 0.3 이상을 유지하는 것이 바람직하다.
6. 용기라면은 뜨거운 물에 빨리 복원되어야 한다. 따라서 호화 개시 온도가 낮은 변성 전분이 적당하다. 실례로 호화 개시 온도가 낮은 감자초산전분이 사용된다.
7. 알칼리 식품이란 신체 내에서 소화되고 최종적으로 알칼리성을 나타내는 식품을 의미한다. 수수·조·기장과 같은 밀레트(millet)류는 특이하게도 다른 곡류와는 달리 알칼리성 식품이다.

제3장
콩류

학습목표

1. 콩류의 종류를 알 수 있다.
2. 콩류의 재료적 특징을 물리적, 영양학적, 기능적인 면에서 이해할 수 있다.
3. 콩류의 특징에 따라 조리와 가공에 응용할 수 있는 능력을 기른다.

콩류 역시 곡류와 같이 고대 이후 인간의 식량으로 재배되어 왔다. 중세에는 곡류 농사가 적당치 않은 북유럽에서는 콩류가 중요한 식용 작물로 쓰였다. 오늘날까지도 북아프리카, 남아메리카, 아시아 지역에서 콩류는 중요한 식용 작물이다.

콩류는 겉껍질에 해당하는 꼬투리pod 안에 하나 이상의 알갱이가 들어 있는데 곡류와 비교하면 곡립에 해당하는 알갱이, 배아에 해당하는 싹bud, sprout, 배유에 해당하는 자엽seed leaf, 겨층에 해당하는 종피seed coat 부분으로 구성된다. 싹 주위에 배꼽과 주공이 있는데 발아 시 여기에서 뿌리가 나온다.

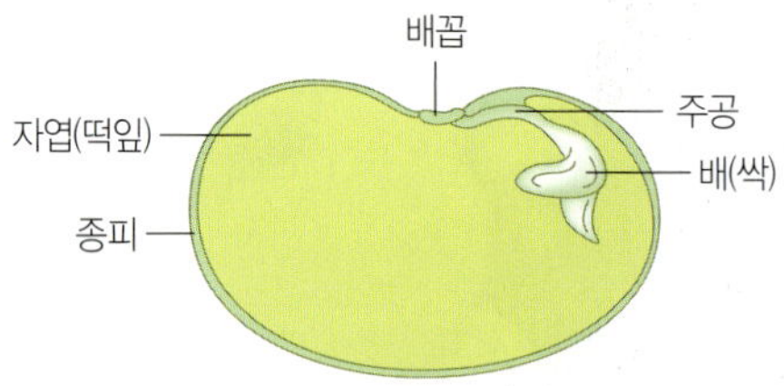

그림 3.1 콩류의 구조

콩류는 많은 양의 단백질을 함유하지만 육류에 비하여 불완전단백질로 필수아미노산인 메싸이오닌, 시스틴, 트립토판이 결핍되어 있다. 이를 보충하기 위하여 다른 식품과 같이 섭취하는 것이 바람직하다. 상당량의 엽산, 칼륨과 다량의 철과 마그네슘을 함유하고 있으며, 티아민, 아연, 구리가 들어 있고 식이섬유가 풍부하다. 인체 내 콩류의 철 흡수를 높이기 위하여 비타민 C가 풍부한 오렌지, 양배추 등을 같이 섭취하는 것이 좋고, 타닌이 들어간 차를 같이 마시면 철분의 흡수가 저해된다. 콩류는 알칼리성 식품이다.

콩류는 조리할 때 시간이 오래 걸리므로 반드시 가열 전에 수침 과정을 거쳐야 한다. 이런 불편함을 압력 조리기의 사용으로 해결할 수 있지만, 조리 시간이 너무 단축되어 다른 재료와 풍미가 불완전 혼합되는 등의 문제가 생긴다. 또한 압력 조리 시 거품이 과량 발생할 수 있는데 약간의 기름을 물에 가하여 거품의 발생을 줄일 수 있다. 콩류는 삶음, 분쇄, 볶음, 발효 또는 발아 등의 처리를 거쳐 사용한다. 통조림 가공품, 샐러드, 스낵, 죽,

필수아미노산 체내에서 합성이 불가능하여 반드시 식품으로 섭취해야 하는 아미노산. 아미노산은 단백질의 구성물질이며, 성인에게 필요한 필수아미노산은 8종으로 발린(valine), 루신(leucine), 아이소루신(isoleucine), 메싸이오닌(methionine), 트레오닌(threonine), 라이신(lysine), 페닐알라닌(phenylalanine), 트립토판(tryptophan)이며, 어린이의 경우 히스티딘(histidine), 아르지닌(arginine)이 더해져 10종이다.

알칼리성 식품 섭취된 후 체내 대사를 거쳐서 최종 알칼리로 기여하는 식품. 주의할 점은 섭취할 때 알칼리성의 여부와는 관련이 없다. 대부분의 곡류는 산성 식품인데 그 섭취량이 매우 많으므로 과일과 같은 알칼리성 식품과 함께 섭취하면 신체의 산성화를 막을 수 있다.

수프, 푸딩 등의 재료로 쓰인다.

콩류는 밀폐된 통에 넣어 차고 건조한 곳에서 1년 동안 영양 손실 없이 보관할 수 있다. 주의할 점은 다른 시기와 장소에서 구입한 콩류를 같은 통에 섞어 보관하는 것을 피해야 한다. 조리된 콩류는 냉장고에서 5일간, 냉동실에서는 약 3개월까지 보관할 수 있다.

1. 콩soybean

콩은 일찍이 중국의 만주 지역을 근원으로 해서 한국, 일본, 중국 등지에서 재배되어 왔다. 우리나라에서 콩은 대두로 불리며 전통 발효식품의 주된 재료로 사용되어 왔다. 현재 미국은 콩의 최대 생산국이며 생산된 콩은 주로 식용유의 생산에 사용되고 찌꺼기는 사료로 쓰인다. 미국에 이어 브라질, 중국, 아르헨티나, 인도, 이탈리아 순으로 많이 생산된다.

1) 재료 및 특성

콩은 알갱이의 크기가 클수록 단백질이 많고, 작을수록 지방이 많다. 일반적으로 아시

그림 3.2 **여러 종류의 콩**

아 지역의 콩은 대립이고 미국산 콩은 소립에 해당된다. 단백질 함량이 큰 콩은 두부, 장류 등의 제조에 적당하며, 지방 함량이 높은 콩은 식용유 제조와 콩나물 콩으로 쓰인다. 콩의 색과 모양은 다양하여 단색인 흰콩, 누런 콩, 푸른 콩 또는 청태, 밤콩 또는 붉은 콩, 검정콩 또는 서리태, 약콩 또는 쥐눈이콩이 있으며, 다색인 얼룩콩, 아주까리콩이 있다. 콩에는 비타민 C가 거의 없지만 콩나물로 키운 후에는 다량 함유한다.

탈지 콩가루는 단백질 함량은 밀가루보다 2~3배 더 높지만, 글루텐이 없어 제빵 시 부풀지 않는다. 탈지 콩가루는 상온에 저장하고, 전지 콩가루는 산패를 방지하기 위하여 냉장 보관을 한다.

콩을 볶아서 분쇄한 가루는 물에 추출해서 커피 대용품으로 사용하기도 한다.

콩에는 영양 저해물질인 트립신trypsin과 피트산phytic acid의 저해제가 존재하는데 적절한 조리나 발효에 의하여 저해제를 불활성화시킬 수 있다. 저해제는 장류, 두부, 두유 등의 가공 중 불활성화된다.

2) 성분

콩은 영양성과 단백질 함량이 가장 높은 콩류이다. 콩단백질은 메싸이오닌만 결핍되고 다른 필수아미노산은 모두 포함하는 매우 우수한 단백질이다. 곡류에 일반적으로 결핍된 라이신을 보충하기 위한 좋은 재료로 쓰인다.

콩은 칼륨, 마그네슘, 철, 엽산의 우수한 공급원이며, 인, 구리, 나이아신, 리보플라빈을 함유한다. 비타민 B_6, 아연, 티아민, 칼슘을 미량 함유한다.

콩은 간에 좋으며 함유된 섬유질은 혈중 콜레스테롤을 낮추는 역할을 한다. 또한 항암 작용과 대장암의 발병을 줄이는 효과를 갖는다.

표 3.1 콩의 영양 성분표

(100 g당)

	삶은 콩	콩가루	탈지 콩가루
수 분	61.0	5.2	7.2
단백질	16.6	34.5	47.0
지 방	9.0	20.6	1.2
탄수화물	9.9	35.2	38.4
섬유소	2	-	-

자료 : Fortin, F., *Visual Food Encyclopedia*, 1996

콩기름은 78%가 불포화지방산이며 콜레스테롤은 없고 천연 유화제인 레시틴lecithin을 함유한다.

3) 취급 및 보관

콩을 조리할 때는 물에 불린 후 삶는다. 서늘하고 건조하며 어두운 장소에 보관한다.

4) 조리 및 가공

콩은 조리음식으로 콩자반, 잡곡밥 등에 사용된다. 가공식품으로는 두부, 두유, 장류, 비지, 식용유, 콩나물, 콩고기 등의 제조에 쓰인다.

그림 3.3 **콩 가공식품**

재료

검정콩	250 g	물엿 또는 요리당	1/4컵
물	1컵	참기름	1/2 t
간장	1/4컵	통깨	1 T
설탕	1 T		

조리방법

1. 검정콩을 깨끗이 씻어 찬물에 담가 4~5시간 정도 불린다.
2. 냄비에 불린 콩과 콩 불린 물(1컵)을 넣고 끓인다.
3. 삶은 검정콩에 간장, 설탕을 넣고 섞은 다음 한소끔 끓으면 중간 불로 줄이고, 간장물이 반으로 줄어들 때까지 조린다.
4. ③에 물엿(요리당)을 넣고 강한 불로 가볍게 뒤적이며 바특하게 조린다.
5. 불을 끄고 참기름과 통깨를 뿌린다.

유화제 물과 기름을 서로 잘 섞이게 도와주는 식품첨가물. 유화제는 친수성기와 친유성기를 모두 갖고 있어 물과 기름의 가교 역할을 한다. 즉, 유화액을 제조하기 위하여 교반이나 분사할 때 유화제를 같이 넣어 주면 유화액의 분산상(dispersed phase)의 주위에 유화제가 존재하여 바로 주위의 연속상(continuous phase)과 가교 역할을 하여 유화 상태가 오래가도록 한다.

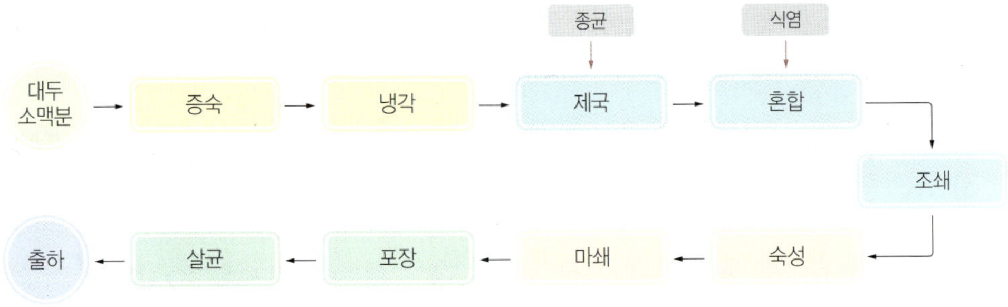

그림 3.4 **가공의 예 : 된장 제조 공정**

2. 팥azuki bean

팥은 아시아 지역에 근원을 두며, 현재 콩 다음으로 상업적으로 중요한 콩류이다. 미국에서는 1960년대 이후로 팥의 소비가 증가했는데 때를 같이하여 증가한 장수식macrobiotic diet과 밀접한 관련이 있다.

1) 재료 및 특성

팥은 모가 나지 않은 사각형 모양이며 적갈색brownish red을 띤다. 팥은 삶아서 식용한다. 아시아에서는 팥 반죽을 만들어 앙금으로 사용하고, 팥가루는 케이크, 수프, 유제품 등의 가공제품에 사용된다.

2) 성분

팥은 칼륨의 우수한 공급원이며, 마그네슘, 인, 아연, 구리, 식이섬유소를 함유한다. 또한 철, 티아민을 미량 함유한다.

표 3.2 팥의 영양 성분표

(단위 : g/100 g당)

	삶은 팥
수분	63.3
단백질	9.2
지방	0.1
탄수화물	26.4
식이섬유	-

자료 : 농촌진흥청 국립농업과학원, 국가표준식품성분표 제9개정판, 2017

그림 3.5 **팥**

3) 취급 및 보관

팥의 껍질은 특히 단단하여 삶기 전에 반드시 물에 불린 후 사용한다. 껍질에는 사포닌 성분이 있는데 처음 삶은 물은 버려 사포닌 성분을 제거한 후 다시 물을 붓고 삶는 것이 좋다. 또한 시아니딘cyanidin 배당체가 있어서 아린 맛이 있다.

일반 곡류와 마찬가지로 곤충을 차단할 수 있는 서늘하고 건조한 장소에 보관한다.

4) 조리 및 가공

팥은 잡곡밥의 재료로 쓰이며 가공식품으로는 팥앙금, 죽, 젤 식품 등에 사용된다.

팥칼국수

재료

붉은 팥	600 g
밀가루	500 g
물	3,000 mL
소금·설탕	약간

조리방법

1. 팥을 물에 씻어 무르게 삶는다. 이때 끓기 시작하면 첫물은 버리고, 새 물을 다시 받아 삶아야 팥의 텁텁한 맛을 없앨 수 있다.
2. 삶은 팥을 체에 걸러 팥 껍질을 제거하고 팥물을 준비한다.
3. 밀가루에 소금을 넣고 ②에서 준비한 팥물을 부어 반죽한 다음 밀대로 얇게 민다.
4. ③의 반죽이 달라붙지 않도록 앞, 뒷면에 밀가루를 뿌리고 돌돌 말아 먹기 좋은 크기로 채 썬다.
5. 냄비에 팥물을 붓고 끓으면 가늘게 썬 칼국수를 넣어 익힌다. 소금과 설탕으로 간을 하여 담아 낸다.

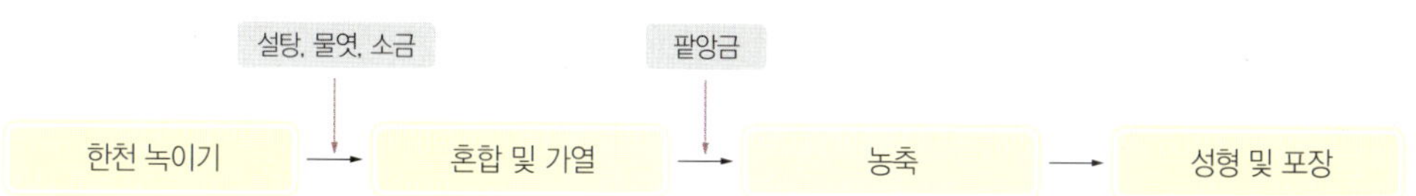

그림 3.6 가공의 예 : 양갱 제조 공정

배당체(glycosides) 당과 당 또는 당과 다른 물질이 서로 결합된 식물 내에 존재하는 복합체. 당이 아닌 부분의 종류에 따라 여러 건강 기능성이 부여될 수 있고 효소에 의한 당의 분리에 따라 그 효과가 증진되는 경우도 있다.

3. 녹두mung bean, green bean

녹두는 아시아 지역에서 전통음식의 중요한 재료로 사용되어 왔다. 녹두의 최대 생산국은 인도와 파키스탄이며, 지금은 미국에서도 숙주나물(녹두나물)이 중국요리인 촙 수이chop suey의 중요한 재료로 쓰인다.

1) 재료 및 특성

녹두와 그 껍데기를 벗긴 거피녹두를 사용한다. 일반적인 녹두의 색은 초록이지만 누런색, 갈색, 올리브색, 갈자색의 다양한 색을 띤다. 숙주나물도 콩나물과 같이 녹두에는 없던 비타민 C를 다량 함유하게 된다.

그림 3.7 **녹두(왼쪽), 거피녹두(오른쪽)**

2) 성분

녹두는 엽산의 우수한 공급원이고, 칼륨과 마그네슘의 좋은 급원이다. 티아민thiamine, 판토텐산pantothenic acid, 철, 인, 아연, 구리를 함유한다. 또한 식이섬유소를 포함한다. 불완전단백질을 함유하여 일부 필수아미노산이 결핍되어 있다.

표 3.3 녹두의 영양 성분표

(단위 : g/100 g당)

	삶은 녹두	숙주(녹두) 나물(raw)
수분	60.0	95.7
단백질	11.29	1.73
지방	0.67	0.05
탄수화물	26.66	2.34
식이섬유	9.8	1.7

자료 : 농촌진흥청 국립농업과학원, 국가표준식품성분표 제9개정판, 2017

3) 취급 및 보관

일반 콩류와 마찬가지로 서늘하고 그늘지며 건조한 장소에 보관한다.

4) 조리 및 가공

녹두가루는 녹두전(빈대떡), 청포묵 등의 조리에 사용한다. 가공식품으로는 당면, 죽 등의 재료로 쓰인다.

배 합 → 반죽, 진공 → 사출, 호화, 냉각 → 저온 냉동 → 본 냉동 → 해 동 → 건 조

그림 3.8 **가공의 예 : 녹두당면 제조 공정**

녹두전

재료

녹두	3컵	고사리	150 g
돼지고기	150 g	진간장·식용유	적당량
배추김치	1/4포기	파, 마늘, 실고추, 소금, 후춧가루,	
숙주나물	150 g	참기름, 깨소금	약간

조리방법

1. 녹두는 충분히 불린 후 문질러 껍질을 벗긴다.
2. 믹서에 녹두를 넣은 다음 물 1컵을 붓고 곱게 갈아 준다.
3. 김치는 꼭 짜서 송송 썬다. 숙주나물은 살짝 데치고 고사리는 삶아서 짧게 썬다.
4. 돼지고기는 잘게 썰어서 진간장, 다진 마늘, 깨소금, 참기름, 후춧가루를 넣어 양념한다.
5. 갈아 놓은 녹두에 ③, ④를 넣고 소금과 후춧가루로 간하여 반죽한다.
6. 팬에 기름을 넉넉히 두르고 ⑤의 반죽을 한 국자씩 떠 넣고 파, 실고추를 얹어 노릇하게 지져 낸다.

4. 강낭콩kidney bean, bean

강낭콩은 약 7,000년 전 멕시코와 페루에서 재배되기 시작했다. 아메리카 대륙이 발견된 이후 19세기 말이 되어서야 이탈리아에서 강낭콩을 샐러드로 먹기 시작했으며, 현재 주요 생산국으로는 인도, 브라질, 중국, 미국, 멕시코, 인도네시아 등이 있다.

1) 재료 및 특성

강낭콩은 완숙 또는 과숙되면 식용할 수 없으므로 그 전에 섭취한다. 강낭콩은 흰콩white bean, 핀토콩pinto bean, 로만콩Roman bean, 적색콩red kidney bean, 플래지오리트flageolet, 검은콩black bean의 종류가 있다. 흰콩은 풍미 자체가 약하며, 다른 재료와 조리할 때 맛이 쉽게 흡수되어 조화를 이룬다. 핀토콩은 조리 시 크리미creamy 텍스처를 부여한다. 로만콩은 매우 부드러운 텍스처를 제공하고 쉽게 다른 재료의 풍미를 흡수한다. 적색콩이 가장 보편적인 강낭콩으로 끓이는 음식에 주로 사용되는데 맛이 쉽게 흡수되고 열에도 그 모양과 텍스처를 유지하여 통조림용으로 적당하다.

2) 성분

강낭콩은 칼륨과 엽산의 우수한 공급원이며, 비타민 C, 마그네슘, 티아민, 철, 비타민 A, 나이아신을 포함한다. 구리, 인, 칼슘을 소량 함유한다.

강낭콩은 이뇨제, 강장제의 기능이 있고 피를 깨끗하게 해주며 질병 감염을 억제하는 효과를 갖는다.

표 3.4 강낭콩의 영양 성분표

(단위 : g/100 g당)

	삶은 강낭콩
수분	57.0
단백질	8.46
지방	0.9
탄수화물	31.9
식이섬유	15.2

자료 : 농촌진흥청 국립농업과학원, 국가표준식품성분표 제9개정판, 2017

그림 3.9 **강낭콩**

3) 취급 및 보관

구입 시 꼬투리가 초록색 또는 누런색이고 단단하며, 갈색 얼룩이 없는 것을 고른다. 꼬투리를 부러뜨렸을 때 꺾인 면에 물방울이 보이면 신선한 콩이다. 과숙되거나 오래된

데치기 약하게 가열하여 식물 내 효소를 불활성화하는 처리. 뜨거운 물에서 수분이나 스팀으로 약 30초간 가열한다. 냉동식품은 해동할 때 효소가 작용할 수 있으므로 데치기를 해서 동결시킨다. 데치기를 한 양배추 등의 채소류는 더 오래 보존될 수 있다. 단, 데치기를 너무 오래하면 효소 외에도 다른 영양 성분이 파괴될 수 있으므로 적당하게 가열해야 한다.

콩은 단단하여 식용으로 적당하지 않다.

보관을 위하여 꼬투리는 조리하기 직전에 수세하는 것이 좋다. 수세하지 않은 채로 구멍 난 플라스틱 백에 넣어 2~3일 냉장 보관할 수 있다. 장기 보관을 위해서는 데치기blanching한 후 냉동한다.

4) 조리 및 가공

강낭콩은 잡곡밥, 수프, 샐러드 등의 재료로 사용되며, 통조림으로 가공한다.

원료 → 세정 → 조리 → 담기 → 충전 → 탈기 → 밀봉 → 살균 → 냉각 → 검사

그림 3.10 **가공의 예 : 강낭콩 통조림 제조 공정**

5. 완두garden pea, green pea, pea

완두는 중앙아시아 및 유럽에서 유래되었는데 오랫동안 주로 퓌레의 재료로 쓰이다가 약 4,000년 전 중국에 도입된 후에 꼬투리나 알갱이가 야채로 사용되었다. 완두는 19세기 말경 유전학자인 멘델Mendel의 교배실험에 사용되어 품종의 지속적인 발전을 이루어 왔다.

1) 재료 및 특성

완두는 보통 둥근 형태이나 약간 사각 형태를 띠기도 한다. 색은 일반적으로 초록색이나 다양한 색을 갖는다. 완두는 약 1,000개 이상의 종류가 있는데 매끄러운 완두, 주름

그림 3.11 **매끄러운 완두(왼쪽), 주름진 완두(가운데), 스노우 완두 꼬투리(오른쪽)**

진 완두, 스노우 완두snow pea가 대표적이다. 매끄러운 완두는 주로 냉동된 형태로 유통된다. 주름진 완두는 당 함량이 높아 감미가 더 있으며, 주로 통조림으로 가공된다. 스노우 완두는 꼬투리도 식용으로 사용되며 감미와 파삭함crisp이 더하다.

2) 성분

완두는 칼륨과 엽산의 우수한 공급원이며, 티아민을 함유한다. 마그네슘, 아연, 철, 구리, 인, 판토텐산을 소량 함유한다. 통조림으로 가공할 때 완두의 변색을 막기 위한 황산동$CuSO_4$ 처리에 의하여 비타민 C가 다량 파괴된다.

표 3.5 완두의 영양 성분표

(단위 : g/100 g당)

	완두	삶은 완두
수분	71.0	69.7
단백질	7.92	7.27
지방	0.44	1.10
탄수화물	19.51	20.78
식이섬유	8.5	9.1

자료 : 농촌진흥청 국립농업과학원, 국가표준식품성분표 제9개정판, 2017

3) 취급 및 보관

수확이 늦은 완두는 당이 전분으로 변화되어 더 건조해지고 감미는 낮아진다. 구입 시에는 알갱이가 차지 않은 꼬투리가 매끄러운 것이 좋다. 특히 스노우 완두는 꼬투리가 연하고 주름지거나 누렇고 반점이 있는 것을 피해야 한다.

완두는 통기가 되는 용기에 넣어 냉장 온도에서 4~5일 동안 보관할 수 있다. 미숙 완두나 스노우 완두는 1~2분간 데쳐서 냉동한다.

4) 조리 및 가공

완두는 잡곡밥에 넣어 먹는다. 끓는 물에 약간의 버터, 당근, 아스파라거스, 육류 등과 함께 조리할 수 있다. 또는 죽, 수프, 스튜stew, 샐러드에 쓰인다. 통조림, 앙금 등으로 가공된다.

완두 삶음 → 냉각 → 혼합 → 농축

그림 3.12 **가공의 예 : 완두앙금 제조 공정**

6. 땅콩peanuts

땅콩은 남아메리카 또는 중국에서 유래되었다. 수 세기 동안 남아메리카에서 식용되었으며, 15세기경 아메리카 대륙이 발견되면서 아프리카, 필리핀, 북아메리카에도 도입되었다. 19세기경 북아메리카에서 대량으로 재배되었으며, 특히 1890년 땅콩버터peanut butter가 발명되면서 그 선호도는 오늘날까지 계속 증가하였다. 현재 땅콩의 최대 생산지로는 미국, 인도, 중국, 나이지리아, 인도네시아 등이 있다.

1) 재료 및 특성

땅콩은 특이하게도 꽃자루가 길게 자라서 땅으로 굽어 땅속으로 2.5~10 cm까지 파묻힌 후 땅속에서 열매가 맺힌다. 수확할 때는 식물 전체를 뿌리 채 뽑아서 여러 날 말린 후 꼬투리를 딴다.

땅콩은 수프, 소스, 샐러드, 디저트 등의 풍미 향상을 위한 재료로도 사용된다. 기름에 볶은 땅콩은 소화율이 떨어진다.

땅콩 식용유는 고온에서도 안정하여 프라이fry에 계속 사용해도 변질되지 않는다. 세계 생산량의 약 2/3가 땅콩 식용유로 가공된다.

땅콩버터는 매우 훌륭한 단백질의 공급원으로, 미국에서 발명되기 전에도 아프리카, 인도, 남아메리카, 인도네시아 등에 유사한 형태의 전통식품이 있었다. 이들 나라에서는 땅콩을 육류와 함께 섭취하였다.

그림 3.13 **땅콩(왼쪽), 땅콩버터(오른쪽)**

2) 성분

땅콩은 단백질, 지방, 에너지가 풍부한 식품이다. 불완전단백질이며 지방은 85.5%가 불포화지방산이다. 티아민, 나이아신, 마그네슘, 칼륨의 우수한 공급원이며, 판토텐산, 구리, 아연, 인을 함유한다. 철은 미량 함유한다.

표 3.6 땅콩의 영양 성분표

(단위 : g/100 g당)

	생땅콩	볶은 땅콩
수분	10.8	2.7
단백질	25.74	28.50
지방	42.57	46.24
탄수화물	18.36	19.91
식이섬유	13.4	10.5

자료 : 농촌진흥청 국립농업과학원, 국가표준식품성분표 제9개정판, 2017

3) 취급 및 보관

땅콩은 곰팡이 독소aflatoxin에 오염될 수 있어서 보관에 각별한 주의를 기울여야 한다. 땅콩의 최적 보관 조건인 30~35℃, 80%RH에서 곰팡이*Aspergillus flavus* 또한 오염되기 쉽기 때문이다. 오래되고 변색되어 검은색을 띠며, 산패취가 나고 곰팡이가 쓴 땅콩은 폐기해야 한다.

생땅콩은 볶은 땅콩보다 쉽게 부패되므로 밀폐된 통에 넣어 냉장 보관한다. 볶은 땅콩은 벌레나 설치류의 근접을 막고 서늘하며 건조한 장소에서 보관한다. 냉동 상태에서는 6개월 동안 보관할 수 있다. 꼬투리를 벗기지 않은 땅콩은 더 오래 보관할 수 있다.

4) 조리 및 가공

땅콩을 가열하면 약간 팽창하며 단단해지는데 더 가열하면 부드러워진다. 땅콩은 부드러워지는 데 약 30분이 소요된다. 다음의 레시피는 건강에 좋은 땅콩, 피칸pecan 조림의 조리 과정이다.

가공식품으로 식용유, 땅콩버터의 재료로 사용된다.

피칸 아메리카가 원산지로 지방 함량이 매우 풍부한 콩류. 피칸 파이는 대중적이다.

땅콩피칸 조림

재료

생땅콩	2컵
피칸	1/2컵
식초	1 T

조림장

(물 1/2컵, 간장 3 T, 물엿 2 T, 맛술 2 T, 설탕 1 T, 식용유 약간)

조리방법

1. 식초를 넣고 끓인 물에 생땅콩을 넣고 3~4분간 끓이다가 피칸을 넣어 1분 정도 데친 다음 맑은 물에 헹구어 체에 밭쳐 놓는다.
2. 냄비에 조림장을 넣고 끓기 시작하면 땅콩과 피칸을 넣는다.
3. 땅콩이 갈색으로 될 때까지 약불에서 가볍게 뒤적이며 바특하게 조린다.

• 압착법

원료 → 정선 → 파쇄 → 가온 → 압편 → 증자 → 압착 → 원유, 유박 → 정제

• 추출법

원유, 유박 → 정선 → 파쇄 → 가온 → 압편 → 건조 → 추출 → 원유, 유박 → 정제

그림 3.14 **가공의 예 : 땅콩 식용유 제조 공정**

7. 기타 콩류

동부cow pea

동부는 국내에서 생산되며, 잡곡밥에 섞어 먹는다. 동부 전분은 묵의 재료로 사용한다.

잠두faba bean

잠두는 국내에서 생산되며, 잡곡밥, 샐러드에 섞어 먹는다. 스낵으로도 가공된다.

병아리콩chick pea

병아리콩은 현재 전 세계 총생산량의 3/4이 인도와 터키에서 생산되며, 그 밖에 파키스

동부 잠두 병아리콩 렌즈콩

그림 3.15 **기타 콩류**

탄, 중국, 멕시코, 에티오피아의 순으로 많이 생산하고 있다.

색은 크림색, 흑색, 초록색, 노란색, 적색, 갈색 등으로 다양하다. 텍스처는 페이스티 pasty하며 풍미는 견과 맛nutty을 갖는다. 삶을 경우 사전에 장시간 수침하여야 한다.

매우 다양한 식품의 재료로 사용되고 있으며, 영양성도 다른 콩류와 동일한 수준으로 우수하다. 이뇨 및 소화 촉진, 장 세척의 기능을 갖는 것으로 알려져 있다.

렌즈콩lentil

현재 렌즈콩의 최대 생산국은 터키, 인도, 캐나다, 방글라데시, 중국, 시리아이다. 색은 검은색, 노란색, 적색, 오렌지색을 띠며, 텍스처와 풍미는 종류에 따라 매우 다양하다.

렌즈콩은 쉽게 수화되는 장점이 있어 삶기 전 수침이 필요 없다. 인도에서는 단백질 보충의 목적으로 쌀과 함께 섭취한다. 렌즈콩 커리는 풍미가 독특하고 걸죽한 텍스처를 갖는다. 또한 제빵의 재료로 사용된다.

렌즈콩의 영양성은 다른 콩류와 비슷한 수준이다.

단원정리

1. 콩류는 단백질이 풍부한 식물이나 육류 단백질과는 달리 불완전단백질이다. 콩류는 곡류보다 껍데기가 견고하여 장시간의 수침과 가열 조리가 필요하다.
2. 콩은 전통 장류인 된장, 고추장, 간장의 발효에 쓰이는 재료이다. 또한 두부와 콩고기의 제조에 쓰인다. 콩나물은 비타민 C를 다량 함유한다.
3. 팥은 팥앙금, 죽, 젤 식품, 잡곡밥에 쓰이는데, 시아닌 배당체가 있어 아린 맛이 있다.
4. 녹두는 녹두전, 청포묵, 당면, 죽에 사용한다.
5. 강낭콩은 잡곡밥에 넣어 먹거나 통조림으로 가공한다.
6. 완두는 통조림으로 가공할 때 황산동($CuSO_4$)을 처리하면 색은 선명해지지만 비타민 C가 다량 파괴된다.
7. 땅콩은 땅콩버터, 식용유, 샐러드, 디저트 등의 재료로 기호도가 매우 높은 콩류이다. 단, 곰팡이 독소에 오염될 수 있어서 보관에 주의가 요구된다.
8. 병아리콩과 렌즈콩은 국내에서 재배되지 않지만 세계적으로 많이 소비되고 있어 수입 농산물로 가치가 있다. 특히 렌즈콩은 수화가 빨리 되는 장점이 있다.

연습문제

1. 곡류와 콩류의 구조를 나열하고 공통점과 다른 점을 설명하시오.
2. 전통 장류 제조의 주된 재료와 제조 방법을 설명하시오.
3. 콩기름이 함유하는 레시틴의 기능과 용도를 설명하시오.
4. 팥 껍질 부위의 사포닌 제거 방법 및 원리에 대하여 설명하시오.
5. 강낭콩을 데치는 이유와 효과를 설명하시오.

6. 땅콩을 잘못 취급하였을 때 일어날 수 있는 식중독의 유형을 설명하시오.

7. 병아리콩과 렌즈콩의 수침 조건을 비교하고 수침하는 이유를 설명하시오.

정답 및 해설

1. 공통점은 배아와 외피를 갖는 점이고, 차이점은 곡류는 가식부인 배유를 포함하지만 콩류는 떡잎을 갖는다.
2. 대두 또는 콩이 전통 장류인 된장, 간장, 고추장을 담는 데 사용된다. 된장은 대두와 소맥분을 증숙, 냉각, 제국, 혼합, 조쇄, 숙성, 마쇄, 포장, 살균 과정으로 제조한다. 양조 간장은 대두와 소맥을 파쇄, 혼합, 제국, 염수 담금, 발효, 숙성, 압착, 생간장, 여과, 살균, 포장 과정으로 제조한다. 산 분해 간장도 있다. 고추장은 된장의 제조 공정과 동일하되 혼합 공정에서 식염과 고춧가루를 첨가한다.
3. 천연 유화제이며 일부 건강 기능성도 있다. 마가린이나 아이스크림에서 결정화를 방지할 수 있으며 제과류의 노화 방지 효과가 있다. 항산화능 및 건강 기능성이 있는 것으로 알려져 있다.
4. 끓는 물에 우려낸다. 내부 확산과 추출이 관련되는데 내부 확산은 사포닌이 껍질 내부에서 이동하여 물에 도달하는 과정이고, 추출은 사포닌이 물로 퍼지는 과정이다. 내부 확산은 높은 온도와 흐르는 물에서 증가하며, 추출은 물의 양을 많게 하거나 자주 갈아 주면 원활해진다. 이와 같은 원리는 공통적으로 적용할 수 있다.
5. 장기 보관을 할 수 있다. 데치기에 의하여 강낭콩에 내재하는 효소들이 불활성화되어 보관 중 변화를 방지할 수 있다.
6. 독소형 세균성 식중독을 일으킬 수 있다. 땅콩에 곰팡이 독소가 오염될 수 있으므로 주의해야 한다. 일단 독소가 생성되면 그 이후에 살균하더라도 독소는 계속 남아 있다.
7. 병아리콩은 장시간의 수침 시간이 필요하며, 렌즈콩은 거의 필요하지 않다. 수침에 의하여 껍질이 연화되며 미리 수분이 침투하여 조리 시간을 단축시킬 수 있다. 또한 수침을 하지 않을 경우 삶을 때 장시간 가열함에 따라 겉 부분이 열에 과도하게 노출되어서 겉 부분의 텍스처가 더 연화되고 조리수로 침출되는 정도가 증가한다.

제4장
서류

학습목표

1. 서류의 종류와 특성을 알 수 있다.
2. 식품 재료로서 서류의 기능을 이해하고 이용할 수 있는 능력을 기른다.

서류는 식물의 지하 **덩이줄기**괴경, 塊莖나 **덩이뿌리**괴근, 塊根에 영양분을 저장하여 비대해진 작물로서 감자, 고구마, 카사바, 돼지감자, 토란, 마 등이 있다. 식용으로 이용하는 부분에 저장되는 영양 성분은 대부분 탄수화물인데 주로 전분으로 이루어져 있고 기타 당 성분들이 함유되어 있으며 이눌린inulin 등의 다당류가 포함되어 있는 서류도 있다.

서류는 대부분 아메리카 대륙이 원산지이며 유럽을 거쳐 전 세계로 전파되었고, 우리나라에는 중국과 일본을 통하여 도입되었다.

식용 부위의 위치와 조성으로 보면 채소류 중의 근채류로 분류할 수 있지만, 탄수화물의 함량이 높고 체내에서 생산하는 에너지가 곡류 이상으로 많은 우수한 식품이므로 별도로 서류로 분류한다. 서류를 생산하는 식물 종 사이에 분류학적 연관성은 없다.

식품 재료로서 서류는 다른 작물에 비하여 경제적으로 에너지를 생산할 수 있고, 무기질과 비타민의 조성이 우수한 성질을 가지고 있다. 또한 곡류나 콩류에 비해서는 저장성이 낮지만 채소류나 과일류에 비교해서는 우수하다. 서류는 감자와 고구마와 같이 주식이나 주식 대용으로 이용할 수 있고 식품 산업에 널리 이용되는 전분의 우수한 공급원 역할을 하기도 한다. 서류로부터 제조한 전분은 그 자체로 이용하거나 전분당 등으로 다시 가공되어 식품 재료로 이용한다.

표 4.1 서류의 영양 성분표

(가식부 100 g당)

	에너지 (kcal)	수분 (g)	단백질 (g)	지방 (g)	탄수화물 (g)	식이섬유 (g)	회분 (g)	무기질					비타민					폐기율 (%)
								칼슘 (mg)	인 (mg)	철 (mg)	나트륨 (mg)	칼륨 (mg)	레티놀 (μg)	B_1 (mg)	B_2 (mg)	나이아신 (mg)	C (mg)	
감자	50	81.9	2.01	0.04	15.08	2.7	0.97	9	33	0.58	1	412	0	0.06	0.027	0.314	10.51	9
고구마	108	60.6	1.01	0.11	37.19	2.7	1.09	15	49	0.45	7	370	0	0.065	0.027	0.591	7.2	11
돼지감자	35	81.4	2.18	0.09	14.92	-	1.41	17	100	0.53	2	561	0	0.044	0.088	0.472	1.34	12
토란	53	80.8	2.08	0.14	15.77	2.8	1.21	11	55	0.59	2	520	0	0.081	0.022	0.63	1.21	12
마	47	83.1	1.84	0.12	14.05	2.4	0.89	9	52	0.44	4	417	0	0.119	0.053	0.677	3.84	20

자료 : 농촌진흥청 국립농업과학원, 국가표준식품성분표 제9개정판, 2017

덩이줄기 괴경이라고도 하며, 땅속의 줄기에 영양분이 축적되어 비대해진 식물기관.
덩이뿌리 괴근이라고도 하며, 줄기 아래 부분의 뿌리에 영양분이 축적되어 비대해진 식물기관.
유관속환 감자의 피층과 수심부의 경계를 이루는 구조로서 물질의 이동 통로.
수심부 감자의 내부 구조. 외수부와 내수부로 나뉘며 주로 전분으로 채워져 있다.

1. 감자potato, *Solanum tuberosum*

감자는 남아메리카 대륙의 고원지대가 원산지이며 16세기 말경에 유럽에 도입되었고 우리나라에는 1824년에 중국으로부터 북부지방에 전해졌다. 그래서 옛 문헌에는 감자를 북서北薯 또는 양서洋薯라고 기록하고 있다. 감자는 비교적 낮은 기온과 척박한 토양 조건에서도 잘 생장하며, 그 자체로 식용하기도 하고 주성분인 전분을 분리하여 다른 식품의 재료로서 널리 활용하고 있다.

1) 재료 및 특성

감자는 가짓과에 속하는 고랭지 작물로서 땅속의 덩이줄기에 전분을 축적하는데, 단위 면적당 전분 생산량은 고구마에 비하여 낮지만 보리에 비하여서는 높은 편이다. 생육 기간이 상대적으로 짧고 그 수확량은 많은 것이 감자의 생육 특성이다.

감자의 덩이줄기 구조를 살펴보면, 주피가 가장 바깥쪽을 감싸고 있고 이 부분에 색소를 포함하고 있어 감자껍질의 색을 결정한다. 주피의 안쪽에 피층이 존재하고, 그 안쪽에 유관속환과 수심부가 있다. 유관속환 구조가 피층과 수심부의 경계를 이룬다. 피층에는 전분이 함유되어 있고 유관속환은 감자 생육에 필요한 물질의 통로 역할을 한다. 수심부는 주로 전분으로 구성되어 있고 외수와 내수로 나뉘는데, 외수는 전분 함량이 많고 구조가 치밀한 반면에 내수는 수분 함량이 많고 전분 함량은 적어서 투명도가 높다(그림 4.1).

감자의 주요 품종으로는 수미와 남작 등이 있다. 수미는 눈이 표면에서 튀어나와 있고 가공용으로 많이 이용되며, 남작은 눈이 움푹 들어가 있고 전분 함량이 높아서 가정용으로 많이 사용된다.

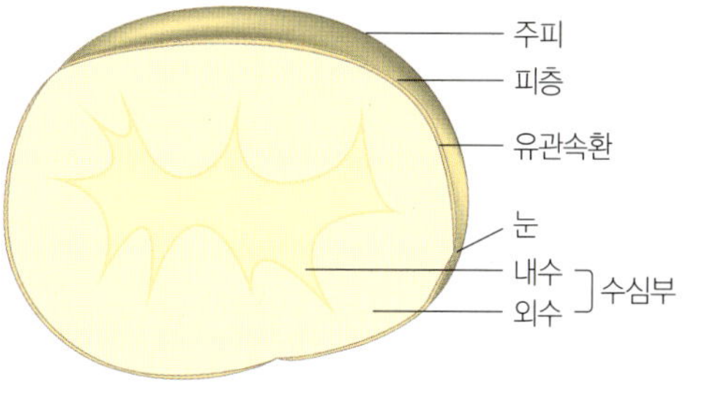

그림 4.1 **감자(왼쪽)와 단면 구조(오른쪽)**

2) 성분

감자의 고형 성분 중 탄수화물은 14% 이상을 차지하고 있고 거의 전분으로 이루어져 있으며 주요 에너지원으로 이용된다. 감자는 고구마에 비하여 수용성 당질을 약 20% 수준으로 함유하고 있고 단백질 함량이 높기 때문에 상대적으로 담백한 맛을 가지고 있다. 이러한 성질로 인하여 유럽이나 북미 지역에서는 주식으로 이용되기도 한다.

감자 단백질의 대부분은 글로불린globulin계에 속하는 투베린tuberin이며, 영양적으로 우수한 아미노산 구성을 가지고 있어서 필수아미노산을 골고루 함유하고 있는데, 특히 라이신lysine의 함량이 높은 편이다. 그러나 지방의 함량은 극히 낮은 수준이다. 무기질로는 칼륨과 인을 많이 가지고 있고 칼슘과 철의 함량은 낮은 편이다. 감자는 비교적 높은 함량의 비타민 C와 비타민 B_1, 그리고 나이아신niacin을 함유하고 있다. 이러한 성분 조성을 가지는 감자는 과일과 채소류의 섭취량이 줄어드는 겨울철에 양질의 비타민 C와 비타민 B군의 공급원 역할을 한다.

감자의 눈과 새싹, 그리고 녹색 부분에는 배당체인 솔라닌solanine이 많이 함유되어 있다. 이는 독성물질로서 성인이 약 30 mg 이상을 섭취하였을 때 구토, 어지러움, 설사, 위장 장애 등을 유발한다. 솔라닌은 솔라니딘solanidine, 글루코스glucose, 갈락토스galactose, 람노스rhamnose가 각각 한 분자씩 모여서 이루어진 물질로 산성이나 열에 의해 분해되므로 감자의 조리 과정에서 껍질 제거와 가열에 의하여 그 독성을 제거할 수 있다.

감자의 껍질을 제거하면 산소와 접촉하면서 감자의 색이 갈색으로 변한다. 이는 감자에 있는 효소인 타이로시네이스tyrosinase의 작용에 의하여 타이로신tyrosine이 산화되어 갈색 물질인 멜라닌melanin이 생성되기 때문이다. 감자 껍질을 벗긴 후에 물에 담가 놓아서 타이로시네이스가 물속으로 녹아 나오게 하거나 가열하여 불활성화시키면 갈변화를 막을 수 있다.

3) 취급 및 보관

감자는 8℃ 이상에서는 발아하므로 1~3℃ 정도의 온도와 습도 85~95%의 조건에서 보관해야 한다. 감자는 보관 기간 중에 탄수화물분해효소인 아밀레이스amylase와 말테이스maltase에 의하여 전분이 분해되어 당분이 늘어 단맛이 증가하게 되는데 저온에서 보관하면 호흡에 의한 당 소비량이 줄어들어 단맛은 더욱 강해진다.

4) 조리 및 가공

감자는 그 자체로 주식이나 부식으로 이용되고 가공 공정을 거쳐서 감자칩, 떡, 빵, 엿 등의 기호식 형태로 이용되기도 한다. 또한 사료용으로 사용되기도 하고, 발효 공정과 증류 공정을 거쳐서 주정으로 생산된다. 전분 성분은 분리되어 물엿, 포도당 등의 원료로 사용된다.

그림 4.2 **감자 가공식품**

멸치감자 조림

재료

중멸치	1컵
감자	2개
꽈리고추	200 g
간장·물엿·깨소금·식용유	적당량

조리방법

1. 감자는 1~2 cm 크기로 썰고, 고추는 꼭지를 따고 깨끗이 씻어 물기를 제거한다.
2. 감자와 고추를 식용유로 살짝 볶는다.
3. 냄비에 간장과 물을 넣고 끓이다가 물엿을 넣는다. 거품이 크게 생기면서 끓어오르면 감자와 멸치를 넣고, 조림장이 조금 남았을 때 고추를 넣는다. 조림장이 다 졸아들 때까지 바특하게 조린 후 깨소금을 뿌려 담아 낸다.

2. 고구마sweet potato, *Ipomoea batatas*

고구마는 멕시코 남부 지역이 원산지인 열대성 식물로서 유럽에 전해진 후에 전 세계에 전파되었고 우리나라에는 조선 영조 때 일본 쓰시마섬에서 도입되었다. 남쪽에서 전래되었기 때문에 남저南藷라고도 한다. 고구마는 단위면적당 전분 생산량이 상대적으로 많으므로 전분의 좋은 공급원이다. 또한 병충해에 대한 저항력이 크고, 토양과 기상 조건 등에 비교적 영향을 적게 받는 특징이 있어서 재배하기가 용이하다. 우리나라에서는 주로 제주와 전남 지역에서 생산되고 있다. 고구마는 간식용의 기호식품으로 소비되기도 하고 전분 재료, 사료 등의 용도로 이용된다.

그림 4.3 **고구마**

1) 재료 및 특성

고구마는 메꽃과에 속하는 다년생 작물로서 뿌리에 전분을 축적하여 그 부분이 비대해져 덩이뿌리를 이룬다. 고구마는 중앙부에 전분을 다량 함유하고 있는 유세포가 존재하고 그 사이에 도관이 퍼져 있다. 유세포의 외부는 사부, 피층, 표피 등이 둘러싸고 있고 표피는 색소를 함유하고 있어서 고구마의 색깔을 나타낸다.

고구마는 크게 분질粉質 고구마와 점질粘質 고구마로 나눌 수 있는데 분질 고구마는 전분 함량이 높고 단맛이 있어서 주로 식용으로 이용되는 반면에, 점질 고구마는 전분의 함량이 상대적으로 적고 당분이 많으며 식용으로는 적합하지 않아서 전분 재료나 사료용으로 사용된다.

2) 성분

고구마의 30% 이상이 탄수화물 성분이며 그 대부분은 전분이다. 고구마의 전분은 입자가 곡류보다는 크고 콩류보다는 작으면서 모양이 고르다. 저장 중에 전분이 분해되어 당의 함량이 높아지면서 단맛이 강해진다. 고구마는 탄수화물로서 전분 이외에 설탕, 포도당, 과당, 펜토산pentosan 등을 함유하고 있으며 비교적 많은 양의 섬유질을 가지고 있다.

고구마 단백질의 약 70%를 글로불린globulin계 이포메인ipomein이 차지하고 있으며, 아미노산 조성은 라이신과 트레오닌threonine의 함량이 많은 한편 메싸이오닌methionine과 시스테인cysteine 등의 함황아미노산 함량은 적다.

고구마는 지방의 함량은 낮은 수준이며 무기질로서 칼륨의 함량이 많은 편이고 인과 칼슘 등도 포함되어 있다.

고구마에는 프로비타민 Aprovitamin A인 베타-카로틴β-carotene을 다량 함유하고 있어서 노란색을 띠며, 비타민 C도 풍부한데 고구마의 비타민 C는 열에 안정하여 삶은 뒤에도 70~80% 가 남아 있나.

생고구마를 자르면 절단면에서 수지 성분인 잘라핀jalapin이 나오는데 이것은 방향족 물질로서 물에 녹지 않는 성질을 가지고 있다. 고구마에는 베타-아밀레이스β-amylase와 폴리페놀산화효소polyphenol oxidase 등의 효소가 포함되어 있는데 저장 중 베타-아밀레이스에

프로비타민 A 비타민 A로 전환되어 역가를 가질 수 있는 전단계 물질. 알파-카로틴(α-carotene), 베타-카로틴(β-carotene), 베타-크립토잔틴(β-cryptoxanthin) 등이 있다.

의해 전분이 분해되어 말토스maltose가 생성되므로 단맛이 증가하고, 폴리페놀산화효소에 의하여 폴리페놀polyphenol 성분이 산화되어서 멜라닌이 형성되므로 갈변이 일어난다.

3) 취급 및 보관

고구마는 12~13℃의 온도와 85~90%의 습도 조건에서 보관하여야 한다. 그 이하의 온도에서는 말라 죽거나 변패하기 쉽고 그 이상의 온도에서는 발아하게 된다. 고구마는 상처가 난 곳이 변패하기 쉬운데 31~35℃, 상대습도 90%의 조건에서 5~6일간 보관하면 상처 위에 코르크층이 형성되어 병원균 침입을 저해할 수 있다. 이 과정을 큐어링curing이라고 한다. 고구마의 변패균으로는 연부병균*Rhizopus nigricans*과 흑반병균*Ceratostamella fimbriata* 등이 있다.

4) 조리 및 가공

단맛을 가지고 있는 고구마는 그대로 쪄서 간식용으로 사용하거나 튀김용으로 이용한다. 전분 제조 원료, 주정 제조 원료 등으로도 사용되고 전분은 의약품, 포도당, 구연산, 가용성 전분 등으로 이용된다.

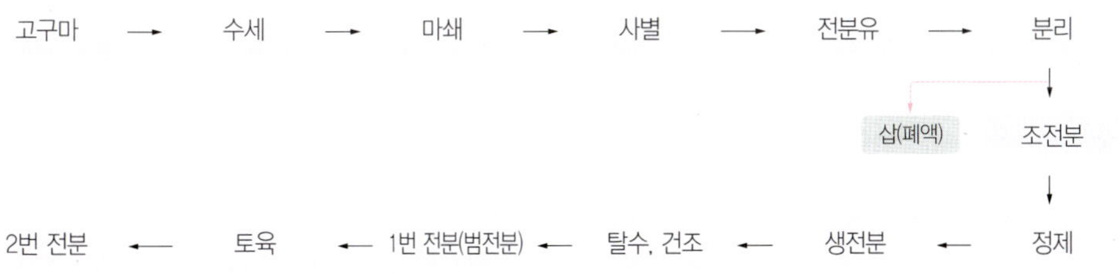

그림 4.4 **가공의 예 : 고구마 전분의 제조 과정**

3. 카사바cassava, *Manihot esculenta*

카사바는 남아메리카 지역이 원산지인 관목식물로서 전 세계에 전파되어 있는데 타피오카tapioca, 만디오카mandioca, 유카yucca, 마니오크manioc 등의 이름으로 불리기도 한다. 탄수화물의 함량이 많아서 전분 공급원으로 주로 사용된다.

1) 재료 및 특성

카사바는 크게 단맛을 내는 감미종과 쓴맛을 내는 고미종으로 나눌 수 있는데, 두 종류 모두 시안cyan, CN을 포함하고 있는 당류인 리나마린linamarin을 함유하고 있다. 감미종은 주로 껍질 부분에 리나마린이 존재하고 고미종은 전체에 분포되어 있다. 카사바를 이용하기 위해서는 물에 담그거나 가열에 의한 가수분해로 리나마린으로부터 시안을 분해하여 분리해야 한다. 감미종은 주로 식용으로 사용되고, 고미종은 전분 제조용 등으로 쓰인다.

그림 4.5 **카사바**

2) 성분

카사바는 다량의 탄수화물을 포함하고 있는데 그중 전분의 함량이 전체의 30% 이상으로 높아서 우수한 전분 공급원으로 이용할 수 있다. 반면 단백질의 함량은 1% 정도로 비교적 적은 편이다.

3) 조리 및 가공

카사바 감미종은 감자나 고구마처럼 삶아서 식용하며, 고미종은 분말 제조, 빵 원료, 전분 제조, 주정 제조, 사료용 등으로 사용된다.

4. 돼지감자jerusalem artichoke, *Helianthus tuberosus*

돼지감자는 북아메리카가 원산지이며, 주요 탄수화물로 이눌린을 함유하고 있다. 이눌린을 분해하여 과당fructose을 제조할 수 있고 주정 원료, 사료 등의 용도로 이용한다.

그림 4.6 **돼지감자**

1) 재료 및 특성

돼지감자는 국화과의 초본인 작물로서 덩이줄기에 탄수화물을 축적하여 그 크기가 커진다. 일명

뚱딴지라고 부르기도 하고, 우리나라에서는 전 지역에 야생하고 있다.

2) 성분

돼지감자는 약 15%의 탄수화물을 함유하고 있는데 그 대부분이 이눌린 성분이다. 이눌린을 산이나 이눌린 분해효소에 의하여 분해하면 과당을 제조할 수 있다. 무기물로는 칼륨과 인을 상대적으로 다량 함유하고 있으며 비타민 C의 함량이 높다.

3) 취급 및 보관

돼지감자의 껍질을 벗겨 놓으면 쉽게 갈변하기 때문에 껍질을 벗긴 뒤에는 물에 담가 갈변을 방지한다.

4) 조리 및 가공

돼지감자는 불쾌한 냄새가 있어서 감자나 고구마처럼 삶아서 먹기에는 적합하지 않다. 산이나 효소에 의한 분해를 통하여 과당, 물엿 등으로 가공되고 주정 제조, 사료 등의 용도로도 이용된다.

5. 토란taro, *Colocasia esculenta*

토란은 인도네시아와 인도 등의 열대 아시아가 원산지이다. 전 세계적으로 온도가 높은 지역에서 재배되고 있고, 습지에서 잘 성장할 수 있는 작물이다.

1) 재료 및 특성

토란은 천남성과에 속하는 다년생 작물로서 덩이줄기에 영양분을 축적하여 주로 이 부분을 식용으로 사용하는데 잎과 줄기 부분을 이용하기도 한다. 덩이줄기에 축적되는 영양분은 주로 탄수화물로서 전분이 대부분을 차지한다. 습지에서 성장할 수 있으므로 하천변 등지에서 재배할 수 있다.

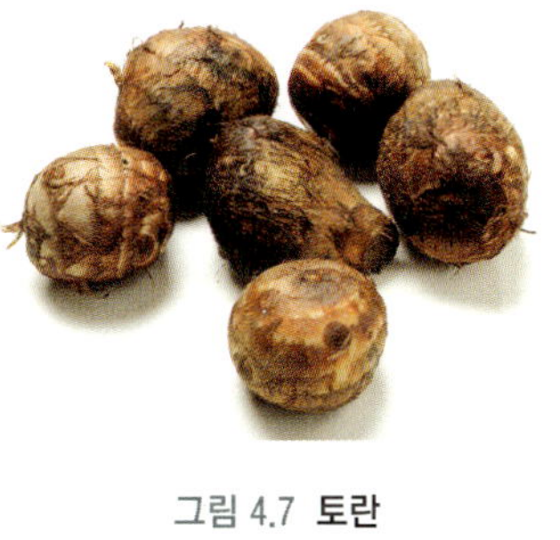

그림 4.7 **토란**

2) 성분

토란의 주성분은 탄수화물로서 전체의 13% 이상을 차지하고, 그중 대부분이 전분이며 당 성분도 존재한다. 단백질의 함량은 비교적 높은 편이고 무기질로는 칼륨, 인, 칼슘 등이 많이 포함되어 있다.

토란이 함유하고 있는 점질 물질은 갈락탄galactan이며 아린 맛 성분은 호모겐티스산homogentisic acid이다. 토란을 소금물이나 쌀뜨물에 넣고 삶으면 갈락탄의 일부가 제거된다. 토란의 렉틴lectin 성분은 당단백질로서 적혈구를 응집시키는 활성을 갖는다.

3) 조리 및 가공

토란은 동남아시아에서는 주식으로 이용하기도 하며, 우리나라에서는 주로 국의 형태로 조리되어 소비된다.

토란탕

재료

토란	500 g	참기름	2 t
쇠고기(양지머리)	200 g	대파	1대
다시마	1장	다진 파	1 T
국간장	2 T	쌀뜨물	2컵
다진 마늘	1 t	꽃소금	1 T
후춧가루	약간		

조리방법

1. 토란은 껍질을 벗겨 물에 씻은 다음, 큰 것은 반으로 자르고 작은 것은 그대로 끓는 쌀뜨물에 데쳐 낸다.
2. 쇠고기는 양지머리로 준비하여 먹기 좋은 크기로 납작납작 썰고, 다시마는 마른 행주로 깨끗이 닦아 가로 세로 2×3 cm 크기로 썬다. 대파는 손질하여 어슷하게 썬다.
3. 쇠고기에 국간장, 참기름, 다진 파, 다진 마늘, 후춧가루를 넣고 고루 무친 다음 냄비에 넣고 볶다가 물을 넉넉히 붓고 맑은장국을 끓인다. 장국이 한소끔 끓으면 데쳐 놓은 토란과 다시마를 넣고 토란이 푹 익을 때까지 끓인다.
4. 토란이 잘 익었으면 소금으로 간을 맞추고 어슷썰기한 대파와 다진 마늘을 넣어 잠시 더 끓인다. 식성에 따라 후춧가루를 쳐서 먹는다.

당단백질 탄수화물과 단백질이 결합하여 형성한 복합단백질.

6. 마yam, *Dioscorea* spp.

마는 우리나라의 산이나 들에서 자생하고 있으며, 재배하여 생산하는 작물이기도 하다. 한약재로 사용될 뿐 아니라 건강식품으로 각광을 받고 있어 가치가 큰 작물이다.

그림 4.8 마

1) 재료 및 특성

마는 마과에 속하는 다년생 작물로서 덩이줄기에 영양분을 축적하여 부피가 증가한다. 주로 재배되는 품종으로는 단마, 산마, 장마 등이 있다.

2) 성분

마의 주요 성분은 탄수화물로 전체의 약 20%를 차지한다. 그중 대부분이 전분이고 만난mannan을 일부 함유한다. 마의 성분 중 뮤신mucin은 점착성이 있는 물질인데 이는 글로불린계의 단백질과 만난이 결합한 당단백질이다. 마는 단백질과 섬유소의 함량이 비교적 많은 편이고 무기질로는 인과 칼슘이 많이 포함되어 있다.

3) 조리 및 가공

마는 건조하지 않고 5~12℃의 조건에서 저장한다. 다른 재료와 혼합하여 과자류 제조에 사용하기도 하고, 아프리카 지역에서는 주요 식량으로 이용되기도 한다.

단원정리

1. 서류의 종류에는 감자, 고구마, 카사바, 돼지감자, 토란, 마 등이 있다.
2. 서류는 덩이줄기나 덩이뿌리에 전분 등의 영양분을 축적하여 비대해진 것이다.
3. 감자는 당질의 함량이 적고 단백질 함량이 높아 담백한 맛을 내므로 주식으로 이용할 수 있다.
4. 감자는 타이로시네이스(tyrosinase)의 작용으로 타이로신(tyrosine)이 산화되어 갈변화가 일어나고, 고구마는 폴리페놀(polyphenol) 물질이 폴리페놀산화효소(polyphenol oxidase)에 의하여 산화되어 갈변화가 일어난다.

연습문제

1. 다음 중 감자의 구조가 아닌 것을 고르시오.
   ① 유관속환　② 피층　③ 배유　④ 수심부

2. 감자의 새싹에 포함되어 있는 배당체 화합물로서 독성을 가지고 있는 물질을 고르시오.
   ① 나이아신　② 투베린　③ 타이로신　④ 솔라닌

3. 다음 중 감자의 갈변화 반응에 관련이 있는 효소를 고르시오.
   ① 타이로시네이스(tyrosinase)　② 아밀레이스(amylase)
   ③ 프로테이스(protease)　④ 라이페이스(lipase)

4. 다음 중 고구마에 함유되어 있는 대표적인 단백질을 고르시오.
   ① 알부민　② 이포마인　③ 글루텐　④ 글루텔린

5. 카사바에 함유되어 있는 청산배당체를 고르시오.
   ① 리나마린　② 사포닌　③ 아미그달린　④ 안토사이아니딘

6. 돼지감자의 대표적인 탄수화물 성분으로 분해하면 과당을 얻을 수 있는 것을 고르시오.

① 펙틴 ② 아밀로펙틴 ③ 이눌린 ④ 프락토올리고당

7. 마에서 분비되는 점액성의 당단백질 물질을 고르시오.

① 렉틴 ② 만난 ③ 갈락탄 ④ 뮤신

정답 및 해설

1. ③ 감자는 피층, 유관속환, 수심부(외수, 내수), 눈 등으로 이루어져 있다.
2. ④
3. ① 감자의 타이로신(tyrosine) 성분이 타이로시네이스에 의하여 산화하여 멜라닌이 형성되면서 갈변화 반응이 일어난다.
4. ② 5. ① 6. ③ 7. ④

CHAPTER 5

제5장
채소류

학습목표

1. 채소류의 분류법과 종류를 알 수 있다.
2. 채소류의 성분 특성을 이해하고 식품 재료로서 알맞게 선택하여 이용할 수 있다.

채소류는 잎, 줄기, 뿌리, 꽃 부분을 식용으로 사용하는 초본식물로, 주로 부식으로 이용되는 식품 재료이다. 채소류는 수분의 함량이 약 90%이고 탄수화물, 지방, 단백질의 함량이 적어서 체내에서의 에너지 생성량은 낮은 수준이다. 하지만 칼륨, 칼슘, 인과 같은 무기질과 비타민류가 풍부하게 포함되어 있어서 이러한 성분들의 좋은 공급원이 된다. 채소류에는 여러 종류의 색소물질이 포함되어 있어서 고유의 색을 나타내는데 클로로필chlorophyll(녹색), 카로티노이드carotenoid(황적색), 안토사이아닌anthocyanin(적색, 자색, 청색) 등의 물질이 함유되어 있다. 채소류의 식감과 고유의 색깔, 향기는 식욕을 촉진하는 역할을 한다. 또한 채소류에는 색소물질과 섬유소를 포함하여 체내에서 질병의 위험도를 낮추는 역할을 하는 생리활성 화합물을 함유한 것이 있어서, 건강 기능적인 면으로 우수한 가치가 있다.

채소류는 식용으로 이용하는 부위를 기준으로 엽채류, 경·인경채류, 근채류, 과채류, 화채류 등으로 구분할 수 있다. 엽채류는 지상에 있는 잎이나 줄기를 식용하는 채소류로 배추, 시금치, 상추 등이 해당된다. 경·인경채류는 지하에 있는 줄기의 싹이나 잎을 이용하거나 인경부(비늘줄기)를 식용하는 것으로 파, 양파, 마늘 등이 포함된다. 영양분을 저장한 지하에 있는 뿌리 부분을 식용하는 근채류에는 무, 당근, 생강 등이 있다. 과채류는 식물의 열매 부분을 이용하는 채소류로 토마토, 고추, 오이, 호박 등이 해당된다. 식물의 꽃봉오리, 꽃받침, 꽃잎 등을 식용하는 화채류에는 꽃양배추(콜리플라워)와 브로콜리 등이 포함된다.

채소류는 수확한 이후에도 대사작용이 일어나서 호흡작용과 증산작용 등을 이어가고 후숙작용을 통하여 채소의 성분 변화가 일어나기 때문에 알맞은 조건에서 저장하여야 신선도를 오랫동안 유지할 수 있다. 저온 조건에서 습도를 유지하며 저장하면 채소류의 대사작용을 억제할 수 있어서 품질 저하를 늦출 수 있는데 0℃ 이하에서의 저장은 오히려 냉해를 일으킬 수 있다.

인경부 짧은 줄기 둘레에 잎이 밀도 있게 자라서 영양분을 저장하고 있는 식물의 땅속줄기.
증산작용 식물체에서 기공을 통하여 수분이 증발하여 밖으로 나가는 작용.
후숙작용 수확 후에 식물체의 호흡작용과 생산된 에틸렌(ethylene)에 의하여 조직의 연화, 색과 향의 변화가 일어나는 작용.

엽/채/류

엽채류는 지상부의 잎이나 줄기를 이용하는 채소류로 배추, 양배추, 시금치, 상추, 쑥갓, 갓, 미나리, 셀러리, 파슬리, 양상추, 청경채 등이 있다.

표 5.1 엽채류의 영양 성분표

(가식부 100 g당)

	에너지 (kcal)	수분 (g)	단백질 (g)	지방 (g)	탄수화물 (g)	식이섬유 (g)	회분 (g)	무기질					비타민					폐기율 (%)
								칼슘 (mg)	인 (mg)	철 (mg)	나트륨 (mg)	칼륨 (mg)	레티놀 (μg)	B_1 (mg)	B_2 (mg)	나이아신 (mg)	C (mg)	
배추	11	95.6	1.1	0	2.7	-	0.6	29	18	0.5	15	222	0	0.20	0.03	0.4	10	-
양배추	26	89.7	1.68	0.08	7.92	2.7	0.62	45	35	0.27	8	241	0	0.035	0.033	0.573	19.56	11
시금치	30	89.4	3.1	0.5	6.0	-	1.0	40	29	2.6	54	502	0	0.12	0.34	0.5	60	-
상추 (적상추)	17	93.4	2.28	0.22	2.69	1.7	1.41	143	42	1.08	30	567	0	-	0.134	0.431	0.15	-
쑥갓	14	94.6	1.93	0.17	2.35	2.4	0.95	91	36	0.79	145	239	0	0.029	0.088	0.155	10.40	0
갓	32	87.8	3.5	0.2	7.3	-	1.2	193	59	2.7	33	378	0	0.24	0.16	1.2	135	-
미나리	19	92.7	1.81	0.25	4.45	2.69	0.79	45	52	0.39	5	271	0	0.02	0.199	0.387	3.67	0
셀러리	14	93.9	1.04	0.07	3.95	2.2	1.04	88	36	0.28	70	343	0	0.041	0.089	0.805	10.60	2
파슬리	32	87.6	3.2	0.5	6.8	-	1.9	206	60	1.5	35	680	0	0.17	0.24	1.4	139	26
양상추	13	94.5	0.6	0	4.6	1.5	0.3	15	17	0.4	2	179	0	0.19	0.02	0.3	0	-
청경채	10	95.9	1.41	0.09	1.64	1.2	0.96	87	40	0.38	17	366	0	0.068	0.043	0.193	18.51	0

자료 : 농촌진흥청 국립농업과학원, 국가표준식품성분표 제9개정판, 2017

1. 배추Chinese cabbage, *Bassica campestris* var. *pekinensis*

배추는 중국 북부 지방이 원산지이며, 우리나라에는 고려시대에 도입되어 재배되기 시작하였다. 우리나라, 중국, 일본 등에서 중요한 채소의 하나이며, 유럽이나 북아메리카에서는 샐러드용으로 소량 재배하여 이용하고 있다. 우리나라에서는 주로 김치용으로 이용하며 주요 산지는 강원, 경기, 전남, 전북 등이다.

1) 재료 및 특성

배추는 십자화과에 속하는 작물로서 결구하는 형태에 따라 결구종, 반결구종, 불결구종 등으로 나눌 수 있다. 우리나라에서는 오래전부터 반결구종이 재배되어 왔으나 근래에 들어 결구종이 주로 재배되고 있으며 불결구종은 거의 재배되지 않는다. 결구형 배추는 다시 포피형과 포합형으로 구분할 수 있는데, 포피형은 잎이 성장하여 양배추와 같이 서로 덮는 형태이고 포합형은 잎이 서로 겹치지 않게 성장하는 형태이다.

2) 성분

배추의 성분 중 약 95%가 수분이며 열량이 다른 채소류와 마찬가지로 낮은 편이다. 탄수화물의 함량은 약 3%로 고형분 중 가장 높은데, 그중 섬유소의 함량이 높다. 섬유소는 섭취하였을 때 활발한 장운동을 유발하여 배변 활동을 돕는다. 탄수화물 중 약 반은 환원당이 차지하고 있는데 이는 단백질을 구성하는 아미노산인 시스테인cysteine 성분과 함께 배추의 맛에 영향을 미친다. 배추는 비타민 C의 함량이 많은 편인데 김치로 가공한 뒤에도 손실되는 양이 많지 않다. 봄에 수확되는 봄동에는 비타민 A와 비타민 C의 함량이 높아서 좋은 비타민 공급원의 역할을 한다. 무기질로는 칼륨과 칼슘의 함량이 높다. 배추에는 황을 포함하고 있는 황화합물이 함유되어 있는데 배추를 가열하면 황화합물이 분해되면서 자극적인 냄새를 낸다.

3) 취급 및 보관

배추는 0~3℃의 온도와 95% 정도의 상대습도 조건에서 저장성을 높일 수 있다. 땅을 파서 움을 만들어 그 안에 저장하거나, 0.05~0.08 mm의 두께를 가지고 있는 폴리에틸렌 필름으로 포장하여 저온에 두면 오랜 기간 동안 저장할 수 있다.

4) 조리 및 가공

배추는 주로 김치용으로 이용되는데 조직이 단단하고 수분이 적은 배추가 적당하다. 배추는 김치 이외에도 보쌈, 국, 전골, 무침 등의 음식 재료로 사용한다.

그림 5.1 배추(왼쪽)와 그 가공식품(오른쪽)

2. 양배추cabbage, *Brassica oleracea*

양배추는 유럽의 지중해 연안 지방이 원산지이며, 유럽과 북아메리카 지역에서 대량으로 재배되고 있다. 우리나라에는 20세기 초반에 도입된 것으로 알려져 있으며 강원도와 제주에서 주로 재배된다.

1) 재료 및 특성

양배추는 십자화과의 작물로서 몸체의 대부분이 흰색이며 클로로필chlorophyll 색소에 의하여 녹색을 띠는 부분과 안토사이아닌 색소에 의하여 자색을 갖는 부분이 있다. 양배추는 녹색이나 자색을 가지고 있는 부분이 흰색 부분에 비하여 질기기 때문에 흰색을 띠는 부분을 주로 이용한다.

그림 5.2 **양배추**

2) 성분

수분이 93% 이상을 차지하며, 탄수화물로는 포도당과 섬유소를 다량 함유하고 있다. 단백질의 아미노산 조성을 보면 염기성 아미노산을 많이 함유하고 있는데 라이신lysine의 함량이 높고 지방으로는 리놀레산linoleic acid을 다량 함유하고 있다. 무기질로는 칼륨과 칼슘의 함량이 높은 편이다. 양배추에는 일반 채소류에 들어 있는 옥살산oxalic acid이 들어 있지 않아서 칼슘 등의 성분이 체내에 흡수되는 것을 방해받지 않는다. 양배추의 흰색 부분에는 비타민 B군과 비타민 C가 다량 포함되어 있고 녹색 부분에는 비타민 A가 많이 함유되어 있다. 양배추는 황을 포함하고 있는 함황물질 배당체를 가지고 있어서 독특한 향이 난다.

3) 취급 및 보관

양배추를 고를 때에는 결구가 잘되어 있어서 부피에 비하여 무거운 것과 잎이 탄력이 있고 두껍지 않은 것을 선택해야 한다. 양배추는 0~3℃, 상대습도 95% 정도의 조건에서 보관해야 저장성을 높일 수 있는데 종이에 싼 상태로 세워서 보관한다.

4) 조리 및 가공

양배추는 생으로 이용하기도 하고 샐러드, 수프, 전골, 볶음, 김치, 절임, 쌈 등의 원료로 사용되기도 한다. 양배추를 젖산균으로 발효하여 사워크라우트sauerkraut로 가공하기도 한다.

사워 크라우트

재료

양배추 1통

천일염 2~3 T

조리방법

1. 양배추를 깨끗이 씻은 후 4등분하여 심을 제거하고 채 썬다.
2. 유리병에 채 썬 양배추를 천일염을 넣으면서 켜켜이 담는다.
3. 실온에서 하루 정도 익힌 후 냉장고에 넣어 10일간 발효시켜 먹는다.

3. 시금치spinach, *Spinacia oleracea*

시금치는 페르시아 지역이 원산지로 알려져 있고 우리나라에는 조선 초기에 중국을 통하여 전파되었다. 서늘한 환경에서 잘 성장하고 우리나라에서는 주로 경기, 전남, 경남 지역에서 재배되고 있다.

1) 재료 및 특성

시금치는 명아줏과에 속하는 작물로서 동양종과 서양종으로 크게 분류할 수 있다. 동양종은 잎이 작고 담백한 맛을 내며 뿌리 부분이 붉은색을 띠고, 서양종은 뿌리 부분의 색이 연하고 잎은 크고 두껍다. 동양종은 가을에 파종하여 봄에 수확하기에 적합하고, 서양종은 봄에 파종하여 늦은 봄이나 여름에 수확하기에 적합하다.

그림 5.3 **시금치**

2) 성분

시금치는 수분이 약 90%를 차지하고 있으며 단백질의 함량이 약 3%로 다른 채소류에 비하여 높은 편이다. 단백질의 아미노산 조성을 보면 라이신, 메싸이오닌methionine, 트립토판tryptophan 등과 같이 곡류에 함유량이 적은 아미노산들이 다량 함유되어 있다. 시금치는 섬유소의 함량이 풍부하여 장운동을 활성화시키는 역할을 한다. 무기질로는 칼륨, 나트륨, 칼슘, 철 등의 함량이 풍부하다. 또한 시금치는 철과 더불어 엽산folic acid과 망간의 함량이 높아서 조혈 활동을 도와 빈혈을 방지하는 기능을 가지고 있다. 높은 수준의 비타민 A 함량을 가지고 있고 비타민 B군과 비타민 C도 많은 양을 함유하고 있다. 시금치에는 유기산으로 옥살산, 구연산citric acid 등을 가지고 있는데 옥살산은 칼슘과 결합하여 결석을 생산할 가능성이 있으나 일상생활에서의 시금치 섭취량으로는 일어나기 어렵다.

3) 취급 및 보관

시금치는 뿌리와 줄기 부분이 붉은색을 띠는 것을 선택하는 것이 좋고 잎은 짧고 한 뿌리에 많은 잎이 달린 것이 우수한 시금치이다. 시금치는 0~5℃의 저온에서 포장한 상태로 오랫동안 저장할 수 있으며 물에 삶아서 통조림으로 만들거나 동결건조하여 장기간 보관하기도 한다. 시금치의 비타민 C의 함량은 수확한 이후에 산화에 의하여 급격하게 감소하게 되는데 폴리에틸렌 필름에 3%의 이산화탄소를 충전하고 포장하면 오랫동안 유지할 수 있다.

4) 조리 및 가공

시금치는 생으로 샐러드에 넣거나 데쳐서 이용하기도 하며 국, 찌개, 볶음 등에 이용된다. 시금치를 가열하지 않으면 포함되어 있는 옥살산에 의하여 떫은맛이 나는데 데치기를 통하여 옥살산을 휘발시켜 떫은맛을 제거할 수 있다. 시금치를 데칠 때 소금이나 중조sodium bicarbonate를 물에 섞고 가열하면 시금치의 녹색 색소인 클로로필의 변색을 막을 수 있다. 가열할 때 뚜껑을 덮지 않으면 옥살산이 휘발하게 되므로 옥살산에 의한 클로로필의 변색을 방지할 수 있다.

4. 상추lettuce, *Lactuca sativa*

상추는 지중해 연안과 서아시아 지역이 원산지이며, 우리나라에서는 도시 근교의 시설에서 많이 재배되고 있다. 상추는 고려시대에도 이용되었다는 기록이 남아 있고, 오래전부터 줄기상추가 재배되어 왔는데 19세기 말에 일본으로부터 잎상추가 들어와서 널리 재배되기 시작하였다.

그림 5.4 **상추**

1) 재료 및 특성

상추는 국화과에 속하는 작물로서 형태에 따라 줄기상추stem lettuce, 잎상추leaf lettuce, 로메인romaine, cos lettuce 등으로 나눌 수 있다. 줄기상추는 줄기를 식용으로 이용하는 상추로서 30 cm 정도의 줄기를 절여서 식용하며 잎은 길고 갈색을 띤다. 잎상추는 잎부분을 주로 식용하는 상추로 잎에 주름이 많으며 우리나라에서 많이 재배되는 품종이다. 로메인의 어린잎은 부드러워서 샐러드 등에 생식 형태로 사용된다. 로메인의 잎은 긴 타원형으로 연한 녹색을 띤다.

2) 성분

상추는 수분이 90% 이상을 차지하고 있고 탄수화물의 대부분은 포도당이다. 단백질을 이루고 있는 아미노산의 조성을 보면 발린valine의 함량이 다른 채소류에 비하여 높은 편이다. 무기질로는 칼륨, 칼슘, 철의 함량이 높다. 비타민 A와 비타민 B군이 많이 포함되어 있고 상대적으로 비타민 C 함량은 적은 편이다. 잎상추의 줄기를 절단하면 하얀 액이 나오는데 여기에는 쓴맛은 내는 락투신lactucin과 락투코피크린lactucopicrin이 함유되어 있다. 이 성분들은 신경안정작용을 도와서 수면을 유도하는 기능이 있다. 상추의 감칠맛을 내는 성분은 아데닐산adenylic acid으로 상추 100 g당 1 mg 정도 포함되어 있고, 향기 성분은 알파-아미노뷰티르산α-aminobutyric acid이다.

3) 취급 및 보관

상추는 장기간 보관이 어려운 채소로서 신선한 상태로 소비하는 것이 바람직하다. 씻지 않은 상태에서 폴리에틸렌이나 젖은 종이로 포장해서 보관해야 한다.

4) 조리 및 가공

상추는 쌈, 샐러드, 샌드위치, 조림, 무침 등에 재료로 사용되고 요리의 장식용으로 이

재료

상추	80 g	홍고추	1개
쑥갓	70 g	양념(간장 2 T, 설탕 2 T, 굵은 고춧가루 2 t,	
풋고추	1개	다진 마늘 2 t, 참기름 1 T , 깨소금 1 T)	

조리방법

1. 상추와 쑥갓은 적당하게 자른다.
2. 풋고추와 홍고추는 반으로 갈라 씨를 빼고 적당히 채 썬 다음 준비한 상추와 쑥갓에 넣는다.
3. 분량의 양념을 ②의 상추와 쑥갓에 넣고 버무려 접시에 먹음직스럽게 담는다.

용하기도 한다.

5. 쑥갓crown daisy, *Chrysanthemum coronarium*

쑥갓은 지중해 연안이 원산지이며 유럽에서는 식용으로 사용하지 않고 주로 관상용으로 재배하지만 동아시아 지역에서는 식용으로 이용하고 있다. 우리나라에는 조선 초기에 중국을 거쳐서 도입되었고, 봄철 채소로 재배되어 왔는데 최근에는 주로 도시 근교의 시설에서 연중 재배되고 있다.

1) 재료 및 특성

쑥갓은 국화과에 속하는 작물로서 잎의 크기에 따라 대엽종, 중엽종, 소엽종으로 나뉘며 우리나라에서는 주로 중엽종이 재배되고 있다. 쑥갓은 특유의 향기가 강하여 요리의 향을 풍부하게 하는 역할을 한다.

그림 5.5 쑥갓

2) 성분

쑥갓은 섬유소의 함량이 많아 장운동을 활발하게 하는 역할을 한다. 무기질로는 인과 철의 함량이 비교적 높고, 비타민 A의 함량이 특별히 많은 것이 특징이다. 아울러 비타민 B의 함량도 상대적으로 높은 편이다. 쑥갓에는 비타민 C를 분해하는 효소인 아스코르브산산화효소 ascorbate oxidase가 함유되어 있어서 비타민 C의 손실이 생길 수 있다.

그림 5.6 **생선탕 요리에 웃기로 사용한 쑥갓**

3) 조리 및 가공

쑥갓은 요리의 향을 풍부하게 하는 역할을 하는데 쌈으로 육류와 함께 이용하기도 하고 매운탕, 국, 샐러드 등에 넣기도 한다. 또 생선 요리에서는 비린내를 약하게 만들어 주는 역할을 한다.

6. 갓 mustard(leaves and stems), *Brassica juncea*

갓은 중앙아시아가 원산지이며 채소용, 향신료 등으로 이용된다. 우리나라에서는 줄기와 잎을 김치의 재료로 주로 사용하고 있으며, 전남 여수 지역은 대표적인 갓 생산지이다.

1) 재료 및 특성

갓은 십자화과에 속하는 작물로서 줄기는 1 m 정도이고, 잎은 갈라지지 않은 상태로 존재한다. 잎은 청자색을 띠는데 자색은 안토사이아닌 색소에 의한 것이다. 갓은 비교적 추위에 잘 견디며 주로 겨울철에 출하된다.

2) 성분

갓은 수분이 약 88%를 차지하고 있고 당 성분으로 포도당과 과당이 함유되어 있으며 무기질로는 칼슘의 함량이 높다. 비타민 A와 비타민 C의 함량이 높아서 좋은 비타민 공급원의 역할을 한다. 갓의 매운맛은 배당체인 시니그린 sinigrin에 의한 것인데, 시니그린은 분해효소인 미로시네이스 myrosinase에 의하여 분해되어 겨자유 mustard oil가 생성되고 그 겨자유가 매운맛을 내게 된다.

그림 5.7 **갓**

3) 조리 및 가공

갓은 줄기와 잎 부분으로 배추, 무와 함께 김치를 담가서 이용하거나 종자로부터 겨자를 만들어 향신료로 이용할 수 있다.

7. 미나리water dropwort, *Oenanthe javanica*

미나리는 동아시아 지역에서 널리 자생하거나 재배되는 작물이다. 우리나라에서는 습한 곳에서 돌미나리로 자생하고 있고 논, 습지 등지에서 주로 재배되고 있다. 경남과 전남 지역이 주요 생산지이다.

그림 5.8 **미나리**

1) 재료 및 특성

미나리는 산형과에 속하는 채소로, 곧은 줄기를 가지고 있고 전체 길이는 30 cm 정도이다. 야생 상태로 자생하고 있는 것을 채집한 것이 돌미나리인데 녹색과 적갈색 등 여러 가지 색을 띠며, 잎이 크고 둥글며 줄기가 굵다. 재배종은 야생종에 비하여 줄기가 얇고 주로 녹색을 띤다. 독성분을 가지고 있는 독미나리는 크기가 90 cm 정도로 일반 미나리와 구분된다.

2) 성분

미나리는 수분이 약 93%를 차지하고 있고 섬유소의 함량이 높다. 무기질로는 칼륨, 인, 칼슘의 함량이 높다. 미나리에는 베타-카로틴β-carotene의 함량이 높고 비타민 B군이 많이 포함되어 있다. 미나리는 특유의 향을 내는 정유 성분으로 아이소람네틴isorhamnetin, 미르센myrcene, 알파-피넨α-pinene 등을 포함하고 있어서 여러 가지 요리에 이용되고 있다. 독미나리에는 시큐톡신cicutoxin이 들어 있어서 섭취했을 때 신경마비, 구토, 현기증 등의 증상을 유발한다.

정유 성분 식물에서 분리한 휘발성이 있는 향기물질.

3) 취급 및 보관

미나리는 서늘하고 습기가 많은 곳에 보관해야 하며, 재배종을 사용할 때는 잎은 제거하고 줄기만 이용한다.

4) 조리 및 가공

미나리는 특유의 향을 가지고 있고 씹히는 느낌을 주기 때문에 생식으로 이용하기도 하며 매운탕, 김치, 복요리 등에 첨가되기도 한다. 미나리에는 거머리가 많이 있는데 미나리를 연한 식초 물에 담가 놓으면 거머리가 빠져나온다.

8. 셀러리celery, *Apium graveolens*

셀러리는 원산지가 유럽, 서남아시아, 북아메리카 등으로 광범위하며, 특유의 향을 가지고 있어서 주로 생으로 이용된다. 우리나라에서는 식습관이 서구화되면서 소비량이 증가하고 있다.

1) 재료 및 특성

셀러리는 산형과에 속하는 채소로 우리나라에서는 양미나리라고도 부른다. 서양에서는 오래전부터 약용과 식용으로 사용되어 왔다. 비교적 서늘한 곳에서 잘 자라고 줄기가 곧으며 80~90 cm 정도까지 성장한다.

2) 성분

셀러리는 수분이 90% 이상이고 특유의 향과 맛을 내는 성분으로 세단올sedanol, 세단올라이드sedanolide, 아피인apiin 등을 함유하고 있다. 단백질을 구성하는 아미노산으로 글루탐산glutamic acid의 함량이 높다. 무기질로는 칼슘과 인의 함량이 많고, 비타민 B군의 함량이 다른 채소류에 비하여 높다.

그림 5.9 **셀러리**

3) 취급 및 보관

셀러리는 잎을 제거하고 줄기의 껍질을 벗긴 상태로 이

용하고, 0℃ 부근의 저온에서 물을 뿌려서 90~95%의 상대습도를 유지하는 조건으로 보관한다.

4) 조리 및 가공

셀러리는 특유의 향과 단맛을 가지고 있어서 서양 요리에 널리 쓰이며 육류의 냄새를 제거하는 효과를 가지고 있다. 샐러드, 튀김, 볶음 등에 이용되고 육류와 같이 삶아서 이용하기도 한다.

9. 파슬리parsley, *Petroselium crispum*

파슬리는 남유럽과 북아프리카가 원산지이며 특유의 향이 강하여 여러 요리에 첨가하는 방식으로 이용되고 있다.

1) 재료 및 특성

파슬리는 산형과에 속하는 채소로서 20~30 cm 정도까지 성장하며 긴 줄기를 가지고 있고 잎이 모여서 난다. 영양적인 면에서 우수한 성질을 가지고 있지만 대량으로 소비되지 않고 특유의 향을 이용하기 위하여 다른 요리에 첨가되는 형태로 사용된다.

2) 성분

파슬리는 무기질로 높은 함량의 칼슘과 인을 함유하고 있다. 비타민 A와 비타민 C의 함량은 채소류 중에서 월등히 높고 비타민 B군의 함량도 상대적으로 높다. 파슬리 특유의 향을 내는 물질은 아피올apiol로 식욕을 증진시키고 피로 회복의 기능을 가지는 것으로 알려져 있다.

3) 조리 및 가공

파슬리는 샐러드, 주스, 소스, 수프 등에 첨가되어 향을 풍부하게 하는 역할을 한다.

그림 5.10 **파슬리**

10. 양상추Head lettuce, *Lactuca sativa* var. *capitata*

양상추의 원산지는 유럽 지중해 연안과 서아시아이며, 우리나라에서는 20세기 중반부터 재배되기 시작하였다.

1) 재료 및 특성

양상추는 국화과에 속하는 작물로서 결구형인 크리스프 헤드형crisphead과 반결구형인 버터 헤드형butterhead이 있다. 우리나라에서는 크리스프 헤드형이 주로 재배되고, 유럽에서는 버터 헤드형이 주로 재배된다.

그림 5.11 **양배추**

2) 성분

양상추는 수분이 전체의 94% 이상을 차지하고 단백질과 지방의 함량은 낮지만 비타민 B_1의 함량이 상대적으로 많은 편이다. 쓴맛을 내는 락투세린lactucerin과 락투신lactucin이 포함되어 있고 이 성분들은 수면을 유도하는 기능이 있다.

3) 취급 및 보관

물기가 없는 상태로 높은 습도와 4~5℃의 조건에서 보관한다.

4) 조리 및 가공

크리스프 헤드형 양상추는 아삭한 식감을 지니고 있어서 생식용으로 이용되고 샐러드, 샌드위치, 햄버거 등의 재료로도 사용된다.

11. 청경채Pok choy, *Brassica campestris* var. *chinensis*

청경채는 중국의 화중 지방이 원산지인 중국 배추의 한 종류이다. 중화요리에 주로 쓰이는 재료이고 우리나라에서는 주로 경기도 지역에서 재배된다.

1) 재료 및 특성

청경채는 십자화과에 속하고 잎과 줄기가 푸른색을 띤다. 포기째 먹는 채소이며 특별한 맛이나 향은 없지만 아삭한 식감을 가지고 있다.

그림 5.12 **청경채**

2) 성분

칼슘, 칼륨, 비타민 A, 비타민 C의 함량이 상대적으로 높고 베타-카로틴의 함량도 높은 편이다.

3) 취급 및 보관

통풍이 되도록 종이에 싸서 저온에 보관한다.

4) 조리 및 가공

기름에 볶거나 물에 데쳐서 사용하기도 하고 샐러드나 쌈 등의 생식용으로도 이용한다. 열을 가하여 살짝 익히면 아삭한 식감이 좋아진다.

경·인경채류

경·인경채류는 지하에 있는 줄기의 싹, 잎 또는 인경부(비늘줄기)를 이용하는 것으로 파, 양파, 마늘, 부추, 아스파라거스, 죽순 등이 해당된다.

1. 파 welsh onion, *Allium fistulosum*

파는 중국의 서부 지역이 원산지이며 유럽 등지로 전파되었다. 우리나라에는 고려시대 이전에 도입된 것으로 알려져 있다. 특유의 매운맛과 향을 가지고 있어서 오래전부터 약용으로 쓰이기도 하고, 여러 가지 요리에 첨가하여 이용되어 왔다.

그림 5.13 **파**

표 5.2 경·인경채류의 영양 성분표

(가식부 100 g당)

	에너지 (kcal)	수분 (g)	단백질 (g)	지방 (g)	탄수화물 (g)	식이섬유 (g)	회분 (g)	무기질					비타민					폐기율 (%)
								칼슘 (mg)	인 (mg)	철 (mg)	나트륨 (mg)	칼륨 (mg)	레티놀 (μg)	B_1 (mg)	B_2 (mg)	나이아신 (mg)	C (mg)	
파	22	91.4	1.2	0.2	6.7	-	0.5	25	26	1.0	17	239	0	0.02	0.04	0.3	11	13
양파	20	92.0	0.95	0.04	6.68	1.7	0.33	15	27	0.2	3	145	0	0.035	0.011	0.099	5.88	2
마늘	102	65.3	7.03	0.12	26.65	3.3	1.5	8	124	0.82	2	357	0	0.118	0.276	0.613	11.86	34
부추	19	93.0	1.8	0.3	4.1	-	0.8	28	23	3.4	3	-	0	0.16	0.08	0.6	5	0
아스파라거스	14	94.6	1.9	0.1	2.8	-	0.6	22	61	0.5	4	220	0	0.12	0.13	0.8	5	-
죽순	23	91.6	3.48	0.22	3.77	2.8	0.93	14	66	0.39	0	468	0	0.043	0.165	0.271	8.03	58

자료 : 농촌진흥청 국립농업과학원, 국가표준식품성분표 제9개정판, 2017

1) 재료 및 특성

파는 백합과에 속하는 채소로서 크게 여름파형과 겨울파형으로 분류할 수 있다. 여름파는 잎 부분이 길고 굵게 자라는 것으로 내한성이 강하여 겨울 동안 성장을 멈추면서 계속 생존해 있다. 겨울파는 휴면하지 않고 계속 성장하는 품종으로 겨울이 혹독하게 추운 지방에서는 생육할 수 없으므로 따뜻한 지역에서 주로 재배된다. 우리나라에서는 진도, 남해 등지에서 많이 재배된다.

2) 성분

파에는 가용성 탄수화물류가 많이 포함되어 있는데 주로 백색 부분에 존재한다. 파의 점질 물질은 셀룰로스cellulose 등의 다당류 복합물이 용액화한 것으로 과당, 포도당 등이 포함되어 있다. 무기질로는 칼슘의 함량이 높고, 비타민 A와 비타민 C의 함량이 높은데 녹색 부분에 특히 많이 함유되어 있다. 파의 자극적인 냄새는 알린alliin을 함유하고 있기 때문인데, 알린은 황을 함유하고 있는 아미노산인 시스테인cysteine의 유도물질이다. 알린은 분해효소인 알리네이스alliinase에 의하여 알리신allicin으로 분해되어 자극적인 냄새를 유발한다. 알리신은 비타민 B_1과 결합하여 알리티아민allithiamine을 형성함으로써 장내세균에 의한 분해를 저해하여 비타민 B_1의 생체이용률을 높이는 역할을 한다.

3) 조리 및 가공

파는 4~5℃의 저온에서 세워서 보관해야 한다. 다른 식품 재료들의 불쾌한 냄새를 없애 주는 역할을 하므로 생선류, 육류와 함께 조리하는 경우가 많고, 양념으로도 이용된다. 국, 찌개, 전, 볶음, 김치 등의 재료로 이용된다.

2. 양파onion, *Allium cepa*

양파는 이란, 지중해 지역 등이 원산지로 추정되고, 우리나라에는 조선 말기에 미국과 일본을 통하여 전파되었다. 재배와 저장이 용이한 편이고, 우리나라에서는 주로 전남, 경남, 제주 지역에서 재배되고 있다. 특유의 향이 있고 단맛을 가지고 있어서 다른 식품 재료들과 함께 어울려 이용된다.

1) 재료 및 특성

양파는 백합과에 속하는 채소로서 땅속에 있는 비늘줄기가 발달한 것으로 흰색, 노란색, 붉은색 등이 있다. 노란색 종이 가장 널리 재배되고 있으며 단단하고 오랫동안 저장할 수도 있다. 품종으로는 알맞은 온도 조건에 따라 양파가 굵어지는 조생종과 영향을 적게 받아서 굵어지지 않는 만생종 등이 있다.

2) 성분

양파의 탄수화물에는 포도당과 설탕이 다량 함유되어 있어서 단맛을 내는데 양파가 생장하여 성숙할수록 그 양이 증가한다. 아울러 양파의 성분 중 알릴 프로필 다이설파이드allyl propyl disulfide와 다이알릴 설파이드diallyl sulfide 등은 가열에 의하여 분해되어 설탕의 50~70배 단맛을 내는 프로필 머캡탄propyl mercaptan이 되므로 양파를 가열 조리할수록 단맛은 증가하게 된다. 양파에는 여러 종류의 무기질과 비타민이 함유되어 있는데 그 양은 많지 않은 수준이다. 양파의 알린 성분은 알리네이스에 의하여 분해되어 알리신이 되고, 알리신은 비타민 B_1과 결합하여 장

그림 5.14 양파

내세균에 의한 분해를 저해함으로써 생체이용률을 높이는 역할을 한다. 양파에 들어 있는 퀘르세틴quercetin은 노란색을 나타내는 물질로서 항산화제 역할과 고혈압 예방에 효과가 있는 것으로 알려져 있다.

3) 조리 및 가공

양파는 2℃ 정도의 저온과 상대습도 70~80%의 조건에서 저장하는 것이 좋다. 특유의 향과 단맛을 가지고 있어서 여러 가지 요리의 재료로 이용되는데 샐러드, 수프, 소스 등에 첨가된다. 육류와 생선류의 불쾌한 냄새를 제거하는 기능을 가지고 있어서 이러한 식품 재료들과 함께 조리된다.

3. 마늘garlic, *Allium sativum*

마늘은 중앙아시아가 원산지이며 우리나라에는 언제 전파되었는지 확실하지 않지만 오래전부터 식용 및 약용으로 이용되어 왔다. 우리나라에서는 경남, 경북, 충남, 전남 지역에서 주로 재배되고 있으며 의성, 해남 등이 마늘 산지로 알려져 있다.

1) 재료 및 특성

마늘은 백합과에 속하는 채소로서 땅속에 있는 비늘줄기가 비대해진 것인데, 비늘줄기는 다시 5~6개로 나뉘어 있다. 우리나라에서 재배되는 마늘의 품종에는 난지형과 한지형이 있는데, 난지형은 조생종으로서 겨울철이 상대적으로 따뜻한 남해안과 섬 지역에서 주로 재배되고 매운맛이 적은 반면, 한지형은 만생종으로서 온도가 상대적으로 낮은 내륙에서 주로 재배된다. 마늘은 특유의 향과 맛을 가지고 있어서 주로 양념용으로 이용하는데 생식하기도 한다.

그림 5.15 **마늘**

2) 성분

마늘은 수분이 약 63%로서 다른 채소류에 비하여 그 함량이 낮고 탄수화물의 함량이 약 30%로 높은 수준이다. 탄수화물의 대부분은 과당이 차지하고 있다. 무기질로는 높은 함량의 칼륨과 인을 함유하고 있고 비타민 B

균과 비타민 C의 함량이 높다. 마늘에는 알린이 함유되어 있는데 다른 채소류의 알린 성분과 마찬가지로 알리네이스에 의하여 분해되어 알리신이 생성되고 알리신은 비타민 B_1과 결합하여 알리티아민을 형성한다. 알리티아민은 인체 내 장내세균의 분해작용에 대하여 안정하므로 결과적으로 비타민 B_1의 구조를 안정화시키는 역할을 한다. 따라서 알리신은 비타민 B_1의 생체이용률을 높이는 기능을 한다. 또한 알리신은 마늘의 매운맛을 나타내는 주요 성분이며 항산화 기능을 가지고 있다. 마늘 성분인 다이알릴 설파이드와 알릴 프로필 설파이드는 살균작용 기능을 가지고 있는데 마늘 특유의 냄새는 주로 정유 성분인 다이알릴 설파이드에 의한 것이다.

3) 취급 및 보관

마늘은 0~2℃의 낮은 온도와 상대습도 65~70%의 조건에서 장기간 보관할 수 있다. 마늘을 고를 때는 단단하고 윤기가 있는 것으로 싹이 나지 않은 것을 선택한다.

4) 조리 및 가공

마늘은 주로 양념용으로 이용되며 생식하기도 한다. 아울러 장아찌로 가공하거나 건조시켜서 분말화하여 요리에 첨가하기도 한다. 마늘을 압착하여 마늘유을 만들어서 약용으로 이용하기도 한다.

4. 부추 Chinese chive, *Allium tuberosum* R.

부추는 동아시아 지역이 원산지이며 우리나라에는 삼국시대에 전파된 것으로 알려져 있다. 우리나라에서 많이 소비되는 채소의 하나로 전국적으로 재배되고 있으며, 특히 포항 지역이 주요 산지이다.

1) 재료 및 특성

부추는 백합과의 채소로서 내한성과 내서성을 갖추고 있어 전국적으로 널리 재배되고 있으며, 연중 여러 차례 수확이 가능한 작물이다. 부추는 비늘줄기 부분과 잎 부분을 식용으로 섭취하며 특유의 향기와 맛이 있어서 각종 요리에 이용된다.

그림 5.16 **부추**

2) 성분

부추의 탄수화물 중 당질의 대부분은 포도당과 과당이 차지하고 있고, 비타민 A의 함량이 매우 높은 특징을 가지고 있다. 부추 특유의 냄새는 황을 포함하고 있는 함황화합물에 기인하는데 그 성분 중 다이알릴 설파이드 등은 살균작용을 하고 소화효소 분비를 촉진하며 체내 콜레스테롤의 양을 감소시키는 기능이 있는 것으로 알려져 있다. 아울러 알리신 성분은 비타민 B_1의 체내이용률을 향상시키는 기능을 가지고 있다.

3) 취급 및 보관

부추는 잎이 연하여 가급적 빨리 소비하는 것이 바람직하고 보관을 위해서는 5℃ 정도의 저온에 종이에 싼 채로 두는 것이 좋다.

4) 조리 및 가공

부추는 나물로 이용하거나 부침류의 재료로 사용할 수 있고 김치로도 가공하여 이용한다. 또한 육류나 생선류와 같이 조리되어 불쾌한 냄새를 없애는 작용을 한다.

5. 아스파라거스asparagus, *Asparagus officinalis*

아스파라거스는 남유럽 지역이 원산지이며 우리나라에서는 1960년대부터 재배되어 왔다. 도입 초기에는 화초용으로 소량 재배되다가 차차 식용으로의 수요가 증가하여 재배량과 수입량이 늘어나고 있는 추세이다.

1) 재료 및 특성

그림 5.17 **아스파라거스**

아스파라거스는 백합과에 속하는 채소로서 내한성이 강하여 서늘한 기후에서 잘 생장하며, 30℃ 이상의 고온에서는 생육하지 않는다. 어린순 상태에서 식용하는데, 색깔에 따라서 흰색 아스파라거스와 녹색 아스파라거스로 구분된다. 흰색 아스파라거스는 발아 직전에 흙으로 덮어서 엽록소의 생성을 억제한 것이고, 녹색 아스파라거스는 흙으로 덮지 않아서 햇빛에 의하여 엽록소가 생성된 것이다. 녹색 아스파라거스가 향기와 영양 성분이 우수하여 더 많이 소비된다. 흰색 아스파라거스는 녹색보다 더 빨리 쓴맛이 생기고 변질되므로 저장성을 높일 수 있는 가공 공정이 필요하다.

2) 성분

아스파라거스는 수분의 함량이 약 94 %를 차지하고 고형분 중 섬유소의 함량이 상대적으로 높다. 무기질로는 인의 함량이 높고, 비타민 A, 비타민 B_1, 나이아신niacin의 함량이 높은 수준이다. 아스파라거스의 밑부분에는 사포닌saponin이 함유되어 있어서 쓴맛을 갖는다. 아스파라거스에는 루틴rutin과 엽산이 함유되어 있는데, 루틴은 심혈관 질환의 위험성을 낮추는 기능이 있는 것으로 알려져 있고 엽산은 대장암 등의 발병 가능성을 저하시키는 기능이 알려져 있다. 또한 아스파라진asparagine이 다량 존재하는데, 이 물질은 신진대사를 촉진하는 기능을 가지고 있다.

3) 취급 및 보관

아스파라거스는 수확한 후에 빠르게 품질이 저하되기 때문에 통조림이나 병조림으로 가공하여 이용하거나, 물기를 흡수한 상태로 종이에 말고 랩으로 싸서 4~5℃의 저온에 보관한다.

4) 조리 및 가공

아스파라거스는 샐러드의 재료로 사용하거나 튀김, 수프로 조리하여 이용한다.

6. 죽순bamboo shoot, *Phyllostachys* spp.

죽순은 동아시아 지역에서 오래전부터 식용으로 사용해 온 재료로서 대의 어린 줄기이다. 대의 지하 줄기에서부터 지상 방향으로 자라 나온 어린 줄기를 베어서 수확한다.

1) 재료 및 특성

식용으로 사용하는 죽순에는 맹종죽, 왕대, 마죽, 고죽 등이 있으며 맹종죽이 주로 식용으로 이용된다. 담갈색을 띠고 있는 겉 부분을 제거하고 식용으로 이용하는데 흰색에 가까울수록 품질이 좋은 것으로 여긴다. 죽순은 대의 지하경을 심고서 4~5년 후에 어린줄기를 수확한다.

그림 5.18 **죽순**

2) 성분

죽순은 수분이 약 93%를 차지하고 있고 단백질의 함량은 약 3.3%로 비교적 높은 편이다. 죽순 특유의 맛은 글루탐산을 비롯한 아미노산을 중심으로 하여 당류와 유기산들이 함께 종합적으로 만들어 낸다. 섬유소의 함량이 높은 특징이 있다. 죽순의 아린 맛은 호모겐티스산homogentisic acid과 옥살산에 의하여 생성되는데, 죽순을 쌀겨가 섞인 물에 넣고 조리하면 옥살산이 잘 용해되어서 제거되므로 아린 맛을 줄일 수 있다. 비타민 B_1의 함량이 비교적 높고 무기질로는 칼륨과 인의 함량이 높다.

3) 취급 및 보관

죽순은 저장성이 낮아서 주로 통조림으로 가공하여 보관하는데 생으로 보관할 때는 종이에 싸서 저온에 보관한다.

4) 조리 및 가공

죽순은 특유의 맛과 질감을 가지고 있어서 다양한 형태로 조리된다. 죽순나물, 죽순찜, 죽순탕, 죽순채 등으로 이용하기도 하고 죽순밥으로도 조리되며 특히 중국요리에서 널리 이용된다.

아린 맛 쓴맛과 떫은맛이 혼합되어 나는 불쾌한 맛.

근/채/류

근채류에는 무, 순무, 당근, 생강, 우엉, 연근, 도라지, 더덕 등이 포함되고 영양분을 저장한 뿌리 부분을 식용으로 이용한다.

1. 무radish, *Raphanus sativus*

무는 남서 유럽의 지중해 연안이 원산지이며 우리나라에는 삼국시대에 중국을 거쳐서 들어와 재배되었다. 무는 우리나라에서 많이 소비되는 채소 중의 한 가지이고 전국적으로 재배되고 있다.

1) 재료 및 특성

그림 5.19 무

무는 십자화과에 속하는 채소로서 비대해진 밑동이 주로 식용으로 사용하는 부분이고 잎 부분도 이용된다. 무는 생육 적온이 20℃ 부근이고 서늘한 기후에서 생육이 잘 이루어진다. 무의 품종은 크게 조선무와 왜무로

표 5.3 근채류의 영양 성분표

(가식부 100 g당)

	에너지 (kcal)	수분 (g)	단백질 (g)	지방 (g)	탄수화물 (g)	식이섬유 (g)	회분 (g)	무기질					비타민					폐기율 (%)
								칼슘 (mg)	인 (mg)	철 (mg)	나트륨 (mg)	칼륨 (mg)	레티놀 (μg)	B_1 (mg)	B_2 (mg)	나이아신 (mg)	C (mg)	
무 (조선무)	13	95.3	0.63	0.09	3.36	0.6	0.62	23	37	0.18	6	268	0	0.059	0.021	-	7.34	-
순무	22	91.6	1.5	0.09	5.65	2.7	1.16	99	37	0.93	59	350	0	0.061	0.158	0.646	4.31	0
당근	25	91.1	1.02	0.13	7.03	3.1	0.72	24	42	0.28	23	299	0	0.037	0.062	0.882	3.02	3
생강	32	88.2	0.97	0.15	9.82	2.6	0.86	18	33	0.95	4	337	0	0	0.052	0.497	1.5	-
우엉	54	81.0	2.61	0.06	15.29	4.6	1.04	46	87	0.8	6	406	0	0.019	0.11	0.108	0.61	15
연근	55	80.0	0.63	0.09	17.28	3.3	1.02	28	75	0.8	21	478	0	0.087	0.124	0.136	28.35	10
도라지	44	84.5	1.7	0.11	13.08	4.2	0.61	40	67	0.32	3	231	0	0.07	0.065	0.571	5.06	12
더덕	68	75.7	1.91	0.13	21.52	8.1	0.74	29	76	0.93	1	237	0	0.036	0.171	0.014	5.31	24

자료 : 농촌진흥청 국립농업과학원, 국가표준식품성분표 제9개정판, 2017

나눌 수 있는데, 조선무에는 김장용으로 많이 사용되는 서울무, 울산무 등과 단무지용으로 사용되는 연마가 있다.

2) 성분

무는 수분이 약 94% 이상 차지하고 있고 단백질과 지방의 함량은 낮은 수준이다. 무에는 포도당과 설탕이 포함되어 있어서 단맛을 내고 무기질은 골고루 함유하고 있다. 비타민 C의 함량이 높은 편인데, 껍질 부분에 많이 포함되어 있으므로 비타민 C의 섭취를 위해서는 조리할 때 껍질을 과도하게 제거하지 않는 것이 좋다. 무의 매운맛은 알릴 아이소티오시아네이트allyl isothiocyanate에 기인하는데 이는 배당체인 시니그린이 효소인 미로시네이스에 의해 분해되어 생성하는 물질이다. 알릴 아이소티오시아네이트는 겨자유라고 불린다. 무 특유의 자극적인 냄새는 주로 메틸 머캡탄에 의한 것이다. 무에는 소화를 돕는 효소인 다이아스테이스diastase, 글리코시데이스glycosidase 등이 들어 있고, 과산화수소를 분해하는 카탈레이스catalase도 포함되어 있어서 산화작용을 저해하는 기능이 있다. 무의 잎에는 베타-카로틴이 다량 함유되어 있고 비타민 C의 함량도 높다. 또한 무의 잎은 아미노산 중 라이신의 함량이 높은 특징을 가지고 있다.

3) 취급 및 보관

무는 얼지 않을 정도인 0℃ 정도의 온도와 상대습도 90~95%의 높은 습도가 유지되는 상태에서 오랫동안 보관할 수 있다. 무는 수분이 쉽게 증발하므로 종이 등으로 싸서 보관해야 한다.

4) 조리 및 가공

무는 날로 이용하거나 김치, 단무지, 무말랭이, 나물, 국 등의 재료로 이용된다. 무즙에는 식품 재료를 분해하는 효소가 들어 있으므로 소화에 도움을 준다. 무의 씨는 진해 거담제의 역할을 하는 것으로 알려져 있고 내복자라고 불린다.

그림 5.20 열무 가공제품

2. 순무turnip, *Brassica rapa*

순무는 중앙아시아와 남유럽 지역이 원산지로 알려져 있고, 주로 뿌리 부분을 식용으로 이용하지만 잎을 이용하기도 한다. 우리나라에 언제 도입되었는지는 확실하지 않으나 고려시대에도 순무가 재배되었을 것으로 추정된다.

1) 재료 및 특성

그림 5.21 **순무**

순무는 십자화과에 속하는 채소로서 비대해진 뿌리 부분을 주로 식용하는데, 구형 또는 편구형의 모양을 가지고 있다. 순무의 겉은 백색, 적색, 자색 등을 띠며 내부는 거의 백색인데 청색을 띠는 것도 있다. 순무의 잎은 녹색이며, 줄기 부분은 적색을 띤다.

2) 성분

순무에는 탄수화물 성분으로 포도당, 펙틴 등이 포함되어 있고, 무기질 성분으로는 칼슘의 함량이 높다. 순무에는 비타민 C가 다량 포함되어 있는데 특히 흰 부분에 함량이 높다. 또한 탄수화물분해효소인 다이아스테이스가 함유되어 있어서 소화작용을 돕는 역할을 하고, 포도당과 아미노산의 유도체인 글루코시놀레이트glucosinolate는 항암 효과를 가지고 있는데 특히 폐암에 효과가 있는 것으로 알려져 있다. 순무의 잎에는 칼슘과 철 그리고 비타민 C가 높은 함량으로 포함되어 있다.

3) 취급 및 보관

순무는 8℃ 정도의 서늘한 온도에서 저장하는데 잎 부분은 신선도가 떨어질수록 누렇게 변하므로 잎의 색을 보고 순무의 상태를 판별할 수 있다.

4) 조리 및 가공

순무는 김치의 재료로 이용할 수 있고 육류의 조림 요리 등에 함께 곁들여서 이용된다. 샐러드나 피클 재료로 이용하며, 붉은순무는 장식용으로 사용하기도 한다.

3. 당근carrot, *Daucus carota* subsp. *sativus*

당근의 원산지는 아프가니스탄이며, 우리나라에 도입된 시기와 경로는 분명하지 않은데 비교적 재배 역사가 길지 않은 채소이다. 비타민 A의 함량이 많아서 대표적인 비타민 A 공급원 채소로, 우리나라에서는 주로 강원, 제주, 전남, 경남 지역과 도시 인근에서 재배된다.

그림 5.22 **당근**

1) 재료 및 특성

당근은 산형과에 속하는 채소로서 비대한 뿌리 부분을 식용으로 사용한다. 우리나라에서는 유럽형 품종이 주로 재배되는데, 유럽형 당근은 한랭지에서 재배하여 여름에서 가을에 걸쳐 수확하는 한지형과 여름에 파종하여 가을에서 겨울에 걸쳐 수확하는 난지형으로 구분할 수 있다. 당근은 품종에 따라 여러 가지 크기를 가지는데 80 cm 정도까지 성장하는 것도 있다. 당근의 구조는 겉 부분인 피층부와 내부인 심부로 이루어져 있는데 피층부는 조직이 치밀하고 풍미가 좋으며 심부는 조직이 치밀하지 못하다. 일반적으로 당근의 주황색이 짙을수록 비타민 A의 함량이 높아진다.

2) 성분

당근은 수분의 함량이 약 89.5%를 차지하고 있고 탄수화물은 약 8.6%인데 탄수화물 중에 설탕의 함량이 많아서 단맛을 낸다. 무기질로는 칼슘과 인의 함량이 높고, 비타민 A가 채소류 중에서 가장 많이 포함되어 있다. 특히, 비타민 A의 전구물질인 베타-카로틴의 함량이 높은데 베타-카로틴은 체내에서 세포 노화 방지 기능이 있는 것으로 알려져 있다. 당근에는 비타민 C를 산화시키는 효소인 아스코르브산산화효소ascorbate oxidase가 포함되어 있기 때문에 채소류, 과일류 등의 식품 재료와 함께 사용될 경우 그 재료의 비타민 C를 손상시킬 수 있다. 당근에 들어 있는 아스코르브산산화효소의 역가를 저하시키기 위해서는 당근을 80℃ 정도의 물에 4~5분간 데치거나 식초를 첨가하여 효소를

전구물질 특정 화합물이 구조적으로 완성되기 전 단계의 물질.

불활성화시킨다. 껍질 부분에 아스코르브산산화효소가 많이 포함되어 있으므로 껍질을 제거하고 이용하면 당근에 의한 다른 재료의 비타민 C 파괴를 막을 수 있다.

3) 취급 및 보관

당근은 0℃ 부근의 온도와 상대습도 93~98%의 조건에서 5~6개월간 품질을 유지하며 저장할 수 있다. 가정의 냉장고에 보관할 때는 물기를 없애고 랩으로 포장하여 보관해야 한다.

4) 조리 및 가공

당근에 포함되어 있는 베타-카로틴은 지용성 물질이므로 당근을 조리할 때 기름을 이용하여 가열하면 베타-카로틴이 잘 분리되어 그 이용률이 높아진다. 당근은 생으로 이용하거나 샐러드, 수프, 주스 등 여러 형태로 이용된다.

4. 생강ginger, *Zingiber officinale*

생강의 원산지는 인도와 말레이시아 지역이고, 우리나라에는 고려시대에 생강을 이용했다는 기록이 있는 것으로 보아 그 이전에 도입된 것으로 추정된다. 비교적 온화한 기후에서 생육하는 특징이 있고 우리나라에서는 충남과 전북 지역에서 주로 재배된다.

그림 5.23 **생강**

1) 재료 및 특성

생강은 생강과에 속하는 채소로서 특유의 향과 맛을 가지고 있어서 향신료로 이용되고, 소화 촉진 기능과 살균 기능을 가지고 있어서 약용으로 이용되기도 한다. 생강에서 식용으로 이용하는 부분은 덩이 모양을 하고 있는 뿌리줄기 부분인데 겉 부분은 코르크층으로 되어 있어서 잘 벗겨지지 않는다. 크기에 따라 소생강, 중생강, 대생강으로 구분할 수 있고 중생강 중 황생강 품종이 많이 이용된다.

2) 성분

생강은 가식부에서 수분이 약 83.3%, 탄수화물이 약 13.9%를 차지하는데 탄수화물 중에는 전분의 함량이 높다. 무기질과 비타민의 함량은 적은 편이다. 생강의 자극적인 맛을 내는 물질에는 진저론zingerone, 쇼가올shogaol, 진저올gingerol 등이 있고 특유의 향을 내는 정유 성분에는 진지베렌zingiberene, 시트랄citral, 리날로올linalool 등이 있다. 생강의 맛을 내는 성분인 진저론과 쇼가올은 위액 분비를 촉진하는 기능이 있어서 소화작용을 돕는다. 또한 진저올과 쇼가올은 병원성 세균에 대한 살균력을 가지고 있다. 생강은 특유의 맛과 향으로 육류나 생선류의 불쾌한 냄새를 제거하는 기능과 소화 촉진, 살균 등의 기능을 가지고 있어서 식용과 약용으로 널리 이용된다.

3) 취급 및 보관

생강은 저온에 대한 저항성이 약하기 때문에 10~13℃ 정도의 조건에서 보관한다. 생강을 수확한 직후에 30~33℃, 상대습도 90~95%의 조건에서 약 7일간 보관한 뒤 보관하면 저장성을 높일 수 있다.

4) 조리 및 가공

생강은 주로 향신료로 제과, 제빵 재료, 카레, 소스 등으로 이용되고 꿀이나 설탕에 재었다가 먹는 편강으로 이용되기도 한다.

5. 우엉burdock, *Arctium lappa*

우엉은 지중해 연안과 서아시아 지역이 원산지이며 중국에서는 약초로 이용되어 왔고 우리나라에 전해진 경로는 불분명하지만 오래되지 않은 것으로 알려져 있다. 우리나라에서는 전국적으로 재배되고 특히 경남 지역에서의 생산량이 많다.

1) 재료 및 특성

우엉은 국화과에 속하는 채소로서 뿌리 부분을

그림 5.24 **우엉**

주로 식용으로 이용하는데 뿌리는 30~60 cm 정도까지 자라며 20~25℃의 온도 조건에서 생육이 잘 이루어진다. 우엉의 뿌리 구조는 겉 부분인 피층부와 안쪽 부분인 심부로 나뉘는데 심부는 섬유질로 되어 있다.

2) 성분

우엉은 수분이 약 80.3%를 차지하고 있어서 비교적 낮은 수준이고 탄수화물은 약 15.5%를 차지하는데 탄수화물 중 전분과 이눌린inulin의 함량이 높다. 이눌린은 혈당량에 영향을 미치지 않기 때문에 당뇨 환자가 안전하게 이용할 수 있는 재료이다. 우엉에는 셀룰로스와 헤미셀룰로스hemicellulose 등의 섬유소가 포함되어 있어서 정장작용을 촉진하는 기능이 있다. 우엉 단백질의 아미노산 조성을 보면 아르지닌arginine의 함량이 높은데 아르지닌은 이뇨작용의 기능을 가지고 있다. 오래전부터 민간에서는 우엉을 이뇨제로 이용하여 왔다. 무기질로는 인과 칼슘의 함량이 높다. 우엉에는 폴리페놀polyphenol 성분이 포함되어 있어서, 우엉의 껍질을 벗기면 폴리페놀산화효소polyphenol oxidase의 산화작용으로 폴리페놀이 산화하여 색이 갈색으로 변한다. 우엉의 폴리페놀 성분 중 타닌tannin은 떫은맛을 낸다. 우엉의 껍질을 제거한 상태에서 식초 물에 담가 놓으면 폴리페놀산화효소의 작용이 저해되어 갈변을 막을 수 있고 타닌이 빠져나와서 떫은맛도 줄일 수 있다. 우엉을 삶으면 우엉 중의 알칼리성 무기질에 의해 안토사이아닌계 색소가 변색하여 파란색을 나타내는 경우가 있다.

3) 취급 및 보관

우엉은 건조하면 쉽게 변질되므로 건조하지 않게 보관해야 하는데 서늘한 곳에 종이에 싼 채로 보관한다. 껍질을 벗기고 산소와 접촉하면 갈변하므로 껍질을 벗긴 경우에는 식초 물에 담가 놓아야 색의 변화를 막을 수 있다.

4) 조리 및 가공

우엉은 잘게 잘라서 나물로 이용하기도 하고 무침, 절임, 튀김 등으로 이용된다. 껍질 부분의 향이 강하므로 제거해야 하는데 껍질은 긁어 내서 손실을 최소화한다.

6. 연근lotus root, *Nelumbo nucifera*

연근은 수생식물인 연의 덩이줄기 부분으로 원산지는 중국과 북아메리카이다. 우리나라에서는 중국에서 유래한 종이 널리 재배되고 있으며 전남, 전북, 경남 지역에서 주로 생산된다. 논에서 재배되거나 늪이나 연못에서 자라난다.

1) 재료 및 특성

연은 수련과에 속하는 수생식물로서 습지에서 생장하는데 땅속으로 덩이줄기를 형성하여 부피가 비대해진 부분이 연근이다. 연은 습지에서 자생하기도 하고 재배되기도 하는데 물이 오염되지 않도록 수질 관리가 필요하다.

그림 5.25 **연근**

2) 성분

연근은 수분이 약 80.2%에 달하고 탄수화물은 약 16.4%를 차지하는데 탄수화물의 대부분은 전분이다. 단백질을 구성하는 아미노산에는 아스파트산aspartic acid, 아르지닌 등이 많이 포함되어 있고 인지질인 레시틴lecithin을 함유하고 있다. 무기질로는 인의 함량이 높은 수준이고 비타민 C가 많이 함유되어 있다. 타닌과 클로로겐산 등의 폴리페놀을 함유하고 있어서 산소와 접촉하면 산화효소에 의해 갈색으로 변하게 된다. 연근을 식초 물에 담가 놓으면 산화효소의 역가가 저하되고 산소와의 접촉을 막을 수 있어서 갈변을 방지할 수 있다.

3) 취급 및 보관

연근을 보관할 때는 공기와의 접촉을 막을 수 있도록 포장하여 저온 보관하고 껍질을 벗긴 상태에서는 물이나 식초 물에 담가 보관해야 갈변을 막을 수 있다.

4) 조리 및 가공

연근은 생으로 이용되기도 하고 다른 요리의 재료로도 쓰인다. 또한 분말로 가공되어

인지질 인(P)을 구조 안에 포함하고 있는 복합지질.

연근조림

재료

연근	500 g	맛술	3 T
물	3컵	식용유	1 T
다시마	3장	저민 마늘	10 g
간장	4 T	저민 생강	5 g
설탕	2 T	통깨	약간
물엿	2 T		

조리방법

1. 연근은 껍질을 벗기고 5 mm 정도 두께로 둥글게 썰어 식초 물에 담가 아린 맛을 우려낸다.
2. 끓는 물에 식초를 넣고 연근을 살짝 데친 후 찬물에 헹구고 물기를 제거한다.
3. 다시마를 넣고 우린 물에 분량의 간장, 설탕, 물엿, 맛술, 식용유를 넣어 조림장을 만들고, 여기에 연근과 저민 생강, 마늘을 넣고 윤기 나게 조린다. 마지막에 통깨를 뿌려 마무리한다.

전분 재료로 이용되기도 한다.

7. 도라지 balloon flower, *Platycodon grandiflorus*

도라지는 한국, 중국, 일본 등 동아시아 지역이 원산지이며 우리나라에서는 전 지역에서 자생하고 있는데 식품으로서는 대부분이 재배를 통하여 생산되고 있다. 도라지의 뿌리 부분을 주로 식용으로 이용하는데, 염증 완화와 가래 감소 목적의 약용으로 이용되기도 한다.

1) 재료 및 특성

도라지는 초롱꽃과에 속하는 작물로서 추운 지역에서도 비교적 잘 자라며 파종 후 2~3년이 지난 후 뿌리가 비대해지면 수확할 수 있다. 비대해진 뿌리 부분이 주로 식용으로 이용된다. 약용으로 사용하는 도라지는 4년 이상 재배하여 수확한다.

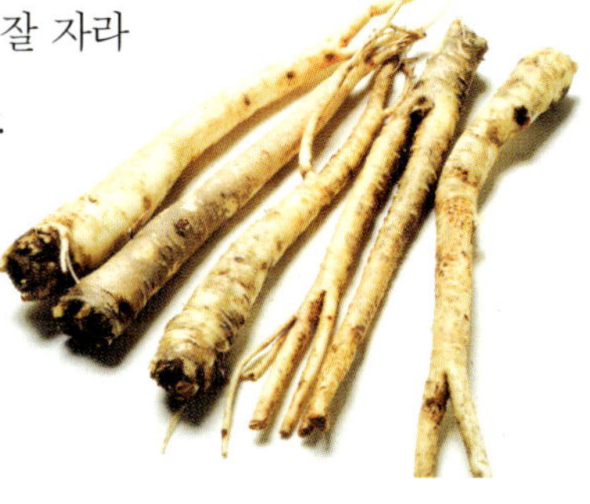

그림 5.26 도라지

2) 성분

도라지는 수분이 약 72.2%를 차지하고 있고 탄수화물의 함량은 약 24.1%로 비교적 높은 편이다. 섬유소가 많이 포함되어 있고 무기질로는 인, 칼슘, 철 등의 함량이 높다. 비타민 C의 함량이 상대적으로 높은 편이다. 도라지의 사포닌 성분은 가래를 감소시키고 염증 완화의 기능이 있는 것으로 알려져 있고, 한방에서 이러한 기능을 위한 약재로 이용되고 있다.

3) 취급 및 보관

도라지는 0℃ 부근의 온도와 약 70%의 상대습도 조건에서 보관해야 하고 장기 저장을 위해서는 건조하여 보관한다.

4) 조리 및 가공

도라지는 생으로 이용하기도 하고 나물, 장아찌, 술 등의 재료로 이용된다.

8. 더덕bonnet bellflower, *Codonopsis lanceolata*

더덕의 원산지는 한국, 중국, 일본 등 동아시아 지역으로 알려져 있고 일교차가 큰 산간 지역에 자생한다. 우리나라에서는 강원과 경북 북부 지역에 많이 자생하고 있으며, 재배 역사는 오래되지 않았지만 근래에 들어 재배량이 증가하고 있다.

1) 재료 및 특성

더덕은 초롱꽃과에 속하는 작물로서 비대해진 뿌리 부분을 이용한다. 식용하거나 염증 완화와 가래 감소에 효과가 있어서 약용으로 이용되기도 한다. 파종한 후 2~3년이 지나면 뿌리가 비대해져서 수확할 수 있다.

2) 성분

더덕은 약 82.9%의 수분을 함유하고 있고 섬유소를 비교적 다량 포함하고 있다. 무기질로는 인, 칼슘, 철의 함량이 높은 수준이고, 비타민 B_1과 비타민 B_2의 함량이 높으며 사포닌을 함유하고 있다.

그림 5.27 **더덕**

3) 취급 및 보관

식용으로 사용하는 더덕은 포장하여 저온에서 보관하고, 약용으로 사용하는 더덕은 흙을 제거하고 햇볕에 말려 보관한다.

4) 조리 및 가공

더덕은 생으로 이용하기도 하고 무침, 구이, 장아찌, 차, 술 등의 재료로도 사용된다.

과/채/류

열매 부분을 식용으로 이용하는 과채류에는 토마토, 가지, 고추, 오이, 참외, 호박, 수박, 딸기 등이 포함된다.

표 5.4 과채류의 영양 성분표

(가식부 100 g당)

	에너지 (kcal)	수분 (g)	단백질 (g)	지방 (g)	탄수화물 (g)	식이섬유 (g)	회분 (g)	무기질					비타민					폐기율 (%)
								칼슘 (mg)	인 (mg)	철 (mg)	나트륨 (mg)	칼륨 (mg)	레티놀 (μg)	B_1 (mg)	B_2 (mg)	나이아신 (mg)	C (mg)	
토마토	16	93.9	1.03	0.18	4.26	2.6	0.63	9	29	0.19	2	250	0	0.013	0.037	0.311	14.16	0
가지	15	93.9	1.13	0.03	4.36	2.7	0.58	16	35	0.26	0	232	0	0.035	0.163	0.366	0	4
붉은 고추	71	77.4	3.12	2.73	15.34	10.2	1.41	14	81	0.75	1	575	0	0.39	0.38	2.54	122.74	8
풋고추	23	91.1	1.71	0.19	6.42	4.4	0.58	15	38	0.5	1	270	0	0.008	0.076	0.558	43.95	5
오이	12	95.2	1.22	0.02	3.05	0.7	0.51	18	39	0.2	3	196	0	0.002	0.034	0.09	11.25	0
참외	45	86.1	1.57	0.29	4.01	1.7	1.03	6	51	0.26	2	450	0	0.007	0.08	0.184	1.99	10
호박 (애호박)	17	93.1	1.07	0.09	5.14	2.2	0.6	15	38	0.23	0	224	0	0.038	0.08	0.348	3.11	4
수박 (적육질)	30	91.1	0.79	0.05	7.83	0.2	0.23	6	12	0.18	0	106	0	0.024	0.03	0.285	-	28
딸기	34	897	0.8	0.2	8.9	-	0.4	7	30	0.4	13	167	0	0.03	0.17	0.5	71	-
멜론 (머스크)	38	88.1	1.5	0.04	9.64	2.0	0.72	7	19	0.34	13	374	0	0.032	0.033	0.17	2.02	38

자료 : 농촌진흥청 국립농업과학원, 국가표준식품성분표 제9개정판, 2017

1. 토마토 tomato, *Lycopersicon esculentum*

토마토는 남아메리카의 안데스 지방이 원산지이며 유럽을 거쳐서 전 세계로 전파되었다. 우리나라에서는 조선 중기의 기록에 토마토가 등장하는 것으로 미루어 그 이전에 도입된 것으로 추정하고 있다. 우리나라에서는 오랫동안 외면받아 오다가 1960년대에 들어서 재배와 소비가 늘어나게 되었고, 경기, 충남, 경남, 경북 지역이 주요 생산지이다.

그림 5.28 **토마토**

1) 재료 및 특성

토마토는 가짓과에 속하는 작물로서 특유의 향을 가지고 있으며 비타민이 풍부하다. 생으로 소비되거나 케첩, 주스 등으로 가공하여 이용된다. 토마토 과실은 재배 방법, 수확 시기 등에 따라 여러 가지 크기를 갖는다. 토마토의 성상에 따라 일반 토마토, 송이 상태로 수확하는 송이토마토, 무게 15 g 정도의 구형인 방울토마토 등으로 구분하기도 한다.

2) 성분

토마토는 수분이 약 95.2%로 높은 수준이며, 탄수화물은 주로 포도당과 과당으로 이루어져 있고 펙틴pectin이 다량 포함되어 있다. 칼륨, 나트륨, 칼슘 등의 무기질과 비타민 A, B_1, B_2, C 등이 골고루 포함되어 있으며 비타민 A는 항산화 효과가 강하다. 구연산, 사과산malic acid, 주석산, 호박산succinic acid 등의 유기산을 함유하고 있어서 특유의 향과 신맛을 내면서 유기산이 신진대사를 촉진하여 피로물질을 빠르게 없애는 효과가 있다.

토마토의 색은 붉은색을 내는 라이코펜lycopene과 황적색을 내는 카로틴의 함량에 의하여 결정되는데 재배 환경과 성숙 정도에 따라서도 달라진다. 성숙기의 온도가 20~25℃일 때 라이코펜의 함량이 많아져서 토마토는 붉은색을 띠게 되고 온도가 16℃ 이하이거나 30℃ 이상이면 라이코펜보다 카로틴이 더 많이 생성되면서 토마토의 색깔은 황적색을 띤다. 라이코펜은 활성산소의 작용을 억제하는 강한 항산화 기능을 가지고 있고 심혈관 질환과 뇌졸중, 암에 대한 위험도를 낮추는 것으로 알려져 있다.

토마토에 함유되어 있는 루틴은 항산화제의 역할과 혈압 강하의 기능을 가지고 있어서 고혈압 환자의 혈압 조절을 도울 수 있다. 토마토는 저칼로리 식품으로서, 심혈관계 질환이나 당뇨의 주요 위험 인자인 비만을 예방하는 식이요법에 유용하다.

토마토에는 글루탐산이 다량 함유되어 있는데 근육 내에 젖산이 축적되는 것을 저해하는 기능이 있어서 근육 피로도를 경감시킨다. 다른 과일에는 별로 없는 글루탐산이 잘 익은 토마토의 경우 전체 중량의 0.3%나 되며, 단백질의 37.1%가 글루탐산인데 이는 동물은 1%, 식물은 10% 정도만이 맛으로 느낄 수 있는 유리 상태인 데 비하여 토마토는 전체 글루탐산 중 절반 정도가 유리 상태로 서양 요리에서는 맛을 내는 조미료 역할을 한다.

3) 취급 및 보관

토마토를 미숙한 상태로 수확한 뒤에 상온에 두면 숙성하면서 붉은색으로 착색되는데 저온에서 보관하면 숙성이 일어나지 않는다. 숙성한 토마토를 수확했을 경우에는 4~5℃의 저온에서 보관해야 한다.

4) 조리 및 가공

토마토는 주로 생으로 이용되지만 케첩, 페이스트, 주스 등으로 가공하여 이용하기도 한다. 토마토를 이용하여 수프나 소스를 만들어 먹기도 한다. 유리된 글루탐산은 각종 음식 제조에 있어 MSG 역할을 하며, 아울러 적은 양의 나트륨으로도 토마토 요리에서는 충분히 짠맛을 낼 수가 있다.

그림 5.29 **토마토 가공식품**

2. 가지eggplant, *Solanum melongena*

가지의 원산지는 인도이며, 우리나라에서는 오래전부터 재배되어 왔다. 주로 여름철에 출하되는 채소이나 근래에는 시설 재배로 연중 생산되고 있다. 경기, 경남, 경북 지역이 주요 산지이다.

1) 재료 및 특성

가지는 가짓과에 속하는 채소이고 따뜻한 기후에서 잘 생육한다. 가지 열매의 모양에는 크고 긴 대장형에서부터 장형, 중장형 등이 있으며 난형과 구형도 존재한다. 색깔은 자주색, 노란색, 흰색 등이 있는데 우리나라에서는 장형이나 중장형의 자주색 가지가 널리 재배되어 이용되고 있다.

그림 5.30 **가지**

2) 성분

가지의 성분에는 수분이 약 93.3% 포함되어 있고 탄수화물이 약 5.3%를 차지한다. 다른 영양소와 무기질, 비타민 등이 골고루 포함되어 있으나 그 함량은 적은 편이어서 가지의 영양적 가치는 비교적 낮다. 가지가 자주색을 나타내는 것은 나수닌nasunin 등의 안토사이아닌계 색소를 포함하고 있기 때문이다. 가지를 산성인 조건에서 조리하거나 방치하면 붉은색으로 바뀐다. 가지에 포함되어 있는 스코폴레틴scopoletin과 스코파론scoparone은 신경을 안정시키는 기능을 가지고 있어서 근육 경련을 완화시킨다. 가지에는 다른 채소에 비하여 니코틴nicotine의 함량이 높은 편이나 그 양은 가식부 100 g당 약 0.01 mg 정도로 미미한 수준이다.

3) 취급 및 보관

가지를 저온에서 보관하면 저장성을 높일 수 있지만 색상이 저하되므로 상온에서 보관하고 수확 후 가급적 빨리 소비하는 것이 바람직하다.

4) 조리 및 가공

가지는 영양적 가치가 높지는 않지만 특유의 색으로 식욕을 유발하는 역할을 한다. 가지는 나물, 부침, 찜의 형태로 조리하여 식용한다.

3. 고추red pepper, *Capsicum annuum*

고추는 우리나라 음식의 특징적인 매운맛을 내는 식품 재료이다. 원산지는 남아메리카 지역인데 유럽을 거쳐 전 세계로 전파되었고 우리나라에는 조선시대 중기에 일본과 중국을 통하여 도입되었다. 일교차가 크고 고온인 기후에서 잘 생장하는데 우리나라에서는 충북, 경북, 전북 지역이 주요 산지이다.

1) 재료 및 특성

그림 5.31 고추

고추는 가짓과에 속하는 작물로서 16~30℃ 정도의 따뜻한 기후에서 잘 자라고 늦여름부터 가을에 걸쳐서 수확한다. 고추는 매운맛을 내는 캡사이신capsaicin의 함량에 따라 가장 매운 것부터 hot pepper, mild pepper, sweet pepper로 구분할 수 있고 색깔에 따라 붉은 고추와 풋고추로 나눌 수 있으며 형태와 크기가 다양하다.

2) 성분

고추에는 무기질로서 칼슘과 인이 비교적 다량 함유되어 있고 비타민 A, 비타민 B_1, 비타민 B_2, 나이아신, 비타민 C의 함량이 높다. 특히 비타민 A와 비타민 C를 매우 높은 수준으로 함유하고 있다. 비타민 C의 함량은 수확 후 지속적으로 감소하게 된다. 고추에는 비타민 E가 풍부한데 심혈관 질환의 위험도를 낮추는 기능이 알려져 있다. 고추의 매운맛을 내는 성분인 캡사이신의 함량은 품종뿐만 아니라 성숙한 정도나 재배 환경 등에 영향을 받는다. 캡사이신은 체내에서 혈액 순환을 원활하게 하고 식욕을 증진시키는 역할을 한다. 고추의 색을 나타내는 색소에는 붉은색을 내는 캡산틴capsanthin과 황적색을 내는 카로틴이 있다. 고추에는 유기산으로 구연산과 사과산이 주로 포함되어 있고 푸마르산fumaric acid, 호박산 등도 함유되어 있다.

3) 조리 및 가공

붉은 고추는 건조하여 가루로 만들어서 고춧가루로 사용하거나 고추장으로 가공한다. 고춧가루로 가공한 뒤에는 냉동 보관하는 것이 바람직하다. 풋고추는 생으로 이용하기도 하고 요리에 향과 맛을 내는 첨가 재료로 이용되는데 온도 변화가 적은 곳에 보관해야 저장성을 높일 수 있다.

그림 5.32 고추 가공식품

4. 오이cucumber, *Cucumis sativus*

그림 5.33 오이

오이는 인도의 북부가 원산지로 알려져 있고, 우리나라에서는 통일신라시대에 이미 오이가 재배되었다는 기록이 있는 것으로 미루어 보아 그 이전에 도입된 것으로 추정된다. 우리나라에서 많이 소비되는 대표적인 채소로서 주로 미숙한 상태로 소비되며 경기, 전남, 충남 등지가 주요 생산지이다.

1) 재료 및 특성

오이는 박과에 속하는 채소류인데 비교적 재배 기간이 짧고 수확 후 노화가 빨리 진행되는 특징을 가지고 있다. 우리나라에서 널리 재배되는 품종으로는 화남형, 화북형, 유럽형 등이 있다.

2) 성분

오이는 수분이 가식부의 약 95.9%를 차지할 정도로 수분의 함량이 높고 상대적으로 영양소의 함량이 적어서 섭취하였을 때 체내에서의 에너지 생산량이 다른 채소에 비하여 낮다. 무기질로 칼륨과 인의 함량이 높고 비타민은 고루 포함되어 있으나 그 양은 적다.

오이의 쓴맛 성분은 쿠쿠르비타신cucurbitacin인데 오이 꼭지의 청록색 부분에 많이 포함

오이피클

재료

오이	5개	소금	3 T
물	2컵	정향	4~5알
식초	1컵	통후추	5~10알
설탕	1컵	월계수 잎	3~4장

조리방법

1. 오이는 굵은 소금으로 문질러 씻어 0.5 cm 두께로 썬다.
2. 분량의 물에 식초, 설탕, 소금, 정향, 통후추, 월계수 잎을 넣어 잘 저은 후 팔팔 끓여 단촛물을 만든다.
3. 준비한 오이를 저장용기에 담고 단촛물을 붓는다. 단촛물은 뜨거울 때 바로 넣기도 하고 30~40분 식힌 후 넣어도 된다.
4. 하루 동안 실온에서 숙성시켜 냉장 보관한다.

되어 있다. 쿠쿠르비타신은 외부의 생물적 위험 요소로부터 오이를 보호하는 기능을 하는 물질인데 항종양 기능을 가지고 있는 것으로 알려져 있다. 오이의 재배 조건에서 질소 성분이 과다하게 많거나 인과 칼륨 성분이 부족하고 온도가 높을수록 쿠쿠르비타신의 함량은 증가한다. 쿠쿠르비타신은 수용성이므로 오이를 물이나 식초액에 담가서 용해되도록 하면 오이의 쓴맛을 없앨 수 있다.

오이에는 정유 성분이 포함되어 있고 그중 2,6-노나다이엔올2,6-nonadienol과 2,6-노나다이엔알2,6-nonadienal이 오이의 향기를 내는 성분들이다. 오이에는 비타민 C 산화효소인 아스코르브산산화효소가 함유되어 있어서 같이 이용되는 식품 재료의 비타민 C의 역가를 저해할 수 있다.

3) 취급 및 보관

오이는 수확 후에 쉽게 노화되는 성질을 가지고 있으므로 저온에서 보관해야 하는데 수분이 있는 채로 종이에 싸서 5℃ 정도의 온도에서 보관한다.

4) 조리 및 가공

오이의 영양적 가치는 낮은 편이지만 특유의 질감과 향을 가지고 있어서 식욕을 증진시킨다. 주로 생으로 이용되고 샐러드, 김치, 무침, 피클, 장아찌 등의 재료로도 사용된다.

5. 참외oriental melon, *Cucumis melo* L.

참외는 인도가 원산지이며 우리나라에는 삼국시대에 중국 북부를 거쳐서 도입된 것으로 추정된다. 고유의 향과 단맛을 가지고 있는 여름철의 대표 과채류이며 경북 성주, 경남 진주 등이 주요 산지이다.

1) 재료 및 특성

참외는 박과에 속하는 작물로서 고온의 조건에서 잘 생육하며 단맛이 강하고 특유의 시원한 맛을 가지고 있어서 여름철에 많이 소비되는 과채류이다. 열매는 황록

그림 5.34 **참외**

색을 띠고 있고 품종에 따라 그 모양과 크기가 다르다. 우리나라에는 은천참외, 노랑참외, 성환참외 등의 품종이 있고 그중 은천참외가 주로 재배된다.

2) 성분

참외는 수분의 함량이 약 89.0%에 이르고 탄수화물의 함량이 약 7.5%로 비교적 높은 편인데 설탕이 포함되어 있어서 단맛을 낸다. 과육 부분보다 씨가 있는 부분에 설탕이 많이 포함되어 있어서 단맛이 더 강하다. 무기질로는 칼륨과 인의 함량이 높고 비타민 C가 다량 함유되어 있다. 참외의 꼭지 부분에는 쿠쿠르비타신의 한 형태인 엘라테린elaterin이 들어 있어서 쓴맛이 나는데 참외가 숙성할수록 함량이 줄어든다. 엘라테린은 강력한 암세포 생장 억제 효과가 있는 것으로 알려져 있다. 참외의 향은 다이에틸 세바케이트diethyl sebacate에 의한 것이다.

3) 조리 및 가공

참외는 4℃ 정도의 저온과 상대습도 85~90%의 조건에서 저장한다. 주로 날로 이용하는데 미숙한 참외의 껍질과 씨 부분을 제거하고 된장에 넣어서 장아찌를 만들기도 한다.

6. 호박pumpkin, *Cucurbita* spp.

호박은 중앙아메리카의 열대 지역이 원산지로 비교적 고온에서 잘 자라는 작물이며, 전 세계적으로는 소비량이 많지 않은 작물이다. 우리나라에서는 오래전부터 이용되어 온 과채류이며 다양한 형태로 이용된다.

1) 재료 및 특성

호박은 박과에 속하는 작물로서 품종은 크게 동양계, 서양계, 페포계로 나눌 수 있다. 동양계 호박은 고온 다습한 지역에서 잘 자라는 품종으로 우리나라에서 주로 재배되는 품종이며 애호박, 늙은호박 등이 있다. 서양계 호박은 비교적 서늘하고 건조한 지역인 남아메리카 고지대에 적응한 품종으로 단호박이 있으며, 페포계 호박은 북아메리카 서부와 중

그림 5.35 호박

앙아메리카 북부에 걸쳐서 재배되는 품종으로 쥬키니zucchine가 해당된다.

2) 성분

호박에는 탄수화물이 약 5.9% 함유되어 있는데 그중 설탕이 차지하는 비율이 약 30% 정도로 높아서 단맛이 강하다. 비타민 B_1의 함량이 비교적 높은 편이고 카로틴이 다량 포함되어 있다. 호박씨에는 단백질과 지방이 풍부하게 들어 있고 인지질의 일종인 레시틴과 필수아미노산, 필수지방산 등이 함유되어 있어서 영양적으로 우수한 재료이다. 호박의 색은 카로틴과 잔토필xanthophylls에 의한 것이다. 호박에는 비타민 C 분해효소인 아스코르브산산화효소가 포함되어 있으므로 가열하여 효소를 불활성화시키는 것이 좋다.

3) 취급 및 보관

호박은 4~8°C의 저온과 상대습도 70%의 조건에서 장기간 저장할 수 있다.

4) 조리 및 가공

호박은 국, 나물, 전, 찌개 등에 이용하며 죽으로 이용되기도 한다. 아이스크림이나 음료수로도 가공된다.

7. 수박watermelon, *Citrullus lanatus*

수박은 남아프리카의 열대 지방이 원산지이며 유럽을 거쳐서 전 세계로 전파되었고, 조선 전기의 문헌에 등장하는 것으로 미루어 우리나라에는 그 이전에 중국을 통하여 도입된 것으로 추정된다. 수박은 단맛이 강하고 이뇨작용을 하는 여름철 과실류로서 전북 지역에서 주로 생산된다.

1) 재료 및 특성

수박은 박과에 속하는 작물로서 열매는 구형과 타원형이 있고, 과육의 색에 따라 적색계, 황색계, 백색계로 나눌 수 있다. 더운 기후에서 잘 생육하는 성질을 가지고 있어서 25~30°C의 온도에서 발아하여 생장한다. 수박은 숙

그림 5.36 **수박**

성될수록 비중이 줄어드는 성질을 가지고 있어서 미숙과가 완숙과에 비하여 같은 부피일 때 무게가 더 나간다.

2) 성분

수박의 약 93.2%는 수분이 차지하고 있고 탄수화물은 약 5.3%를 차지하는데 그중 과당과 포도당의 함량이 높아서 단맛이 강하다. 과당과 포도당은 체내에서 흡수되어 에너지로 이용되는 데 걸리는 시간이 짧으므로 수박은 피로 회복에 도움을 준다. 수박의 무기질 성분 중에는 칼륨의 함량이 높고 비타민 A와 비타민 C가 다량 함유되어 있다. 수박의 성분 중 시트룰린citrulline과 아르지닌은 이뇨작용을 돕는 기능을 가지고 있다. 수박은 과육이 주로 이용되는데, 수박씨에는 단백질, 지방, 탄수화물 등이 다량 함유되어 있고 비타민 B군의 함량이 높아서 영양적으로 우수하며 리놀레산이 많이 포함되어 있다.

3) 취급 및 보관

수박은 10~13℃ 정도의 온도에서 저장하는 것이 좋고, 물에 오래 담가 두면 당분이 빠져나가서 맛이 떨어지므로 이를 피해야 한다.

4) 조리 및 가공

수박은 생식으로 주로 이용되는데 껍질의 안쪽 부분을 생채, 깍두기, 절임 등으로 가공하여 이용하기도 한다.

8. 딸기 strawberry, *Fragaria* × *ananassa* Duch.

딸기는 북아메리카 원산의 *Fragaria virginiana* 품종과 남아메리카 원산의 *Fragaria chiloensis* 품종을 교배하여 생산한 것을 개량한 것이다. 우리나라에는 20세기 초에 일본을 통하여 전파된 것으로 추정된다.

1) 재료 및 특성

딸기는 장미과에 속하는 작물로서 17~20℃의 약간 서늘한 기후에서 잘 생육하며 생육 온도와 일조량에 대한 반응, 휴면 정도에 따라 촉성형, 난지형, 중간형, 한지형 등으로 구분할 수 있다. 우리나라에서는 촉성형이 주로 재배되고 있다.

그림 5.37 **딸기**

2) 성분

딸기에는 사과산, 구연산, 주석산 등의 유기산이 다량 함유되어 있어서 신맛을 내고 당류와 함께 딸기 특유의 맛을 만들어 낸다. 또한 딸기는 비타민 C의 함량이 높은 특징을 가지고 있다. 딸기에는 펙틴의 함량이 많지 않아서 잼으로 가공하기 위해서는 사과와 같이 펙틴의 함량이 높은 재료를 함께 이용해야 한다. 딸기의 색은 안토사이아닌계의 색소에 의한 것으로서 가열에 의하여 퇴색할 수 있다.

3) 취급 및 보관

딸기는 저장성이 좋지 않아서 수확 후 운송, 보관 중에 품질이 쉽게 저하되므로 수확 후 빠른 시일 내에 소비해야 한다. 급속냉동을 통하여 품질 손실 없이 딸기를 장기간 저장할 수 있다.

4) 조리 및 가공

딸기는 주로 생으로 이용되고 잼, 젤리, 시럽 등으로 가공되어 이용되기도 한다.

딸기잼

재료

딸기	300 g
설탕	200 g
레몬즙	5 g

조리방법

1. 딸기는 흐르는 물에 깨끗이 씻어 물기를 없앤 뒤 꼭지를 딴다.
2. 냄비에 분량의 딸기와 설탕, 레몬즙을 넣고 잘 섞은 후 은근한 불에서 끓인다.
3. 걸쭉해질 때까지 거품을 걷어 내고 저으면서 끓인 다음 뜨거운 물로 소독한 병에 담아 밀봉한다.

9. 멜론melon, *Cucumis melo*

멜론은 북아프리카와 서남아시아가 원산지이고 가장 일찍 재배되기 시작한 작물 중의 하나이다. 우리나라에서는 주로 전남과 충남 지역에서 재배된다.

1) 재료 및 특성

멜론은 박과에 속하며 그 종류에는 껍질에 그물 무늬가 있고 과육은 녹색이거나 노란색이 포함된 분홍색을 띠는 머스크멜론musk melon과 껍질이 매끈하고 흰색을 띠는 감로멜론honeydew melon 등이 있다.

그림 5.38 **멜론**

2) 성분

수분이 전체의 약 90%를 차지하고 고형분은 대부분 가용성 당으로 이루어진 탄수화물이다. 머스크멜론에는 비교적 높은 함량의 비타민 B_1, 칼륨, 나트륨이 포함되어 있다.

3) 취급 및 보관

멜론을 실온에서 3~4일 숙성하면 후숙작용으로 인하여 단맛이 강해진다.

4) 조리 및 가공

과육 부분은 주로 생식하며 샐러드, 화채 등의 형태로 이용된다.

화/채/류

화채류는 꽃 부분을 식용으로 사용하는 채소로서 꽃양배추와 브로콜리 등이 있다.

1. 꽃양배추cauliflower, *Brassica oleracea* var. *botrytis*

꽃양배추는 지중해 연안이 원산지이며 우리나라에서는 1970년대 말부터 재배되기 시

표 5.5 화채류의 영양 성분표

(가식부 100 g당)

	에너지 (kcal)	수분 (g)	단백질 (g)	지방 (g)	탄수화물 (g)	식이섬유 (g)	회분 (g)	무기질					비타민					폐기율 (%)
								칼슘 (mg)	인 (mg)	철 (mg)	나트륨 (mg)	칼륨 (mg)	레티놀 (μg)	B_1 (mg)	B_2 (mg)	나이아신 (mg)	C (mg)	
꽃양배추	19	92.4	1.9	0.1	4.7	-	0.9	12	40	0.6	28	304	0	0.07	0.09	0.3	99	0
브로콜리	28	89.4	3.08	0.2	6.32	3.1	1.0	39	68	0.8	3	365	0	0.033	0.143	0.024	29.17	18

자료 : 농촌진흥청 국립농업과학원, 국가표준식품성분표 제9개정판, 2017

작하였다. 양배추의 일종으로 줄기의 맨 위에 꽃봉오리가 형성되는데 이 부분을 식용으로 이용한다. 우리나라에서는 강원 평창, 제주 지역이 주요 산지이다.

1) 재료 및 특성

꽃양배추는 십자화과에 속하는 작물로서 꽃봉오리를 식용으로 이용한다. 꽃봉오리 부분은 백색, 오렌지색, 자주색 등이 있으며 백색인 것을 주로 이용한다. 우리나라에서는 미국과 일본 등지에서 육성된 품종을 들여와서 재배하고 있다.

2) 성분

꽃양배추의 단백질 조성을 살펴보면 라이신의 함량이 많고 무기질로는 칼륨과 인의 함량이 높다. 비타민 C가 다량 함유되어 있는 것이 꽃양배추 성분 조성의 가장 큰 특징이다. 꽃양배추의 향은 아이소시아네이트isocyanate에 의한 것이다. 꽃양배추에는 함황화합물인 설포라판sulforaphane이 함유되어 있는데 이 물질은 글루코라파닌glucoraphanin으로부터 미로시네이스 효소에 의하여 유도되는 화합물로서 항암 기능과 항미생물 기능을 가지고 있다. 꽃양배추는 결장암, 직장암, 위암 등의 위험도를 낮추는 기능이 있는 것으로 알려져 있다.

그림 5.39 **꽃양배추**

3) 취급 및 보관

꽃양배추는 0℃의 온도와 상대습도 90%의 조건에서 장기간 저장할 수 있다. 꽃양배추를 과일류와 함께 저장하면 표면이 노랗게 변하여 색감이 저하되는데 이것은 과일류가 생산하는 에틸렌ethylene의 작용에 의한 것이다. 따라서 꽃양배추는 과일류와 별도로 보관해야 한다.

4) 조리 및 가공

꽃양배추는 튀김, 샐러드, 절임 등의 재료로 이용된다.

2. 브로콜리broccoli, *Brassica oleracea* var. *italica*

브로콜리는 지중해 연안이 원산지로서 우리나라에는 1960년대에 이탈리아로부터 도입되었고 평창, 태백, 제주 지역에서 주로 재배되고 있다. 브로콜리는 꽃봉오리와 꽃줄기 부분을 식용으로 이용한다.

1) 재료 및 특성

브로콜리는 십자화과에 속하는 작물로서 양배추의 일종이다. 브로콜리는 꽃줄기가 성장하고 그 위에 꽃봉오리가 형성되는데 두 부분을 모두 식용으로 이용할 수 있으며 꽃봉오리가 짙은 녹색을 띠고 있다.

그림 5.40 **브로콜리**

2) 성분

브로콜리의 무기질 성분으로 칼륨, 인, 칼슘 등이 다량 함유되어 있고 비타민 A, 비타민 B군, 비타민 C의 함량이 많다. 브로콜리는 꽃양배추와 함께 비타민 C의 함량이 많은 특징을 가지고 있다. 브로콜리에는 항암 기능과 항미생물 기능을 가지고 있는 함황화합물인 설포라판이 함유되어 있다. 브로콜리는 대장암, 식도암, 위암 등의 위험도를 낮추는 것으로 알려져 있다.

3) 취급 및 보관

브로콜리는 상온에서 저장성이 낮은데, 0℃의 온도와 상대습도 90%의 조건에서 저장성을 늘릴 수 있다. 과일류와 함께 저장하면 과일류가 생산하는 에틸렌에 의하여 표면이 노랗게 변하므로 브로콜리와 과일류는 별도로 보관해야 한다.

4) 조리 및 가공

브로콜리는 데쳐서 샐러드에 이용하거나 수프에 첨가하기도 하며 튀김, 볶음, 육류 요리에 이용하기도 한다.

단원정리

1. 채소류는 수분 함량이 많고 단백질과 지방의 함량이 낮아서 에너지 생산량은 낮은 수준이지만 무기질, 비타민, 생리활성 물질이 풍부한 식품 재료이다.
2. 채소류는 식용으로 이용하는 부위에 따라 엽채류, 경·인경채류, 근채류, 과채류, 화채류 등으로 구분한다.
3. 저온과 알맞은 습도 조건에서 채소류를 보관하여 호흡작용, 증산작용, 후숙작용에 의한 품질 저하를 막는다.

연습문제

1. 시금치의 떫은맛을 내는 성분은 무엇이고 그 맛을 없애기 위한 방법은 무엇인지 설명하시오.

2. 파와 양파의 성분인 알리신(allicin)이 비타민 대사에 미치는 영향을 설명하시오.

3. 당근의 색깔을 나타내는 프로비타민 A를 고르시오.
   ① 루틴(rutin) ② 베타-카로틴(β-carotene)
   ③ 라이코펜(lycopene) ④ 아스코르브산(ascorbic acid)

4. 수박의 성분 중 이뇨작용 기능이 있는 것을 고르시오.
   ① 루테인(lutein) ② 리놀레산(linoleic acid)
   ③ 시트룰린(citrulline) ④ 알리신(allicin)

5. 고추의 매운맛을 내는 성분을 고르시오.
   ① 구연산(citric acid) ② 알파-카로틴(α-carotene)
   ③ 캡사이신(capsaicin) ④ 쿠쿠르비타신(cucurbitacin)

6. 꽃양배추와 브로콜리에 함유되어 있는 함황화합물로서 항암 기능을 가지고 있는 물질을 고르시오.
   ① 아이소시아네이트(isocyanate) ② 이산화황(sulfur dioxide)
   ③ 시스테인(cystein) ④ 설포라판(sulforaphane)

7. 채소를 평소 많이 섭취하는 것이 바람직한 이유를 설명하시오.

8. 브로콜리, 양배추 등 십자화과 식물을 조리할 때 지나치게 열을 많이 처리하면 바람직하지 못한 이유를 설명하시오.

정답 및 해설

1. 옥살산(oxalic acid). 시금치를 데치면 옥살산이 휘발하여 떫은맛이 제거된다.
2. 알리신(allicin)은 비타민 B_1과 결합하여 알리티아민(allithiamine)을 형성해서 비타민 B_1의 구조를 안정화하여 생체이용률을 높인다.
3. ② 4. ③ 5. ③ 6. ④
7. 채소에는 식이섬유가 풍부하고 생리활성물질이 함유되어 있으며 식물성 효소를 제공하여 소화나 흡수에 도움을 주기 때문이다.
8. 십자화과 채소에 많이 함유되어 있는 글루코시놀레이트 성분이 아이소티오시아네이트 성분으로 분해되는 데 관여하는 효소를 불활성화시키기 때문이다. 아이소티오시아네이트 성분은 항암 효과가 있는 것으로 알려져 있는데 효소가 불활성화되면 이 성분으로 가수분해를 하지 못하여 효과를 얻기 어렵다.

CHAPTER 6

제6장
과일류

학습목표

1. 과일류의 분류 방법을 학습하고 종류를 알 수 있다.
2. 과일류의 성분과 기능을 학습하여 식품 재료로서의 특성을 알 수 있다.

과일은 식물의 씨방이나 그 주위 부분이 발달하여 과육을 이룬 것으로 고유의 맛과 향을 가지고 있어서 오래전부터 식용으로 선호되어 왔다. 과일류는 수분의 함량이 높고 단백질과 지방의 함량은 낮아서 주요 에너지원으로는 부적합하지만 당 성분과 유기산 성분이 조화를 이루어 상쾌한 맛을 만들어 내고, 무기질과 비타민이 풍부하게 포함되어 있으며 펙틴pectin 성분을 포함하고 있어서 가공성이 우수한 식품 재료이다.

과일류에 포함되어 있는 대표적인 당 성분에는 포도당, 과당, 설탕 등이 있고 유기산으로는 구연산citric acid, 사과산malic acid, 주석산tartaric acid 등이 있다. 과일이 숙성할수록 당 성분이 증가하여 유기산과 함께 과일 특유의 맛을 낸다. 과일류의 색깔을 나타내는 색소에는 미숙과의 녹색을 나타내는 클로로필chlorophyll, 주로 붉은색을 나타내는 안토사이아닌anthocyanin계 색소, 황색이나 적색을 나타내는 카로티노이드carotenoid계 색소 등이 있다. 과일류에 포함되어 있는 펙틴은 적당한 산성과 당 성분 함량 조건에서 응고하는 성질이 있어서 과일을 잼이나 젤리로 가공할 수 있도록 만들어 준다. 과일의 미숙과에서 펙틴은 불용성의 프로토펙틴protopectin으로 존재하는데 과일이 숙성할수록 가용성의 펙틴이 되면서 전체 과육이 부드러워진다.

과일류에는 향기를 만들어 내는 정유 성분이 포함되어 있는데 알코올류, 에스터ester류 등이 해당된다. 또한 과일류에는 폴리페놀polyphenol계의 생리활성물질이 포함되어 있다. 생리활성물질은 항암 기능, 항산화 기능, 질병의 위험도 저하 기능 등을 가지고 있다. 과일류에는 여러 가지 종류의 효소도 함유되어 있다. 폴리페놀산화효소polyphenol oxidase는 폴리페놀을 산화시켜서 갈변화를 일으키고 아스코르베이스ascorbase는 비타민 C의 역가를 저하시킨다. 파인애플, 무화과, 키위 등에는 단백질분해효소가 포함되어 있어서 육류의 연육제로 이용할 수 있다.

과일을 이루기 위해 발달한 기관을 바탕으로 과일류를 분류해 보면 인과류, 준인과류, 핵과류, 장과류, 견과류로 나눌 수 있다. 인과류는 꽃받침 부분이 발달하여 과육이 된 것으로 사과와 배 등이 해당된다. 준인과류는 씨방이 발달하여 과실을 이룬 것으로 중심에 종자가 있다는 것이 인과류와 비슷한 점이고, 예로는 감귤이 있다. 씨방이 발달하여 과육을 이루고 중심부에 단단한 핵을 가지고 있는 것을 핵과류라고 하며 복숭아, 자두 등이 포함된다. 꽃받침은 주머니 모양이 되고 씨방은 부드럽고 즙이 많은 과육으로 발

연육제 육류를 부드럽게 하기 위한 식품첨가물. 예를 들어 식물 유래의 단백질분해효소 등이 있다.

달한 것이 장과류이며, 포도와 석류 등이 해당된다. 견과류는 씨앗을 식용으로 이용하는 과일류인데 밤과 은행 등이 포함된다.

과일류는 수확한 이후에도 호흡작용, 증산작용 등이 일어나므로 저온의 적당한 환경 조건에서 보관해야 장기간 저장할 수 있다. 미숙한 과일은 후숙작용이 일어나도록 알맞은 조건에 두어서 완숙과를 만들 수 있다.

인/과/류, 준/인/과/류

인과류는 꽃받침 부분이 과육으로 발달한 것으로 사과, 배, 감 등이 해당되고, 준인과류는 씨방이 발달하여 과육이 된 것으로 감귤 등이 포함된다.

표 6.1 인과류, 준인과류의 영양 성분표

(가식부 100 g당)

	에너지 (kcal)	수분 (g)	단백질 (g)	지방 (g)	탄수화물 (g)	식이섬유 (g)	회분 (g)	무기질					비타민					폐기율 (%)
								칼슘 (mg)	인 (mg)	철 (mg)	나트륨 (mg)	칼륨 (mg)	레티놀 (μg)	B_1 (mg)	B_2 (mg)	나이아신 (mg)	C (mg)	
사과(부사)	49	85.2	0.3	0.03	14.36	2.7	0.21	4	11	0.1	0	107	0	-	0.019	0.388	1.41	12
배(신고)	43	87.0	0.3	0.04	12.35	1.4	0.31	1	12	0.05	0	128	0	0.016	0.049	0.147	2.76	17
감(단감)	48	85.6	0.41	0.04	13.66	6.4	0.29	6	15	0.15	0	132	0	0.057	0.051	0.305	13.95	15
감귤(조생)	37	89.0	0.7	0.1	9.9	-	0.3	13	11	-	11	173	0	0.13	0.04	0.4	44	18
오렌지	42	87.4	0.9	0.1	11.2	-	0.4	33	20	0.2	1	126	0	0.11	0.02	0.3	43	27
레몬	34	89.6	0.71	0.08	9.3	1.0	0.31	32	22	0.1	2	122	0	0.058	0.064	0.544	50.07	37

자료 : 농촌진흥청 국립농업과학원, 국가표준식품성분표 제9개정판, 2017

1. 사과apple, *Malus domestica*

사과는 서아시아 지역이 원산지이며 세계적으로 가장 많이 재배되는 과일 중 하나이다. 개량을 거쳐서 수많은 품종이 개발·보급되어 있고, 중국이 전체 사과 생산량의 1/3가량을 차지하고 있다. 우리나라에서는 오래전부터 사과의 일종인 능금이 재배되어 왔는데 현재 재배되는 품종은 근래에 새로 도입된 개량종들로 크기가 능금보다 크다. 사과는 전국적으로 재배가 가능한 작물인데, 그중 경북, 충남, 충북 지역이 주요 산지이다.

1) 재료 및 특성

사과는 장미과에 속하는 작물로서 온화한 기후에서 잘 생육하고 저장 조건에 따라 비교적 장기간 보관할 수 있는 특징이 있다. 우리나라에서 재배되고 있는 사과 품종은 20여 종으로 부사, 홍옥, 아오리, 골든 딜리셔스, 스타킹 등이 있는데 그중 부사가 대다수를 차지한다. 부사는 과즙이 많고 과육이 단단하며 보관성이 좋아서 선호도가 높다.

그림 6.1 **사과**

2) 성분

사과는 탄수화물이 약 15.8%를 차지하고 있는데 대부분은 과당, 포도당, 설탕 등의 당분이다. 미숙한 사과에는 탄수화물로서 전분의 함량이 높은데 사과가 익을수록 그 함량은 줄면서 당분이 생성된다. 사과에는 펙틴이 1~1.5% 수준으로 포함되어 있으므로 잼이나 젤리의 재료로 이용할 수 있다. 미숙하거나 완숙한 사과보다 과숙한 사과는 펙틴 성분이 적기 때문에 수확 시기가 늦어진 사과는 잼이나 젤리로 이용하기에 적합하지 않다. 펙틴은 정장작용 기능을 가지고 있어서 장운동을 활발하게 해주는 것으로 알려져 있다. 무기질로는 칼륨의 함량이 높은 수준이다. 사과에는 여러 종류의 비타민이 포함되어 있는데 그 함량은 적은 수준이다. 사과에는 사과산, 구연산, 주석산 등의 유기산이 약 0.5% 정도 포함되어 있어서 신맛을 내고, 당분과 함께 작용하여 사과 특유의 맛이 나게 한다. 사과의 향기는 카프로산caproic acid, 개미산formic acid, 부틸알코올butyl alcohol, 에틸알코올ethyl alcohol 등에 의한 것이고, 안토사이아닌계의 색소에 의하여 빨간색을 띤다.

사과에는 퀘르세틴quercetin, 클로로겐산chlorogenic acid, 카페산caffeic acid 등의 폴리페놀 물질이 다량 함유되어 있는데, 사과의 껍질이 제거되어 산소와 접촉하면 폴리페놀산화효소에 의하여 산화되어 갈색을 띠게 된다. 사과의 폴리페놀은 항산화 기능, 항암 기능, 항염증 기능 등을 가지고 있는 것으로 알려져 있다. 사과 안에는 밀병water core이라고 불리는 투명한 부분이 있는데, 소비톨sorbitol 성분이 축적되면서 일어나는 현상이다.

정장작용 장의 활동을 활발하게 하고 노폐물을 제거하는 작용.

3) 취급 및 보관

사과의 저장 기간 중에 발생하는 에틸렌ethylene에 의하여 같이 저장하는 채소류나 과일류가 상하거나 색이 변하는 경우가 있으므로 사과는 별도로 보관해야 한다. 사과 저장고의 대기를 조정하여 질소와 이산화탄소의 함량을 늘리고 산소의 함량을 줄이면서 0℃ 부근에서 보관하면 저장성을 향상시킬 수 있다.

4) 조리 및 가공

사과는 생식으로 이용되기도 하고, 착즙하여 주스로 가공되기도 한다. 사과 착즙액을 젤리화하여 잼, 젤리로 가공할 수 있고, 발효하여 사과주나 사과식초를 제조할 수 있다.

원료 → 선별 → 세척 → 파쇄 → 착즙 → 사별 → 여과

↓

제품 ← 냉각 ← 충전 ← 살균 ← 탈기 ← 조합 ← 청정

그림 6.2 **천연 과즙의 제조 공정**

2. 배pear, *Pyrus pyrifolia*

배의 원산지는 중앙아시아로 알려져 있으며 현재 재배되고 있는 품종은 크게 동양종과 서양종으로 구분할 수 있다. 동양종에는 일본배와 중국배가 포함되는데 우리나라에는 오래전부터 고유의 품종이 있었으나 현재는 주로 일본배를 개량한 품종을 재배하고 있다. 전남 나주, 경기 안성 지역이 주요 생산지이다.

1) 재료 및 특성

배는 장미과에 속하는 작물로서 온대 지역에서 잘 생육하는 과일류이다. 배에는 두꺼운 세포막으로 이루어진 석세포stone cell가 있어서 특유의 거친 질감을 나타내는데 이것은 펜토산pentosan과 리그닌lignin으로 구성된 구조로서 서양종보다 동양종에 더 많이 존재한다. 서양종에는 석세

그림 6.3 **배**

포가 적게 포함되어 있어서 촉감이 더 부드럽다.

2) 성분

배에는 당 성분으로 과당, 포도당, 설탕 등이 포함되어 있고, 구연산, 사과산 등의 유기산이 함유되어 있는데 그 양은 0.1% 정도로 낮은 수준이어서 배는 신맛이 강하지 않다. 무기질로는 칼륨의 함량이 높고 비타민류는 소량 포함되어 있다. 서양배에는 카로틴carotene이 함유되어 있으나 일본배에는 포함되어 있지 않다. 배의 향기는 주로 아세트알데하이드acetaldehyde에 의한 것이다. 배에는 단백질분해효소가 들어 있어서 소화작용을 돕고, 육류를 조리할 때 배를 사용하면 육류를 부드럽게 할 수 있다.

3) 취급 및 보관

배는 2~4℃의 온도와 상대습도 85%의 조건에서 보관하면 저장성을 높일 수 있고, 폴리에틸렌으로 포장해서 보관하면 저장성을 더욱 향상시킬 수 있다.

4) 조리 및 가공

일본배의 대부분은 생식으로 소비되고 서양배는 약 40%가 통조림, 잼, 주스 등의 재료로 이용된다.

3. 감persimmon, *Diospyros kaki*

감나무는 한국, 중국, 일본 지역이 원산지로 일본에서 개량한 감을 주로 식용으로 이용한다. 우리나라에서는 고려시대 이전부터 감을 식용으로 이용하였을 것으로 추정된다. 식용 감은 떫은감과 단감으로 크게 분류할 수 있는데 우리나라의 재래종은 떫은감이고 단감은 외국에서 도입된 것이다. 감나무는 온화한 기후에서 잘 생육하는 성질이 있고 우리나라에서는 경남, 전남, 경북 지역에서 많이 생산된다.

1) 재료 및 특성

감나무는 감나뭇과에 속하는 작물이며, 단감은 떫은감보다 온화한 지역에서 주로 생산된다. 감은 고유의 단맛과 향기를 가지고 있어서 선호도가 높은 과일류이다. 떫은맛을 가지고 있는 감은 수확한 후에 떫은맛을 제거하는 공정을 거쳐서 생과나 곶감의 형태로 이용된다.

그림 6.4 **감**

2) 성분

감의 수분 함량은 약 72.3%로서 과일류 중에서는 낮은 편에 속하고 탄수화물의 함량이 약 23.0%로 높은 수준이다. 탄수화물 중에는 포도당, 과당, 설탕의 함량이 높아서 단맛을 낸다. 감에는 칼륨, 철, 인 등의 무기질 성분이 다량 함유되어 있고 비타민 A와 비타민 C의 함량이 높다. 감에는 베타-카로틴β-carotene의 함량이 많아서 비타민 A의 역가가 높고, 베타-카로틴과 크립토잔틴cryptoxanthin 등의 카로티노이드계 색소에 의하여 감의 색이 결정된다. 감나무의 잎에는 감보다 많은 함량의 비타민 C가 포함되어 있어서 차로 이용하면 비타민 C의 좋은 공급원이 될 수 있다. 감에는 타닌tannin계 물질인 시부올shibuol이 함유되어 있는데 수용성인 시부올이 감의 떫은맛을 만든다. 곶감 표면에 있는 흰 분말은 감의 건조 과정에서 분말화된 만니톨mannitol 성분이므로 식용할 수 있다. 감의 유기산 함량은 0.1~0.15%로 낮은 수준이고, 펙틴은 1.3~1.8% 정도 포함되어 있다.

3) 취급 및 보관

단감류는 떫은맛이 완전히 없어진 후에 수확하고, 떫은감은 색상을 기준으로 수확한 후에 떫은맛을 없애는 공정을 거친다. 떫은감의 떫은맛을 없애고 곶감으로 가공하면 저장성이 향상된다. 연시감은 급속 동결하여 저장성을 높일 수 있다. 감의 떫은맛은 탈삽 공정을 통하여 제거할 수 있는데 수용성인 시부올이 아세트알데하이드와 결합하여 불용성으로 바뀌면 더 이상 떫은맛을 낼 수 없게 된다. 탈삽하는 방법에는 온탕법, 알코올법 등이 있다. 온탕법은 감을 35~40℃의 물에 12~24시간 동안 담가서 감 내부에서의 아세트알데하이드 생성과 시부올과의 결합을 촉진시키는 방법이다. 알코올법은 감의 표면에 알코올을 뿌리고 밀봉하여 아세트알데하이드로 잘 전환되도록 촉진시키는 방법이다.

탈삽 공정 떫은맛을 없애는 공정.

4) 조리 및 가공

단감은 주로 생식으로 소비되고 떫은감은 떫은맛을 없앤 후에 소비하거나 곶감으로 만든다. 감은 통조림, 감식초, 수정과 등의 재료로 이용되기도 한다.

4. 감귤citrus fruit, *Citrus unshiu*

감귤은 동남아시아가 원산지이며 여러 가지 품종이 재배되는데 우리나라에서는 일본으로부터 들어온 온주밀감이 대부분을 차지하고 있다. 제주도 지역이 대표적인 감귤 산지이고 남해안 일부 지역에서도 재배하고 있다.

1) 재료 및 특성

그림 6.5 **감귤**

감귤은 운향과에 속하는 작물로서 아열대성 기후에서 재배되는 특성이 있다. 우리나라에서는 서귀포 지역이 대표적인 재배지인데 연평균 기온이 15℃ 이상이고 최저 기온이 -5℃ 이하로 내려가지 않는 곳에서 재배할 수 있다. 감귤은 바깥쪽의 과피가 내부의 과육부를 둘러싸서 보호하고 있는 구조이다. 과피의 바깥 부분은 프라베도flavedo층인데, 이 층의 유포 구조 안에 향기를 만들어 내는 정유물질이 들어 있다. 프라베도층에는 리모넨limonene 등의 향기를 내는 물질과 터펜terpene류, 왁스wax 등의 물질이 포함되어 있다. 과피의 안쪽 부분은 알베도albedo층인데 당 성분과 셀룰로스cellulose가 주성분이고 리그닌, 펙틴 등으로 구성되어 있다. 알베도층에는 쓴맛을 내는 헤스페리딘hesperidin, 나린진naringin 등의 물질이 포함되어 있다. 식용으로 이용하는 과육부는 여러 방으로 나누어져 있고 전체 중량의 약 76%를 차지한다.

2) 성분

감귤의 당 성분으로는 과당, 포도당, 설탕 등이 주로 포함되어 있고 유기산으로 구연산의 함량이 높다. 감귤이 숙성할수록 유기산의 함량은 낮아지고 당 성분의 함량은 높아진다. 감귤에는 비타민 C가 다량 함유되어 있고 무기질의 함량은 낮은 수준이다. 감귤의 쓴맛은 헤스페리딘, 리모넨, 나린진 등의 물질에 의한 것이고 리모넨은 감귤의 주요한 향기 성분이기도 하다. 그 외에 시트랄citral이 향기 성분으로 작용한다. 헤스페리딘은 비타민 P라고 불리는 물질로서 플라보노이드flavonoid계의 배당체이며, 콜레스테롤 강하 기능, 혈압 강하 기능, 항염증 기능 등이 알려져 있다.

3) 취급 및 보관

감귤은 3~4°C의 온도와 상대습도 85~90%의 조건에서 장기간 보관이 가능하다.

4) 조리 및 가공

감귤은 주로 생식으로 소비되나 주스, 넥타, 마멀레이드, 통조림 등으로 가공되어 이용되기도 한다.

5. 오렌지Orange, *Citrus sinensis*

오렌지는 인도가 원산지인 것으로 추정되고 중국에서 처음으로 재배되기 시작하였다. 주요한 품종으로는 네이블오렌지, 발렌시아오렌지, 블러드오렌지가 있다. 우리나라에서는 제주도에서 네이블오렌지가 재배된다.

1) 재료 및 특성

오렌지는 운향과 귤속에 속하는 작물로서 따뜻한 기후에서 재배된다. 네이블오렌지는 과육이 이중으로 생성되어 한쪽이 돌출되어 있고 리모닌limonin의 함량이 많아서 쓴맛이 난다. 발렌시아오렌지는 세계적으로 가장 많이 재배되는 품종으로 과즙이 많아서 주로 주스의 재료로 이용된다. 블러드오렌지는 안토사이아닌의 함량이 높아서 과육이 붉은색을 띤다.

2) 성분

그림 6.6 **오렌지**

오렌지에는 여러 가지의 카로티노이드계 물질과 플라보노이드계 물질이 포함되어 있고 비타민 C의 함량이 높다. 과육의 pH는 3~4로서 유기산이 전체의

0.7~1.2%를 차지한다.

3) 취급 및 보관

냉장 보관과 공기조절저장controlled atmosphere storage, CA storage 조건에서 수 주 동안 저장할 수 있다.

4) 조리 및 가공

과육은 생식으로 소비되거나 주스, 마멀레이드 등으로 가공되어 이용된다. 껍질에서 추출한 정유 성분은 향신료로 이용할 수 있다.

6. 레몬Lemon, *Citrus limon*

레몬은 히말라야 지역이 원산지이고 아시아 지역에서 처음 재배되다가 현재는 지중해 연안, 미국, 오스트레일리아 등 비교적 온도가 높지 않고 기후 변화가 적은 지역에서 많이 재배된다.

1) 재료 및 특성

레몬은 운향과 귤속에 속하는 작물이다. 과즙은 산성을 띠고 있어서 생선의 냄새 성분을 중화시키고 육류를 부분 분해하여 연화시킨다. 레몬 껍질에서 착즙하여 얻은 레몬오일은 음료나 향수의 원료로 사용된다. 레몬즙과 레몬오일은 세정제로도 사용할 수 있다.

2) 성분

레몬즙은 구연산과 비타민 C의 함량이 높아서 pH가 2~3인 산성이고 신맛이 강하다.

그림 6.7 레몬

3) 조리 및 가공

레몬즙은 레모네이드, 칵테일의 재료로 사용할 수 있다. 레몬즙에 설탕을 첨가하고 농축하여 젤리를 만들고,

여기에 과육을 첨가하여 마멀레이드를 만든다. 레몬 조각과 껍질은 식품의 장식으로 이용되고 레몬 잎은 차로 이용된다.

핵/과/류

핵과류는 씨방이 발달한 과육의 중심부에 핵이 있는 것으로 복숭아, 자두, 살구, 매실, 대추, 앵두, 버찌 등이 포함된다.

표 6.2 핵과류의 영양 성분표

(가식부 100 g당)

	에너지 (kcal)	수분 (g)	단백질 (g)	지방 (g)	탄수화물 (g)	식이섬유 (g)	회분 (g)	무기질					비타민					폐기율 (%)
								칼슘 (mg)	인 (mg)	철 (mg)	나트륨 (mg)	칼륨 (mg)	레티놀 (μg)	B_1 (mg)	B_2 (mg)	나이아신 (mg)	C (mg)	
복숭아 (백도)	46	85.8	0.59	0.04	13.10	2.6	0.47	4	24	0.11	0	216	0	0.022	0.023	0.29	2.1	19
자두	25	93.2	0.5	0.6	5.3	-	0.4	3	12	0.2	-	164	-	0.04	0.03	0.3	5	-
살구	29	90.9	1.2	0.05	7.12	1.9	0.73	15	22	0.45	1	249	0	0.078	0.032	0.157	-	7
매실	39	89.4	1.1	1.1	7.8	-	0.6	28	24	3.7	3	301	0	0.06	0.02	0.5	11	-
대추	99	70.2	1.45	0.1	27.56	3.0	0.69	14	42	0.28	1	310	0	0.018	0.231	0.427	85.99	3
앵두	58	82.9	1.1	0.3	15.2	-	0.5	23	30	0.5	10	268	0	0.06	0.04	0.7	17	-
버찌	57	82.6	1.7	0.1	14.9	-	0.7	22	49	1.0	1	350	0	0.09	0.09	0.6	10	28

자료 : 농촌진흥청 국립농업과학원, 국가표준식품성분표 제9개정판, 2017

1. 복숭아peach, *Prunus persica*

복숭아는 중국의 서부 지역이 원산지이고 우리나라에서는 오래전부터 재배되어 온 과일류이다. 과즙과 향기가 풍부하여 여름철에 선호도가 높은 과일로 우리나라 기후가 생육 조건에 알맞아 전국적으로 재배되고 있다. 경북, 충남, 전북 등지가 주요 생산지이고 과육의 색이 흰색인 백도가 주로 재배된다.

1) 재료 및 특성

복숭아는 장미과에 속하는 과일류로서 과육의 색에 따라 백도와 황도로 나눌 수 있고, 핵이 과육과 분리되는 상태를 기준으로 잘 분리되는 이핵종과 잘 분리되지 않는 점핵종으로도 구분할 수 있다. 핵 부근의 과육부에는 안토사이아닌계의 색소가 포함되어 있어서 붉은색을 띠는데 이러한 과육을 가지고 통조림을 만들면 전체가 붉은색으로 변하게 되어 상품 가치가 떨어진다. 점핵종은 핵 부근의 과육부에 안토사이아닌계의 색소를 가지고 있지 않기 때문에 통조림으로 가공하기에 적합하고, 이핵종은 안토사이아닌계 색소를 가지고 있으므로 통조림으로 가공하기에는 적합하지 않아서 생식으로 주로 소비된다.

그림 6.8 **복숭아**

2) 성분

복숭아는 수분이 약 89.9%를 차지하고 있고, 당 성분인 설탕, 과당, 포도당 등으로 이루어져 있는데 핵과 꼭지 주위 부분에 많이 포함되어 있다. 비타민 A는 백도보다 황도에 더 많이 함유되어 있다. 복숭아 과육의 색은 안토사이아닌계 색소에 의한 것이고, 유기산으로는 주로 사과산을 포함하고 있는데 백도에는 약 0.2%, 황도에는 약 0.7% 함유되어 있다. 복숭아의 향은 초산acetic acid과 카프릴산caprylic acid 등의 유기산, 리날로올 에스터linalool ester, 아세트알데하이드 등에 기인한다.

3) 취급 및 보관

복숭아는 저장성이 높지 않아서 수확 후에 빠른 시일 내에 생식으로 소비하거나 통조림으로 가공하여 저장성을 높일 수 있다. 폴리에틸렌으로 포장하여 저온에서 보관하면 경도를 유지하는 기간을 늘릴 수 있다.

4) 조리 및 가공

복숭아는 주로 생식으로 소비되는데 주스, 넥타, 아이스크림, 잼, 젤리 등의 재료로 이용되기도 한다. 생식용으로는 백도가 많이 이용되고, 통조림 가공용으로는 황도가 많이 이용된다.

원료 → 선별 → 세척 → 데치기 → 박피 및 제핵 → 충전 → 주입액 첨가 → 탈기 → 밀봉 → 살균 → 냉각 → 제품

그림 6.9 **복숭아 통조림의 제조 공정**

2. 자두plum, *Prunus* spp.

자두는 중국이 원산지이며 '오얏'이라고 불리기도 하였다. 따뜻한 기후에서 잘 생육하며 세계적으로 많은 품종이 재배되고 있다. 우리나라에서는 생식으로 주로 이용되며 경북, 충북, 충남 등지가 주요 산지이다.

1) 재료 및 특성

자두는 장미과에 속하는 작물로서 품종은 유럽계 품종과 일본계 품종으로 크게 나눌 수 있다. 유럽계 품종은 신맛이 강하여 생식보다는 가공하여 이용되는 반면에 우리나라에서 주로 재배되는 일본계 품종은 과즙이 풍부하고 단맛과 신맛이 어우러져서 생식으로 소비하기에 적합하다.

2) 성분

자두의 당 성분은 포도당, 과당, 설탕으로 이루어져 있고 비타민의 함량은 비교적 낮은 수준이다. 자두에는 유기산으로서 사과산이 1~2% 함유되어 있고 당 성분과 함께 자두 특유의 맛을 결정한다. 자두에는 타닌이 함유되어 있어서 떫은맛을 내고, 펙틴이 다량 포함되어 있어서 잼이나 젤리로 가공하기에 적합하다. 자두의 색은 안토사이아닌계의 색소에 기인한다.

그림 6.10 **자두**

3) 조리 및 가공

자두는 저온의 환경과 폴리에틸렌 포장으로 저장성을 높일 수 있다. 주로 생식으로 이용되고 잼, 젤리 등으로 가공되거나 넥타, 술 등으로 이용되기도 한다. 유럽계 품

종은 신맛이 강하여 생식하지 않고 건조 가공해서 이용하는데 자두를 묽은 알칼리 용액에 담갔다가 건조시켜서 케이크 등 다른 식품에 첨가 재료로 사용한다.

3. 살구apricot, *Prunus armeniaca*

살구는 중국이 원산지이며 유럽으로 전파되면서 개량이 이루어진 작물이다. 현재에는 미국의 캘리포니아 지역이 최대 생산지이다. 우리나라에서는 오래전부터 전국적으로 자생하고 있다.

그림 6.11 **살구**

1) 재료 및 특성

살구는 장미과에 속하는 작물로서 황색이나 황적색을 띠고 품종은 동양계와 유럽계로 크게 나눌 수 있다. 우리나라에서는 동양계 품종이 주로 재배되고 있다.

2) 성분

살구에는 탄수화물이 약 7.1% 포함되어 있고 그중 포도당, 과당, 설탕의 당 성분 함량이 높다. 살구의 무기질 함량은 낮은 편이고, 비타민 A의 함량은 높으나 비타민 C는 낮은 수준으로 함유되어 있다. 살구에는 색을 내는 성분으로 베타-카로틴과 라이코펜lycopene이 함유되어 있는데 살구의 색은 주로 베타-카로틴에 기인한 것이다. 살구에는 사과산과 구연산 등의 유기산이 약 2%가량 포함되어 있어서 신맛을 낸다. 살구씨에는 청산 배당체인 아미그달린amygdalin이 포함되어 있는데 아미그달린은 항암 기능이 있는 것으로 알려져 있다. 살구씨는 행인杏仁이라고 불리며 한방에서는 가래 제거와 해열을 위한 약재로 사용되고 있다.

3) 조리 및 가공

살구에는 유기산이 다량 함유되어 있어서 신맛이 강하기 때문에 생식보다는 주로 가공공정을 거쳐서 이용된다. 건조해서 이용하거나 잼이나 통조림 등으로 가공하여 이용한다.

청산 배당체 당 성분을 포함하고 있는 시안(-CN) 보유 화합물.

4. 매실Japanese apricot, *Prunus mume*

매실은 중국이 원산지이며 우리나라에서는 오래전부터 재배되어 왔다. 나무를 관상용으로 심기도 하였고 과실은 매실주, 매실차 등으로 이용된다.

1) 재료 및 특성

매실은 장미과에 속하는 작물로서 유기산의 함량이 많아서 신맛이 강하므로 생식하기에는 적당하지 않다. 매실은 과육이 쉽게 물러지므로 성숙하기 전 녹색인 상태에서 수확하여 이용한다.

2) 성분

매실의 유기산은 주로 구연산으로 4~5%를 함유하는데 과일류 중 가장 높은 수준에 속한다. 반면 당 성분은 그 함량이 가장 낮은 수준이어서 신맛이 강하므로 생식으로 이용하기에는 적합하지 않다. 매실은 비타민 A의 함량이 높은 수준이고 비타민 C는 낮은 수준으로 함유하고 있다. 미숙한 매실의 씨에는 청산 배당체인 아미그달린이 다량 함유되어 있는데 이 물질이 가수분해되면 독극물질인 청산HCN이 생성된다. 매실은 항균 기능과 정장작용 기능을 가지고 있어서 한방에서는 위장 강화, 해독 등의 목적으로 이용되어 왔다.

3) 조리 및 가공

매실은 저장성이 낮아서 쉽게 물러지는데 저온 저장으로 저장성을 개선할 수 있다.

매실은 생식용으로 이용하기보다는 주로 매실주, 매실차, 매실발효액, 장아찌, 잼 등으로 가공하여 이용한다.

그림 6.12 **매실(왼쪽)과 그 가공식품(오른쪽)**

5. 대추jujube, *Ziziphus jujube* Mill.

대추는 남아시아의 아열대 지방이 원산지로 알려져 있고 온대 지방에도 널리 전파되어 있다. 중국에서 많이 생산되고 있으며, 우리나라에서는 경북이 주요한 산지이다. 대추는 예로부터 풍요를 상징하여 의식용으로 이용되어 왔고 약재로도 사용된다.

그림 6.13 **대추**

1) 재료 및 특성

대추는 갈매나뭇과에 속하는 작물로, 우리나라의 기후 조건이 대추 생장에 적합하고 다른 작물에 비하여 재배가 용이해서 많이 재배되고 있다. 한방에서는 대추를 자양강장, 정신 안정 등의 목적으로 사용하고 있다.

2) 성분

대추는 수분이 약 73.6%로 과일류 중에서 낮은 수준이고, 탄수화물은 약 22.8%를 차지하고 있어서 다른 과일류에 비하여 함량이 높다. 주요 당 성분으로는 포도당과 과당이 함유되어 있고 단백질의 함량이 비교적으로 높다. 무기질로 칼륨, 인, 칼슘의 함량이 높고 비타민 C가 다량 포함되어 있다. 대추를 건조하면 비타민 C의 함량은 감소한다.

3) 취급 및 보관

대추는 0~4℃의 저온과 상대습도 85~90%의 조건에서 오랫동안 보관할 수 있다. 대추를 건조된 형태로 가공해서 저장성을 높일 수 있다.

4) 조리 및 가공

대추는 생식으로 이용하기도 하고 건조하여 떡, 약식 등에 이용한다.

6. 앵두Korean-type cherry, *Prunus tementosa*

1) 재료 및 특성

앵두는 중국이 원산지이고 우리나라에서는 일본에서 개량된 품종이 주로 재배되는데

자양강장 영양분을 섭취하여 기운을 왕성하게 하는 것.

남부 지방이 주요 산지이다. 앵두는 장미과에 속하는 작물로서 지름 약 1 cm 정도의 둥근 열매가 달리며, 예로부터 원기 회복과 식욕 증진에 효과가 있다고 알려져 있다.

그림 6.14 **앵두**

2) 성분

앵두에는 탄수화물이 약 7.2% 함유되어 있는데 주로 포도당, 과당의 당 성분으로 이루어져 있고 사과산과 구연산 등의 유기산이 다량 함유되어 있다. 무기질로는 칼륨과 철의 함량이 높고 비타민 C가 다량 함유되어 있다. 앵두에는 펙틴이 많이 함유되어 있어서 잼이나 젤리로 가공하기에 적합하다. 앵두의 씨에는 청산 배당체인 아미그달린이 함유되어 있다.

3) 조리 및 가공

앵두는 앵두주, 잼, 젤리, 주스, 통조림 등으로 이용되고 생식으로 이용하기도 한다.

원료 → 세척 → 절단 → 가열 → 박피 및 제핵

↓ ← 조정

제품 ← 살균 ← 충전 ← 농축 ← 가당

그림 6.15 **잼류의 제조 공정**

7. 버찌cherry, *Prunus* spp.

1) 재료 및 특성

버찌는 장미과의 작물로서 서아시아와 유럽이 원산지이다. 유럽계 품종이 주로 재배되는데 유럽계 품종에는 대표적으로 단맛이 강한 스위트 체리sweet cherry, *Prunus avium*와 과즙이 많고 신맛이 강한 사워 체리sour cherry, *Prunus cerasus*가 있다.

2) 성분

버찌의 당 성분은 주로 과당이며, 포도당과 설탕도 포함되어 있다. 유기산으로는 사과산이 포함되어 있다. 무기질로는 인의 함량이 높은 수준이고 비타민의 함량은 높지 않다. 버찌에는 펙틴이 포함되어 있어서 잼이나 젤리로 가공하기에 적합하다.

그림 6.16 **버찌**

3) 취급 및 보관

버찌는 보존성이 낮기 때문에 오래 보관하기 위해서는 통조림이나 병조림으로 가공하거나 건조하여 보관한다.

4) 조리 및 가공

스위트 체리는 단맛이 강하여 생식으로 주로 이용하고, 사워 체리는 과즙이 많고 단맛은 적으며 신맛이 강하기 때문에 건조하거나 냉동하여 잼, 젤리, 아이스크림 등의 재료로 이용한다.

장/과/류

장과류는 꽃받침이 주머니 모양으로 발달하고 씨방이 과육으로 발달한 것으로 포도, 무화과, 석류, 바나나, 파인애플, 키위, 파파야, 망고 등이 있다.

1. 포도grape, *Vitis* spp.

포도는 지중해 연안과 서아시아가 원산지이고 오래전부터 식용과 약용으로 이용되어 오는 작물이다. 우리나라에는 조선시대 이전에 중국으로부터 도입되어 재배된 것으로 추정된다. 현재는 개량된 새로운 품종들이 재배되고 있으며 충남과 충북 지역이 주요한 산지이다.

1) 재료 및 특성

포도는 포도과에 속하는 작물로서 비교적 건조하고 온화한 기후에서 잘 생육하는 성질을 가지고 있다. 포도의 품종을 분류하면 크게 유럽종과 미국종, 그리고 유럽종과 미

표 6.3 장과류의 영양 성분표

(가식부 100 g당)

	에너지 (kcal)	수분 (g)	단백질 (g)	지방 (g)	탄수화물 (g)	식이섬유 (g)	회분 (g)	무기질					비타민					폐기율 (%)
								칼슘 (mg)	인 (mg)	철 (mg)	나트륨 (mg)	칼륨 (mg)	레티놀 (μg)	B_1 (mg)	B_2 (mg)	나이아신 (mg)	C (mg)	
포도 (캠벨얼리)	57	83.4	0.66	0.42	15.1	1.1	0.42	3	15	0.11	2	170	0	0.063	0.051	0.225	0.12	31
무화과	54	84.6	0.6	0.1	14.3	1.9	0.4	26	16	0.3	2	170	0	0.03	0.03	0.2	2	15
석류	72	78.3	0.29	0.2	20.71	5.8	0.5	6	39	0.26	1	242	0	0.101	0.022	0.395	7.08	51
바나나	79	76.1	1.1	0.1	21.94	1.9	0.76	7	26	0.29	0	346	0	0.049	0.075	0.493	5.94	60
파인애플	50	84.9	0.46	0.04	14.32	2.5	0.28	16	5	0.09	0	97	0	0.052	0.087	0.137	45.43	46
키위	61	82.8	0.8	1.0	14.8	-	0.6	30	24	1.0	2	257	0	0.13	0.03	0.5	72	-
파파야	38	88.9	0.7	0.1	9.8	-	0.5	22	12	0.8	9	223	0	0.09	0.02	0.3	37	-
망고	57	82.9	0.72	0.1	15.97	1.7	0.31	7	17	0.18	0	142	0	0.035	0.054	0.299	14.85	32
블루베리	45	86.6	0.55	0.09	12.57	3.0	0.19	9	12	0.23	0	70	0	0.017	0.131	0.317	-	0
아보카도	187	71.3	2.5	18.7	6.2	5.3	1.3	9	55	0.7	7	720	0	0.10	0.21	2	15	30

자료 : 농촌진흥청 국립농업과학원, 국가표준식품성분표 제9개정판, 2017

국종의 교배종으로 나눌 수 있다. 우리나라에서는 교배종인 캠벨얼리campbell early 품종이 주로 재배된다.

2) 성분

포도에는 탄수화물이 약 15.3% 비율로 포함되어 있는데 주로 포도당과 과당의 형태로 존재한다. 무기질로는 인이 다량 포함되어 있고, 비타민의 함량은 낮은 수준이다. 유기산으로 주석산과 사과산이 약 1% 비율로 함유되어 있고, 펙틴을 함유하고 있어서 잼이나 젤리로 가공할 수 있다. 포도의 껍질에는 떫은맛을 내는 타닌이 포함되어 있고 적포도의 껍질에는 안토사이아닌계 색소인 오에닌oenin이 함유되어 있어서 적자색을 나타낸다. 포도에는 폴리페놀계의 물질들이 함유되어 있는데, 레스베라트롤resveratrol은 항암 효과

그림 6.17 **포도**

를 가지고 있고 심혈관 질환의 위험도를 저하시키는 기능이 있는 것으로 알려져 있다.

3) 취급 및 보관

포도는 장기 저장하기 어려운 과일류인데 장기 보관을 위해서는 냉동 보관한다.

4) 조리 및 가공

포도는 생식으로 이용하고, 포도주, 주스, 잼, 젤리 등의 재료 또는 건조하여 건포도로 이용된다. 전체 포도 생산량의 85%가량이 포도주 제조에 이용된다. 포도씨로부터 기름을 추출하여 식용유로도 사용한다.

2. 무화과 fig, *Ficus carica*

1) 재료 및 특성

무화과는 서남아시아가 원산지이고 우리나라에는 근래에 도입된 작물이다. 뽕나뭇과에 속하는 작물이고 꽃잎이 꽃받침에 가려서 외부에서 보이지 않고 꽃받침이 그대로 열매 모양으로 발달하기 때문에 무화과라고 부른다. 자주색이나 황녹색의 열매가 열리는데 열매의 껍질은 손으로도 쉽게 벗겨진다. 잎에는 단백질과 고무질 성분이 많고 그 즙은 기생충 구제약, 신경통 약 등으로 이용되어 왔다. 우리나라에서는 전남과 경남 지역에서 주로 재배된다.

2) 성분

무화과에는 탄수화물이 약 14.3% 들어 있는데 포도당과 과당이 주요 구성 성분이다. 무기질로는 칼슘의 함량이 높고, 비타민의 함량은 낮은 수준이다. 무화과는 유기산의 함량이 0.1% 정도로 적게 포함되어 있다. 무화과에는 피신ficin이라는 단백질분해효소가 포함되어 있어서 연육제로 사용할 수 있고 섭취했을 때 소화작용을 돕는다.

그림 6.18 무화과

3) 조리 및 가공

무화과는 저온에서 1주일가량 저장할 수 있고 건조하여 장기간 보관할 수 있다. 주로 생식으로 이용하는데 잼, 푸딩, 통조림 등으로 가공하여 이용하기도 한다.

3. 석류pomegranate, *Punica granatum*

1) 재료 및 특성

석류는 이란 지역이 원산지이고 온화한 기후에서 생장하며 우리나라에서는 남부 지방에서 주로 재배된다. 석류과에 속하며 열매는 노란색이나 황적색을 띠는데 익으면 열매의 껍질이 터지면서 씨를 감싸고 있는 붉은색의 소낭이 드러난다. 석류는 가식부가 적고 폐기율이 높은 특징을 가지고 있다.

그림 6.19 **석류**

2) 성분

석류는 주요 성분으로 당 성분과 유기산의 함량이 높아서 석류 특유의 맛을 만들어 낸다. 당 성분으로 포도당과 과당이 주로 들어 있고 유기산으로는 구연산이 주요 성분이다. 무기질로는 칼륨의 함량이 높은 수준이고 대부분의 비타민 함량은 낮지만 비타민 C는 다량 포함되어 있다. 석류의 색을 만드는 성분은 안토사이아닌계의 색소이다.

3) 조리 및 가공

석류는 저온에 저장하여 저장성을 높일 수 있다. 생식하거나 과즙을 만들어 이용하는데 과즙에 설탕을 첨가하여 시럽으로 가공하여 이용하기도 한다. 민간요법에서는 정장작용에 효과가 있다고 하여 석류꽃을 차로, 석류 껍질은 구충제로 이용하였다.

4. 바나나banana, *Musa* spp.

바나나는 동남아시아가 원산지이고 고온 다습한 환경에서 재배된다. 우리나라에는

1970년대 말 도입되어 제주도에서 재배되기 시작하였는데 근래에 들어 수입 바나나의 증가로 국내에서는 거의 재배하지 않는다.

그림 6.20 **바나나**

1) 재료 및 특성

바나나는 파초과에 속하는 작물로서 가식부의 비율이 낮지만 흡수가 빠른 당 성분의 함량이 높아서 짧은 시간에 에너지로 전환되는 특징을 가지고 있다. 바나나는 생식용 바나나sweet banana와 요리용 바나나plantain banana로 크게 구분할 수 있다. 생식용 바나나는 필리핀, 인도, 브라질 등지에서 주로 재배되고, 요리용으로 사용하는 바나나는 우간다, 콜롬비아 등지가 주요 산지이다.

2) 성분

바나나에는 수분이 약 76.9% 포함되어 있어서 과일류 중 낮은 수준이고 탄수화물은 약 21.1% 포함되어 있다. 바나나의 탄수화물은 미숙과일 때에는 주로 전분으로 이루어져 있다가 완숙이 되면서 포도당과 과당의 비율이 높아진다. 미숙과에는 펙틴이 약 1% 비율로 함유되어 있는데 완숙하면 그 양이 반 수준으로 감소한다. 완숙한 바나나에는 유기산으로 구연산과 사과산 등이 포함되어 있는데 그 함량이 적어서 신맛은 거의 나지 않는다. 바나나가 완숙할수록 과육에는 알파-카로틴α-carotene의 함량이 높아진다. 무기질로 칼륨의 함량이 높고 비타민 C가 많이 포함되어 있다. 바나나의 향기는 아이소아밀 아세테이트isoamyl acetate, 아이소아밀 알코올isoamyl alcohol 물질 등에서 기인하는 것이다.

3) 취급 및 보관

바나나는 후숙 과정을 거쳐서 완숙과가 되는데 미숙한 바나나를 25℃ 정도의 온도에서 2~3일간 두면 과피가 노란색으로 변하고 단맛이 증가한다. 바나나는 15℃ 정도의 상온에서 보관해야 하는데 저온에서 보관하면 표면이 검은색으로 쉽게 변한다. 장기간 보관할 때에는 과피를 제거하고 과육 부분만 냉동 보관한다.

4) 조리 및 가공

바나나는 생식으로 이용하거나 건조해서 건과로 이용하기도 한다. 요리용으로 이용할 때는 껍질을 제거하거나, 혹은 껍질째 찌거나 굽는다. 샐러드, 쉐이크, 아이스크림의 재료로 이용되기도 한다.

그림 6.29 **바나나 가공식품**

5. 파인애플pineapple, *Ananas comosus*

1) 재료 및 특성

파인애플은 아메리카 대륙의 열대 지방이 원산지이며 과즙이 많고 단맛과 산도가 식용에 적합한 과일류이다. 우리나라에는 1960년대에 도입되어 제주도에서 재배하기 시작하였고, 제주와 남해안 지역에서 소규모로 재배하고 있다. 파인애플은 파인애플과에 속하는 작물로서 장과漿果가 모여서 원통형을 이룬 열매를 가지고 있다.

2) 성분

파인애플에는 탄수화물이 약 6.3% 비율로 포함되어 있는데 그중 설탕 등의 수용성 당이 다량 포함되어 있다. 당 성분은 파인애플이 완숙할수록 그 함량이 높아진다. 유기산으로는 주로 구연산이 포함되어 있고 소량의 사과산이 들어 있다. 무기질로 칼륨의 함량이 높고 망간이 다량 포함되어 있으며 비타민 C의 함량이 높다. 파인애플에는 단백질분해효소의 일종인 브로멜라인bromelain이 함유되어 있어서 육류의 연육제로 사용할 수 있는데, 통조림 가공 등의 공정 중에 가열하면 효소 역가를 상실하므로 생 파인애플만 연육제로 사용할 수 있다.

그림 6.22 **파인애플**

3) 취급 및 보관

파인애플은 수확 후에 후숙 과정을 통하여 당 성분의 함량을 증가시킬 수 있으므로 상온에 두어서 익힌 후 냉장 보관한다. 저장성이 크지 않은 과일이므로 저온에서 단기간 보관하거나 통조림으로 가공하여 장기간 보관한다.

4) 조리 및 가공

파인애플은 생식으로 소비하거나 샐러드의 재료로 이용할 수 있고, 통조림이나 주스로 가공하여 이용할 수도 있다. 파인애플을 설탕에 담가서 삭히거나 통조림으로 가공한 것을 모과수라고 한다.

6. 키위kiwifruit, *Actinidia chinensis*

키위는 중국 남부 지역이 원산지이며 '양다래'라고 불리기도 한다. 우리나라에는 1970년대에 뉴질랜드에서 도입되었는데 전남, 경남, 제주 지방에서 주로 재배하고 있다.

1) 재료 및 특성

키위는 다래나뭇과에 속하는 작물로서 숙성할수록 단맛이 강해지고 신맛이 줄어드는 특징을 가지고 있어서 후숙 과정을 거친 후 식용으로 이용한다. 열매의 껍질은 털로 덮여 있고 과육은 연두색이며 검은색 씨앗을 가지고 있다. 또한 병충해에 강한 특징이 있다.

2) 성분

키위는 탄수화물의 함량이 약 14.4%인데 키위가 숙성할수록 당 성분의 함량은 높아지고 유기산의 함량은 낮아진다. 또한 섬유소의 함량이 높아 정장작용 기능을 한다. 무기질로는 칼륨, 칼슘, 인의 함량이 높고 비타민 C가 다량 함유되어 있다. 키위에는 루테인lutein과 제아잔틴zeaxanthin이 다량 함유되어 있어서 눈 질환을 예방하는 기능이 있는 것으로 알려져 있다. 단백질분해효소인 액티니딘actinidin이 포함되어 있어서 키위를 육류의 연육제로 이용할 수 있다.

그림 6.23 **키위**

3) 취급 및 보관

키위는 후숙 과정을 거쳐서 숙성시켜야 식용하기 적합한 맛을 낸다. 키위를 상온에서 후숙시킨 후에 냉장 보관한다. 키위에는 단백질분해효소가 함유되어 있으므로 단백질의 함량이 높은 식품 재료와 접촉하여 함께 두면 단백질이 분해되어 식품의 외관이 나빠진다. 따라서 유제품, 젤라틴 등의 재료로 디저트를 만들 때 키위를 함께 이용하지 않는다.

4) 조리 및 가공

키위는 생식으로 이용하거나 잼, 주스, 칵테일 등의 재료로도 이용된다.

7. 파파야papaya, *Carica papaya*

1) 재료 및 특성

파파야는 아메리카의 열대 지방이 원산지이나 현재는 전 세계의 열대 지방과 아열대 지방에서 재배된다. 파파야는 파파야과에 속하는 작물이고 과실은 긴 타원형이며 과육은 노란색이다. 신맛이 적고 단맛이 있으며 과육이 부드러워서 선호도가 높은 과일류이다.

2) 성분

파파야에는 탄수화물이 약 6.0% 함유되어 있는데 과당과 설탕이 주성분이다. 유기산이 포함되어 있으나 함량이 많지 않아서 과육은 신맛이 강하지 않다. 무기질로는 칼륨과 칼슘이 다량 함유되어 있고 비타민 A와 비타민 C의 함량이 높은 수준이다. 파파야의 색은 주로 크립토잔틴cryptoxanthin에 기인하는 것이고 소량의 베타-카로틴도 영향을 미친다. 미숙한 과실에는 단백질분해효소인 파파인papain이 포함되어 있어서 육류의 연화제로 사용할 수 있다.

3) 취급 및 보관

파파야는 후숙 과정에서 단맛이 증가하고 신맛이 줄어들기 때문에 후숙 과정을 거친 후에 냉장 보관한다.

그림 6.24 **파파야**

4) 조리 및 가공

파파야는 생식으로 이용하거나 설탕 절임, 주스, 피클, 잼, 젤리 등의 형태로 가공되어 이용하기도 한다.

8. 망고mango, *Mangifera indica*

1) 재료 및 특성

망고는 아시아의 열대 지방이 원산지이며 전 세계적으로 열대 지방과 아열대 지방에서 재배된다. 과실은 원형, 타원형 등의 모양을 하고 있고 과육은 숙성되면 적황색을 띤다. 옻나무과에 속하는 작물이고 특유의 향을 가지고 있으며 과즙이 많고 단맛이 강한 특징이 있다.

그림 6.25 **망고**

2) 성분

망고의 탄수화물 함량은 약 16.4%로서 주성분은 당분으로 설탕, 과당, 포도당이 대부분을 차지하고 있다. 유기산으로는 구연산이 함유되어 있으나 그 함량은 낮은 수준이다. 비타민 A와 비타민 C의 함량이 높은데, 망고 과육의 색을 나타내는 베타-카로틴의 함량은 과일류 중에서 가장 높은 수준이다.

3) 조리 및 가공

망고는 생식으로 이용하거나 건조하여 이용하기도 하고 주스, 넥타, 잼, 젤리, 통조림 등으로 가공하기도 한다. 망고는 냉장 온도에서 쉽게 변질하므로 13~15℃의 상온에서 보관해야 한다.

9. 블루베리Blueberry, *Vaccinium corymbosum*

블루베리는 20여 종의 품종이 알려져 있고 하이부시 블루베리highbush blueberry, ***Vaccinium corymbosum***와 로우부시 블루베리lowbush blueberry, ***Vaccinium angustifolium*** 등이 대표적인 품종이다.

북아메리카가 원산지인 하이부시 블루베리가 세계적으로 가장 많이 재배된다.

그림 6.26 **블루베리**

1) 재료 및 특성

블루베리는 진달래과 산앵두나무속에 속하는 작물로서 북아메리카 지역에서 전 세계의 90% 정도가 생산된다. 블루베리 열매는 짙은 남색을 띠며 한 개의 무게가 1~1.5 g 정도이다.

2) 성분

블루베리에는 소량의 무기질과 비타민류가 들어 있고 안토사이아닌 성분을 비롯한 다양한 종류의 폴리페놀류 물질이 포함되어 있다.

3) 취급 및 보관

냉장 보관하여 생식으로 이용할 수 있고, 냉동individually quick frozen, IQF된 형태로 장기간 보관할 수 있다.

4) 조리 및 가공

생식하거나 퓌레, 주스, 잼 등의 형태로 가공되어 이용된다.

10. 아보카도Avocado, *Persea americana*

아보카도는 멕시코 지역이 원산지이고 전 세계적으로 열대 기후와 지중해성 기후 지역에서 재배된다. 열매는 서양배와 같이 긴 타원형이거나 둥근 모양이고 종자가 한 개 들어 있다.

1) 재료 및 특성

아보카도는 녹나무과에 속하는 열대 과일이다. 익으면서 겉의 색깔이 녹색에서 보랏빛을 띤 검은색으로 변한다. 과육은 녹색을 띠는 노란색이고 부드러운 식감을 갖는다. 지방과 단백질의 함량이 높고 고소한 맛과 독특한 향기가 난다.

그림 6.27 **아보카도**

2) 성분

아보카도는 지방, 단백질, 식이섬유의 함량이 상대적으로 높고 비타민 B군과 비타민 C의 함량도 높다. 칼륨과 인의 함량이 높고 루테인, 제아잔틴 등의 카로티노이드 물질이 포함되어 있다. 지방의 약 80%는 불포화지방산으로 이루어져 있고 단일 불포화지방산인 올레산oleic acid이 주요 성분이다. 다른 주요 지방 성분으로는 팔미트산palmitic acid과 리놀레산linoleic acid이 있다.

3) 조리 및 가공

아보카도는 주로 생식으로 이용되는데 소스, 샐러드, 주스 등의 형태로 소비된다.

견/과/류

견과류는 씨앗 부분을 식용으로 이용하는데 밤, 호두, 은행, 잣 등이 포함된다.

1. 밤chestnut, *Castanea* spp.

1) 재료 및 특성

밤은 참나뭇과에 속하는 작물로서 우리나라, 일본, 중국 등지에서 주로 생산되며 곡류에 가까운 성분을 가지고 있어서 주식으로 이용되기도 한다. 밤은 온대 지역에서 자생하거나 재배되고 있는데 한국종, 일본종, 중국종, 유럽종, 미국종 등이 있고 우리나라에서는 주로 개량된 일본종이 재배된다. 경남, 전남, 충남 지방이 주요 산지이다.

표 6.4 견과류의 영양 성분표

(가식부 100 g당)

	에너지 (kcal)	수분 (g)	단백질 (g)	지방 (g)	탄수화물 (g)	식이섬유 (g)	회분 (g)	무기질					비타민					폐기율 (%)
								칼슘 (mg)	인 (mg)	철 (mg)	나트륨 (mg)	칼륨 (mg)	레티놀 (μg)	B_1 (mg)	B_2 (mg)	나이아신 (mg)	C (mg)	
밤	133	61.5	3.28	0.5	33.39	5.4	1.33	16	69	0.84	1	439	0	0.082	0.065	1.638	15.98	27
호두 (마른 것)	693	2.9	15.47	71.99	7.92	6.7	1.72	81	355	2.49	3	353	0	0.047	0.282	2.872	0	-
은행	180	49.6	4.69	1.53	42.78	2.2	1.4	7	161	0.9	1	684	0	0.119	0.033	2.887	16.89	0
잣 (마른 것)	639	3.5	15.4	61.5	17.6	-	2.0	21	486	15.9	11	-	0	0.58	0.05	1.3	0	0
아몬드 (마른 것)	583	3.4	23.44	49.96	20.09	14.5	3.11	368	523	4.76	6	780	0	0.029	1.546	3.789	0	0

자료 : 농촌진흥청 국립농업과학원, 국가표준식품성분표 제9개정판, 2017

2) 성분

밤에는 탄수화물이 약 37.1% 함유되어 있는데 그중 전분이 약 절반을 차지하고 설탕, 포도당 등이 나머지를 구성하고 있다. 밤은 설탕의 함량이 높아서 단맛이 강하다. 무기질 성분으로는 칼륨, 인, 칼슘 등이 다량 포함되어 있고 비타민 A, 비타민 B_1, 비타민 C의 함량이 높다. 밤에는 떫은맛을 내는 타닌이 소량 포함되어 있다. 밤은 영양 성분들의 함량이 균형을 이루고 있어서 영양적으로 우수한 식품이다.

3) 취급 및 보관

수확한 후에 해충을 제거하기 위하여 이황화탄소 CS_2로 훈증한 뒤 2~6℃의 온도와 상대습도 80%의 조건에서 저장한다. 땅을 1 m 깊이로 파고 그 안에 저장하기도 한다.

그림 6.28 **밤**

4) 조리 및 가공

밤은 생식으로 이용하기도 하고 굽거나 쪄서 먹는다. 통조림, 수프, 죽 등의 형태로 가공하여 소비하기도 한다.

2. 호두walnut, *Juglans* spp.

1) 재료 및 특성

호두는 가래나뭇과에 속하는 견과류로서 우리나라에는 고려시대에 중국을 통하여 전파되었다. 호두 열매의 핵 중에 인 부분을 식용으로 이용한다. 재래종은 껍질이 두껍고 단단하며 가식부의 비율이 약 25%이고, 개량종은 껍질이 얇으며 가식부가 약 45%에 달한다.

그림 6.29 **호두**

2) 성분

마른 호두에는 지방이 약 66.7%의 비율로 포함되어 있고 불포화지방산의 함량이 높은데 그중에서 리놀레산이 다량 포함되어 있다. 단백질은 약 15.4% 함유되어 있는데 글루텔린glutelin 단백질의 함량이 높고 단백질을 구성하는 아미노산 중에서 트립토판tryptophan의 함량이 높다. 호두는 비타민 B_1의 함량이 비교적 높다.

3) 취급 및 보관

호두는 1~2℃의 온도에서 1년 정도 저장할 수 있다. 장기간 보관하면 불포화지방산의 함량이 높은 지방이 산화하여 불쾌한 냄새가 난다.

4) 조리 및 가공

호두는 생식으로 이용하고 과자, 떡, 아이스크림 등의 재료로도 이용된다. 호두의 기름은 요리에 이용되기도 하고 향료, 화장품 등에 사용되기도 한다.

3. 은행ginkgo nut, *Ginkgo biloba*

1) 재료 및 특성

은행은 중국이 원산지이며 은행나뭇과에 속하고 우리나라의 기후 조건에서 잘 생육한다. 은행은 은행나무의 씨 부분인데, 겉껍질 안에 딱딱한 속껍질이 있고 그 안에 식용으로 이용하는 부분이 있다.

2) 성분

은행은 탄수화물이 약 37.4%의 비율로 함유되어 있는데 그중 대부분은 전분이다. 단백질과 지방의 함량은 높지 않으나 아미노산 중 트립토판의 함량이 높고 인지질 성분인 레시틴lecithin이 함유되어 있으며 비타민 D의 전구물질인 에르고스테롤ergosterol이 포함되어 있다. 은행의 향은 청산 배당체에 의한 것인데, 은행을 다량 섭취하면 중독 증상이 나타나게 된다. 무기질로는 칼륨과 인의 함량이 높고 비타민 A와 비타민 C가 다량 포함되어 있다.

그림 6.30 **은행**

3) 조리 및 가공

은행은 속껍질을 제거하고 이용하는데 굽거나 볶아서 식용으로 이용하고 전골, 찜, 신선로 등의 재료로도 이용한다. 은행은 겉껍질을 제거하고 물로 씻고 건조하여 상온에 저장한다. 민간요법에서는 기침과 천식을 완화시키는 목적으로 사용하기도 한다.

4. 잣pine nut, *Pinus koraiensis*

1) 재료 및 특성

잣은 소나뭇과에 속하는 잣나무의 열매이고 우리나라 전역에 분포되어 있는데 경기와 강원 지역에서 주로 생산된다.

2) 성분

잣은 지방의 함량이 약 68.2%에 이르러 섭취했을 때 에너지 생산량이 많은 식품이다. 지방의 대부분은 올레산, 리놀레산 등의 불포화지방산으로 구성되어 있다. 무기질로는 칼륨, 인, 철이 다량 포함되어 있고, 비타민 B군과 비타민 E의 함량이 높다.

그림 6.31 **잣**

3) 취급 및 보관

잣은 비교적 저장성이 좋은 식품인데 장기간 저장하면 지방이 산화하여 불쾌한 냄새가 난다. 저온에서 보관해야 하고 오래 보관하고자 할 때에는 껍질째 보관한다.

4) 조리 및 가공

잣은 생식으로 소비하기도 하고 죽으로 만들어 이용하기도 하며 요리에 고명으로 얹어 이용하기도 한다.

5. 아몬드 Almond, *Prunus dulcis*

아몬드는 서아시아, 인도, 북아프리카가 원산지이고 열매의 씨를 식용으로 이용한다. 과육 안에 들어 있는 씨앗은 껍질로 덮여 있고 껍질 안에 갈색 종피로 싸인 흰색의 배아가 있다. 종피와 배아가 식용 부분이다. 미국, 오스트레일리아, 스페인이 주요 생산국이고 미국에서 전 세계 생산량의 60% 이상이 생산된다.

1) 재료 및 특성

아몬드는 장미과에 속하는 작물의 씨앗이고 단맛이 나는 품종과 쓴맛이 나는 품종이 있다. 단맛이 나는 품종이 식용으로 이용된다. 쓴맛이 나는 품종에는 아미그달린이 포함되어 있고 아미그달린이 효소에 의하여 분해되면 시안화수소HCN가 발생할 수 있다.

2) 성분

아몬드는 지방, 단백질, 섬유소의 함량이 높고 비타민 B군과 비타민 E가 풍부하게 들어 있다. 아몬드의 지방은 단일 불포화지방산인 올레산이 주요 성분이고 다가 불포화지방산인 리놀레산의 함량도 높다. 무기질로서 칼슘, 인, 철, 칼륨, 마그네슘, 망간, 아연의 함량이 높다.

그림 6.32 **아몬드**

3) 취급 및 보관

아몬드는 간 손상과 암을 유발할 수 있는 아플라톡신aflatoxin을 생산하는 진균류에 감염되기 쉽다. 토양이나 매개 해충을 통하여 아플라톡신 생산 진균류에 감염될 수 있다. 아플라톡신 함유량을 측정하여 기준치 이하를 나타내는 아몬드를 식용으로 이용해야 한다.

4) 조리 및 가공

단맛을 나타내는 품종은 생식이나 구운 상태로 통째로 이용하거나, 얇게 자른 슬라이스, 잘게 다진 다이스, 가루로 만든 파우더 형태로도 이용된다. 아몬드에 물을 첨가하며 갈아서 아몬드 밀크를 제조할 수 있고, 아몬드를 분쇄하여 밀가루 대용품으로 사용할 수도 있다. 쓴맛을 나타내는 품종은 오일 성분을 추출하여 향료로 이용할 수 있다.

그림 6.33 **아몬드 가공식품**

단원정리

1. 과일류에 포함되어 있는 포도당, 과당 등의 당 성분과 구연산(citric acid), 사과산(malic acid) 등의 유기산은 과일 특유의 상쾌한 맛을 낸다.
2. 과일류는 과일을 이루기 위해 발달한 원래의 식물 기관을 기준으로 인과류, 준인과류, 핵과류, 장과류, 견과류로 구분할 수 있다.
3. 과일류에는 폴리페놀(polyphenol)을 비롯한 항염증, 항암, 항산화 기능을 보유하고 있는 생리활성물질이 함유되어 있고 무기질과 비타민이 풍부하게 함유되어 있다.
4. 펙틴(pectin) 성분은 알맞은 산성 조건과 당분의 존재하에 응고되는 성질을 가지고 있어서 과일류를 잼, 젤리 등으로 가공할 수 있다.

연습문제

1. 사과의 껍질을 제거하면 과육이 갈변화하는 이유와 갈변화를 방지할 수 있는 방법을 설명하시오.

2. 감의 떫은맛을 일으키는 화합물을 고르시오.
   ① 에탄올(ethanol) ② 시부올(shibuol)
   ③ 아세트알데하이드(acetaldehyde) ④ 베타-카로틴(β-carotene)

3. 살구와 매실에 함유되어 있는 청산 배당체를 고르시오.
   ① 아이소시아네이트(isocyanate) ② 아밀로스(amylose)
   ③ 아미그달린(amygdalin) ④ 알라닌(alanine)

4. 과일류 중에서 연육제로 이용할 수 있는 것을 나열하고 그 이유도 설명하시오.

정답 및 해설

1. 사과의 과육에 있는 폴리페놀(polyphenol) 성분이 폴리페놀산화효소(polyphenol oxidase)에 의하여 산화하여 갈색의 멜라닌(melanin)이 형성되어 갈변화가 일어난다. 사과의 과육을 물에 담그거나 포장하여 산소와의 접촉을 줄이면 갈변화를 막을 수 있다.
2. ② 3. ③
4. 파인애플, 무화과, 키위, 파파야. 이들 과일에는 단백질분해효소가 함유되어 있기 때문이다. 파인애플에는 브로멜라인(bromelain), 무화과에는 피신(ficin), 키위에는 액티니딘(actinidin), 파파야에는 파파인(papain)이 들어 있다.

제7장

육류

학습목표

1. 육류의 종류를 알 수 있다.
2. 육류의 재료적 특징을 물리적, 영양학적, 기능적인 면에서 이해할 수 있다.
3. 육류의 특징에 따라 조리와 가공에 응용할 수 있다.

육류는 포유동물, 조류의 고기를 포함한다. 적색이 강한 육은 양고기, 쇠고기, 말고기 등이 있고, 색이 밝은 육은 어린 송아지고기veal, 돼지고기, 토끼고기, 조류고기(가금육) 등이 있다.

고대에는 사냥을 통하여 고기를 얻을 수 있었다. 따라서 고기는 다른 식품보다 충분하지 않았으며 남성의 강함이나 부의 상징이 되었다. 인간의 역사를 통하여 주식은 주로 식물성 식품이었으며 육류의 섭취가 많아진 것은 최근에 일이다. 육류는 보관 및 유통 또한 쉽지 않아서 현대의 냉장 및 냉동 유통 시스템에 의하여 원활한 보급이 가능케 되었다.

육류의 근육은 결합조직connective tissue에 의하여 결합된 길고 부드러운 근섬유로 구성된다. 고기의 질긴 정도는 결합조직의 양과 질에 의하여 결정된다. 결합조직은 대부분의 근육에 존재하는 콜라겐collagen(흰색) 또는 인대나 혈관벽에 있는 엘라스틴elastin(노란색) 물질로 구성된다. 콜라겐은 열에 의하여 젤라틴 젤로 바뀌어서 부드러워지는데 엘라스틴은 변하지 않고 질긴 상태를 유지한다. 동물이 많이 사용한 부위의 결합조직은 더 발달하여 질기다. 예로 거의 운동에 쓰이지 않는 안심 부위는 부드럽지만, 운동량이 많은 사태 부위는 매우 질기다. 또한 동물이 노화됨에 따라 결합조직은 더 질겨지는데, 질긴 고기는 오랫동안 습열조리에 의하여 부드럽게 할 수 있다.

각 나라마다 육류 품질의 등급화 척도가 다르지만 주로 색, 텍스처, 경도, 지방 함량 등이 평가 대상이 된다. 소비자는 육류를 구입할 때 주로 색을 보고 신선함을 판단하는데, 육류 종류에 따라 신선한 상태의 색이 다를 수 있으므로 잘 구별하여 선택해야 한다. 가격을 판단할 때는 뼈 포함의 유무를 반드시 확인해야 한다. 육류는 여러 부위로 분할되어 판매되는데 나라마다 부위 및 그 명칭에 차이가 있을 수 있다.

육류의 영양 성분 및 육색소myoglobin의 함량은 종species, 나이, 성 및 섭취한 사료 종류

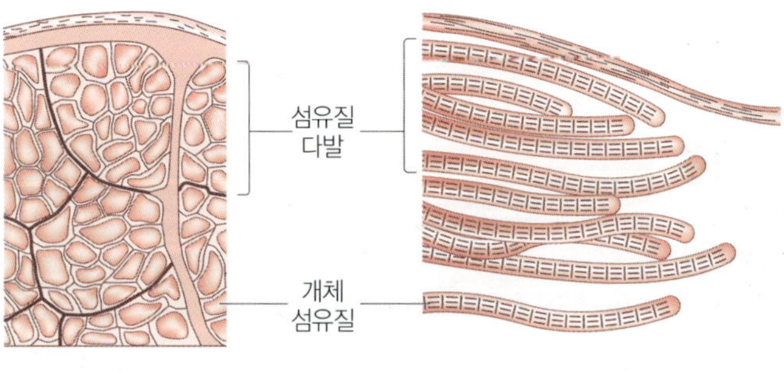

그림 7.1 육류의 조직

에 따라 차이가 있다. 일반적으로 수분, 단백질, 지방의 순으로 함량이 높다. 육류단백질은 식물성 단백질과는 달리 8가지 필수아미노산을 충분히 갖춘 완전단백질이다. 육류 지방은 포화지방과 콜레스테롤을 포함하고, 섬유질이나 탄수화물은 매우 미량 함유된다. 탄수화물은 글리코겐glycogen으로 존재하는데 도살 후 젖산으로 변환되어서 결국 사후경직rigor mortis을 일으킨다. 고기에 함유된 비타민과 미네랄은 조리에 의해서 파괴되지 않는다.

사후경직 중의 고기는 질겨서 먹지 못한다. 숙성을 통하여 경직된 단백질이 효소에 의해 분해되면서 고기가 다시 연해지는데, 높은 온도에서 숙성 시간을 단축시킬 수 있으나 부패가 따르므로 안전하게 냉장 상태에서 서서히 숙성시킨다.

최근 비만과 같은 성인병의 근본적인 원인으로 옥수수 사료로 인한 육류의 ω-3 : ω-6 지방 비율이 1 : 10~100에 이를 정도로 불균형인 재료들의 제공이 대두되고 있어 이 또한 식재료 선택에서 중요한 품질 요소임을 환기시키고 있다. 바람직한 ω-3 : ω-6의 지방 비율은 1 : 4.5 이하로 이러한 식재료를 선택하는 것이 건강을 위해서 매우 중요한 선택이라는 점을 고려할 때 향후 육류의 선별 과정에서 중요한 품질 요소로 ω-3 : ω-6의 지방 비율을 고려하여야 한다.

1. 쇠고기beef

약 4,000년 전 마케도니아(그리스 지역)에서 소를 길러서 쇠고기를 섭취하기 시작하였다. 현재 수많은 종의 소가 있으나 약 30종만 식용으로 사육된다.

1) 재료 및 특성

쇠고기는 소의 나이 및 사육 조건에 따라 그 품질이 좌우된다. 나이가 어리고 노동량이 적은 소의 고기는 부드럽다.

쇠고기는 가열조리 정도에 따라 텍스처가 다르다. 가열 수준은 very rare, rare, medium-rare, medium, well-done으로 쇠고기 부위에 따라 적당한 가열 시간과 온도

육색소 근육의 색을 나타내는 색소. 미오글로빈(myoglobin)으로 산화되면 적색, 다시 환원되면 갈색을 띤다. 육색소는 활동량이 높은 부위에 많이 함유되어 있고, 가축의 종류에 따라서 그 함량이 다르다. 육색소 색 변화 과정의 예로 갈색을 띠는 진공육은 개봉하면 다시 적색으로 변하고 시간이 지남에 따라 고기 내 철 성분의 산화로 산소를 빼앗기게 되어 갈색으로 변한다.

사후경직 도축된 고기가 경화되는 현상. 그 메커니즘은 먼저 혐기적 상태에서 해당작용이 일어나 글리코겐이 젖산으로 분해되고 pH가 저하되면 산성 효소에 의하여 ATP가 분해되어 미오신과 액틴이 결합되어 경직되고 보수력이 감소한다.

에 차이가 있다. 질긴 부위는 낮은 온도에서 장시간 가열해서 결합조직을 젤라틴으로 변화시켜 연화시키고, 부드러운 부위는 연화시킬 필요가 없기 때문에 고온에서 단시간 가열하는 것이 바람직하다.

쇠고기 부위의 구분은 그림 7.2와 같다. 특등급 부위는 안심, 등심, 채끝, 갈비이고, 상등급은 앞다리, 우둔이며, 보통등급 부위는 목심, 양지, 사태이다.

쇠고기의 근육 내 지방 부위인 마블링marbling은 텍스처를 더 부드럽게 하고, 풍미나 촉촉함을 더해 준다. 가열 중에 마블링은 일부 녹아 흘러서 지방 함량이 경감된다. 만약 쇠고기 중 지방을 원하지 않는다면 먼저 지방이 없는 살코기 부분을 선택하고, 눈에 보이는 지방을 조리 전에 미리 제거하며, 가열조리 시 그릴에 놓아 지방이 흘러내리게 한다.

쇠고기를 연화시키기 위해 열대 과일의 효소를 사용할 수 있다. 콜라겐뿐 아니라 엘라스틴도 분해되어 쇠고기 연화에 매우 효과적이다.

표 7.1 쇠고기 가열 조건

(454 g당)

가열 수준(163℃ 오븐에서)	가열 시간(분)	내부 온도(℃)
very rare	13~15	52~54
rare	15~18	54~60
medium	18~20	60~66
well done	20~25	66~74

자료 : Fortin, F., *Visual Food Encyclopedia*, 1996

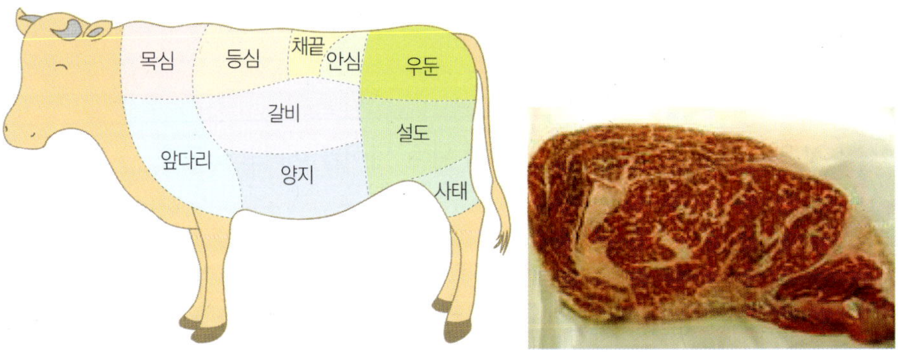

그림 7.2 **쇠고기의 부위(왼쪽), 마블링(오른쪽)**

그림 7.3 **쇠고기 가공식품**

2) 성분

쇠고기는 단백질, 칼륨, 아연, 나이아신, 비타민 B_{12}의 우수한 공급원이며, 철, 인을 함유한다. 그러나 바람직하지 않은 포화지방산과 콜레스테롤도 다량 함유한다.

표 7.2 수입산 쇠고기의 영양 성분표

(단위 : g/100 g당)

	목심	삶은 목심
수분	59.93	46.32
단백질	16.98	26.37
지방	21.31	27.26
열량	265 kcal	359 kcal

자료 : 농촌진흥청 국립농업과학원, 국가표준식품성분표 제9개정판, 2017

3) 취급 및 보관

나라마다 쇠고기 부위 및 명칭에 차이가 있을 수 있으나, 더 부드러운 부위일수록 고급이며 비싸다. 그러나 저급 부위도 처리에 의하여 부드러워질 수 있다. 즉, 고기 연화제를 처리하거나 물에 오랫동안 가열하면 부드러워진다. 부위를 선택할 때 어떻게 조리할 것인지를 염두에 두면 경제적인 결정을 할 수 있다. 즉, 장시간 동안 저온에서 가열할 경우라면 비싼 부드러운 부위를 살 필요가 없으며, 그릴링grilling이나 로스팅roasting할 경우라면 부드러운 부위를 선택한다. 분쇄된 쇠고기ground beef는 지방 함량이 더 높지만 만약 조리 중 지방이 녹아 흘러내릴 수 있으면 최적의 선택이 될 수 있다. 그렇지 않다면 살코기를 선택한다.

쇠고기는 냉장 또는 냉동 보관한다. 냉동된 쇠고기를 해동할 때는 드립drip의 발생을

그릴링 석쇠에 놓인 식품의 아래에서 또는 위에서 직접 열을 가하는 방법. 열원으로부터 열 전달은 주로 복사(radiation)에너지의 형태로 전달된다. 특히 열원이 위에 있을 때는 브로일링(broiling)이라고도 한다. 열원의 온도는 약 260°C이며 육류의 표면에서는 메일라드 반응(Maillard reaction)이 일어난다. 만약 석쇠가 아닌 가열 팬에 놓고 가열할 경우는 전도(conduction) 방식으로 에너지가 공급된다.

로스팅 오븐을 사용하는 간접 가열 방식. 육류를 로스팅할 때에는 오랜 시간이 걸리며, 큰 고깃덩어리를 천천히 조리할 때 적합하다. 직접 열을 가할 수도 있다.

해동 고기를 녹이는 것. 주로 네 가지 방식으로 흐르는 물에 두거나, 공기 중에 방치하거나, 냉장고에 두거나, 전자레인지로 해동시킨다. 냉장고에서 해동시키는 것이 시간은 오래 걸리지만 가장 바람직하다. 전자레인지로는 단시간 내 해동시킬 수 있지만 급격한 가열로 runaway가 일어날 수 있어 주의해야 한다.

드립 육류를 해동시킬 때 유출되어 손실되는 육즙. 육류가 동결될 때 얼음이 형성되면서 육즙의 분리현상이 일어난다. 해동될 때 분리된 육즙이 다시 고기 조직 내로 재흡수되지 못하고 유출된다.

최소화해야 한다. 상온 방치, 흐르는 물, 냉장고, 전자레인지에 의한 해동 방법이 있는데, 냉장고에서 장시간 해동하면 드립 발생을 최소화할 수 있다.

4) 조리 및 가공

쇠고기는 그릴링, 로스팅, 시머링simmering 등의 방법으로 가열조리한다. 분쇄 쇠고기는 특히 완전히 가열해야 하는데, 식중독 균인 병원성 *E. coli* 에 의한 오염 가능성이 있기 때문이다. 이 식중독은 노인이나 어린이에는 특히 치명적일 수 있다. 남거나 너무 질긴 쇠고기는 조리 전후와 상관없이 분쇄하여 사용하면 된다.

쇠고기는 냉동 또는 냉장되는데 그림 7.4와 같이 유통안전관리 시스템을 통하여 유통된다.

쇠고기 장조림

재료

쇠고기(홍두깨살)	500 g	대파	1대
메추리알	10개	소금	1 T
마늘	10쪽	간장	2컵
생강	2쪽	설탕	1/2컵
마른 고추	3개	청주	2 T
양파	1개	통후추	1/2 T

조리방법

1. 쇠고기는 찬물에 2~3시간 담가 핏물을 뺀다.
2. 끓는 물에 쇠고기를 넣고 청주를 넣어 거품을 걷어 내며 잘 삶는다.
3. 양파와 대파는 큼직하게 썰고 생강도 굵직하게 썬다.
4. 찬물에 메추리알을 넣고 삶아 껍질을 벗긴다.
5. ②에 분량의 간장과 양파, 대파, 생강, 마늘, 마른 고추, 통후추를 넣고 한소끔 끓이다가 설탕을 넣고 1시간 정도 은근하게 조린다.
6. 장조림 국물이 2/3 정도 줄어들면 삶은 메추리알을 넣고 20~30분간 더 조려 낸다.

전자레인지 전자기파(electromagnetic wave)로 식품을 가열하는 오븐. 일반 오븐과는 달리 높은 온도의 열원 대신 전자기파를 발생하는 마그네트론(magnetron)이 사용된다. 전자기파에 의한 물분자의 열 발생을 이용한 것으로 수분 함량이 높을수록 가열이 잘된다. 전자기파는 빛이므로 빛 반사의 개념을 오븐 내 응용할 수 있다. 즉, 알루미늄포일을 둘러싼 부분은 가열이 되지 않으며, 무기질이 풍부한 뼈 부분은 침투된 전자기파가 한 번 더 반사되어 두 번 가열의 효과로 과열될 수 있다.

시머링 물에 넣고 끓이는 가열 방법. 물이 일단 끓은 후 기포 발생이 막 멈춘 상태를 유지하도록 불의 세기를 조절하며, 이때 물의 온도는 약 94℃이다.

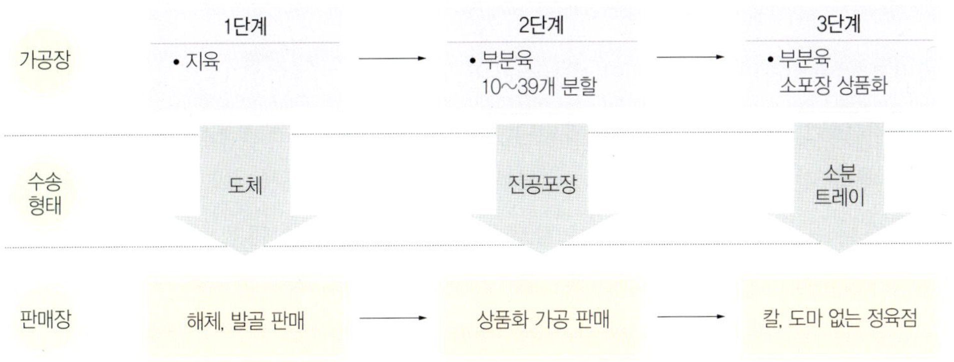

그림 7.4 **쇠고기의 유통안전관리 시스템**

2. 돼지고기pork

돼지는 순전히 고기와 가죽을 얻기 위해서만 사육되어 왔다. 역사적으로 돼지는 음식물 쓰레기를 청소하는 동물로 여겨지고 일부 질병의 발생과 연관되어 유대인, 이슬람교도, 고대 이집트인에게는 금기시되었다. 아직도 선모충병trichinosis의 원인이 될 수 있는 가능성 등의 이유로 터부시되는 경향이 있다. 다른 면으로 제2차 세계대전 무렵만 해도 프랑스에서는 돼지를 잡아 대접하는 것이 중요한 행사날의 관습이었다. 최근 돼지고기의 우수한 영양성으로 인하여 그 섭취가 촉진되고 있다.

1) 재료 및 특성

돼지고기는 종에 따라 지방 함량에 차이가 있으며 수송이나 도살 조건에 따라 고기의 품질이 다르다. 돼지고기는 계속 가열하면 건조하고 단단해지는데, 낮은 온도에서 가열하는 것이 풍미, 육즙, 부드러움을 유지하는 데 좋다. 어깨, 다리 등의 질긴 부위는 습열steam heat이나 액체와 함께 가열하는 것이 고기를 더 부드럽게 한다. 안심과 같은 부드러운 부위는 건열dry heat 가열한다.

선모충병 기생충인 선모충에 감염된 돼지고기, 개고기, 동물의 고기 등을 섭취 시 발병하는 질병. 증상은 장염 등으로 나타나지만 무증상인 경우가 많다. 예방을 위해서 돼지고기의 경우 분홍색이 사라질 정도로 충분히 가열조리한다. 또는 냉장고의 냉동실에 3주 이상 보관하여 유충을 죽일 수 있다.

도살 조건 그 상태에 따라 사후경직에 영향을 미친다. 도살 전 가축이 장시간 스트레스를 받으면 글리코겐이 고갈되어 사후경직 시 pH 강하가 크지 않게 된다. 만약 단시간 동안 강도 높은 스트레스를 받으면 pH가 급강하된다.

2) 성분

돼지고기는 비타민 B 복합체인 리보플라빈, 나이아신, 티아민이 다른 육류에 비하여 풍부하며, 아연, 칼륨, 인도 많이 포함한다. 돼지고기의 영양성은 부위별 또는 지방 존재 유무에 따라 결정된다. 흔히 생각하는 것과 달리 지방이 적은 살코기 부위는 조리된 후 오히려 다른 육류보다 지방 함량이나 칼로리가 많지 않다. 또한 돼지고기의 지방 부분은 쉽게 구분되어 제거하기가 용이하다.

3) 취급 및 보관

돼지고기는 등심 부위가 가장 부드러우며, 뒷다리나 어깨살은 덜 부드러우므로 용도에 맞게 구매한다. 돼지고기는 냉장 또는 냉동 보관하며, 분쇄육은 쉽게 변질되므로 단기간 내에 사용한다. 가공품인 소시지, 베이컨, 햄 등은 매우 장시간 보관할 수 있다.

4) 조리 및 가공

돼지고기는 항상 익혀서 섭취해야 한다. 내부 온도가 70℃에 도달하면 대부분의 기생충

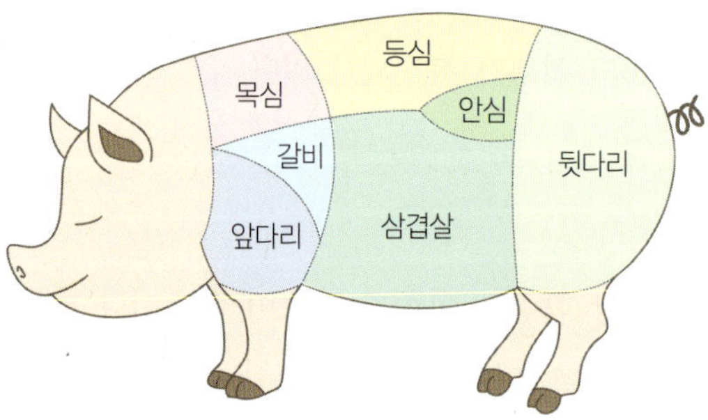

그림 7.5 **돼지고기의 부위**

표 7.3 돼지고기의 영양 성분표

(단위 : g/100 g당)

	안심	구운 안심
수분	74.4	63.5
단백질	22.21	30.23
지방	3.15	4.76
열량	114 kcal	160 kcal

자료 : 농촌진흥청 국립농업과학원, 국가표준식품성분표 제9개정판, 2017

은 사멸하므로 선모충병을 방지할 수 있다. 이때 고기 색은 약간 분홍색을 띤다. 돼지고기 특유의 풍미를 없애기 위해 마늘, 생강, 고추, 오렌지즙, 간장, 허브 등을 가미한다.

돼지고기는 염장salting 또는 훈연smoking하여 가공한다. 햄은 뒷다리 부위로 만들며, 베이컨은 삼겹살 부위로 가공한다. 돼지고기 지방은 라드lard라고 한다. 또한 돼지고기는 소시지의 재료로도 사용된다.

그림 7.6 **돼지고기 가공식품**

원료 고기의 준비(예냉 고기, 동결 고기) → 해동 → 선별 → 분쇄 → 배합 → 충전 → 세척 → 훈연 → 냉각 → 포장 → 최종제품 검사 → 금속 탐지기 통과 → 출하 → 종이 상자 포장 → 제품 창고로 이송

그림 7.7 **가공의 예 : 소시지(유화형) 제조 공정**

돼지 갈비찜

재료

돼지갈비	500 g	마른 고추	2개
물	2컵	풋고추	2개
무	1/4개	달걀	1개
당근	1/2개	밤·은행·잣·통깨	적당량
표고버섯	3개	양념장	
대파	2대	(진간장 1/2컵, 참기름 1 T, 다진 마늘 2 T,	
생강	2쪽	생강가루 2 t, 양파즙 5 T, 배즙 2 T, 설탕 2 T, 후춧가루 1 t)	

조리방법

1. 돼지갈비는 찬물에 담가 2~3차례 물을 갈아 핏물을 뺀 다음 1.5 cm 간격으로 칼집을 넣고, 대파는 손질하여 4~5 cm 길이로 자른다.
2. 무와 당근은 2~3 cm 크기로 잘라 모서리를 다듬고, 표고버섯은 기둥을 떼고 4등분한다. 생강은 얇게 저미고, 마른 고추와 풋고추도 보기 좋게 어슷썬다.
3. 달걀은 흰자와 노른자를 나누어 황백지단을 부쳐서 마름모 모양으로 썬다.
4. 팔팔 끓는 물에 돼지갈비와 대파(1대)를 넣고 살짝 데쳐 건진다.
5. 데친 돼지갈비에 양념의 1/2분량만 넣고 버무려 20분간 재웠다가 물을 넣고 중불에서 20분 정도 끓인다.
6. ⑤에 무, 당근, 표고버섯, 마른 고추, 풋고추, 밤, 은행, 대파, 생강을 넣고, 남은 양념장을 부어 중불에서 윤기나게 조린다.
7. 마지막에 잣과 통깨를 뿌리고 황백지단을 얹어 낸다.

3. 양고기lamb, mutton

양은 약 1만 3,000년 전 이란에서 사육되기 시작하여 털, 가죽, 고기, 우유를 제공하는 경제적 수단으로 기여해 왔다. 역사적으로 유대인들에게 양고기는 출애굽을 기념하는 제물이나 예수님의 성스러운 의미를 갖는다.

1) 재료 및 특성

양고기는 나이에 따라 어린 양의 고기lamb와 나이 든 양의 고기mutton로 나뉜다. 램lamb은 보통 생후 1년 이하의 양고기이며, 지역마다 약간의 차이는 있다. 머튼mutton은 적색을 띠며 질기고, 지방질이 많고 양 특유의 풍미가 강한데 나이가 든 것일수록 이러한 성질들은 더 강해진다.

양고기는 다른 육류보다 지방의 녹는점이 높다. 따라서 온도가 높은 상태로 식탁 위에 제공하는 것이 일반적이다.

2) 성분

머튼은 램보다 지방이 많아서 많은 에너지를 공급한다. 그러나 지방 부위의 구분이 가시적으로 분명해서 쉽게 제거할 수 있다. 다리, 갈비, 등심 부위가 어깨살보다 지방이 적다.

그림 7.8 **램(왼쪽)과 머튼(오른쪽)**

표 7.4 양고기의 영양 성분표

(단위 : g/100 g당)

	다리	어린 양의 다리
수분	65.0	67.17
단백질	18.8	18.58
지방	15.3	13.49
열량	224 kcal	201 kcal

자료 : 농촌진흥청 국립농업과학원, 국가표준식품성분표 제9개정판, 2017

램은 단백질, 아연, 비타민 B 복합체, 비타민 B_{12}가 풍부하다. 또한 철, 칼륨, 인산의 좋은 공급원이다.

3) 취급 및 보관

양고기 품질은 종, 나이, 사육 조건에 따라 결정된다. 뼈의 상태 및 지방과 살코기의 색으로 램과 머튼을 구별할 수 있다. 램은 뼈 마디가 연골이고 지방의 색이 어둡지 않으며 살코기가 연분홍색인 데 비하여, 머튼은 단단하고 어두우며 적색이다.

램의 신선육은 약 3일간 냉장 보관할 수 있고 분쇄육은 1~2일 정도만 보관이 가능하다. 냉동육은 8~10개월, 냉동 분쇄육은 2~3개월 장기 보관이 가능하다.

4) 조리 및 가공

양고기 특유의 풍미를 완화시키기 위해 고추장, 생강, 겨자, 민트, 로즈마리, 라임lime, 레몬 등으로 조미한다. 아랍이나 북아프리카 지역에서는 피를 빼고 가열조리 한 양고기 메쵸이mechoui를 전통음식으로 섭취한다.

양고기는 포장육 또는 애견용 통조림 제품으로 가공하기도 한다.

4. 닭고기chicken

닭은 약 4,000년 전 남아시아 지역 인더스Indus강 유역에서 사육되기 시작했다. 시대의 흐름에 따라 닭고기의 소비는 상향 및 하향을 거쳐 제2차 세계대전 후에는 양계 산업의 발달과 함께 막대한 양이 소비되고 있는 육류이다. 현재는 새로운 육종 및 유전자변형 기술에 의하여 양질의 더 많은 닭고기 생산이 가능케 되었다.

1) 재료 및 특성

닭고기는 생후 6주 전에는 성장이 미숙하여 먹지 않는다. 미국산 구이용 영계broiler는 생후 약 7주 된 닭고기이고, 일반 구이용 닭고기는 10주 된 것이다. 양계장이 아닌 뜰에서 자유스럽게 자란 닭의 고기는 값은 비싸지만 맛이 더 좋다. 카로틴 고함량 사료를

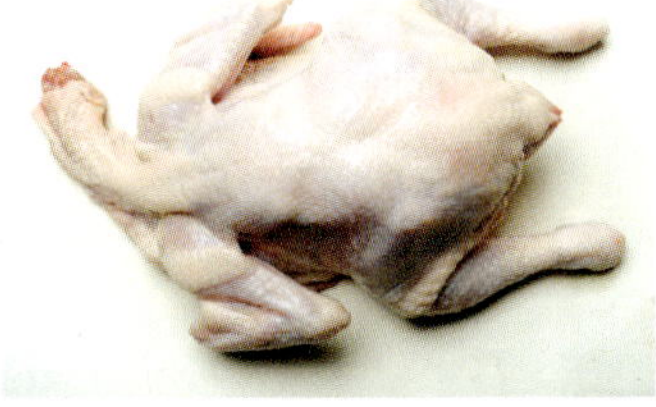

그림 7.9 **닭고기**

먹인 닭의 고기는 더 진한 색을 띠는데 기호도가 더 높은 편이다.

닭고기는 냉장 과정으로 냉각수 또는 냉각공기를 사용한다. 공랭식으로 처리된 닭고기는 껍질 색이 더 진하게 변하여 기호도가 더 높다.

2) 성분

닭고기는 다른 육류보다 지방 함량은 더 작지만 콜레스테롤 양이 동일하다.

표 7.5 닭고기의 영양 성분표

(단위 : g/100 g당)

	살코기	삶은 살코기	튀김옷을 입혀 튀긴 살코기
수분	73.1	68.2	49.39
단백질	24.0	27.8	22.54
지방	1.4	2.6	17.35
열량	106 kcal	131 kcal	289 kcal

자료 : 농촌진흥청 국립농업과학원, 국가표준식품성분표 제9개정판, 2017

3) 취급 및 보관

살코기의 양은 조리 시 제거하는 뼈, 지방, 껍질, 수분의 양이 많을수록 적어진다. 따라서 닭고기의 가격은 무게당으로 하지 않고 조각 또는 마리당으로 정하는 것이 일반적이다. 더 많은 살코기를 원하면 작은 여러 조각보다 큰 조각 하나를 사는 것이 뼈의 양이 적으므로 유리하다.

4) 조리 및 가공

닭고기는 주로 신선육으로 유통되어 조리에 사용된다. 가공품으로 소시지, 햄, 훈제 닭고기 등이 있다.

그림 7.10 **닭고기 가공식품**

고기 정형 혼합염으로 염지 (건염법, 습염법, 주사법) → 소금기 제거 (수침) → 건조 공정 (훈연실 30℃, ~1일간) → 훈연 공정 (냉훈법, 온훈법, 열훈법) → 포 장

그림 7.11 **가공의 예 : 닭고기 햄의 제조 공정**

닭복음탕

재료

중간 닭	1마리	마른 고추	3개
인삼	2뿌리	마늘	10쪽
감자	3개	양념장	
양파	2개	(물 1컵, 국간장 2 T, 고추기름 2 T,	
밤	10개	다진 마늘 1과 1/2 T, 참기름 1 T,	
청·홍고추	각 3개	후춧가루 약간, 소금 1 T)	

조리방법

1. 닭은 토막 내 끓는 물에 데친다.
2. 인삼은 어슷썰기하고, 감자, 양파, 밤은 큼직하게 썬다.
3. 냄비에 물을 넣고 데친 닭과 분량의 재료를 넣어 만든 양념장을 넣고 끓인다.
4. ③에 손질한 감자, 인삼, 밤, 마른 고추를 넣고 센 불에서 20분간 끓이다가 양파와 마늘을 넣고 15분간 중간 불에서 끓인다.

5. 오리고기duck meat

오리는 약 4,000년 전 중국에서 사육되기 시작하여 중국요리의 주재료로 쓰여 왔다. 유럽에서도 오리고기가 선호되는데, 특히 프랑스에서는 살찐 오리의 간foie gras을 먹는 전통이 있다. 역사적으로 중국에서 오리는 부부 금실의 상징이 되어 왔다.

1) 재료 및 특성

일반적으로 생후 7~12주 지난 오리의 고기가 식용으로 쓰이며 부드러운 텍스처를 갖는다. 어린 오리의 고기duckling는 생후 8주 내에 도살한 고기이다.

오리를 도살할 때 피를 밖으로 뽑지 않고 체내에서 퍼지게 하면 살코기의 색도 진해지고 풍미도 향상된다. 그러나 박테리아 오염의 위험성이 커서 조리 직전에 이와 같이 도살하면 효과적이다. 오리고기는 껍질을 제거하고 먹는 것이 바람직하다. 껍질째 먹으면 소화가 잘 안되는 특징이 있다.

그림 7.12 **오리고기**

2) 성분

오리고기는 종과 사육 방법에 따라 차이가 있다. 일반적으로 야생 오리는 사육된 오리보다 지방 함량이 약 30% 정도 적다. 그러나 지방 부위를 제거하여 조리하면 결국 섭취하는 지방량은 거의 비슷하다. 오리고기는 철, 비타민 B 복합체가 풍부하다. 닭고기에 비해 콜레스테롤 함량이 낮고 불포화지방산의 함량은 높다.

표 7.6 오리고기의 영양 성분표

(단위 : g/100 g당)

	살코기	껍질이 있는 살코기
수분	76.8	64.6
단백질	21.0	16.63
지방	3.07	18.99
열량	109 kcal	236 kcal

자료 : 농촌진흥청 국립농업과학원, 국가표준식품성분표 제9개정판, 2017

3) 취급 및 보관

오리의 마리당 고기의 양은 매우 적다. 따라서 구입 시 고기의 양이 부족하지 않도록 고려해야 한다.

그림 7.13 **페킹덕**(Peking duck)

4) 조리 및 가공

중국요리의 주재료로 사용된다. 오리고기는 산미를 더하기 위하여 오렌지, 사과, 체리 등의 과일과 함께 조리된다.

6. 칠면조고기turkey

칠면조는 북아메리카가 원산지인데 대륙 발견 이후 영국에 소개되었을 때 터키의 한 새와 유사하다고 해서 'turkey-cocks'라 부른 것이 이름의 유래가 되었다. 미국과 캐나

페킹덕(Peking duck) 오리고기를 감미제 및 산미제로 코팅하여 수시간 동안 구운 중국 전통요리. 몸집이 큰 오리고기는 덜 부드러우며, 보통 습열로 가열조리한다.

다에서는 전통적으로 크리스마스와 추수감사절 때 칠면조의 속을 크랜베리cranberry 또는 젤리로 채워서 먹어 왔다. 유럽에서도 크리스마스 때 먹는 전통음식인데 특히 프랑스에서는 예수회 교도들에 의하여 많이 사육되었다고 하여 칠면조를 'Jesuits'라고도 한다.

그림 7.14 **칠면조고기**

1) 재료 및 특성

사육된 칠면조의 무게는 최대 약 18 kg까지 매우 크지만 야생 칠면조는 아주 작다. 캐나다에서는 소비자의 요구에 따라 생후 12~16주 된 것을 도살하여 식용으로 쓴다.

칠면조고기는 닭고기보다 육질이 거칠고 건조한 편이다. 칠면조의 몸집이 클수록 고기의 맛은 덜하다. 칠면조고기에는 식중독균*Salmonella*이 있을 가능성이 있어 냉동된 고기를 조리할 때는 반드시 완전 해동시킨 후 가열조리 해야 한다. 오븐의 온도는 150℃ 이상이 안전하다. 칠면조 한 마리의 2/3 부위는 흰색육이고 나머지는 어두운 색이다. 흰색 부위는 더 건조하고 지방 함량이 낮아 선호도가 높다. 칠면조의 식용 살코기는 전체 무게의 약 40%를 차지한다.

2) 성분

칠면조 고기는 단백질, 나이아신, 비타민 B_6, 아연, 칼륨 함량이 풍부하다. 역시 비타민 B_{12}와 인의 좋은 공급원이다.

표 7.7 칠면조 고기의 영양 성분표

(단위 : g/100 g당)

	살코기	구운 살코기
수분	72.69	63.52
단백질	21.64	28.55
지방	5.64	7.39
열량	143 kcal	189 kcal

자료 : 농촌진흥청 국립농업과학원, 국가표준식품성분표 제9개정판, 2017

3) 취급 및 보관

뼈 없는 살코기, 조각(가슴살, 넓적다리thigh, 다리drumstick), 분쇄육, 커틀렛cutlet, 롤roll 등의 형태로 구입하여 사용한다. 일반적으로 즉석용ready-to-eat 및 미리 조리된 제품은 섭취 전까지 냉동 보관한다.

조리 시 건조 방지를 위하여 마가린 또는 코코넛 기름과 같은 포화지방을 분사하여 가공하기도 한다.

4) 조리 및 가공

칠면조 고기는 전통적으로 구워서 조리한다. 닭고기처럼 샐러드, 샌드위치 등 광범위하게 조리에 사용된다.

가공식품으로는 훈제육인 파스트라미Pastrami, 소시지 등의 재료로 사용된다.

단원정리

1. 육류는 훌륭한 완전단백질을 제공한다. 도살 후 사후경직이 일어나 숙성을 시킨 후 유통 소비된다. 수송 및 도살 조건에 따라 품질이 다를 수 있다. 육류는 냉장 또는 냉동 유통되며, 냉동육의 경우 해동이 수반되어야 하는데 냉장고에서 장시간 해동하는 것이 드립(drip) 발생을 최소화할 수 있다.
2. 쇠고기는 질긴 부위는 낮은 온도에서 장시간 가열해서 결합조직을 젤라틴으로 변화시켜 연화시키고, 부드러운 부위는 연화시킬 필요가 없기 때문에 고온에서 단시간 가열하는 것이 바람직하다.
3. 돼지고기는 종에 따라 지방 함량에 차이가 있으며 계속 가열하면 건조하고 단단해지는데 낮은 온도에서 가열하는 것이 풍미, 즙, 부드러움을 유지하는 데 좋다. 즉, 어깨, 다리 등의 질긴 부위는 습열(steam heat)이나 액체와 함께 가열하는 것이 고기를 더 부드럽게 한다. 안심과 같은 부드러운 부위는 단순히 건열(dry heat)로 가열한다.
4. 양고기는 나이에 따라 어린 양의 고기(lamb)와 나이든 양의 고기(mutton)로 나뉜다. 머튼은 적색을 띠며, 질기고, 지방질이 많으며 양 특유의 풍미가 강한데 나이가 더 든 것일수록 이러한 성질은 더 강해진다. 양고기는 다른 육류보다 지방의 녹는점이 높아 더 높은 온도로 식탁 위에 제공하는 것이 일반적이다.
5. 닭고기는 다른 육류보다 지방 함량이 더 작지만 콜레스테롤 양은 동일하다. 냉장 과정으로 냉각수 또는 냉각공기를 사용하는데, 공랭식으로 처리된 닭고기는 껍질 색이 더 진하게 변하여 기호도가 높다.
6. 오리고기는 일반적으로 생후 7~12주 지난 고기를 식용으로 쓰며 부드러운 텍스처를 갖는다. 어린 오리의 고기(duckling)는 생후 8주 내에 도살한 고기이다. 닭고기에 비해 콜레스테롤 함량이 낮고 불포화지방산 함량은 높다.
7. 칠면조 고기는 닭고기보다 육질이 거칠고 건조한 편이다. 칠면조의 몸집이 클수록 고기의 맛은 덜하다. 칠면조 고기에는 식중독균(*Salmonella*)이 있을 가능성이 있어 냉동된 고기를 조리할 때는 반드시 완전 해동시킨 후 가열조리 해야 한다.

연습문제

1. 육류를 사후경직이 완전히 끝나기 전에 동결시키면 어떠한 부작용이 생길 수 있는지 설명하시오.

2. 쇠고기의 가열 정도에 따른 텍스처의 변화를 결합조직의 관점에서 설명하시오.

3. 육류에는 지방이 어느 정도 있어야 맛이 좋다. 그런데 만약 지방을 적게 섭취하려면 조리의 관점에서 어떻게 처리하는 것이 바람직한지 설명하시오.

4. 돼지고기의 등심 부위가 어깨살이나 뒷다리보다 왜 더 부드러운지 설명하시오.

5. 양고기 mutton이 lamb보다 왜 더 질기고, 적색을 띠는지 설명하시오.

6. 닭고기를 같은 가격에 어떻게 구입하면 살코기를 더 많이 얻을 수 있는지 설명하시오.

7. 오리고기의 살코기 색을 더 진하게 할 수 있는 방법을 설명하시오.

8. 냉동된 칠면조고기는 왜 반드시 완전 해동시킨 후 가열조리 해야 하는지 설명하시오.

정답 및 해설

1. 해동경직이 일어난다. 사후경직이 완전히 끝나지 않았으면 해동 시 여전히 해당작용이 일어날 수 있으므로 경직이 다시 일어난다.
2. 쇠고기 조리 정도가 rare일 경우 가장 부드럽고, medium이나 well-done인 경우 좀 더 단단해진다. 결합조직의 콜라겐(collagen)은 rare 수준으로 조리될 때 젤라틴(gelatin)으로 바뀌어 연화되며 더 가열할 경우는 다른 단백질이 열변성에 의하여 경화되면서 텍스처가 더 단단해진다.
3. 칼로 지방 부위를 도려내든지, 가열조리 시 지방이 액화되므로 흘려서 없애는 방법을 선택할 수 있다.
4. 등심 부위가 결합조직이 덜 발달되었기 때문이다. 결합조직은 운동량이 많은 부위의 고기에 더 많이 발달된다.
5. 동물이 나이가 들수록 근육의 결합조직은 더 질겨진다. 또한 육색소인 미오글로빈의 함량이 나이가 들수록 증가하기 때문이다.
6. 닭고기는 조각으로 팔기 때문에 여러 조각보다 큰 덩어리로 사는 것이 유리하다. 닭고기는 일반적으로 발골하지 않고 판매되기 때문이다.
7. 도살할 때 피를 빼지 않고 체내에 퍼지게 하면 살코기의 색도 진해지고 풍미도 향상된다. 단, 위생적으로 안전해야 한다.
8. 가열에 의해 해동과 조리를 같이 하면 미생물이 자랄 수 있는 온도에 노출될 수 있다. 그러나 저온에서 해동시킨 후 가열조리 하면 위험 온도에 노출 시간이 단축된다.

제8장
유류

학습목표

1. 유류 및 유가공된 식품 재료의 종류를 알 수 있다.
2. 유류 및 유가공 재료의 특징을 물리적, 영양학적, 기능적 측면에서 이해할 수 있다.
3. 유류 및 유가공 재료의 특징에 따라 조리와 가공에 응용할 수 있다.

1. 우유milk

우유는 소, 말, 염소, 양 등의 가축이 어린 동물에게 제공하기 위해 생산하는 영양식으로 발육 및 성장에 필요한 단백질, 탄수화물, 지방, 미네랄, 비타민 등의 영양소를 골고루 갖춘 불투명하고 하얀색을 띤 유화 상태의 천연 단일식품이다. 소화 및 흡수가 잘되고 칼슘 등의 미네랄 급원으로 우수하며, 어린 포유동물의 면역을 증가시키기 위해 항체를 전달하는 수단이기도 하다. 우유는 그대로 식용으로 이용되어 왔으며 건조 및 발효 처리에 의해 저장성이 긴 상태로 소비되어 왔다. 매년 6월 1일을 우유의 날로 정해 우유에 대한 관심을 상기시키고 있다.

그림 8.1 우유

1) 생산

우유는 포유동물의 유선mammary glands에서 생산되며 각 종마다 구성 성분은 약간씩 상이하다. 세계적으로 우유를 가장 많이 생산하는 국가는 미국이며 인도, 중국, 브라질, 독일, 러시아 순이다(표 8.1). 전 세계적으로 원유 생산량은 증가하는 추세로 2011년 6억 1,600만 톤에서 2012년 6억 3,000만 톤, 2013년 6억 3,500만 톤이 생산되었다.

우리나라의 경우는 2002년에 253만 7,000톤이 생산되었으나 그 후 지속적으로 감소하여 2006년도에 217만 6,000톤, 2007년에 218만 8,000톤, 2008년 213만 9,000톤이 생산되

표 8.1 전 세계 우유 생산량 통계

(단위 : 톤)

국가명	2011년	2012년	2013년
미국	89,015,235	90,865,000	91,271,058
인도	57,770,000	59,805,250	60,600,000
중국	36,928,896	37,784,491	35,670,002
브라질	32,096,214	32,304,421	34,255,236
독일	30,323,465	30,506,929	31,122,000
러시아	31,385,732	31,500,978	30,285,969
전 세계	616,956,092	630,183,853	635,575,895

자료 : AHDB(https://dairy.ahdb.org.uk/market-information/supply-production/milk-production/world-milk-production/#.WBFhctH_qUk)

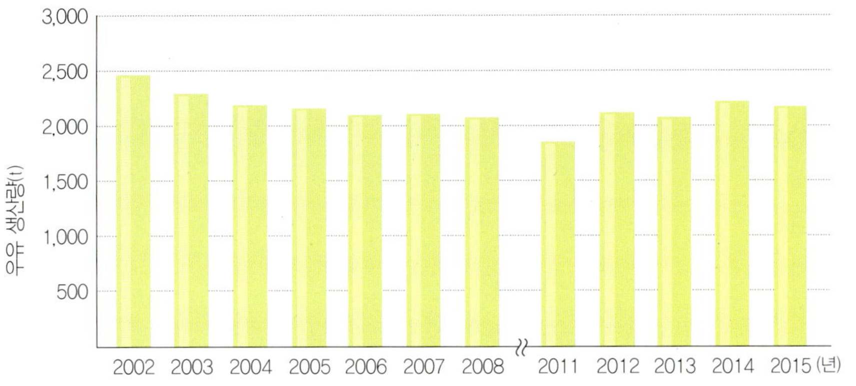

그림 8.2 대한민국의 우유 생산량

자료 : 낙농진흥회(www.dairy.or.kr)

어 정체되는 경향을 보였다. 최근 2011년도부터 2015년까지 189만 톤에서 216만 톤의 원유가 생산되었다(그림 8.2).

세계적으로 우유의 소비량은 증가하는 추세이나 우리나라는 반대로 감소 및 정체된 추세를 보이고 있다.

2) 성분

(1) 일반 조성

우유의 일반 조성은 품종, 비유기, 연령, 사료, 질병 등의 요인에 따라 달라질 수 있으나 평균적으로 다음 표 8.2와 같다.

품종에 따라 지방 조성이 가장 변화가 심하고 그 다음이 단백질, 젖당 순이다. 비유기에 따라서도 조성의 변화가 있다. 분만 직후의 초유colostrums는 진한 황색을 띠며 글로불린globulin, 알부민albumin 등의 단백질과 염화물, 칼슘, 지용성 비타민 등의 고형분 함량이 높다. 반면에 카세인casein, 지방 함량은 별 차이가 없으며 젖당 함량은 적다.

소의 나이가 어리고 초산인 경우 유량이 적고 고형분이 많으나 연령이 증가함에 따라 유량은 증가하지만 유지방, 고형분은 조금 감소하게 된다. 유선염mastitis이나 케토시스ketosis와 같은 질병에 걸린 소에서 얻은 우유는 유질의 저하 원인이 된다. 유선염에 걸린 소에서 유래한 우유는 지방 함량이 적다.

표 8.2 가축의 종류에 따른 유즙의 영양 성분

(100 g당)

성분(단위)	소	염소	양	물소
물(g)	87.8	88.9	83.0	81.1
단백질(g)	3.2	3.1	5.4	4.5
지방(g)	3.9	3.5	6.0	8.0
탄수화물(g)	4.8	4.4	5.1	4.9
에너지(kcal)	66	60	95	110
에너지(kJ)	275	253	396	463
당분(락토스, g)	4.8	4.4	5.1	4.9
콜레스테롤(mg)	14	10	11	8
칼슘(IU)	120	100	170	195
포화지방산(g)	2.4	2.3	3.8	4.2
일가 불포화지방산(g)	1.1	0.8	1.5	1.7
고도 불포화지방산(g)	0.1	0.1	0.3	0.2

자료 : 박승용 역, 우유의 성분, 2005; http://www.buffalomilk.co.uk

(2) 물리적 성상

- 외관 : 우유는 유화 상태 혹은 콜로이드 상태의 액체이다. 유지방구는 인지질과 단백질과 같은 유화제에 의해 싸여 있어 유지방구가 서로 뭉치는 것을 방해하여 유화 상태를 유지하게 된다. 카세인 입자가 큰 경우 백색의 불투명한 색을 띠며 작은 경우 푸른 기운이 나타난다. 지방구의 경우 클수록 황색을, 작을수록 백색이며 불투명하다. 지방구에는 지용성 색소인 카로티노이드가 있어 황색을, 유청에는 수용성 비타민 B_2인 리보플라빈이 있어 황색 및 형광을 띠게 된다. 전체적으로 가시광선이 콜로이드를 이루는 물질에 의해 난반사를 일으켜 불투명한 흰색으로 보인다.
- pH : 신선한 우유의 pH는 6.5~6.6의 약산성이다. 신선도가 떨어진 우유는 세균 증식으로 pH가 낮아지며 산도는 제조 및 저장 중 신선도를 측정하는 지표로 활용된다. 적정 산도가 0.8%를 초과하면 세균 오염이 의심된다.
- 그 외 : 우유의 비중은 15℃에서 1.027~1.035이며 지방 함량이 증가하면 비중은 작아지고 반대로 무지고형분이 증가하면 비중은 증가한다. 점도의 경우 물이 100인 경우 220으로 온도가 올라가면서 작아진다. 어는점은 -55℃이고 끓는점은 100.55℃, 비열은 15℃에서 0.938이다.

(3) 영양적 특징

사람의 유즙은 평균적으로 단백질 1.0%, 지방 3.9%, 젖당 6.8%으로 되어 있고 100 g 당 72 kcal를 제공하나 소로부터 나온 우유는 평균적으로 단백질 3.4%, 지방 3.7%, 젖당

표 8.3 소의 유즙과 모유의 일반 성분 차이

구분	단백질	유당(락토스)	올리고당	지방	회분
우유	3.4	4.6	-	3.7	0.7
우유(초유)	4.1~14.0	2.7~4.6	-	3.9~4.4	0.5~2
모유	1.0	6.8	1.3	3.9	0.2
모유(초유)	1.0	5.5	2.4	3.0	-

자료 : 전정욱 외, 한국유가공기술과학회지, 2008

표 8.4 소의 유즙과 모유의 아미노산 분포 및 Codex와 EU에서의 분유를 위한 아미노산 권고치

아미노산		모유(mg/100 mL)	우유(mg/100 mL)	CODEX STAN 72-1981 (revision 2007)*(mg/100 mL)	commission directive 2006/141/EC**(mg/100 mL)
필수아미노산	아이소루신	68	228	59.8	58.5
	루신	100	350	109.9	107.9
	라이신	73	277	74.1	73.5
	메싸이오닌	25	88	15.6	15.0
	시스틴	22	32	24.7	24.7
	페닐알라닌	48	172	52.7	54.0
	타이로신	61	179	48.8	49.4
	트레오닌	50	164	50.1	50.1
	트립토판	18	49	21.5	20.8
	발린	70	245	58.5	57.2
준필수아미노산	아르지닌	45	129		
	타우린	4	1		
불필수아미노산	히스티딘	22	95	26.7	26
	프롤린	80	250		
	알라닌	35	75		
	아스파트산	82	249		
	세린	69	160		
	글루탐산	168	687		

*, ** 500 kcal/100 g 기준 적용

자료 : 전정욱 외, 한국유가공기술과학회지, 2008

4.6%로 되어 있고 100 g당 60~66 kcal를 제공한다(표 8.3).

인간의 모유와 소의 우유는 단백질 함량뿐 아니라 단백질을 구성하는 아미노산 분포에도 차이가 있다(표 8.4). 따라서 우유를 분유로 제조하여 사용하기 위해서는 부족한 성분을 보충해야 한다.

- 단백질 : 우유의 단백질 함량은 2.5~3.9%로 다양하며 이 중 카세인이 78% 내외를 차지한다. 가용성 단백질인 유청단백질whey protein 락토알부민lactoalbumin이 약 10%, 락토글로불린lactoglobulin이 약 3%, 그 외 단백질과 질소 화합물이 9%를 차지한다. 카세인은 우유를 pH 4.6으로 처리 시 응고되는 단백질을 총칭하며 인단백질phosphoprotein으로 α_{S1}, α_{S2}, β, κ 등으로 구분된다. 카세인은 칼슘과 결합하여 칼슘카세인염Ca-caseinate이 되고 일부는 인산칼슘과 결합하여 인산칼슘카세인염 복합체Ca-caseinate phosphate complex를 이룬다. 특히 카파-카세인κ-casein은 키모신chymosin 효소(혹은 rennin이라고도 불림)에 의해 가수분해되어 카세인단백질이 뭉쳐 치즈를 제조하는 데 사용된다(그림 8.3).

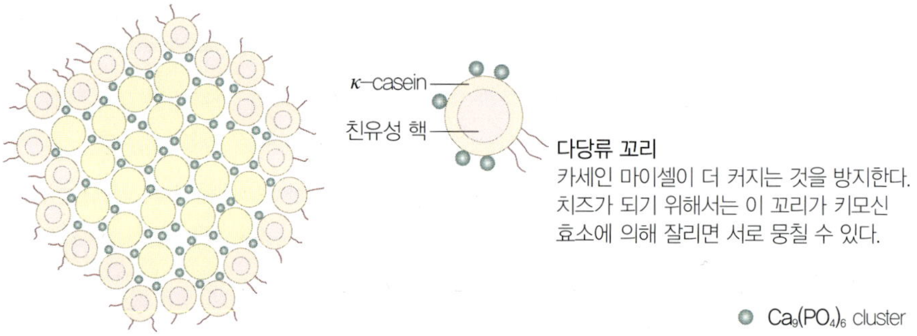

그림 8.3 우유의 카세인 마이셀 구조

산acid이나 키모신으로 응고 침전되는 카세인을 제외한 용액을 유청whey이라 하며 이 유청에 함유된 단백질을 유청단백질이라 한다. 락토알부민, 락토글로불린 및 비단백성 질소 화합물이 있다. 유청을 반포화 황산암모늄액에 처리하였을 때 침전되지 않은 유청단백질은 락토알부민이며, 침전되는 유청단백질은 락토글로불린이다.

우유의 효소는 라이페이스lipase, 포스파테이스phosphatase, 프로테이스protease, 아밀레이스amylase, 락테이스lactase 등이 있다. 잔틴산화효소xanthine oxidase는 모유에는 없고 우유에서만 발견되기에 모유와 우유를 판별하는 데 이용된다.

- 지방 : 우유의 지방은 중성지방triacylglycerol, 인지질phospholipid, 스테롤류 및 지용성 비타민 등으로 구성되어 있다. 이때 중성지방이 97~98%을 차지하며 나머지가 인지질 스테롤류이다. 유지방은 유화emulsion 상태로 존재하며 평균적인 크기는 2~3 μm 정도이다. 이들 유지방구의 유화 형태에 의해 우유의 성상이 유백색을 띠게 된다. 유지방의 특징은 12개 이하의 탄소 수를 갖고 휘발성이 있는 소위 저급 지방산이 약 11%로 비교적 많이 함유되어 있다. 이들은 버터나 치즈 등 유제품의 풍미를 형성하는 데 중요한 역할을 담당한다. 또한 팔미트산(탄소 수 16개 포화지방산) 31%, 올레산(탄소 수 18개와 이중결합 하나를 갖는 불포화지방산) 24% 등이 함유되어 있다. 유지방구를 싸고 있는 유화제막에는 레시틴lecithin 등의 인지질이 약 1%가량 함유되어 있다. 이들은 우유의 유화 안정성에는 기여하나 불포화지방산을 함유하고 있어 유가공제품 산화의 원인이 되기도 한다. 스테롤류는 주로 콜레스테롤(0.010~0.013%)이며 카로티노이드계 색소, 지용성 비타민인 A, D, E, K 등도 유지방구 내부 및 피막 성분에 함유되어 있다.
- 탄수화물 : 우유의 주요 탄수화물은 갈락토스와 포도당이 결합된 젖당lactose이며 함량은 2~8%이고 그 외에 미량의 포도당glucose, 헥소사민hexosamine과 구연산 등이 있다. 젖당은 설탕의 약 1/6의 감미도를 갖고 있으며 탈지우유 또는 유청에서 탄수화물 성분을 분리하여 분말화하여 얻는다. 젖당은 용해도가 낮아 과포화용액이 되어 아이스크림, 가당연유 제조 시 sandiness 혹은 lactose glass와 같은 큰 결정이 생기며 이들은 흡수성이 커서 분유 중 단백질 입자와 결합하여 덩어리를 이룰 수 있다. 젖당을 가수분해해서 얻는 갈락토스는 유아의 지능, 골격, 근육 발달에 필요한 성분이고 미네랄 흡수에도 활용된다. 젖당불내증lactose intolerance은 젖당을 가수분해하는 락테이스가 없어 인체가 젖당을 활용하지 못하고 장내미생물이 활용하게 되어 수소, 이산화탄소, 메탄가스 등을 발생시켜 속이 거북하게 되는 증상이다. 이러한 증상은 북유럽인 성인의 약 5% 정도가 갖고 있으나 아시아인은 90% 가까이 갖고 있다.
- 회분 : 우유의 회분은 0.6~0.8% 정도로 칼슘, 인의 함량이 많고 칼륨, 나트륨, 마그네슘, 염소 등이 다량 함유되어 있고 아연, 철, 망간, 규소, 플루오린, 요오드 등도 미량 함유되어 있다. 이 중 나트륨, 칼륨, 염소는 거의 이온 상태로 존재하며 칼슘, 마그네슘은 구연산염이나 인산염 형의 콜로이드상으로 존재한다.
- 비타민 : 우유 속에는 거의 모든 비타민이 함유되어 있으며 지용성 비타민 A, D, E, K와 수용성 비타민 B_1, B_2, B_6, B_{12}, 니코틴산, 판토텐산, 비오틴, 엽산, 콜린, 비타민 C

등이 함유되어 있다.

일반 우유의 구체적인 영양 성분은 표 8.5와 같다.

표 8.5 일반 우유의 영양 성분

(100 g당)

성분	함량	성분	함량	성분	함량
에너지	252 kJ(60 kcal)	루신	0.265 g	아스파트산	0.237 g
탄수화물	5.26 g	라이신	0.140 g	글루탐산	0.648 g
당	5.26 g	메싸이오닌	0.075 g	글리신	0.075 g
젖당	5.26 g	시스틴	0.017 g	프롤린	0.342 g
유지방	3.25 g	마그네슘	10 mg(3%)	세린	0.107 g
포화지방산	1.865 g	인	143 mg(3%)	수분	88.32 g
불포화지방산	0.812 g	페닐알라닌	0.147 g	비타민 A equiv.	28 μg(3%)
다가불포화지방산	0.195 g	타이로신	0.152 g	티아민(Vit. B_1)	0.044 mg (3%)
단백질	3.22 g	발린	0.192 g	리보플라빈(Vit. B_2)	0.183 mg(12%)
트립토판	0.075 g	아르지닌	0.075 g	비타민 B_{12}	0.44 μg(18%)
트레오닌	0.143 g	히스티딘	0.075 g	비타민 D	40 IU(10%)
아이소루신	0.165 g	알라닌	0.103 g	칼슘	113(11%)

자료 : 미국 농무부(USDA)

3) 취급 및 보관

(1) 우유의 살균

우유는 착유 시 미생물에 의한 오염을 피할 수 없다. 우유를 보관 또는 취급할 때 부주의하면 이들 미생물은 급속히 번식하여 우유를 변질 및 부패시킨다. 우유 속 미생물은 산을 생성하는 유산균이 대표적이고 그 밖에 대장균, 결핵균, 브루셀라균 등의 병원성 균이 혼입될 수 있다. 이들 미생물에 대한 살균이 필요한데 우유의 살균 방법은 크게 저온장시간 살균법low temperature long time pasteurization, LTLT, 고온단시간 살균법high temperature short time pasteurization, HTST, 초고온 가열 살균법ultra high temperature heating pasteurization, UHT 등이 대표적이다.

- 저온 장시간 살균법LTLT : 우유를 62~63℃에서 30분간 가열하는 것으로 세균의 90% 이상이 살균되며 유산균의 일부는 남아 있게 된다.
- 고온 단시간 살균법HTST : 우유를 72~75℃에서 15초간 가열하는 것으로 세균 및 유

산균의 거의 대부분이 살균된다.

- 초고온 가열 살균법UHT : 우유를 120~140℃에서 수 초간(예를 들어 135℃에서 2초) 처리하여 세균 및 유산균이 전부 살균되며 미생물 포자까지도 사멸된다. 우유의 살균 방법 및 조건은 미생물 사멸을 위주로 결정된 방법으로 우유의 영양적 가치 및 풍미는 처리법 간에 미세한 차이가 있을 수 있다.

(2) 우유의 보관

우유를 장기간 방치하면 지방이 위로 올라오면서 크림이 형성된다. 이는 유지방과 물의 비중 차이에 의해 발생하며 유화를 이루고 있는 제품은 거의 공통적으로 겪는 현상이다.

우유의 특이한 냄새는 아세톤, 알데하이드류, 뷰티르산butyric acid, 메틸설파이드methyl sulfide 등에 유래한다. 중성지방이 라이페이스의 가수분해 작용에 의해 발생하는 휘발 성분이 우유 이취off-flavor의 주요 원인 중 하나이다. 또한 햇빛이나 형광등 아래에서 보관되는 경우 우유의 리보플라빈riboflavin에 의해 발생하는 일중항산소는 우유의 지방이나 아미노산을 산화시켜 일광취sun-light flavor를 생성시킨다.

4) 조리 및 가공

(1) 가공 공정에 의한 변화

- 가열에 의한 변화 : 우유를 40℃ 온도에서 가열하면 지방구와 알부민을 위주로 하는 단백질로 구성된 피막이 형성된다. 고온에서 장기간 가열 시 갈색화 반응이 일어나며 이는 메일라드 반응Maillard reaction에 기인한 것이다. 우유를 75℃로 15분 이상 가열 시 단백질 유래 황화합물이 함유된 특유의 가열취가 발생한다.
- 냉동에 의한 변화 : 우유를 완만한 속도로 냉동을 하면 유화 상태가 풀리면서 지방의 크리밍creaming 현상이 발생하여 지방 분리가 일어나는데 급속 동결 시에는 유화 상태를 유지할 수 있다.
- 우유의 응고 : 우유는 산, 열, 알코올에 의해 응고되며 주로 카세인을 위주로 하는 단백질 변성이 그 원인이다. 미생물의 발효로 발생하는 산에 의해 카세인이 응고

메일라드 반응(Maillard Browning Reaction) 프랑스 과학자 Maillard에 의해 1912년에 보고된 반응으로, 단백질을 대표로 하는 아미노기(amino group, NH_2)와 환원성을 갖는 당을 대표로 하는 카보닐기(carbonyl group, CHO)가 결합하여 갈색의 멜라노이딘(melanoidin) 색소를 형성하는 반응. 아미노 카르보닐반응(Aminocarbonyl Reaction)이라고도 한다.

될 수 있다. 카세인은 130~150℃로 가열해야 응고되나 알부민, 글로불린 단백질은 60~100℃에서 30분 이상 가열 시 응고된다. 또한 70% 알코올과 우유를 동량 혼합하면 신선한 우유는 단백질 응고가 발생하지 않으나 산도가 0.21% 이상인 우유, 칼슘의 함량이 높거나 유방염이 있는 젖소로부터 얻은 우유는 카세인이 응고된다. 따라서 알코올에 의한 응고를 원료유 검사에 활용한다.

- 효소인 키모신 혹은 레닌rennin을 이용하여 카세인을 응고시키는 공법은 치즈 제조에 주로 사용된다. 이들 효소는 송아지의 위액에서 주로 발견된다.

(2) 우유의 활용

우유는 영양 섭취용 이외에 다양한 유제품의 원재료로 사용되며 요리나 제과, 제빵 등에 활용된다.

- 라떼latte는 우유를 뜻하는 이탈리아어이나 커피 메뉴 중 하나로 활용되고 있다. 에스프레소에 우유를 섞은 것을 말한다.
- 영국식의 홍차를 마시는 방법인 밀크티milk tea도 있다. 이는 주로 진하게 우려낸 아삼이나 실론티에 우유와 설탕을 타서 마시는 것이다.
- 우리나라 전통 죽에서도 찹쌀을 믹서나 맷돌에 갈아서 우유를 넣고 끓인 타락죽駝酪粥이 있다. 궁중에서 10월부터 보양식으로 먹던 음식으로 우유죽이라고도 한다.
- Half and Half라는 유제품(영국에서는 half cream)은 우유와 크림을 반반 섞은 제품으로, 커피크림이나 아이스크림 원료로 사용된다.

타락죽

재료

찹쌀	160 g	물	400 mL
우유	800 g	소금, 설탕	약간

조리방법

1. 찹쌀은 씻어서 물에 충분히 불린 후 건져 물기를 뺀다.
2. 분쇄기에 찹쌀과 적당량의 물을 넣고 갈아 고운체에 밭치고 남은 찌꺼기는 버린다.
3. 냄비에 갈아 놓은 쌀과 남은 물을 붓고 나무주걱으로 저으면서 끓인다.
4. 죽이 거의 퍼지면 우유를 조금씩 넣어 나무주걱으로 멍울이 생기지 않게 풀면서 잠시 더 끓인다. 따뜻할 때 그릇에 담고, 기호에 따라 소금과 설탕으로 간을 맞춘다.

2. 유제품dairy product

젖소로부터 생산된 우유는 생유 혹은 원료유라 하며, 이를 적절한 균질화 및 살균 처리, 가공 공정을 통해 다양한 유제품을 제조할 수 있다(그림 8.4). 원료 생유를 여과, 살균, 냉각하여 병, 테트라팩, 플라스틱 등으로 된 단위 포장 용기에 담은 제품을 '시유'라 한다. 시유에는 특정 성분을 가감하여 제조된 저지방, 탈지유skim milk, 미네랄 첨가 우유, 비타민 A, D 강화우유 등의 가공유와 커피우유, 초콜릿우유, 과일향 첨가 우유 등의 유음료 등이 있다. 유제품으로는 유지방을 원심분리하여 제조된 탈지유와 이를 원료로 사용하여 제조된 탈지분유, 요구르트, 유음료 및 카세인 농축제품, 크림을 이용하여 제조하는 버터, 아이스크림, 우유에 발효 및 레닛rennet 효소를 첨가하여 제조하는 치즈, 시유를 농축하여 제조하는 연유가 있다.

그림 8.4 **우유의 가공제품들**

1) 시유

우유를 정치시켜 놓으면 비중이 작은 지방구가 분리되는 크리밍 현상이 발생한다. 원심분리를 통해 분리해서 얻은 이들 유지방구를 활용하여 버터, 생크림 등의 제조에 사용한다. 사람의 유즙인 인유와 비교하면 우유는 단백질과 회분 함량이 많고 젖당은 적으며 단백질의 구성 성분도 상이하다. 칼슘의 함량은 상대적으로 높고 철분은 적으며 비타민도 우유 처리 과정 중 상당량 감소한다. 따라서 시유를 유아 영양 공급원으로 사용하기 위해서는 영양 강화가 필요하다.

시중에서 구매할 수 있는 우유의 종류는 일반적인 살균우유, 완전 멸균하여 저장성을 높여 상온에서 유통 가능한 멸균우유, 균질화를 하지 않아 오래 저장하면 지방이 뜨는 무균질우유, 균질우유, 유지방을 제거하여 0.1% 이하로 줄인 탈지우유, 지방 함량을 2% 이하로 만든 저지방우유 등이다.

2) 연유

우유의 수분을 제거하여 농축시킨 형태로 설탕을 첨가하여 당 함량이 40~45%가 되도록 만든 가당연유와 당을 첨가하지 않은 무당연유가 있다. 가당연유는 담황색으로 높은 당 함량에 의해 오랫동안 보존 가능하며 제과, 아이스크림 원료로 사용된다. 무당연유는 약간 갈색을 띠며 115~118℃로 살균하여 보존성을 높이며 가정용보다는 가공제품 원료로 사용된다.

3) 분유

생유를 수분 함량 5% 이하로 건조 및 분말화시킨 제품으로 우유를 그대로 분무건조한 탈지분유, 우유에 설탕을 첨가·농축·분무건조한 전지가당분유, 탈지유를 활용한 탈지분유, 영유아의 영양 공급원을 목적으로 영양소를 보강하여 사람의 유즙과 유사하게 제조한 조제분유 등이 있다. 수분 함량이 낮아 보존성은 높으나 전지분유의 경우 수분 흡습에 의한 산화 및 영양소 변질 가능성이 있다. 조제분유의 경우

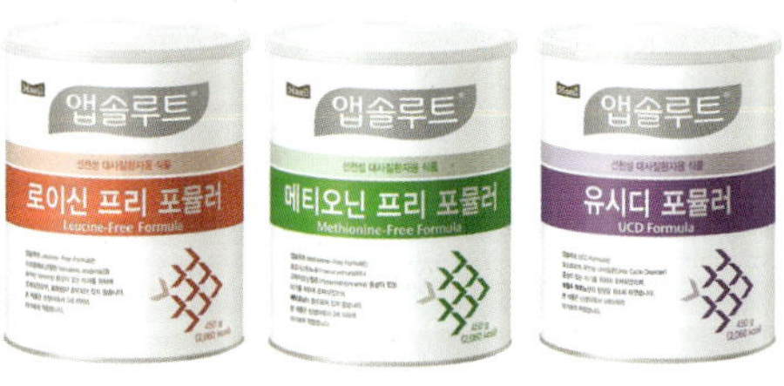

그림 8.5 **특수조제분유**

모유 수유가 불충분하거나 불가능한 경우 영·유아의 주요 영양 공급원이기에 한국인 영양소 섭취기준 및 Codex 권장량을 기준으로 설계된다. 표준 조제분유와 특수 조제분유로 나눌 수 있다.

4) 크림

유지방을 원심분리하여 지방 함량에 따라 제품 원료로 사용되는 것으로 주로 버터, 커피크림, 아이스크림의 제조에 사용된다. 버터 제조에는 지방률 40% 이상의 크림이, 커피크림은 지방률 18~20%의 크림이 사용되며, 아이스크림용은 필요에 따라 지방 함량을 조절한다. 「식품위생법」에 의하면 크림은 유지방분 18% 이상, 산도 0.2% 이하로 규정되어 있다. 크림 제조법은 우유를 12~24시간 정치한 후 위층에 유리된 지방 입자를 회수하는 정치법과 원심분리기를 활용하여 분리하는 방법이 있다. 크림을 교유기churn에서 교반하면 버터와 버터밀크로 분리된다.

5) 아이스크림

1774년 프랑스 왕가에서 개발한 아이스크림은 분리된 크림에 연유, 탈지분유, 설탕, 유화제, 향료, 안정제 등을 첨가하여 교반, 동결시킨 제품으로, 교반 중 기포가 혼입되어 폼foam 형태를 이루게 된다. 아이스크림의 주요 성분은 유지방, 무지고형분, 단백질이고 당분도 12~18% 함유하고 있다. 유지방 함량이 8.0% 이상, 무지고형분이 8.5% 이상인 고지방 아이스크림과 유지방 함량 3.0% 이상, 무지고형분 7.0% 이상의 저지방 보통 아이스크림 등이 있다. 이 밖에 과즙을 첨가하고 유고형 성분이 적은 아이스셔벗, 공기를 주입하지 않고 유고형 성분이 거의 없는 아이스케이크, 유고형 성분 10% 이상이고 유지방 성분이 3~8% 사이의 아이스밀크, 아이스크림의 원료 조합인 아이스크림 믹스, 이를 분말화한 아이스크림 분말, 냉각한 아이스크림 믹스를 거품이 나게 교반하면서 직접 냉각기에서 제품화한 소프트아이스크림 등이 있다.

- 플레인 아이스크림plain ice cream : 한 가지 종류의 향료만 넣어 제조된 아이스크림으로 유지방 8~16%, 무지고형분 6~12%, 설탕 12~17%, 안정제 0~0.7%가 사용된다.

Codex Alimentarius Commission 국제식품규격위원회. 전 세계적으로 통용될 수 있는 식품에 대한 기준 규격 및 식품 관련 법령을 제정함으로써 식품으로 인한 인간의 위생상 위해를 방지하고 국가 간 식품의 원활한 교역을 도모하는 데 그 설립 목적이 있다.

바닐라, 초콜릿, 커피, 박하 아이스크림 등이 있다.

- 셔벗sherbet : 유고형 성분은 5% 내외로 하고 과즙, 구연산, 주석산 등의 유기산을 넣어 0.3~0.4% 산도 유지 후 안정제를 첨가한 후 설탕을 30% 정도로 제조된 제품이다.
- 아이스밀크ice milk : 플레인 아이스크림과 유사하나 유지방 함량은 5% 내외, 무지고형분은 13% 내외이다.
- 워터아이스water ice : 과즙, 향료, 설탕, 안정제, 착색제, 유기산 등을 혼합한 후 물을 넣어 동결시킨 것으로, 흔히 아이스바ice bar, 아이스케이크ice cake로 불린다.

6) 버터

버터는 우유의 크림에서 유지방을 분리하여 만든 것으로 유지방을 80% 이상 함유하고 있다. 수분 16% 내외, 무지고형분이 1%이고 비타민 A, D를 풍부하게 함유하고 있으며 100 g당 약 715 cal를 낸다. 주로 소의 유즙을 활용하여 제조되며 이 밖에 양, 염소, 버펄로 등의 포유동물의 유즙을 사용하기도 한다. 버터의 색은 카로틴과 그 외 지용성 색소인 안나토annatto로 인해 만들어진다. 유럽의 경우 버터는 유지방 함량이 85% 이상 함유되어야 한다. 버터는 대표적인 유중수적형w/o 유화 상태며 냉장 상태에서는 고체이지만 상온에서는 부드러워지고 온도가 32~35℃가 되면 약간 녹는다.

원료 크림의 발효 여부에 따라 발효 크림버터와 무발효된 스위트 크림버터로 나뉜다. 발효 크림버터는 컬처 버터cultured butter라고도 하며 유산균 발효에 의해 젖당이 젖산lactic acid으로 변화하고 동시에 다이아세틸diacetyl과 같은 버터향이 생성된다. 스위트 크림버터는 살균 공정을 거친 신선한 크림을 사용하여 제조되며 살균 공정을 거치지 않은 크림을 이용한 버터도 있다. 가염 여부에 따라 가염버터와 무염버터로 분류한다. 또한 지방 이외의 성분을 제거하여 유지방이 99.3% 이상 함유된 제품을 버터오일 혹은 클래리파이드 버터clarified butter라고도 한다. 기Ghee라는 제품은 클래리파이드 버터를 120℃에서 가열하여 갈색을 띠게 만든 제품으로 항산화물질이 생성되어 저장 기간이 6~8개월로 증가하게 된다.

그림 8.6 버터

버터는 특유의 풍미를 가지며 산패취 등의 이취가 없고 색에 농담이 없는 것이 좋다. 지방이 많아 산화에 취약하여 광선이나 공기의 노출을 최소화하고 냉장 보관하는 것이 좋다. 버터는 주로 빵에 발라 먹는 스프레드나 조미료로 쓰이기도 하고 굽기, 양념 만들기, 볶기 등의 요리에 응용된다.

7) 치즈

유즙 중 카세인 단백질과 지방을 효소나 발효기법에 의해 응고시키고 이들에 식염, 향료 등을 첨가하여 발효 숙성시킨 고형제품을 치즈라고 한다. 레닌 효소는 우유단백질 중 카세인에서 카파-카세인을 분리시켜 파라-카세인p-casein을 형성하고 칼슘이온과 결합하여 불용성의 파라카세인칼슘Ca-paracasein이 된다. 치즈는 이런 현상을 이용하여 제조된다. 칼슘, 비타민 등이 풍부하게 함유되어 있으며 사용된 유즙의 선택과 처리법, 즉 지방성분 조정, 가열, 저온살균, 효소·배양세균·곰팡이·이스트 첨가 등에 따라 종류가 다양하다. 응유 형성은 응고 시 온도, 시간, 산도, 레닛과 산의 비율, 유청 제거 속도와 정도에 따라 달라진다. 숙성과 저장은 치즈에서 일어나는 일련의 생물학적·화학적 변화에 의해 이루어진다. 이 변화는 치즈의 수분 함량·산도·질감·모양·규격·미생물 등에 의해 영향을 받고, 치즈의 풍미는 물론 굳기를 변화시킨다.

일반적인 자연 치즈의 제조 공정은 다음과 같다. 먼저 우유의 부패미생물을 제거하기 위해 파스테르 살균 조건보다 낮은 온도에서 가열한 후 식히고 유산균을 접종한다. 일정기간 발효시킨 후 레닛 효소를 첨가하여 커드curd를 형성한다. 커드가 pH 6.4 정도 될 때까지 발효시킨 후 38°C까지 가열한다. 유청 분리 후 소금 혹은 소금물을 첨가하여 유산균의 성장을 억제하고 숙성 과정을 균일하게 도와준다. 성형 및 압착하고 건조숙성한다. 참고로 우유의 응고물을 제조하는 방법으로 산을 첨가하여 pH를 4.6 정도로 낮추는 방법이 있다. 이 방법으로 제조된 커드는 응집력이 없고 부서지기 쉬워 효소작용에 의해 생성된 탄력성 있는 커드와 차이가 있다.

치즈는 수분 함량에 따라 표 8.6과 같이 분류될 수 있다. 소프트치즈, 즉 연질 치즈는 수분 함량이 약 50~80%로 코티지, 크림, 모차렐라 치즈가 대표적이다. 수분 함량 39~50%인 반경질 치즈로는 블루, 림버거, 브릭 치즈가 있고, 최대 39%의 수분 함량을 갖는 경질 치즈로는 체더, 콜비, 스위스 치즈가 있다. 최대 34%의 수분 함량을 갖는 경질 치즈로는 파머산, 로마노 치즈 등이 있다.

또한 제조 방법에 따라 자연 치즈natural cheese와 가공 치즈process cheese로 나뉠 수 있다. 자연 치즈는 표 8.7의 기준에 따라 크게 다음과 같이 분류할 수 있다.

표 8.6 수분 함량에 따른 치즈의 분류

연질 치즈(50~80% 수분)	반경질 치즈(39~50% 수분)	경질 치즈(최대 39% 수분)	경질 치즈(최대 34% 수분)
코티지 크림 모차렐라 카망베르 페타 브리	블루 림버거 고르곤졸라 브릭 파스타 필라타 프로볼론	체더 콜비 스위스 고우다 에담 스틸톤	아시아고 올드 파머산 로마노 파르미자노 그라나 사르도

- 체더치즈 : 영국의 체더 지방에서 유래한 가스구멍이 없는 경질 치즈로 미국, 아일랜드, 캐나다, 남아프리카, 뉴질랜드, 호주, 일본 등에서 제조된다. 상대적으로 경질의 노란색에서 흰색을 띠며 가공 치즈의 원료로도 많이 사용된다.
- 고우다치즈 : 네덜란드 남부 고우다Gouda 지방에서 유래한 경질 치즈로 노란색을 띤다. 숙성 기간은 보통 1~36개월이며 가공 치즈용으로도 사용된다.
- 에담치즈 : 네덜란드 북부지방인 에담Edam의 이름을 딴 경질 치즈로 모양은 구형이다. 외부는 적색을 띠고 내부는 연한 노란색이며, 아마인유나 파라핀으로 코팅을 한다. 17주 이상 숙성된 치즈의 외부를 검은색 왁스로 코팅하여 저장성을 증가시킨다.
- 에멘탈치즈 : 스위스의 대표적 치즈로 스위스치즈라고도 불리며 반경질의 노란색을 띤다. 초기 발효 시 유산균에 의해 젖산이 발생하고 프로피오니박테륨*Propionibacterium freudenreichii*에 의해 후기 발효 기간 동안 젖산이 소비되면서 이산화탄소를 발생시키게 된다. 이 가스에 의해 치즈에 큰 구멍이 생성된다.
- 파머산치즈 : 이탈리아의 전통 치즈인 파르미자노-레자노Parmigiano-Reggiano는 장기간 숙성시켜 단단한 조직을 갖고 있으며 분말로 만들어 식용으로 사용한다. 파머산Parmesan이란 이름은 파르미자노-레자노 치즈의 프랑스 말이다.
- 로크포르치즈 : 프랑스 남부지방에서 생산되는 치즈로 양유를 사용하며 푸른곰팡이로 숙성시킨 반경실 치즈이다. 로슈포트Rochefort라고도 불린다.
- 브릭치즈 : 미국 위스콘신 주에서 제조된 치즈로 벽돌을 이용하여 단백질 커드의 틀을 형성하고 유청 제거에도 사용한다. 직사각형 모양을 띠어 브릭치즈brick cheese라고 불린다.
- 카망베르치즈 : 프랑스 카망베르Camembert 지방에서 생산되는 부드러운 연질의 치즈로 발효 초기에는 부서지기 쉬운 물성을 지니나 발효가 증가할수록 풍미가 증가하

표 8.7 자연 치즈의 분류

분류		종류
경질 치즈	가스구멍이 없는 치즈	체더치즈(Cheddar cheese), 고우다치즈(Gouda cheese), 에담치즈(Edam cheese)
	가스구멍이 있는 치즈	에멘탈치즈(Emmental cheese 혹은 Emmenthaler cheese), 파머산치즈(Parmesan cheese)
반경질 치즈	푸른곰팡이 숙성	로크포르치즈(Roquefort cheese)
	세균 숙성	브릭치즈(brick cheese)
연질 치즈	숙성시킨 것	카망베르치즈(Camembert cheese), 림버거치즈(Limburger cheese), 리코타치즈(Ricotta cheese), 브리치즈(Brie cheese)
	숙성시키지 않은 것	코티지치즈(cottage cheese), 크림치즈(cream cheese), 마스카포네치즈(Mascarpone cheese)

고 물렁물렁한 물성을 갖는다. 우유로 제조되며 흰곰팡이로 표면을 숙성시킨다.

- 림버거치즈 : 원래 네덜란드 소속이었지만 지금은 네덜란드, 벨기에, 독일로 나뉜 림부르흐Limburg 지방에서 유래한 치즈로, 특유의 톡 쏘는 풍미를 갖는 연질 치즈이다.
- 코티지치즈 : 탈지유, 탈지분유, 환원우유를 이용하여 제조한 비숙성 연질 치즈이다. 유청이 많이 남아 있으며 색을 첨가하지 않는 커드형 치즈이다. 직접 식용하거나 과일, 샐러드, 빵과 같이 먹는다. 코티지치즈에 압력을 가한 것을 후프치즈hoop cheese, 파머스치즈farmer's cheese, 포트치즈pot cheese 또는 케소 블랑코queso blanco라 한다.
- 크림치즈 : 크림치즈는 소프트치즈라고도 불리며 달콤하고 부드러운 흰색의 치즈로 유지방 33% 이상, 수분 함량 55% 이하, pH는 4.4~4.9를 유지해야 한다. 숙성하지 않으며 크림, 또는 크림과 우유를 원료로 사용하여 제조한다. 빵, 베이글, 스낵, 샐러드 등에 사용된다.
- 리코타치즈 : 리코타Ricotta치즈는 치즈 제조 시 발생하는 유청에 우유나 크림을 첨가하여 제조하는 연질 치즈이다. 가염하여 숙성한 것, 훈제 처리 혹은 허브로 싸는 것 등 다양한 가공법이 있으며 이탈리아에서 많이 제조된다. 리코타 살라타Ricotta Salata는 리코타를 가염 및 숙성시킨 것으로 상대적으로 경질 치즈이다.
- 마스카포네치즈 : 마스카포네Mascarpone는 크림치즈로 80% 이상의 지방 함량을 지니며, 버터밀크에 우유를 혼합하여 만드는데 이탈리아에서 제조된다. 버터밀크를 80℃에서 15분간 가열한 후 산을 첨가하여 제조한다.
- 브리치즈 : 프랑스의 브리Brie 지방에서 생산되며 유산균으로 4~8주 숙성하여 제조되는 연질 치즈로 지방 함량이 45% 정도이다.

- 페타치즈 : 페타Feta는 그리스 발칸에서 양젖 혹은 우유로 제조된 연질 치즈이다. 35℃로 처리된 원유에 효소를 첨가하여 얻은 커드를 이용하여 제조되며, 그리스와 덴마크에서 많이 생산된다.
- 그뤼에르치즈 : 그뤼에르Gruyere는 스위스에서 제조된 무살균 우유를 가열, 압착하여 숙성시킨 경질 치즈이다. 에멘탈치즈 제조법과 유사하나 소금의 함량이 더 높고 향이 강하다. 치즈 퐁뒤에 사용된다.

가공 치즈는 자연 치즈 1종 혹은 2종 이상을 재료로 사용하여 가열, 교반, 혼합, 균질 등의 공정을 거쳐 성형한 치즈로 살균되어 장기간 보존이 가능한 제품이다. 프로세스치즈processed cheese, 치즈슬라이스cheese slice(영국), 프리페어드치즈prepared cheese, 치즈푸드

체더치즈 고우다치즈 에담치즈 에멘탈치즈

파머산치즈 로크포르치즈 브릭치즈 카망베르치즈

림버거치즈 코티지치즈 크림치즈 가공 치즈

그림 8.7 다양한 치즈의 모습

자료 : www.recipetips.com; www.cheeseman.com; www.thevalleybowlchef.blogspot.com; www.mytorontoweightloss.com; www.cheesehemuz.org; www.idealcheese-blog.com; news.windowstorussia.com cheese food 등으로 다양하게 불리며 유화제, 식염, 색소 및 유청 등이 사용된다. 개별 낱개 포장 등 다양한 형태로 포장된 제품이 시중에 나와 있다. 보통 식품점에서는 자연 치즈보다는 가공 치즈를 쉽게 만날 수 있다.

8) 요구르트

요구르트는 우유를 유산균으로 발효시킨 제품 중 균이 살아 있는 제품을 말한다. 농축유, 탈지유 등의 원료와 발효 과정에서 발생하는 여러 영양소에 의해 소화능이 증가하고 장내를 산성화시킬 수 있어 장내 부패미생물의 생장을 억제하는 등의 정장작용이 보고되었다. 사용되는 유산균은 락토바실리*Lactobacilli*, 스트렙토코커스*Streptococcus*, 비피도박테리아*Bifido-bacteria* 등이 사용된다. 이들 살아 있는 유산균을 프로바이오틱스probiotics라 하고, 식이섬유 등과 같이 프로바이오틱스의 생장을 돕는 영양원을 프리바이오틱스prebiotics라고 한다.

그림 8.8 **요구르트 제품**

발효유의 성분에 따라 발효유, 농후발효유, 크림발효유, 농후크림발효유, 발효버터유로 나눌 수 있다(표 8.8). 주로 무지유고형분 함량, 유지방 퍼센트로 구분하며 유산균 또는 효모의 개체 수와 대장균의 존재 유무를 기준으로 가공발효유의 기준을 삼는다.

요구르트는 젖당불내증 완화작용, 장내균총의 개선, 장내 염증 완화, 장내 면역성 증가,

표 8.8 국내 발효유의 성분 규격

구분	발효유	농후발효유	크림발효유	농후크림발효유	발효버터유
성상	고유의 색택과 향미를 가진 액상으로서 이미, 이취가 없어야 함				
무지유고형분(%)	3.0 이상	8.0 이상	3.0 이상	8.0 이상	8.0 이상
유지방(%)	-	-	8.0 이상	8.0 이상	1.5 이하
유산균 수 또는 효모 수	1 mL당 10,000,000 이상	1 mL당 100,000,000 이상 (단, 냉동제품은 10,000,000 이상)	1 mL당 10,000,000 이상	1 mL당 100,000,000 이상 (단, 냉동제품은 10,000,000 이상)	1 mL당 10,000,000 이상
대장균군	음성	음성	음성	음성	음성

자료 : 식품의약품안전처, 축산물 가공기준 및 성분규격, 2016

항암성 등의 다양한 기능성을 갖고 있음이 보고되고 있으며 기능성 발효유로 시판되고 있다.

요구르트와는 별도로 발효유에 가당, 살균 처리한 음료와, 탈지유를 발효하지 않고 다양한 유기산, 향료, 설탕을 첨가하여 제조한 음료가 있다. 이들은 제조 기간이 단기간이고 냉장 보관할 필요는 없으나 영양적 측면에서 요구르트와 차이가 있다. 요구르트는 생균이 존재하므로 냉장고에서 보관해야 한다.

3. 기타 유즙

식용으로 많이 사용되는 포유동물의 유즙으로는 산양유, 면양유, 낙타유가 있다. 염소젖인 산양유는 사람 유즙과 유사한 영양 성분을 함유하고 있으며 지방구 크기가 작아 소화 흡수가 쉽다. 면양유는 양으로부터 나온 유즙으로 상대적으로 유즙 생산량이 적다. 산양유는 저급지방산인 카프르산, 카프릴산 등이 함유되어 있어 특유의 향기가 나며 우유에 비해 카세인 함량이 적어 유제품 제조가 쉽지 않다.

산간에서 방목되는 염소로부터 나오는 산양유는 3.2% 이상의 유지방 함량을 갖고 있어야 한다(축산물의 가공 기준 및 성분 규격). 단백질 구조가 모유와 유사하며 젖당불내증을 유발하지 않고 우유단백질에 알레르기가 있는 사람에게 좋은 공급원이 될 수 있다. 지방산 조성에 있어 저급지방산 함량이 높고 모유와의 조성이 유사하며 소화 부작용을 잘 일으키지 않는다. 칼슘 함량은 약 1.2 g/L, 인은 1.0 g/L 포함되어 있으며 비타민 A, 나이아신niacin, 티아민thiamin, 리보플라빈 등의 좋은 공급원이지만 비타민 C, D, B_{12} 및 엽산이 부족하다. 또한 산양유에는 숫산양으로부터 유래하는 특유의 산양취가 있을 수 있으며 부적절하게 보관할 경우 이취가 발생할 수 있다.

케피어Kefir는 코카서스 지방의 전통 발효유로 우유 이외에 산양유, 면양유 등으로 제조하기도 한다. 원래 산양피로 만든 용기에 발효시키며 1% 산도와 알코올을 함유한다. 쿠미스Koumis는 시베리아 지방의 마유로 제조하는 발효유로 유당이 많이 함유되어 있어 알코올 발효에 적당하다.

단원정리

1. 우유는 소의 유즙으로서 유백색의 수중유적형 유화 상태이다.
2. 카세인은 우유를 pH 4.6으로 처리 시 응고되는 단백질을 총칭하며 치즈 제조에 활용된다. 그 외의 단백질은 유청단백질이라 한다.
3. 균질화 우유는 저온 장시간 살균법(LTLT), 고온 단시간 살균법(HTST), 초고온 가열 살균법(UHT) 등의 살균 과정을 거쳐 생산된다.
4. 치즈는 카세인단백질이 키모신(chymosin) 효소(혹은 레닛이라고도 불림)에 의해 가수분해되어 뭉쳐서 커드(curd)를 형성한 후 유청 분리, 적당한 가염, 성형 압착과 건조 숙성을 거쳐 제조된다.
5. 요구르트는 우유를 유산균으로 발효시킨 제품 중 균이 살아 있는 제품을 말한다. 살아 있는 유산균을 프로바이오틱스(probiotics)라 하고, 식이섬유 등과 같이 프로바이오틱스의 생장을 돕는 영양원을 프리바이오틱스(prebiotics)라고 한다.

연습문제

1. 우유의 외관이 불투명한 이유를 설명하시오.

2. 프로바이오틱스(Probiotics)와 프리바이오틱스(prebiotics)를 각각 설명하시오.

3. 수중유적형 유화 상태와 유중수적형인 유제품은 어떤 종류가 있는지 서술하시오.

정답 및 해설

1. 우유는 가시광선이 콜로이드를 이루는 물질에 의해 난반사를 일으켜 흰색의 불투명한 액체로 보인다.
2. 살아 있는 유산균을 프로바이오틱스라 하고, 식이섬유 등과 같이 프로바이오틱스의 생장을 돕는 영양원을 프리바이오틱스라고 한다.
3. 우유는 대표적인 수중유적(O/W)형 유제품이며, 버터는 유중수적(W/O)형 유화 유제품이다.

CHAPTER 9

제9장

난류

학습목표

1. 난류의 종류를 알 수 있다.
2. 달걀의 재료적 특징을 물리적, 영양학적, 기능적인 면에서 이해할 수 있다.
3. 달걀의 특징에 따라 조리와 가공에 응용할 수 있다.

타원형으로 생긴 식용 난류는 새의 알(조란), 물고기의 알(어란), 악어 알, 거북 알 등이 있고 가장 많이 소비되는 것은 새의 알이며, 특히 달걀이 가장 많이 이용된다. 달걀 이외의 종류로는 오리알, 메추리알, 타조알 등이 사용되고 있다. 알은 영양가가 높은 식품이면서 동시에 제과 및 제빵 조리 재료로 많이 사용된다. 달걀은 가공식품으로는 제과 재료, 연제품, 마요네즈의 재료로 주로 사용되며 대부분은 가정에서 생生으로 또는 삶거나 기름에 프라이해서 소비된다.

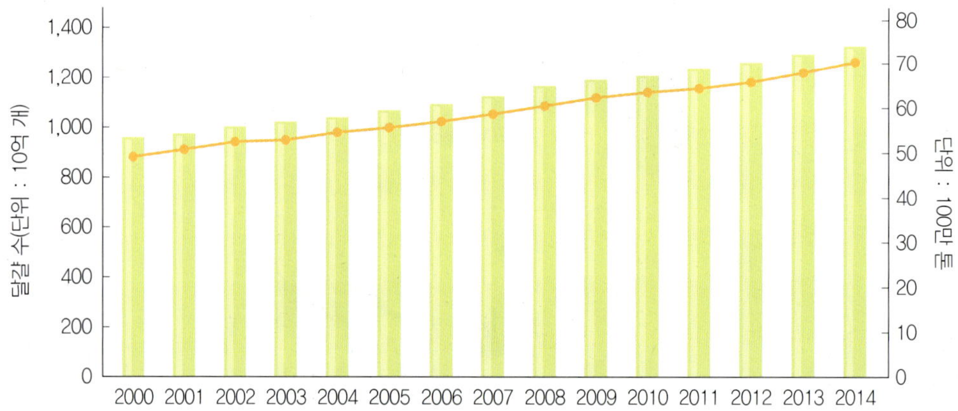

그림 9.1 세계 달걀 생산 동향(2000~2014년)

자료 : 국제연합식품농업사무국

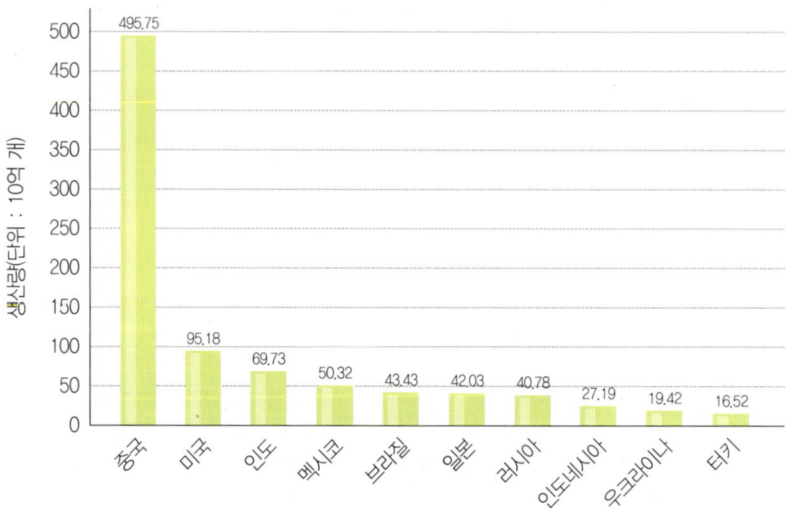

그림 9.2 세계 10대 달걀 생산국 및 생산량

자료 : 국제연합식량농업기구, 2013

전 세계 달걀 생산량은 증가하고 있는 추세이다. 2000년부터 2014년까지 달걀 생산량은 전체적으로 36.5%, 연평균 2.8%씩 성장하여 72억 마리의 산란계가 거의 1조 320억 개의 생산하였다(그림 9.1).

2013년 기준, 세계 10대 달걀 생산국과 그 생산량은 그림 9.2와 같다. 중국이 가장 많이 생산하며 미국, 인도, 멕시코, 브라질, 일본 순으로 생산되고 있다.

통계청에 따르면 우리나라의 연간 달걀 생산량은 2015년도 기준으로 156억 개 정도이다(표 9.1).

표 9.1 우리나라 산란계의 1일 평균 식용 달걀 생산량

(기준 : 2015년)

	1사분기	2사분기	3사분기	4사분기	1일 평균	연 생산량
1일 생산량 (단위 : 1,000개)	41,101	40,557	42,890	42,704	41,813	15,261,745

주요 외국의 1인당 달걀 소비량을 그림 9.3에 나타내었다. 2011년도에는 일본이 1인당 18.9 kg의 달걀을 소비하여 세계에서 가장 많은 섭취를 하였고, 중국과 우크라이나가 각각 18.5 kg과 18.0 kg으로 그 뒤를 따른다.

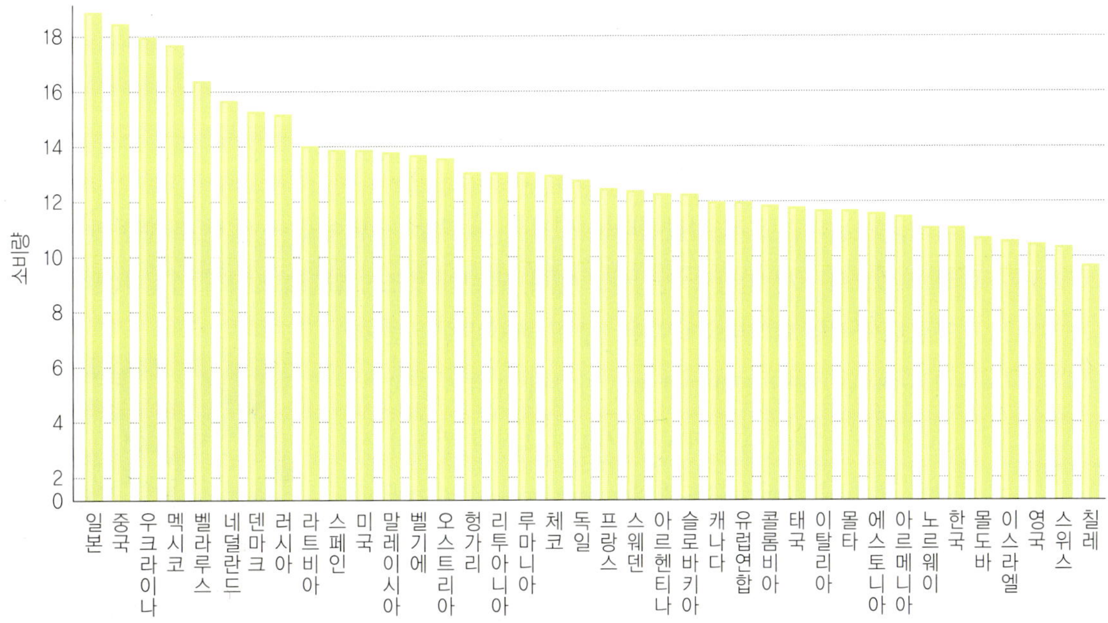

그림 9.3 **세계 각국의 1인당 달걀 소비량**

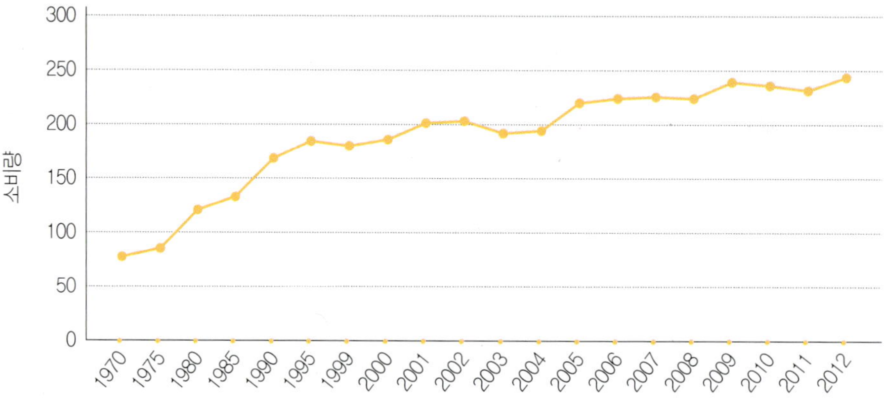

그림 9.4 **국내 1인당 달걀 소비량의 추이(1970~2012)**
자료 : 축산유통종합정보센터

우리나라의 1인당 달걀 소비량은 193개(2004년), 228개(2007년), 242개(2012년), 254개(2014년)로 꾸준히 증가하는 추세이다(그림 9.4). 국내에서 사육 중인 산란용 닭은 하이라인 브라운Hy-Line Brown이 66.5%, 로만 브라운Lohman Brown이 16.2%, 브라운 닉Brown nick이 11.9%, 이사 브라운ISA Brown이 5.3%를 차지한다. 따라서 갈색란이 99%로 대다수를 차지하며 백색란의 생산 비율은 1%에 불과하다.

1. 달걀egg

1) 재료 및 특성

달걀은 닭의 알로서 달걀이라는 명칭은 '닭의알 → 닭이알 → 달걀'로 변천된 것으로 보고 있으며 토박이 말로 인정하고 있다. 달걀의 구조는 알껍질, 2장의 껍질막(난각막), 기공으로 구성된 외각부와 내부는 3층의 흰자와 막으로 싸인 노른자로 되어 있다(그림 9.6). 달걀의 표면은 닭의 산란관에서 분비된 점액 때문에 거칠다. 2장의 껍질막 사이에 존재하는 기공 혹은 기실air space, air cell은 알이 닭에서 산출된 후 생성된다. 저장 시 온도가 산란 시의 온도보다 낮으면 내부가 수축하는데 내용물 간의 수축 정도가 달라 기실이 생긴다. 흰자는 점도가 낮은 묽은 흰자

그림 9.5 **달걀**

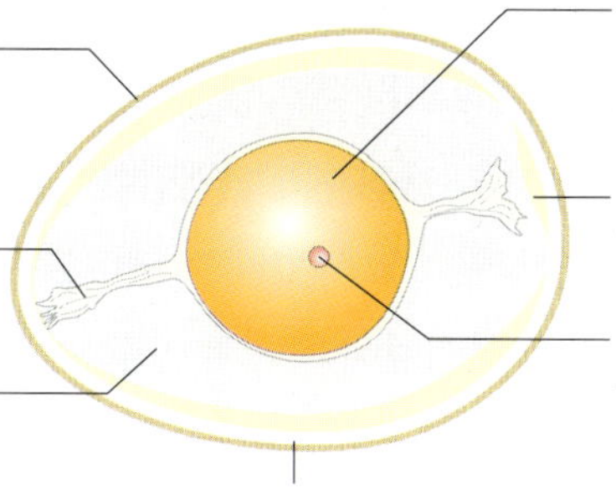

그림 9.6 달걀의 구조
자료 : 대한양계협회

(약 40%)와 점도가 높은 흰자(약 60%)로 구분된다. 노른자는 흰 노른자와 노란 노른자가 서로 교대로 층으로 존재하며 막대기 모양의 라테브라latebra가 존재한다. 노른자 표면에는 백색 원반 형태의 배반이 있으며 흰자의 양쪽에는 흰색의 알끈chalaza이 있어 노른자를 고정시키는 역할을 한다. 오래된 알은 알끈, 껍질막, 노른자막이 사라지고 흰자와 노른자가 섞이게 된다. 중량비로 알껍질과 껍질막이 10~12%, 흰자가 45~64%, 노른자는 26~36%를 차지한다. 달걀 양끝 중 상대적으로 뾰족한 부분을 예단부, 반대쪽 둔단부라고 한다. 기실은 둔단부 쪽에 존재한다.

2) 성분

(1) 각 부분의 화학적 특징

- 알껍질egg shell : 알껍질은 탄산칼슘 위주의 무기질이 98%를 차지하며 소량의 유기물이 포함되어 있다. 바깥층(해면층)과 안층(유두층)의 2층 구조로, 색이 있는 달걀은 바깥층에 색소가 함유되어 있다. 약 9,000~12,000개의 작은 기공이 알껍질에 분포되어 있어 공기의 유통, 수분 조절이 일어난다. 알껍질의 평균적인 두께는 0.30~0.36 mm이고 알껍질의 단단함은 사료에 함유된 칼슘 함량에 영향을 받는다. 알껍질이 얇은 달걀은 사료 중 칼슘, 비타민 D가 부족하거나 외부의 온도가 너무 높은 경우 생기기 쉽다.
- 껍질막egg shell membrane : 두께가 0.045~0.061 mm인 껍질막은 모습이 뭉툭한 둔단부에서 안껍질과 바깥껍질이 분리되어 기실을 형성한다. 기실은 산란 후에 생기며 저

장 기간에 따라 커지므로 달걀 선도를 판정하는 지표로 사용된다.

- 흰자egg white : 12% 전후의 고형 성분을 갖고 있고 주로 단백질로 구성되어 있으며 미량의 탄수화물도 존재한다. 단순단백질과 당단백질이 주요 성분으로 알부민 계열의 오브알부민ovalbumin이 단백질 함량의 60~70%를 차지하며 당단백질인 오보뮤코이드ovomucoid는 13~14%를 차지한다. 흰자에는 항프로테이스protease 능력이 있는 콘알부민, 오보뮤코이드, 세균 번식을 억제하는 라이소자임lysozyme, 아비딘 등이 있어 세균 침입을 막는 역할을 수행한다. 흰자에 색이 있는 경우는 비타민 B_2인 리보플라빈의 함량에 기인한다. 또한 황 성분이 함유되어 있어 삶은 달걀의 노른자에 녹흑색을 유발한다. 노른자의 철분 성분에 흰자의 함황화합물이 염기성 물질과 반응하여 발생하는 황화수소가 작용하여 흑변을 유발하게 된다. 일부는 노른자의 카로티노이드와 반응하여 녹흑색을 유발한다.
- 노른자egg yolk : 노른자는 흰자와 알끈에 의해 다리처럼 매달려 있는 부분이다. 고형 성분이 50%에 달하며 그중 약 60%가 지방이고 단백질과 지용성 비타민인 A, D, E 및 비타민 B군도 다량 함유되어 있다. 지방은 중성지방triacylglycerol 형태가 62%, 인지질phospholipid이 약 33%, 콜레스테롤 등의 불검화물이 약 5%로 구성되어 있으며 특히 레시틴lecithin으로 대표되는 인지질은 노른자의 유화능을 제공한다. 지방의 구성 성분은 불포화지방산이 70%, 포화지방산이 30%이며 불포화지방산으로는 올레산이 47%로 가장 많고 포화지방산으로는 팔미트산이 23%를 차지한다. 리포단백질인 리포비텔린lipovitellin, 리포비텔레닌lipovitellenin, 인단백질인 포스비틴phosvitin, 수용성 단순단백질인 리베틴livetin이 노른자의 단백질을 구성한다. 노른자의 색은 지용성 색소인 카로티노이드 중 주로 루테인lutein과 제아잔틴zeaxanthin에 기인한다. 암탉이 섭취하는 사료에 포함된 색소에 따라 노른자 색의 농도가 좌우된다. 무기질로는 인과 철분 성분이 다량 함유되어 있다.
- 노른자막vitellin membrane : 3층으로 구성된 탄성막으로 당단백질인 뮤신 외에 케라틴 등이 함유되어 있고 저장 기간이 증가할수록 탄성이 낮아지고 쉽게 파괴된다. 주요 기능은 정자를 받아들이는 수용기receptor가 있어 수정을 가능하게 하는 것이다.

(2) 물리적 특성

달걀의 평균 중량은 50~60 g인데 바깥쪽 껍질이 약 7 g으로 전체 무게의 10~12%이며 가식부 중 흰자가 약 2/3, 노른자가 1/3을 차지한다. 달걀 크기에 의한 등급은 나라마다 그 기준이 약간씩 차이가 있다(표 9.2).

표 9.2 크기에 따른 각국의 달걀 등급 기준

(단위 : g)

크기	한국	미국	캐나다	유럽
점보(jumbo)	68 이상(왕란)	> 71	> 70	
특대(extra-large), XL	68~60(특란)	> 64	> 63	> 73
대(large), L	60~52(대란)	> 57	> 56	> 63
중(medium), M	52~42(중란)	> 50	> 49	> 53
소(small), S	42 미만(소란)	> 43	> 42	> 43

표본 추출한 달걀을 '외관 판정', '투광 판정', '할란 판정'한 결과를 활용하여 품질 등급을 1^+, 1, 2, 3 등급의 4단계로 결정한다(표 9.3).

표 9.3 달걀의 등급 판정 결과

품질 등급	등급 판정 결과
1^+등급	A급의 것이 70% 이상, B급 이상의 것이 90% 이상, D급의 것이 3% 이하 (나머지는 C급)
1등급	B급 이상의 것이 80% 이상, D급의 것이 5% 이하 (나머지는 C급)
2등급	C급 이상의 것이 90% 이상 (나머지는 D급)
3등급	C급 이상의 것이 90% 미만 (나머지는 D급)

외관 판정은 달걀 외관에 나타난 상처, 모양 및 오염 정도를 확인한다.

투광 판정은 노른자의 퍼진 정도 및 흰자의 결착력을 확인하고 파각란을 확인한다.

할란 판정은 달걀을 깨뜨려 노른자의 평평함, 진한 혹은 묽은 흰자의 이취와 변색 및 퍼진 정도, 이물질의 크기 및 하우단위Haugh Units를 측정하여 확인한다. 하우단위란, 달걀의 무게와 진한 흰자의 높이를 측정하여 다음과 같은 식에 따라 산출한 값이다.

$$\text{하우단위(H.U.)} = 100\log(H + 7.57 - 1.7W^{0.37})$$

H : 흰자 높이(mm)　　W : 달걀 무게(g)

초기 달걀의 비중은 1.088~1.095이지만 저장 기간이 증가할수록 감소하여 10일 후엔 1.070, 20일 후엔 1.053이 된다. 신선한 달걀의 흰자의 pH는 6.0~7.7이며 저장 기간이 증가할수록 이산화탄소CO_2를 잃게 되어 pH가 상승하게 되고 20일간 저장 시 pH는 9.5~9.6이 된다. 반면 노른자의 pH는 6.3 정도로 오래 저장해도 변하지 않는다. 점도의 경우 흰자는 3.5~10.5, 노른자는 110~250을 나타내며 저장 기간이 증가하면 점도는 감소한다.

달걀의 주요 성분인 단백질은 열처리, 산, 알칼리 처리, 염류, 방사선 조사 등에 의해 변성되어 응고한다. 가장 일반적인 열처리의 경우, 흰자는 약 60℃에서 응고가 시작되고 62~65℃에서 유동성을 잃고, 70℃에서 응고가 되지만 완전한 응고는 80℃ 이상이 되어야 한다. 노른자는 65℃에서 젤gel화가 진행되고 70℃에서 완전 응고된다. 달걀을 완숙으로 제조하기 위해서는 끓는 물에서 약 12분 이상 가열이 필요하다. 반숙란을 제조하기 위해서는 끓는 물에 3~5분간 가열하면 되고 반대로 노른자는 젤화시키고 흰자를 반유동성으로 제조하는 소위 온천란을 얻기 위해서는 달걀을 65~67℃로 장시간 처리하면 된다.

(3) 영양적 특성

포유동물은 모체로부터 영양 공급을 받지만 달걀은 병아리를 부화시키기 위한 모든 영양소를 담고 있으므로 영양가 구성이 다양하며 균형적이고 영양적 가치가 우수한 식품이다. 달걀의 일반 조성과 아미노산 함량은 표 9.4와 같다. 필수아미노산 함량이 많으며 특히 메싸이오닌, 시스틴 등의 황함유아미노산의 함량이 다른 식품에 비해 많고 비타민과 콜린, 칼슘, 철, 인 등이 풍부하다. 노른자에는 비타민 A, D, E가 많이 함유되어 있으며 대란의 경우 60 kcal를, 흰자는 약 15 kcal을 낸다. 또한 면역체계 개선과 세포 보호, 피부 보호 효과 등이 알려져 있다.

일일 섭취권장량의 약 2/3에 해당하는 콜레스테롤이 노른자에 포함되어 있다. 달걀에 함유된 콜레스테롤의 영양학적 역할은 아직 논란의 여지가 있으나 2007년 1만 명을 대상으로 하는 연구에서 달걀 섭취에 의한 심혈관 질환 유병률에는 유의적인 차이가 없음이 보고되었다. 다만 당뇨병을 앓고 있는 사람은 주의해야 한다. 달걀은 소화 및 흡수가 되기 쉬운 식품으로 철은 거의 100% 혈색소의 구성 성분으로 활용된다. 달걀단백질의 생물가는 94~97로 높으며 지방은 소화 및 흡수가 쉽다. 노른자의 경우 단백질의 소화율은 가열 처리 조건에 따라 큰 차이가 없으나 흰자는 가열하지 않은 경우 50~70% 정도이나 가열한 경우 소화율이 96%로 증가하게 된다. 다만 지나친 가열은 단백질의 변성을 과하게 유발하여 소화율을 저하시킬 수 있다. 아비딘의 항비오틴 작용은 가열에 의해 없어진다.

생물에 의한 달걀의 가장 큰 오염은 살모넬라속 세균*Salmonella enteritidis*에 의한 감염인데

표 9.4 달걀의 영양 성분

(100 g당)

성분	함량	성분	함량	성분	함량
에너지	1,325 kJ(317 kcal)	타이로신	0.678 g	세린	1.326 g
탄수화물	3.59 g	발린	0.949 g	물	52.31 g
지방	26.54 g	아르지닌	1.099 g	비타민 A equiv.	381 μg (42%)
단백질	15.86 g	아연	2.30 mg (23%)	티아민(Vit. B_1)	0.176 mg (14%)
트립토판	0.177 g	염소	682.3 mg	리보플라빈(Vit. B_2)	0.528 mg (35%)
트레오닌	0.687 g	콜레스테롤	1234 mg	판토텐산(B_5)	2.990 mg (60%)
아이소루신	0.866 g	히스티딘	0.416 g	엽산(Vit. B_9)	146 μg (37%)
루신	1.399 g	알라닌	0.836 g	칼슘	129 mg (13%)
라이신	1.217 g	아스파트산	1.550 g	철	2.73 mg (22%)
메싸이오닌	0.378 g	글루타민산	1.970 g	마그네슘	5 mg (1%)
시스틴	0.264 g	글리신	0.488 g	인	390 mg (56%)
페닐알라닌	0.681 g	프롤린	0.646 g	칼륨	109 mg (2%)

*큰 달걀은 약 17 g의 난황을 함유하고 있음
자료 : USDA Nutrient database

날달걀의 섭취는 살모넬라의 감염을 유발할 수 있어 주의해야 한다. 살모넬라는 닭의 생식기관에 존재하며 달걀을 낳을 때 껍질이 오염될 수 있어 달걀 외부를 세척해서 소비자에게 출시하기 때문에 소비자들이 달걀을 세척해서 사용할 필요는 없다. 달걀의 껍질에 상처가 나면 이들 세균이 내부로 침입할 수 있으며 주로 달걀노른자에서 발견된다.

달걀 이외의 식용란으로는 오리알과 메추리알이 대표적이다. 오리알duck's egg은 달걀보다 크기가 큰 70~90 g으로 흰색이 많다. 일반 조성은 달걀과 유사하지만 비타민 A와 니코틴산의 함량이 많고 인과 칼슘의 함량은 적은 경향이 있다. 메추리알quail's egg은 흑갈색 반점이 있고 담녹백색을 띠는 것이 많다. 달걀보다 크기가 작아 평균 11~12 g 정도이나 일반 조성은 달걀과 큰 차이가 없다.

3) 취급 및 보관

닭이 달걀을 낳은 날을 1일로 간주할 때 보통 3일째 최종 포장이 된다. 9일째까지

살모넬라 오염 미국에서 자주 발생하는 식품 회수 명령 중 하나는 닭이나 달걀에서 발생하는 살모넬라균의 오염이다. 2010년 8월에도 미국에서 약 5억 5,000만 개의 달걀이 회수 조치되었다.

'Extra' 혹은 'Extra fresh'로 판매가 될 수 있다. 9일째부터는 서늘하고 그늘진 곳에 신선란을 보관해야 하며 18일째부터는 반드시 냉장고에 보관해야 한다. 22일째부터는 빨리 섭취해야 하며 28일째 달걀은 유통기한이 지나 소비자들에 판매되어서는 안 된다.

달걀의 품질은 크기, 알껍질의 색, 내용물의 신선도 등에 의해 결정되며 신선도 등급은 주로 알껍질, 노른자, 흰자의 상태에 따라 결정된다. 외관상 판단하는 방법, 달걀 양끝의 온도를 측정하는 방법과 투시법, 할란법, 비중법 등의 방법이 있다.

- 외관상 판단 : 더럽지 않고, 달걀껍질 전체의 결이 꺼칠꺼칠한 것이 신선한 것이고, 윤이 나면 상대적으로 오래된 것이다.
- 온도 측정법 : 달걀의 양끝에 혀를 대며 전달되는 온도를 통해 신선도를 감별할 수 있다. 예단부가 둔단부보다 상대적으로 차가우면 신선한 달걀이며 오래된 것은 달걀 양끝 모두 차다.
- 투시법 : 어두운 곳에서 달걀에 광선을 쪼이면서 달걀을 회전시켜 달걀 내부를 관찰하는 것으로 깨지 않고 선도를 측정하는 방법이다. 기실의 크기와 이동성, 노른자의 상태와 거동, 이물의 여부를 확인하여 신선도를 측정한다. 기실은 신선한 경우 작지만 저장 기간이 증가하면서 점점 커지게 된다. 신선한 달걀은 노른자의 윤곽이 뚜렷하지 않으나 저장 기간이 증가하면 흰자의 점도가 낮아져 뚜렷이 투시되며 움직임이 증가한다. 저장 기간이 오래된 달걀은 둔단부를 위쪽으로 하면 노른자가 위로 이동하며 떠오르게 된다.
- 할란 검사 : 평판 위에 달걀을 깨고 노른자의 모습, 흰자의 묽은 정도를 검사하는 방법이다. 흰자의 수양화 및 노른자의 편평한 정도를 확인한다. 산란 직후에는 흰자가 짙은 부분과 묽은 부분이 6 : 4 정도 비율로 구분되나 시간이 흐르면 짙은 흰자가 사라지면서 전체적인 흰자의 점도가 낮아지게 된다. 이와 같은 현상을 흰자의 수양화라고 한다. 수양화의 정도는 흰자의 높이를 흰자가 퍼진 원의 평균 지름으로 나눈 난백계수albumin index로 표시한다. 노른자의 편평한 정도는 노른자의 높이를 노른자 원의 지름으로 나눈 노른자계수yolk index로 표시한다. 신선한 달걀의 노른자계수는 0.361~0.442이며 저장 기간이 길수록 낮아져 0.25 이하는 노른자 막이 터지기 쉬운 상태가 된다. 이는 노른자 막의 탄력 저하, 흰자 수분의 노른자로의 이동에 기인한 것으로 알려져 있다.
- 비중법 : 달걀을 비중이 1.027인 식염수(6%)에 넣어 떠오르는 상태로 신선도를 확인

하는 방법이다. 달걀은 오래될수록 수분이 증발하면서 기실이 커지므로 비중이 1.03 이하가 된다. 따라서 산란 직후나 저장 기간이 오래되지 않은 달걀은 가라앉아 있거나 둔단부가 위로 위치하면서 가라앉는다. 오래된 알은 둔단부를 위쪽으로 해서 떠오르게 된다. 달걀이 물에 뜨는 것은 산란된 후 오래되었다는 것일 뿐 상해서 먹지 못한다는 의미는 아니다.

달걀의 저장은 냉장, 냉동, 가스 저장 및 피복법이 있다. 냉장법이 가장 일반적인 방법으로 0~5℃에서 저장하고 습도는 80~85%로 한다.

동결하는 경우 전체 달걀은 0~-1℃, 흰자는 -0.42~-0.46℃, 노른자는 -0.56~-0.60℃에서 각각 동결된다. 해동 시 흰자는 점도가 저하되지만 노른자는 젤화가 진행되어 점도가 증가한다. 가공 원료로 사용 시에는 흰자, 노른자별로 따로 저장하거나 혹은 전체 달걀을 -15~-18℃로 급속 냉동한다.

가스 저장법은 산소의 함량을 줄이기 위해 탄산가스나 질소가스를 일정 농도로 증가시킨 후 냉장하는 기법으로 상당 기간 오랜 저장이 가능하다.

피복법은 달걀의 껍질에 파라핀, 합성수지 등을 도포하여 수분 증발, 탄산가스 방출을 감소시키고 미생물의 침입을 저지하는 방법이다.

4) 조리 및 가공

달걀은 그 자체로 다양한 요리에 사용되며 흰자가 갖는 기포 생성 및 안정성, 노른자가 갖는 유화능을 활용하여 가공 재료 및 케이크, 마요네즈의 부재료로 사용된다. 피단pidan, 건조분란, 훈제란, 마요네즈 등의 방식으로 가공되어 이용된다.

(1) 피단

타이완, 중국 남서부에서 사용되어 온 난류의 가공법으로 달걀 혹은 오리알을 석회, 탄산나트륨, 나뭇재, 볏짚재 등 알칼리성 물질과 소금, 홍차 등의 혼합액에 담가 놓고 찬 곳에서 3~6개월 동안 숙성시켜 제조한다. 피단은 '송화단'이라고도 한다. 피단과 유사한 가공식품으로 Dsaudan, Hulidan이 있으며 이들의 제조법도 피단과 유사하다.

신선한 달걀을 나뭇재, 물, 홍차, 소금(재제염), 석회를 섞어 죽 상태로 만든 반죽에 넣고 8개월 후면 응고가 완성된다. 완성된 피단의 일반 성분을 원료인 생달걀과 비교하면 표

표 9.5 피단의 일반 성분 비교

(100 g당)

구분	수분(%)	조단백(%)	조지방(%)	조회분(%)
생달걀	74.2	12.5	10.8	1.2
피단	70.7	13.2	12.7	2.4

오리알 숙성 피단 피단의 단면

그림 9.7 **피단 제조**

9.5와 같다.

피단은 생달걀에 비해 콜레스테롤양이 25% 정도 감소(생달걀 565 mg/% → 피단 420 mg/%)를 보였고, 내용물은 암자색을 나타내며 암모니아나 황화수소가 생겨 특이한 풍미를 갖는다.

(2) 건조분란

신선란의 껍질을 제거하고 살균 후 pH 5.5 정도로 조절 후 건조한 것으로 건조전란, 건조노른자, 건조흰자가 있다. 전란과 노른자는 분무건조법을, 흰자의 경우 박막건조법이 주로 사용되며 제과, 아이스크림, 케이크 제조에 사용된다.

(3) 훈제란

알을 삶은 후 껍질을 제거하고 향신료 또는 조미료 용액에 담갔다가 훈연하는 것으로 흰자 및 노른자가 모두 갈색이 되며 저장성이 증가한다. 이미 대중화되어 많은 식품업체에서 시판되고 있다. 껍질째 가공하는 것도 있다.

그림 9.8 **훈제란**

(4) 마요네즈

프랑스 요리에서 사용하는 소스의 일종으로 달걀노른자, 정제 식물유지, 식초, 식염, 설탕, 조미료 등을 첨가하

표 9.6 마요네즈 배합 비율의 예

재료	Sample (g)					
	No. 1	No. 2	No. 3	No. 4	No. 5	No. 6
난황(노른자)	2.0	3.5	5.0	6.5	8.0	9.5
정제 식용유	78.5	78.5	78.5	78.5	78.5	78.5
식초	3.0	3.0	3.0	3.0	3.0	3.0
식염	1.5	1.5	1.5	1.5	1.5	1.5
당	1.0	1.0	1.0	1.0	1.0	1.0
수분	14.0	12.5	11.0	9.5	8.0	6.5
합계	100.0	100.0	100.0	100.0	100.0	100.0

자료 : 한국식품과학회지, 2010

여 유화시킨 수중유적형o/w 반고체형 드레싱이다(표 9.6). 노른자만 이용한 마요네즈와 흰자까지 전부 사용한 마요네즈가 있다. 통상적으로 수중유적형은 물이 더 많은 부분을 차지하지만 마요네즈는 유지가 70~80%를 차지함에도 불구하고 수중유적형 유화를 만든다. 이는 달걀노른자의 레시틴이라는 유화물질과 기타 단백질들이 작용하여 약한 젤 구조를 형성하기 때문이다. 달걀노른자의 레시틴은 물과 기름이 섞여 안정하게 도와주며 흰자의 단백질은 기포를 발생 및 안정화시키는 기능을 한다.

(5) 조리 예

달걀은 젓기, 부풀리기, 글레이징glazing 하기, 걸쭉하게 하기, 코팅하기, 굽기 등 다양한 방법으로 요리를 만들 수 있다. 세계 각국에는 달걀을 활용한 다양한 요리가 있다. 예를 들어 달걀흰자를 사용하여 만드는 머랭Meringue 및 수플레soufflé를 살펴보면 다음과 같다.

머랭

수플레

그림 9.9 **달걀로 만들 수 있는 요리**

- 머랭 : 달걀흰자에 설탕을 섞어 거품을 낸 후 낮은 온도의 오븐에서 구워 바삭거리도록 만든 디저트의 일종이다. 달걀흰자를 치면 공기가 들어가면서 단백질의 수소결합이 깨지며 구조가 변성되어 성기게 되고, 거품으로 굳어지는 단계를 거쳐 가장 윗부분의 부드럽고 굳어진 부분을 들어 올려 머랭 요리에 사용한다. 여기에 설탕가루를 잘 섞어 준다.
- 수플레 : 달걀흰자를 거품 낸 뒤 과일이나 치즈, 고기, 생선 등의 재료를 섞어 오븐에 구워 부풀린 요리이다.

머랭쿠키

재료

달걀흰자	2개분
설탕	100 g
코코넛가루	2 T
레몬즙(또는 식초)	1/4 t

조리방법

1. 달걀흰자를 볼에 넣고 저어 큰 거품이 올라오면 설탕을 세 번에 나누어 넣으면서 계속 저어 준다.
2. ①에 레몬즙을 넣어 거품이 단단해지면, 코코넛가루를 넣고 머랭이 가라앉지 않도록 재빨리 섞는다.
3. 깍지를 끼운 짤주머니에 머랭을 담아 둥글게 짜주고 100~120°C로 예열한 오븐에서 1시간 정도 굽는다. 20분 정도 두어 수분을 날린 다음 꺼낸다.

디저트 수플레

재료

우유	250 g	설탕	30 g
초콜릿	70 g	밀가루	30 g
달걀노른자	2개	머랭(달걀흰자 5개분, 설탕 60 g)	

조리방법

1. 우유에 초콜릿을 넣고 약불에 올려 녹인다.
2. 볼에 달걀노른자와 설탕을 넣고 거품을 낸 후 밀가루를 넣는다.
3. ①에 ②의 반죽을 넣고 끓인 다음 큰 볼에 옮겨 식힌다.
4. 달걀흰자에 설탕을 넣어 만든 머랭을 반죽에 조금씩 넣어 가며 부드럽게 혼합한다.
5. 버터를 바르고 설탕을 뿌린 용기에 2/3 정도 담아 200°C 오븐에서 중탕으로 15분간 굽는다.

5) 난류의 개별 표시법 및 1회 섭취 참고량

자료 : 축산물품질평가원 http://www.ekape.or.kr/view/user/institution/intro.asp

표 9.7 만 3세 이상 국민이 통상적으로 소비하는 1회 섭취량과 시장조사 결과 등을 바탕으로 설정한 1회 섭취 참고량

축산물군	축산물종	축산물 유형	1회 섭취 참고량	비고
알 가공품 및 식용란	전란액, 난황액, 난백액, 전란분, 난황분, 난백분, 가열성형제품, 염지란, 피단, 식용란	전란액, 난황액, 난백액, 전란분, 황분, 난백분, 가열성형제품, 염지란, 피단, 식용란	50 g	

달걀에 관한 궁금한 사항 **Q&A**

Q 삶은 달걀을 깨끗이 자르려면?
A 식칼을 뜨거운 물에 담갔다가 자르거나, 불에다 뜨겁게 쬐어 자르면 노른자가 부서지지 않고 잘 썰린다.

Q 달걀을 식히지 않고 껍질을 잘 까려면?
A 끓은 물에서 꺼낸 달걀을 소금에 10분쯤 묻어 두었다가 벗기면 깨끗이 벗겨져서 뜨거운 달걀을 먹을 수 있다.

Q 달걀을 터지지 않게 삶으려면?
A 그릇에 부딪쳤거나 냉장고 속에 넣어 두었던 것을 갑자기 뜨거운 물속에 넣는 경우 터지게 된다. 끓는 물에다 소금을 약간 넣거나 식초를 3~4방울 떨어뜨리면 깨어진 곳에서 달걀이 밖으로 흘러나오지 않고 그대로 잘 삶을 수가 있다.

Q 달걀찜에 구멍이 안 생기게 하려면?
A 강한 불에서 달걀찜을 하면 수분이 증발해 버려 거품이 생기고, 그 거품이 응고되기 시작한 달걀 속으로 파고 들어가 구멍이 생긴다. 이것을 막으려면 2분 정도 센 불에서 끓이다가 약한 불에서 찐다. 15~20분이 적합하며 너무 오래 찌면 수분이 증발해 부드러운 맛이 없어진다.

Q 왜 달걀을 완전식품으로 여기는가?
A 한 개체가 태어날 때 포유동물은 모체를 통해 영양소를 공급받지만 달걀 등 조류의 알은 독립적으로 한 개체를 발생시켜야 하기에 모든 영양소의 구성이 잘 갖추어져 있다.

Q 달걀에 콜레스테롤 함량이 많다고 하여 기피하는 경향이 있는데 정말 건강에 해로운가?

A 달걀 내 콜레스테롤이 건강에 해로운지에 대하여는 미국 심장협회와 미국 달걀협회의 보고에 따르면 하루 1~2개의 달걀 섭취로는 콜레스테롤을 걱정할 필요가 없으며 이는 달걀노른자에 함유된 레시틴이 콜레스테롤의 흡수를 막아 주기 때문이라고 한다.

Q 시장에서 사온 달걀을 오랫동안 보관하기 위해서는 어떻게 해야 하나?

A 뭉툭한 쪽이 위로 향하도록 보관하고, 달걀껍질에는 많은 기공이 있으므로 냄새가 강한 식품과 함께 두지 않아야 한다. 달걀을 보관할 때 뾰족한 쪽이 아래로 놓인 상태로 보관해야 하는 이유는 평평한 부분보다 뾰족한 부분의 껍데기가 단단하기 때문이다. 또한, 평평한 쪽에 '기실(공기층)'이 있어서 이쪽을 아래로 놓을 경우 노른자와 기실의 공기가 쉽게 접촉하면서 세균이 침투할 가능성이 있다.

Q 일부 소비자들은 갈색란이 백색란보다 영양가가 더 높다고 생각하는데?

A 달걀껍질의 색은 닭의 품종이나 계통에 따라 결정된다. 깃털이 갈색이거나 검은색인 닭은 갈색 달걀을 낳고, 흰색인 닭은 흰 달걀을 낳는다. 달걀의 성분 구성이나 영양적 가치 면에서는 유의적 차이가 적다.

Q 왜 노른자가 2개 든 달걀(쌍란)이 생기는 것인가?

A 소위 쌍란은 알을 낳게 된 지 얼마 되지 않은 닭의 경우, 생리 기능이 안정되지 않아 난황(노른자) 2개를 연속으로 배란하기도 한다. 산란 시작 후 2개월이 지나면 산란 리듬이 안정되어 이런 일은 줄어든다. 돌연변이는 아니다.

Q 달걀을 씻어 보관해야 하는가?

A 세척에 의해 보호막(큐티클)이 제거되면 공기구멍을 통해 물, 세균 등이 침투할 가능성이 크므로 가정에서 달걀을 세척하는 것은 권장하지 않는다. 오염물이 표면에 남아 있다면 물로 씻지 말고 마른 행주로 닦아 내는 것이 좋다.

Q 노른자의 색이 진하면 영양가도 높은가?

A 노른자에는 지용성 황색 색소인 카로티노이드(carotenoid)가 함유되어 있다. 노란색은 사료의 영향을 받는다. 흰색 옥수수 사료보다 황색, 주황색, 적색이 풍부한 식물 사료를 먹었을 때 노른자의 색이 진하다. 따라서 노른자 색의 농도와 영양가는 관계가 적다.

Q 달걀노른자 옆에 붙어 있는 하얀색 덩어리는 무엇인가?

A 달걀을 깨면 노른자 옆에 하얀 끈 같은 것이 붙어 있는데, 이는 알끈으로 노른자의 위치를 일정하게 유지하는 역할을 한다. 주로 단백질 성분이고 항균작용을 하는 라이소자임(lysozyme) 효소가 많이 포함되어 있다.

Q 달걀을 냉동시켜도 되나?

A 달걀을 껍질째 냉동시키면 껍질에 균열이 일어나 세균이 침투할 수 있으므로 냉동시켜서는 안 된다. 내용물만 깨끗한 용기에 담아 냉동할 수 있으나 세균이 번식하기 쉬워 가정에서는 권장하지 않는다.

Q 신선한 달걀보다 오래된 달걀을 완숙했을 때 껍질이 더 잘 벗겨진다고 하는데 왜 그런가?

A 내용물과 껍데기 사이에 있는 공기층은 시간이 지나면서 커지기 때문에 오래된 달걀의 껍데기가 더 쉽게 벗겨지는 것이다.

Q 삶았더니 노른자 표면이 녹색으로 변했다. 왜 그런가?

A 노른자에는 철분, 흰자에는 황 성분이 있다. 과도하게 가열하면 이들이 반응해 녹색으로 변하기도 한다. 먹어도 문제는 없지만 삶은 후 신속하게 냉각시키면 이러한 반응은 잘 일어나지 않는다.

단원정리

1. 달걀은 영양적으로 거의 완전식품에 가까운 닭의 알로 껍질, 흰자, 노른자로 구별되며 둔단부에는 기실이 존재한다.
2. 달걀의 난황에는 레시틴 성분이 있어 유화를 촉진하며 콜레스테롤 소화를 억제하는 기능이 있다.
3. 달걀의 저장 기간이 증가할수록 흰자의 pH는 증가하고 점도는 묽어지며 기실은 커지게 된다.

연습문제

1. 달걀에서 주로 발생 가능한 병원성 균의 이름을 말하시오.

2. 오래된 달걀흰자의 pH 변화 원인을 설명하시오.

3. 좋은 달걀을 구하는 방법을 주부 입장에서 설명하시오.

4. 달걀로부터 나오는 마요네즈의 안정 요인을 설명하시오.

5. 날달걀과 삶은 달걀을 껍질을 깨뜨리지 않고 구별하는 방법을 설명하시오.

정답 및 해설

1. 살모넬라속 세균(*Salmonella enteritidis*)의 감염
2. 산란 후 오래된 달걀흰자는 pH가 증가한다. 이는 이산화탄소를 잃어버리기 때문이다.
3. 달걀껍질 전체의 결이 꺼칠꺼칠한 것이 신선한 것이고 윤이 나면 상대적으로 오래된 것이다.
4. 마요네즈는 수중유적형(O/W) 유화액이며, 이는 달걀노른자의 레시틴(lecithin)이라는 유화성 물질의 기능에 기인한다.
5. 달걀을 팽이처럼 돌려 보면, 빨리 도는 것이 익힌 달걀이고 느리게 도는 것은 날달걀이다. 이는 달걀을 돌리면 익힌 달걀은 전체가 하나의 고체덩어리이기 때문에 잘 돌지만, 날달걀은 껍질 속에 액체가 있어 달걀의 껍데기는 잘 돌아도 그 속의 액체는 관성의 법칙에 따라 잘 돌려고 하지 않기 때문이다. 또한 도는 달걀을 정지시켰을 때 즉시 정지하면 삶은 달걀이고 더 회전하는 것은 날달걀이다. 이와 같은 현상은 날달걀의 경우 노른자와 흰자가 따로 도는 상태에서 각각의 질량에 따라 다른 관성의 크기를 갖기 때문이다.

CHAPTER 10

제10장
수산식품

학습목표

1. 수산식품을 분류하고, 이에 따른 수산식품의 특징에 대하여 비교·분석할 수 있다.
2. 수산식품의 재료학적 특징을 물리적, 영양학적 및 기능적인 면에서 이해할 수 있다.
3. 수산식품을 이용하는 조리 및 가공에 응용할 수 있다.

우리나라는 3면이 바다로 둘러싸여 있어서 수산자원이 풍부하기 때문에 예로부터 수산물을 식품 재료로 널리 이용해 왔다. 수산식품에는 패류나 해조류 등의 수산물(그림 10.1)이 포함되며, 곡류를 주식으로 하는 우리나라에서는 수산식품이 중요한 단백질 공급원이다. 전체 단백질의 약 30%, 동물성 단백질의 70% 이상을 수산식품으로 충당하고 있어서 식량 및 영양 자원으로도 중요한 위치를 차지하고 있다.

우리나라의 어업 생산량은 1990년대 중반부터 감소하기 시작하여 2002년에 248만 톤으로 감소하였다가 2005년부터 꾸준히 증가하여 최근 5년간 약 300만 톤 내외를 생산하고 있다. 수산물의 포획량은 전반적으로 감소하거나 정체되어 있는 반면, 양식에 의한 수산식품의 생산량은 기르는 어업 육성 정책으로 천해양식어업이 2000년 65만 톤에서 2015년 167만 톤으로 증가하는 등 급격하게 증가하는 추세를 보인다(그림 10.2). 수산식품 중에서 어류가 전체의 약 40%를 차지하고 있으며, 해조류의 양은 2000년대 초반부터 급

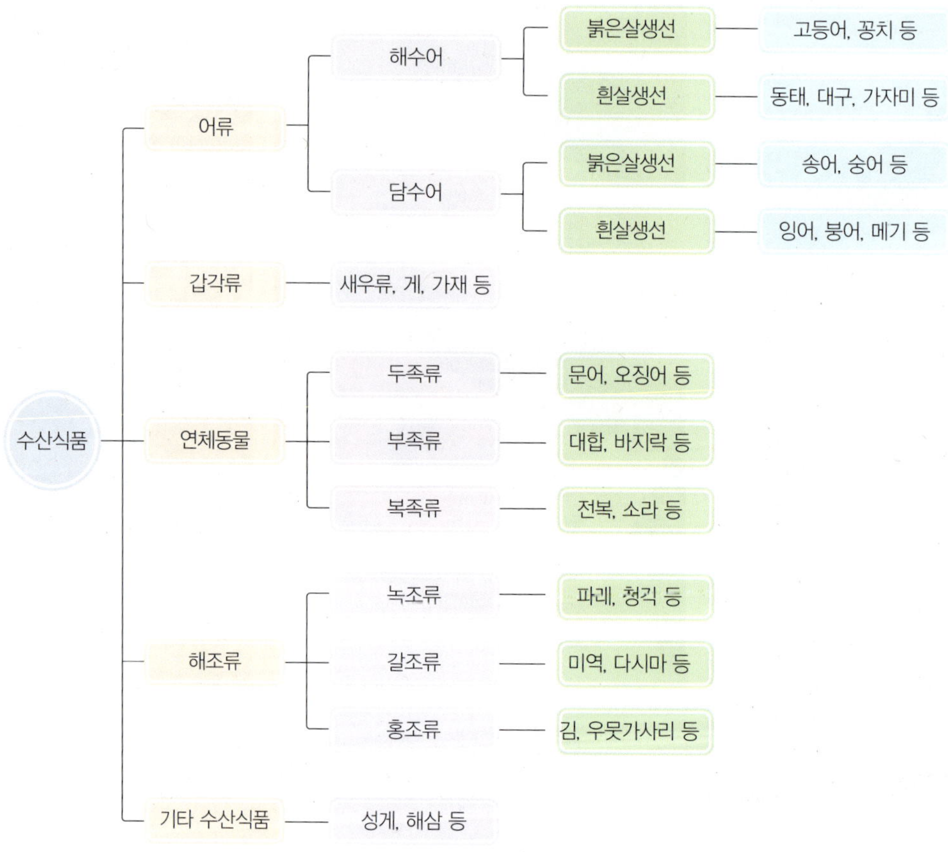

그림 10.1 **수산식품의 분류**

격히 증가하여 전체 수산식품의 약 30% 이상을 담당하고 있다(표 10.1). 전 세계적으로도 포획에 의한 수산물의 생산량은 1980년대 후반부터는 정체되어 있으나, 양식에 의한 수산식품의 생산량이 꾸준히 증가하고 있는 추세이다. 특히 2014년에는 처음으로 양식에 의한 식품용 수산물의 생산량이 포획에 의한 식품용 수산물의 생산량을 추월하였다. 이로써 전 세계적으로 1인당 20 kg의 수산물을 소비하고 있다(그림 10.3). 세계 최대 수산물

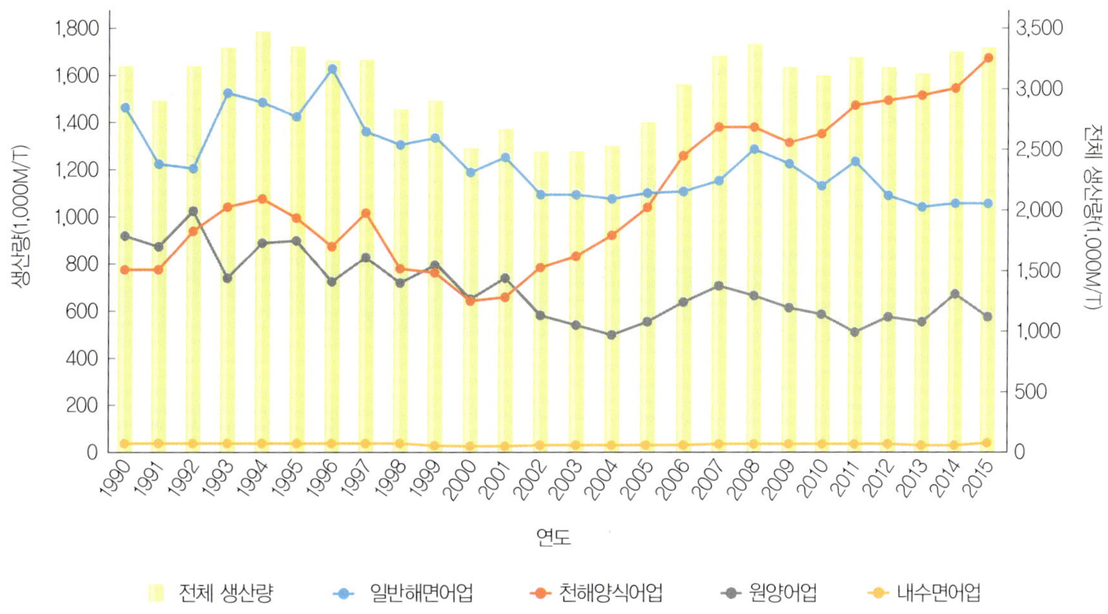

그림 10.2 연도별 우리나라 어업별 수산물 생산량 및 총생산량

자료 : 수산정보포털(https://www.fips.go.kr), 2016

표 10.1 우리나라 수산물 종류별 생산량

(단위 : 1000M/T)

구분 \ 연도	1990	1995	2000	2005	2008	2009	2010	2011	2012	2013	2014	2015
어류	1,822	1,695	1,280	1,265	1,448	1,425	1,331	1,356	1,268	1,195	1,245	1,226
패류	435	405	300	409	429	420	440	467	433	346	419	411
갑각류	112	120	83	92	126	132	147	130	135	149	160	117
연체동물	346	421	428	295	402	312	256	269	293	282	357	335
기타 수산동물	42	35	36	16	23	24	22	28	23	23	27	38
해조류	442	671	387	636	935	870	915	1,007	1,032	1,140	1,097	1,215
합계	3,198	3,348	2,514	2,714	3,363	3,182	3,111	3,256	3,183	3,135	3,305	3,342

자료 : 수산정보포털(https://www.fips.go.kr), 2016

생산국은 중국으로 전 세계 포획량의 약 17%의 수산물을 생산하고 있으며, 양식은 전 세계 생산량의 약 60%를 차지하고 있다(표 10.2, 표 10.3).

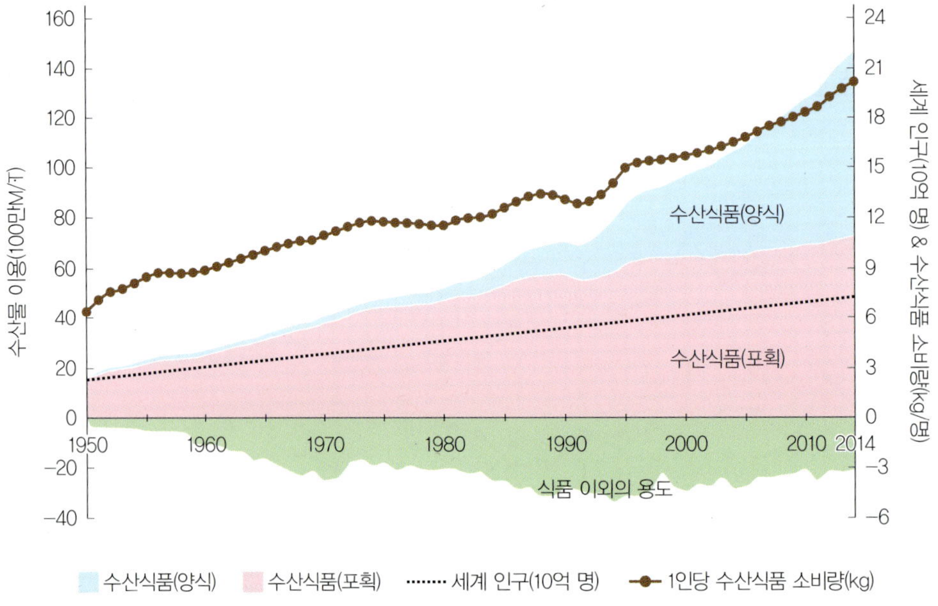

그림 10.3 세계 수산물의 이용 및 공급 현황

자료 : FAO, *Yearbook of Fishery and Aquaculture Statistics*, 2014

표 10.2 국가별 수산물 포획 현황

(단위 : 1000M/T)

구분 \ 연도	2005	2006	2007	2008	2009	2010	2011	2012	2013	2014
중국	14,589	14,631	14,659	14,791	14,920	15,415	15,769	16,167	16,275	17,107
인도네시아	4,685	4,785	5,030	4,994	5,103	5,374	5,648	5,719	6,038	6,437
미국	4,893	4,852	4,768	4,353	4,225	4,387	5,113	5,091	5,142	4,976
인도	3,691	3,845	3,859	4,099	4,067	4,689	4,311	4,872	4,645	4,719
러시아	3,198	3,284	3,476	3,384	3,826	4,070	4,255	4,331	4,348	4,226
미얀마	1,732	2,007	2,244	2,506	2,767	3,063	3,333	3,579	3,787	4,083
일본	4,334	4,338	4,298	4,312	4,105	4,067	3,777	3,651	3,656	3,661
페루	9,388	7,017	7,211	7,395	6,928	4,302	8,249	4,849	5,854	3,573
베트남	1,988	2,027	2,074	2,136	2,280	2,414	2,514	2,705	2,804	2,919
필리핀	2,270	2,319	2,500	2,561	2,603	2,612	2,363	2,323	2,332	2,351
노르웨이	2,393	2,256	2,380	2,431	2,532	2,680	2,282	2,150	2,079	2,302
칠레	4,328	4,161	3,819	3,555	3,454	2,680	3,063	2,573	1,771	2,175
태국	2,814	2,699	2,305	1,873	1,871	1,811	1,835	1,720	1,825	1,770

(계속)

구분 \ 연도	2005	2006	2007	2008	2009	2010	2011	2012	2013	2014
한국	1,647	1,759	1,870	1,957	1,859	1,722	1,742	1,666	1,593	1,728
방글라데시	1,334	1,436	1,494	1,558	1,822	1,727	1,601	1,536	1,550	1,591
멕시코	1,319	1,363	1,470	1,582	1,614	1,527	1,566	1,575	1,616	1,520
말레이시아	1,214	1,286	1,386	1,398	1,398	1,433	1,379	1,477	1,489	1,464
모로코	1,026	877	879	997	1,165	1,136	959	1,162	1,253	1,365
스페인	855	962	820	923	932	975	1,010	928	987	1,110
아이슬란드	1,665	1,327	1,399	1,284	1,142	1,061	1,138	1,359	1,367	1,077
기타	23,111	23,052	22,852	22,103	21,587	21,985	21,776	21,878	22,258	23,291
세계 총생산량	92,474	90,283	90,793	90,192	90,200	89,130	93,683	91,311	92,669	93,445

자료 : FAO, *Yearbook of Fishery and Aquaculture Statistics*, 2014

표 10.3 국가별 수산물 포획 현황

(단위 : 1000M/T)

구분 \ 연도	2005	2006	2007	2008	2009	2010	2011	2012	2013	2014
중국	28,121	29,821	31,415	32,730	34,780	36,734	38,621	41,108	43,550	45,469
인도	2,967	3,181	3,112	3,851	3,792	3,786	3,673	4,209	4,551	4,881
인도네시아	1,197	1,293	1,393	1,690	1,733	2,305	2,718	3,068	3,974	4,254
베트남	1,473	1,658	2,085	2,462	2,556	2,671	2,846	3,085	3,207	3,397
방글라데시	882	892	946	1,006	1,064	1,309	1,524	1,726	1,860	1,957
노르웨이	662	712	842	848	962	1,020	1,144	1,321	1,248	1,332
칠레	724	794	780	843	793	701	955	1,071	1,033	1,215
이집트	540	595	636	694	705	920	987	1,018	1,098	1,137
미얀마	485	575	605	675	778	851	817	885	929	962
태국	1,304	1,354	1,370	1,331	1,417	1,286	1,201	1,272	998	935
필리핀	557	623	710	741	737	745	767	791	815	788
일본	746	734	770	730	787	718	557	633	609	657
브라질	258	272	289	331	365	411	435	480	477	562
한국	437	514	606	474	473	476	507	487	402	480
미국	514	520	526	501	481	497	397	420	421	426
에쿠아도르	139	170	171	173	219	273	310	322	332	368
타이완	305	310	316	324	286	310	314	344	344	340
이란	112	129	159	155	180	220	247	297	325	320
나이지리아	56	85	85	143	153	201	221	254	279	313
스페인	219	293	282	250	267	252	272	264	224	282
기타	2,600	2,731	2,843	2,962	3,158	3,287	3,296	3,411	3,585	3,709
세계 총생산량	44,298	47,256	49,941	52,914	55,686	58,973	61,809	66,466	70,261	73,784

자료 : FAO, *Yearbook of Fishery and Aquaculture Statistics* – World Aquaculture Production, 2014

최근에는 고급 어종에 대한 수요가 크게 증가하고 있으며, 수산식품이 저지방 고단백질의 건강 및 장수식품으로 인식되면서 수요가 크게 늘고 있다. 특히 등푸른생선에 많이 함유되어 있는 고도불포화지방산인 EPA eicosapentaenoic acid와 DHA docosahexaenoic acid의 혈전 및 동맥경화 예방 효과뿐만 아니라 치매 예방, 두뇌 개발 등의 효과가 밝혀져 성인병 예방 차원에서 수산식품에 대한 관심은 더 높아지고 있다.

해조류는 섬유질이 풍부하고 다양한 비타민과 미네랄을 함유하고 있어 우리나라에서는 여러 가지 음식에 사용되어 왔으나, 서양에서는 주로 동물 사료로 이용되어 왔다. 특히, 식품과 의약 산업에서 주로 젤화제나 증점제의 용도로 이용되어 왔으나, 최근 해조류에 다양한 생리활성물질이 과학적으로 밝혀지면서, 건강기능식품 및 의약품의 소재로 활용하기 위한 연구가 활발히 이루어지고 있다(표 10.4).

표 10.4 해조류의 생리활성물질 및 효능

성분		효능	비고
다당류	알긴산	콜레스테롤 저하, 고혈압 저하, 장내 효소의 활성화, 유해물질의 제거, 정장작용, 항암작용, 다이어트 효과, 노화 억제	다시마, 미역 등의 갈조류
	푸코이단	암세포 억제 효과, 항콜레스테롤 작용, 동맥경화 및 심장병 예방, 뇌졸중 예방, 면역 증강 효과	미역, 다시마, 모자반
	라미나린	동맥경화 예방, 고지혈증 예방, 심장병 치료 효과	갈조류
미네랄	요오드	신진대사 증진, 체력 회복, 해독작용, 정장작용, 생체방어 능력 향상 및 촉진, 탈모 예방, 피부 트러블 예방	다시마 등 갈조류
	칼슘	뇌신경계 활동 촉진, 골다공증 예방	갈조류 및 홍조류
	칼륨	고혈압 억제 효과	갈조류
	철분	빈혈 예방, 면역 유지, 모발 건조 예방	갈조류 및 홍조류
	마그네슘	혈관 확장, 충혈 및 신경과민, 심장병 및 신장결석 예방	각종 해조류
	셀레늄	항암 효과, 활성산소 제거 및 항산화효과, 혈관 질환 치유, 면역 기능 강화, 피부 트러블 예방	각종 해조류
비타민	A	눈의 건강 유지, 항암작용, 항산화 작용, 성장 촉진, 건강한 피부 및 모발 유지, 알레르기 질환 개선	김, 파래, 청각
	C, E	피부 트러블 예방, 항산화 효과	김, 톳

자료 : 이상훈, 해조류로부터 식·의약 소재 개발의 현황과 전망, 식품기술, 24(2): 165-175, 2011

1. 어류 fish

어류는 서식하는 물의 종류에 따라 해수어와 담수어로 구분이 되며, 어류의 종류, 물

표 10.5 해수어의 분류

분류	특징	종류
붉은살생선	• 5~20% 지방 함유 • 갈색, 노란색, 분홍색, 회색의 육색 • 바다 표면 가까이 서식 • 운동량 많음 • 사후강직 시간이 짧고 단기간에 상하기 쉬움	꽁치, 정어리, 고등어, 참치 등
흰살생선	• 5% 미만의 지방 함유 • 흰색의 육색 • 해저 깊은 곳에 서식 • 운동량 적음 • 붉은살생선에 비해 사후강직 시간이 길며 오랜 기간 선도 유지가 가능	대구, 조기, 광어, 가자미 등

의 상태, 성장 속도, 계절, 성별, 어획 방법에 따라 화학적 조성이 차이가 나게 되어 어육의 맛이 달라지게 된다.

해수어는 붉은살생선과 흰살생선으로 분류하며, 지방 함량이 5% 이상인 붉은살생선은 바다 표면 가까운 곳에서 활동하고 운동량이 많아 산소 공급량이 많기 때문에 미오글로빈의 양이 많다. 꽁치, 정어리, 고등어 등이 여기에 속한다. 흰살생선은 지방 함량이 2% 이하로 수온이 낮고 주로 물이 맑고 깊은 바다에 서식하며 운동량이 적다. 가자미, 대구, 광어 등이 속한다.

담수어는 수온이 높고 수심이 얕은 담수에서 사는 어류로, 잉어나 붕어는 강의 하류에 살고 뱀장어 등은 깊은 바다에서 산란한 후에 다시 강으로 올라온다.

1) 어류의 구조

어류는 머리, 몸통, 꼬리의 세 부분으로 구성되어 있고, 체형은 방추형이 대부분이지만 어종에 따라서 좌우 또는 상하로 편평하거나 가늘고 긴 것도 있다. 어류의 형태는 그림 10.4와 같이 수중에서 호흡을 하고 헤엄쳐 다니면서 먹이를 구하기 쉬운 구조로 되어 있으며, 뱀장어처럼 배지느러미를 가지지 않고 꼬리로 헤엄쳐 다니는 것도 있다.

가식부는 주로 근육으로 등뼈의 양쪽에 붙어 있으며, 등쪽의 고기는 두꺼우나 배쪽은 얇으며 내장을 둘러싸고 있다. 등쪽과 배쪽 고기의 경계 부위에 있는 어두운 적색의 부분을 혈합육dark meat(갈색근)이라고 한다. 흰살생선에는 혈합육이 체표면에만 얇게 분포되어 있으며, 붉은살생선에는 많이 포함되어 있다. 혈합육은 백색육에 비해 수분, 총질소,

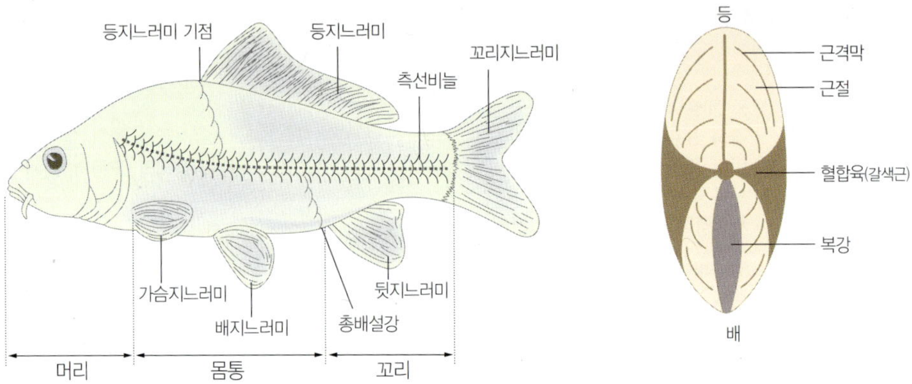

그림 10.4 **어류의 구조 및 절단면**

비단백태 질소가 적은 반면 지방의 함량이 많은 것이 특징이다.

2) 성분 조성

어류의 가식부는 주로 근육 부분으로 대략 50%를 차지하며, 나머지는 내장 및 기타 조직으로 구성되어 있다. 가식부에 해당하는 근육의 일반 조성은 종류, 부위, 연령, 성별, 계절 등에 따라서 많은 차이를 보이지만, 어류의 일반 성분의 조성은 대략적으로 수분 70~80%, 단백질 15~20%, 지방 1~10%, 탄수화물 0.1~1%, 회분 1~2%로 구성되어 있다(표 10.6).

(1) 수분

어육의 수분은 70~80% 정도로 식육류의 수분 함량보다 다소 많은 편이며, 붉은살생선보다 흰살생선에 많다. 지방 함량과는 역의 관계가 있어 지방 함량이 증가하면 수분이 감소하는 경향을 나타낸다.

(2) 단백질

어육 단백질의 조성은 식육류와 비슷하여 근형질 단백질, 구조 단백질인 근원섬유 단백질, 육기질 단백질로 구성되어 있으나, 구성 비율에 있어서는 차이를 보인다. 근형질 단백질의 양은 25% 내외로 차이가 없으나 근원섬유 단백질은 70%로 식육 단백질보다 함량이 높으며, 육기질 단백질은 3%로 식육 단백질보다 매우 적다. 따라서 어육 단백질은 식육 단백질에 비해 훨씬 연하며 소화가 빠르다. 어류는 식육류에 비하여 사후경직이 빠르

표 10.6 어류의 성분 조성

(가식부 100 g당)

종류	에너지 (kcal)	수분 (g)	단백질 (g)	지방 (g)	탄수화물 (g)	식이섬유 (g)	회분 (g)	무기질					비타민					폐기율 (%)
								칼슘 (mg)	인 (mg)	철 (mg)	나트륨 (mg)	칼륨 (mg)	레티놀 (μg)	B_1 (mg)	B_2 (mg)	나이아신 (mg)	C (mg)	
고등어	172	68.1	20.2	10.4	0	0	1.3	26	232	1.6	75	310	23	0.18	0.46	8.2	1	0
정어리	160	69.2	20.0	9.1	0.2	-	1.5	94	224	1.9	95	440	21	0.03	0.35	8.1	1	45
청어	201	66.3	16.3	15.1	0.4	0	1.9	35	304	0.8	-	-	69	0.03	0.25	6.3	1	42
꽁치	132	70.9	22.7	4.7	0.4	-	1.3	42	241	1.7	80	150	21	0.02	0.28	6.4	1	44
삼치	104	76.0	20.08	2.93	0	0	2.05	5	211	0.10	39	387	-	0.08	0.06	-	0	56
참다랑어	166	67.1	23.99	8.09	0	0	0.81	27	235	1.98	62	332	-	0	0.10	-	-	53
참다랑어 (지방육)	344	51.4	20.1	27.5	0.1	0	0.9	7	180	1.6	71	230	270	0.04	0.04	9.8	4	0
참다랑어 (붉은살)	125	70.4	26.4	1.4	0.1	0	1.7	5	270	1.1	49	380	83	0.10	0.05	14.2	2	0
임연수어	142	71.5	19.6	71.1	0.5	0	1.3	13	231	7.9	-	-	23	0.12	0.10	3.7	0	40
멸치	118	73.4	17.7	5.4	0.3	0	3.2	496	202	3.6	-	-	38	0.04	0.26	8.8	1	0
방어	80	75.6	18.4	0.8	0.4	-	1.5	16	289	0.7	32	380	14	0.15	0.16	7.8	1	41
민어	79	79.4	18.0	0.8	0.5	0	1.3	22	178	0.3	-	-	9	0.05	0.29	3.7	1	50
숭어	99	74.1	21.7	1.5	0.4	0	2.3	42	217	1.0	-	-	0	0.10	0	0	tr*	57
가다랑어	118	70.3	25.9	1.8	0.3	-	1.7	15	282	1.8	44	410	12	0.21	0.17	15.3	1	34
조기 (참조기)	110	76.3	19.02	4.04	0	0	1.30	19	158	0.43	51	329	-	0.05	0.21	-	-	42
갈치	140	72.7	18.5	7.5	0.1	-	1.2	46	191	1.0	100	260	20	0.13	0.11	2.3	1	33
대구	79	78.6	19.5	0.3	0.3	0	1.3	35	193	0.4	-	-	23	0.12	0.16	2.4	1	52
명태	74	80.3	17.5	0.7	0	-	1.5	109	202	1.5	132	293	17	0.04	0.13	2.3	tr*	61
아귀	59	84.0	14.1	0.2	0.5	0	1.2	10	150	2.5	-	-	26	0.03	0.13	4.2	0	61
홍어	80	77.5	19.6	0.5	0	-	2.4	305	250	1.2	222	240	0	0.07	0.13	2.4	0	28
농어	88	78.5	18.2	1.9	0.2	-	1.2	58	196	1.5	108	390	36	0.18	0.13	3.1	1	48
가자미	120	72.3	22.1	3.7	0.3	-	1.6	40	196	0.7	230	377	8	0.17	0.26	4.3	2	45
넙치(광어)	116	74.5	22.36	3.28	0	0	1.14	61	274	0.45	49	465	-	0.09	0.12	-	-	46
복어 (자주복)	76	79.0	18.8	0.2	0.4	0	1.6	10	289	0.3	-	-	0	0.08	0.10	5.5	0	56
연어	98	75.8	20.6	1.9	0.2	-	1.5	24	243	1.1	95	330	18	0.19	0.15	7.5	1	39
도미(참돔)	76	79.3	18.4	0.1	0.8	0	1.4	33	270	0.5	-	-	9	0.26	0.15	4.8	1	55
뱀장어	211	67.1	14.4	17.1	0.3	-	1.1	157	193	1.6	65	250	1050	0.66	0.8	4.5	1	14
잉어	105	76.9	17.5	4.0	0.3	-	1.3	50	225	1.4	48	370	11	0.35	0.12	3.3	1	52
미꾸라지	89	78.6	16.2	2.8	0.2	-	2.2	736	437	8.0	85	290	189	0.10	0.65	7.9	2	0
메기	107	78.4	15.1	5.3	0.1	-	1.1	26	190	0.8	46	320	48	0.20	0.07	2.3	1	54
붕어	87	78.9	18.1	1.8	0.1	-	1.1	56	193	2.4	30	340	7	0.31	0.15	2.6	1	57

*tr : trace

자료 : 농촌진흥청 국립농업과학원, 국가표준식품성분표 제9개정판, 2017

고 자기소화의 속도도 빠르다.

단백질의 함량은 15~20% 정도이고, 주성분은 식육류와 마찬가지로 미오신과 미오겐으로 구성되어 있다. 어류의 종류에 따라 다르긴 하지만, 아미노산의 조성은 대부분 필수아미노산을 함유하고 있으며 사람에게 부족하기 쉬운 라이신이 풍부하게 들어 있다. 비단백태 질소로는 크레아틴, 퓨린, 콜린 염기, 이노신산 등을 함유하고 있다.

(3) 지방

지방 성분은 어류의 피하조직, 장간막, 간장, 췌장 등에 비교적 많이 포함되어 있다. 붉은살생선에는 근육에 다량의 지방이 함유되어 있는 반면, 흰살생선에는 간장에 다량의 지방을 축적하여 함유하고 있다. 어육은 축적 지방질과 조직 지방질로 나뉘는데, 축적 지방질은 피하조직의 장간막 등에 분포되어 있고 주성분은 중성지방이며, 조직 지방질은 근육세포, 뇌, 생식선 등에 들어 있는 것으로 인지질, 콜레스테롤, 왁스, 알코올, 탄화수소 등으로 구성되어 있다.

어유의 지방산 조성은 포화지방산이 20%, 불포화지방산이 80%로 이루어져 있으며, 상온에서 액체로 존재한다. 주요 구성 지방산으로는 미리스트산, 팔미트산, 팔미트올레산, 스테아린산, 올레산, 아라키돈산, EPA, DHA 등이다. 특히 육상동물이나 식물류에 없는 **고도불포화지방산**인 아라키돈산, EPA, DHA, 클루파노돈산clupanodonic acid, 니신산nisinic acid과 같이 이중결합이 4개 또는 그 이상인 지방산을 가지고 있는 것이 특징이다.

(4) 탄수화물

근육 중에 소량의 포도당, 리보스 그리고 글리코겐이 존재한다. 어종에 따라 약 0.2~1% 정도 존재하는데, 시간이 경과함에 따라 줄어들어 시판품에는 거의 발견되지 않는다.

(5) 비타민과 무기질

무기질은 1~2%가량 들어 있는데 주로 인과 황이 많고 그 외에 나트륨, 칼륨, 마그네슘, 구리, 요오드 등을 함유하고 있다. 여러 가지 비타민 중에서 어류에 가장 풍부한 것은 비타민 A와 D로 어류의 간장에 많이 포함되어 있다. 프로비타민provitamin A는 어육의 색이

고도불포화지방산(highly unsaturated fatty acid, HUFA) 이중결합을 4개 이상 가지는 불포화지방산으로서 아라키돈산(arachidonic acid), EPA(eicosapentaenoic acid), DHA(docosahexaenoic acid) 등이 해당. 이 중에서 EPA와 DHA는 등푸른생선에 많이 함유되어 있으며, 혈압 강하, 혈중 콜레스테롤 감소 및 항혈전 등의 효과가 인정되고 있어서 최근 주목받고 있다. 또한 DHA는 뇌 및 망막 조직의 주요 성분으로 알려져 있다.

붉은색인 연어, 송어와 지방의 함량이 많은 어류에 함유되어 있으며, 비타민 B_2는 어류의 눈이나 난소 등에 많이 함유되어 있다. 그 외의 수용성 비타민은 많은 양은 아니지만 대사에 필요한 만큼을 포함하고 있다.

(6) 색소

어육의 색소는 육색소인 미오글로빈, 카로티노이드와 혈색소인 헤모글로빈 등이다. 적색육은 사이토크롬이 대부분이고 연어, 송어 등의 육색소는 카로티노이드이다. 갈색이나 흑색으로 보이는 색소는 주로 멜라닌이며, 붉은색은 아스타잔틴astaxanthin, 황색은 루테인lutein, 제아잔틴zeaxanthin이다. 특히 갈치 비늘에 있는 은빛 색소는 구아닌guanine이다.

(7) 냄새 성분

담수어 냄새의 주성분은 피페리딘piperidine계 화합물로, 실제로 피페리딘과 아세트알데하이드acetaldehyde가 섞이면 신선한 담수어의 냄새가 난다. 어체의 점막에 있는 델타-아미노발레르산δ-aminovaleric acid에서는 강한 비린내를 나타낸다.

해수어에는 약간의 단맛과 생체 내 암모니아의 해독물질 또는 요소와 함께 삼투압 조절 물질로 이용되는 트라이메틸아민산화물trimethylamine oxide, TMAO이 들어 있는데, 특히 상어, 가오리에 많으며 담수어에는 거의 들어 있지 않다. TMAO는 환원세균이나 글루타티온glutathione에 의해 쉽게 환원되어 트라이메틸아민trimethylamine, TMA으로 되어 생선 비린내의 주성분이 된다. 어류의 선도가 저하되면 TMA뿐만 아니라 암모니아, 인돌, 스카톨, 메틸머캡탄, 황화수소 등이 생성되어 불쾌취를 나타낸다.

Q&A

Q 생선 비린내를 제거하려면?

A
- 생선 비린내의 주성분인 트라이메틸아민류는 수용성이고 또한 암모니아취도 물에 쉽게 용해되므로 물로 씻으면 비린내가 많이 제거된다.
- 식초, 레몬즙 등의 산을 첨가하면 비린내를 내는 성분이 중화되어 냄새가 약화된다.
- 술이나 미림을 첨가하면 비린내를 내는 성분이 같이 휘발하여 냄새가 감소한다.
- 생선을 조리하기 전에 우유에 담가 두면 우유에 있는 카세인의 흡착력에 의해 비린내가 제거되며, 이러한 방법은 서양 조리법에 많이 이용된다.
- 파, 마늘, 겨자, 고추, 후추 등의 향신료를 사용하면 음식물에 향미를 주고, 미각을 둔하게 하여 비린내를 약화시킨다.
- 된장이나 고추장은 특유의 풍미가 있으며 강한 흡착성을 가지고 있어 생선의 비린내를 감소시킨다.

3) 사후 변화

어육도 식육류와 마찬가지로 사후 시간이 경과하게 되면 경직되기 시작하고, 경직 상태가 얼마간 지속된 후에 서서히 경직이 풀리며 연화되는 과정을 거치는데 이러한 과정은 식육류와 같다(제7장 육류 참고). 어류의 사후경직은 어류의 종류, 사후 방치 온도, 어획 방법, 내장의 유무에 따라 차이가 크며, 특히 붉은살생선이 흰살생선보다 사후경직이 빨리 시작되고 지속 시간도 짧다.

사후경직이 지속되면 조직 중에 존재하는 여러 가지 효소에 의해 분해 과정인 자기소화가 일어난다. 식육류의 경우에는 자기소화 과정에서 지미 성분을 많이 생성하여 맛과 조직을 좋게 하지만, 어육의 경우에는 조직이 연하고 자기소화 과정의 속도가 빨라서 맛을 저하시키며 이때부터 어류의 선도 저하가 일어나게 된다.

4) 선도 측정법

어패류의 경우 자기소화 과정이나 미생물의 작용에 의해 변질되기 쉽고 식중독을 일으킬 염려가 있으므로 어패류의 선도를 정확하게 판정하는 것이 매우 중요하다. 선도 측정의 방법으로는 관능적·이화학적·세균학적 측정법 등이 있다.

(1) 관능적 선도 측정법

사람의 감각에 의해 선도를 측정하는 방법으로 객관성은 떨어지지만 간편하고 신속하게 측정할 수 있는 방법이다. 신선한 어류는 손으로 눌러 보았을 때 조직이 단단하며 아가미의 빛깔이 담적색 또는 선홍색을 띤다. 선도가 떨어짐에 따라 어육이 물러지며, 아가미의 색이 퇴색되어 회색 또는 회녹색을 나타낸다. 또한 신선한 어류의 안구는 투명하고 정상 위치에 있으나, 선도가 떨어짐에 따라 눈이 흐리고 각막은 눈 속으로 내려앉게 된다. 신선한 어류의 비늘은 단단히 붙어 있으며 투명하나 선도 저하에 따라 황갈색으로 변한다. 또한 어획 직후의 어류는 거의 냄새가 없지만 선도가 떨어짐에 따라서 불쾌한 비린내가 난다.

(2) 이화학적 선도 측정법

어육의 선도 저하에 따라 생성 및 증가하는 암모니아, TMA, DMA dimethylamine 등의 화합물을 휘발성 염기질소라 하며, 이를 측정하여 선도를 판정하기도 한다. 휘발성 염기질소 측정에 의한 선도 판정법은 단독으로 또는 다른 판정법과 병행하여 가장 광범위하게 이용되고 있는 선도 측정법이다. 특히, TMA 함량의 측정에 의한 선도 판정법은 단독 판정법으로도 중요하다. 휘발성 염기질소량은 신선한 어육에서는 5~10 mg%, 보통 선도의 어육에서는 15~25 mg%, 초기 부패의 어육에서는 30~40 mg%, 부패한 어육은 50 mg% 이상을 나타낸다. 그 외의 방법으로는 pH, 휘발성 환원물질, K값 측정 등의 방법이 알려져 있다.

(3) 세균학적 선도 측정법

어체의 세균을 측정해서 그 수에 의해서 선도를 판정하는 방법으로 측정 결과를 얻는 데까지 상당한 시간이 걸린다. 일반적으로 어육 1 g 중의 세균 수가 10^5 이하이면 신선한 것으로 간주하고, 10^5~10^6이면 초기 부패가 일어난 것으로 할 수 있다.

5) 저장 및 가공품

어패류는 다른 식품 재료에 비하여 매우 부패되기 쉽고 어획 시기 및 어획량이 일정하지 않아서 일시에 냉동 저장하거나 가공해야 한다. 어패류의 냉동 저장은 품질 보존을 주목적으로 하는 냉동품과 가열하거나 해동시키면 소비자가 즉시 사용할 수 있도록 가공 조리한 냉동식품으로 나눌 수 있는데, 식생활의 간소화 추세로 냉동식품의 생산이 증가하는 추세이다. 어류를 냉동하면 얼음 결정의 생성으로 조직이 파괴되고 해동 시 드립drip 현상에 의한 유용 성분의 유출이 일어나므로 급속냉동을 통하여 미세한 얼음 결정을 만들어 조직의 파괴를 감소시키는 것이 선도 유지에 좋다. 지방 함량이 높은 어류의 경우에는 지방의 산패를 방지하기 위하여 저온 저장이 필요하며, 공기가 직접 식품과 접촉하는 것을 피하기 위해서 표면에 얼음막ice glaze을 형성하는 것이 좋다.

냉동 이외에 많이 이용되는 방법은 건조로, 예로부터 미생물의 번식을 억제하고 오랜 기간 보관하기 위하여 건조 방법을 사용해 왔다. 어류의 자기소화효소의 작용 억제와 세균 증식에 필요한 자유수를 제거하고, 식품 중의 염분이나 고형분의 농축을 통하여 수분활성도를 저하시켜 저장성을 갖게 하며 상품성을 높이는 방법이다.

소금을 첨가하여 저장하는 것은 염장이라고 한다. 식염은 식품의 보존성, 안전성, 사용의 편리성 및 가격에 있어서 좋은 재료로, 삼투압에 의한 탈수작용 및 수분활성의 저하에 의한 식품의 보존 효과를 위해 예로부터 저장 및 가공에 많이 이용되어 왔다. 식품에 직접 소금을 처리하는 건염법, 소금물을 만들어 담그는 염수법 등의 방법이 있으며, 대표적인 제품으로는 염장 고등어 및 각종 젓갈류 등이 있다.

어육을 훈연한 제품은 유럽 등지에서 주로 이용하는 방법으로, 나무 등을 태운 연기에 의한 방부성과 향미 증진 및 일부 건조 효과를 이용하는 것이다. 저온에서 장기간 연기에 노출시키는 냉훈법, 고온에서 단시간 진행하는 온훈법, 훈연액에 침지하는 액훈법 등이 있으며 연어, 청어 등에 이용된다.

통조림법은 가열 살균, 조리 및 포장이 동시에 이루어지는 가장 안전한 가공 저장 방법으로, 대량으로 어획된 수산물 처리에 이용되어 왔다. 통조림의 가공 방법에 따라 수자 통조림, 유지 통조림, 조미 통조림 등이 있다.

어육 연제품은 어묵이라고도 하며, 내장과 뼈를 제거하고 절취한 어육을 곱게 마쇄하여 각종 조미료, 향신료, 결착제를 첨가하여 증자 또는 그 외의 방법으로 가열, 응고시킨 수산 가공품이다.

6) 주요 어류

(1) 고등어mackerel

그림 10.5 **고등어**

고등어는 우리나라 동서남 전 해역과 타이완, 일본, 중국 등의 연해에 분포되어 있으며, 꽁치, 전갱이, 정어리와 함께 4대 등푸른생선에 속한다. 몸은 40 cm 정도의 방추형으로 횡단면은 타원형이며, 등쪽은 암청색을 띠고 중앙으로부터 배쪽은 은백색을 띤다. 가다랑어와 비슷한 형태이지만 고등어는 제1 등지느러미와 제2 등지느러미가 떨어져 있어 구별이 가능하다. 수온이 10~20℃의 맑은 물에서 살며, 바다의 표층과 중층에 서식한다.

고등어는 혈합육이 18% 정도로 많은 양을 함유하고 있으며, 보통육보다 미오글로빈과 지방이 많아서 특유의 냄새를 가지고 있나. 다른 등푸른생선에 비하여 무기질과 비타민의 함량이 풍부하고, 히스티딘, 라이신, 글루탐산, 이노신산 등의 맛을 내는 성분이 많이 함유되어 있다. 염기성 아미노산인 히스티딘이 많아 선도가 떨어져 부패가 시작되면 히스타민이라는 유해 성분으로 변하게 되어 알레르기 식중독을 일으키기도 한다. 내장은 자기소화의 활성이 강하여 선도가 급격히 떨어지므로 보관 시에는 내장을 반드시 제거하는 것이 바람직하다. 고등어가 가장 맛이 좋은 시기는 가을로 이때에는 지방 함량이

15% 전후로 영양가도 최고로 높다. 그 외에 DHA, EPA가 풍부하여 성인병 예방에 좋으며, 비타민 B_2와 비타민 E도 많이 함유하고 있다.

고등어는 자반, 조림, 구이 및 통조림 가공품의 용도로 사용되고 있다. 고등어는 쉽게 부패되므로 회나 어포로 사용하지 않으나, 일본에서는 밧데라バッテラ라는 고등어 초밥을 만들어 즐겨 먹는다.

(2) 정어리sardine

그림 10.6 정어리

정어리는 동중국해, 일본, 한국 연근해 등 태평양 연안에 분포하며, 몸 길이가 20~25 cm 정도로 등은 청색, 배는 은백색을 띠고 몸의 양 옆에는 6~9개 정도의 검은색 둥근 점이 있다. 고등어와 가다랑어 등 대형 어류의 먹이가 되어 바다 먹이사슬의 밑부분을 형성하므로 바다의 쌀, 바다의 목초라 불린다. 산란기는 12월~다음해 6월로 광범위하고 주요 산란장은 우리나라 다도해와 일본 규슈 남방이며 다른 어류에 비해 번식력이 강하다.

지방 함량이 높아 칼로리가 높으며, 가을에서 겨울까지가 지방 함량이 15~17%에 달해 맛이 좋은 시기로 통조림이나 채유에 이용되고 4월에서 9월에는 지방 함량이 2~4%로 감소한다. 정어리의 지방에는 EPA, DHA와 같은 고도불포화지방산이 많이 함유되어 있다.

정어리는 주로 구이와 조림, 통조림 등으로 이용하며, 어유 등의 원료나 양식용 사료로 많이 쓰이고 있다.

(3) 청어herring

그림 10.7 청어

청어는 우리나라 경상북도 이북의 동해안, 일본 북부, 북태평양, 알래스카, 사할린 등에 고루 분포하고 있는 한해 어종으로 가을부터 봄에 걸쳐 어획한다. 외형은 정어리와 비슷하고 몸 길이가 35 cm 내외이며 등쪽은 암청색을, 배쪽은 은백색을 띠고 있다. 청어는 빛깔이 청색이기 때문에 붙여진 이름으로 지방에 따라 비웃(경기, 강원), 구구대(서울, 알을 가진 것), 눈검정이(포항), 관목이(경상도) 등으로도 불리고 있다.

청어의 단백질에는 필수아미노산이 많이 함유되어 있으며, 지방이 풍부하고 DHA와 EPA를 많이 함유하고 있다. 또한 칼슘, 철, 비타민 B_1, B_2가 풍부하다. 우리나라의 주요 수산물이었으나 최근에는 어획량이 많이 감소하였고, 주로 구이, 찜, 회, 죽 등으로 이용되며, 청어알은 맛이 좋아 일본에서 애용되고 있다.

(4) 꽁치pacific saury

그림 10.8 **꽁치**

꽁치는 우리나라의 동해와 남해, 일본 연안, 아시아와 북아메리카를 잇는 북태평양 연안에 분포한다. 몸 길이가 25~30 cm 정도로 가늘고 길며, 등지느러미와 뒷지느러미가 뒷부분에 있고 꼬리지느러미와의 사이에 비늘이 많은 것이 특징이다. 암컷은 아랫입술의 끝부분이 올리브색을, 수컷은 오렌지색을 띤다.

대표적인 붉은살생선으로 진한 적색을 나타내며 혈합육의 비율이 높은 편이다. 붉은살생선은 흰살생선보다 훨씬 산성이고, 어육 연제품에 탄력을 부여하는 근원섬유 단백질인 액토미오신이 사후 신속하게 탄력을 잃기 때문에 어육 연제품의 재료로 이용되지 못한다.

단백질과 비타민 B군이 많이 함유되어 있으며, 다른 등푸른생선과 같이 DHA의 함량이 높다. 10~11월 사이에 잡히는 꽁치는 지방 함량이 20% 정도로, 이때가 가장 맛이 좋은 시기이다. 꽁치는 회, 구이, 조림, 튀김, 통조림, 사료용 어분 및 다랑어 잡이의 먹이로 사용되며, 포항에서는 겨울철에 꽁치를 말려서 먹기도 하는데 말린 꽁치를 '과메기'라고 부른다.

(5) 삼치Japanese Spanish mackerel

삼치는 우리나라의 서해와 남해, 동중국해, 일본의 홋카이도 이남 근해, 러시아의 블라디보스토크 등 북서태평양의 온대 해역에 분포하며 수심 100~300 m 지역에 서식한다. 몸은 가늘고 길며 옆으로 납작하고, 등은 회청색을 띠고 있으며 옆구리에 회색 반점이 7~8줄 세로로 흩어져 있다. 최대 몸길이는 약 100 cm, 몸무게 7.1 kg까지 성장한다.

Q&A

Q 과메기는 어떻게 만들어지나?

A 과메기는 청어 또는 꽁치를 겨울 동안 반건조한 것이다. 과메기란 이름은 청어의 눈을 꼬챙이로 꿰어서 말렸다는 관목(貫目)에서 유래한다. 동해에서 갓 잡은 신선한 청어나 꽁치를 -10℃ 이하로 냉동해 두었다가 12월부터 바깥에 내다 걸어 자연 상태에서 밤에는 냉동을, 낮에는 해동을 반복하여 수분 함량이 40% 정도가 되도록 말린 것으로, 포항시 구룡포의 특산물이다. 과메기는 원재료인 청어나 꽁치보다 영양가가 높으며 특히 오메가-3지방산과 핵산의 함량이 매우 높다.

살이 희고 부드러우며 맛이 담백하고 특이한 냄새가 없어 고급어로 취급되며, 겨울철에 가장 맛이 좋다. 삼치는 살이 약해 회를 뜨기가 어려우므로 살짝 얼린 후 회를 뜨기도 하며, 소금구이, 찜, 튀김, 조림 등으로 이용된다.

그림 10.9 **삼치**

(6) 다랑어tuna류

다랑어류는 외양성 회유어로서 적도를 중심으로 남북 아열대 해역에 널리 분포하며, 종류로는 참다랑어bluefin tuna, 황다랑어yellowfin tuna, 눈다랑어bigeye tuna, 날다랑어long-finned tuna 등이 있다. 어류 중에서 크기가 큰 것으로 최대 몸 길이가 3 m, 몸무게가 350 kg 내외이며, 680 kg이나 되는 참다랑어가 잡힌 기록이 있다. 서양에서는 참치를 '바다의 귀족' 또는 '바다의 닭고기'라고 하고, 일본에서는 '마구로'라고 한다. 현재 일본과 우리나라에서는 참다랑어를 양식하고 있다.

그림 10.10 **다랑어류**

참치는 단백질 함량이 약 25% 내외로 고단백, 저지방, 저칼로리 식품이며, 비타민 B군과 E, 칼슘, 철, 인, 마그네슘, 셀레늄 등의 무기질 성분, 다량의 핵산, 고도불포화지방산인 DHA와 EPA 등의 성분을 많이 함유하고 있다.

참치 통조림에서는 녹변현상greening과 같은 변색이 일어나게 되어 품질의 저하를 동반하기도 한다. 녹변현상은 주로 헴heme을 함유하는 식품이 푸른색으로 변하는 현상으로 참치 통조림 제조 시 가열 처리 과정 중에 발생한다. TMAO와 같은 산화제가 존재할 경우 미오글로빈에 SHsulfhydryl기가 결합되어 참치의 색이 변색되는 현상으로, 환원제 첨가를 통해서 방지할 수 있다.

가장 맛이 좋은 시기로는 참다랑어는 겨울, 황다랑어는 여름에서 가을, 눈다랑어는 늦봄이다. 다랑어는 선어보다는 냉동품과 통조림으로 가공하여 많이 이용되며, 회, 초밥, 스테이크, 구이 등으로 많이 이용된다.

(7) 임연수어atka mackerel

임연수어는 한해성 어종으로, 우리나라의 동해, 북태평양 오호츠크해, 일본 홋카이도 근해에 분포한다. 몸 길이는 45 cm가량으로 모양이 쥐노래미와 비슷하나 꼬리자루가 가늘고 머리가 작으며, 노란 바탕에 검은색의 세로띠가 있다.

그림 10.11 **임연수어**

조선 정조 때의 서유구徐有榘가 우리나라의 강어江魚, 해어海魚에 대하여 지은 『난호어목지蘭湖漁牧志』에 의하면 임연수林延壽라는 사람이 이 고기를 잘 낚았다고 하여 그의 이름을 따서 임연수어林延壽魚라고 불렀다고 하고, 영문명인 atka mackerel은 임연수어의 어장인 알래스카 남부의 애트카 섬Atka island의 이름을 딴 것이다.

산란기를 맞이하여 이동하는 9~2월 사이에 많이 어획되며, 주로 명태나 조기의 치어를 잡아먹고 산다. 임연수어의 맛은 특이하지 않지만 튀김, 구이, 조림, 회 등으로 이용된다.

(8) 멸치anchovy

멸치는 물 밖으로 나오면 금방 죽어 버리기 때문에 붙여진 이름이다. 우리나라, 일본, 중국의 연안에 분포하는 회유성 어류로, 우리나라의 중요한 수산 자원 중의 하나이다. 특히 우리나라에서는 남해 충무, 추자도 지역, 평안북도까지의 서해안, 강원도 통천 근처까지의 동해안 근처에 많이 서식하고 있으며, 전라남도 여수 거문도산의 건멸치와 추자도산의 멸치 젓갈이 유명하다. 건조품 중에서 전체의 길이가 77 mm 이상을 대멸, 76~46 mm를 중멸, 45~31 mm를 소멸, 30~16 mm를 자멸, 15 mm 이하를 세멸이라고 한다.

그림 10.12 **멸치**

몸 길이가 약 13 cm로 작고 가늘며 등은 짙은 청색, 배는 은백색이다. 뼈째 먹는 대표적인 생선으로 단백질과 칼슘, 인 등의 무기질이 풍부하며, 지방의 함량은 계절에 따라 달라서 1~3월에 가장 적고, 10~11월에 가장 많다.

멸치는 선도가 쉽게 저하되기 때문에 거의 대부분이 말린 멸치나 소금에 절인 젓갈의 형태로 이용한다. 마른 멸치 중에서 중간 것과 잔 것은 조림, 볶음 등에 이용되고, 굵은 것은 주로 국물을 내는 데 이용된다. 젓갈이나 다랑어의 먹이로도 이용되며, 서양에서는 멸치의 일종을 염장 후 숙성시킨 안초비anchovy를 소스류와 샐러드 드레싱으로 이용하기도 한다.

(9) 방어yellow tail

방어는 우리나라의 동해와 남해의 전 연해, 일본 근해, 연해주 남부 근해에 분포하며,

멸치고추 조림

재료

멸치	100 g	소금	1/2 t
꽈리고추	100 g	맛술	3 T
통마늘	30 g	물엿	5 T
식용유	약간	고춧가루	2 t
설탕	2 t	간장	1/2 t
참기름	3 t	물	3 T
깨소금	1 t		

조리방법

1. 꽈리고추는 깨끗이 씻어 꼭지를 제거하고, 멸치는 달군 팬에 가볍게 볶아 불순물을 없앤다.
2. 프라이팬에 참기름 2 t을 넣고 얇게 저민 마늘을 볶아 마늘향이 충분히 우러나면 멸치를 넣고 볶는다.
3. ②에 분량의 물엿, 맛술, 물, 고춧가루, 간장과 설탕 1 t을 넣고 재빨리 볶아 접시에 담아 식힌다.
4. 프라이팬에 기름을 두르고 손질한 꽈리고추와 분량의 소금을 넣은 다음 꽈리고추가 숨이 죽을 때까지 센 불에서 볶아 식힌다.
5. 볶은 고추에 설탕 1 t, 깨소금 1 t, 참기름 1 t을 넣어 양념한 다음 ③의 멸치조림과 고루 버무려 접시에 담는다.

Q&A

Q 케첩(ketchup)은 생선 소스에서 유래?

A 현재 중국 동남부, 남부 해안의 푸젠성, 광둥성 지역에서는 오래전 중국인들이 이족(彝族) 또는 백월(百越)이라 부르던 몽크메르족과 타이족이 현지에서 잡은 생선을 소금에 절여 발효시켜 사용하고 있었다. 고대 중국의 자료에 의하면 기원전 200년경 한 무제가 영토 확장에 나서 이들 이민족을 지금의 베트남과 캄보디아 등지로 밀어냈다고 하는데, 이 무렵에 중국인들이 생선 소스를 처음 받아들인 것으로 추정된다.

16세기 푸젠성 상인과 선원들은 베트남의 '느억맘', 타이의 '남플라'라는 생선 소스처럼 진한 적갈색을 띠며 냄새가 강한 액체와 같은 생선 소스를 무척 좋아해서 그 소스를 케첩이라 불렀다. 케첩은 푸젠성 남부와 타이완 방언으로 '저장된 생선 소스'라는 뜻이며, 푸젠성 방언으로 '케'라는 음절은 '저장된 생선'을 뜻하고 '첩'이라는 음절은 푸젠성 방언과 광둥어로 '소스'를 의미한다.

17~18세기 동남아시아로 진출한 영국 선원들은 인도네시아의 중국 상인에게 생선 소스를 구매하여 영국에서 판매하였다. 병에 담긴 값비싼 케첩은 영국에서 귀한 상품으로 대접받았으나 수입비용이 비쌌기 때문에 영국에서도 자체적으로 조리법을 개발하게 되었다. 1742년 런던의 요리책에 안초비(anchovy)와 표고버섯을 사용한 캐첩(Katch-up) 조리법이 등장하였고, 1817년에 영국에서 만들어진 토마타 캐첩(Tomata Catsup) 조리법에는 안초비와 함께 토마토가 들어갔으며, 1850년대 중반이 되면 입맛이 변해서 안초비가 조리법에서 빠지는 것으로 보인다.

미국에서는 남북전쟁 이후 케첩의 수요가 증가하여, 영국식보다는 좀 더 달콤하고 걸쭉한 소스를 선호하는 미국인의 입맛에 맞춰 조리법이 응용되었다. 하인즈와 같은 제조회사들이 설탕과 식초를 많이 넣으면 케첩의 저장성이 좋아지는 것을 알아냄으로써 달콤새콤한 맛이라는 현대적인 공식이 만들어지게 된다.

케첩 철자법은 영국과 미국에서 두 가지 철자법이 다 쓰였지만, 영국에서는 'ketchup', 미국에서는 'catsup'이라는 표기가 우세하였다. 하인즈가 경쟁사들의 'catsup'과 구별하기 위하여 'ketchup'을 사용하였는데 하인즈사가 시장을 지배하면서 다른 제조업자들도 하인즈식 철자법을 따라 'ketchup'이라는 표기법이 1980년대 이후 미국에서도 우세하게 되었다

몸 길이에 따라 이름이 달라지는데 60 cm 이상인 것을 방어라고 부른다. 등은 청색, 배는 은백색을 띠고 있으며 주둥이에서 꼬리지느러미까지 세로로 그어진 노란색의 띠가 희미하게 있다. 우리나라 주요 어류 중의 하나로 5월 초에서 한여름까지 북쪽으로 회유해 올라갔다가 늦여름부터 이듬해 봄 사이에 남하하여 회유한다.

그림 10.13 방어

맛이 좋은 고급 어종으로 단백질, 지방, 무기질, 비타민 D가 많이 함유되어 있으며, 12월에서 3월 사이 겨울철에 가장 맛이 좋다. 회, 초밥, 구이, 조림, 찌개, 염장품, 건제품 등으로 이용되고 있다.

(10) 민어croaker

민어는 회어, 면어라고도 불리며, 우리나라 서남해 부근, 중국, 일본 등지에 분포한다. 모양은 조기와 비슷하지만 몸 길이가 90 cm 정도로 크기가 훨씬 크고, 등은 회청색, 배는 연한 회색이며, 등지느러미 부근에 작은 비늘이 촘촘하게 있다.

그림 10.14 민어

다른 흰살생선과 마찬가지로 체내 지방이 적고 단백질 함량이 많아 맛이 담백하다. 우리나라에서는 혼례나 회갑연 등의 전유어나 탕, 포 등을 만드는 데 많이 이용해 왔으며, 주로 회, 조림, 찜, 구이, 찌개 등으로 이용된다.

(11) 숭어gray mullet

숭어는 태평양, 대서양, 인도양의 온대 및 열대 해역에 광범위하게 분포하며 우리나라의 전 연안에 서식하고 있다. 주로 연안에 서식하나 강 하구나 민물에도 들어간다. 우리나라에서는 영산강 수역에서 많이 잡히는데, 치어는 하천의 담수 지역까지 올라가 서식하다가 25 cm 내외로 자라면 다시 바다로 내려간다. 몸 길이는 70~80 cm 정도로, 머리는 작고 위턱이 약간 길며 양 턱에 작은 이빨이 있다. 등은 회청색, 배는 은백색을 띠며 가슴지느러미 아래에 청색의 반점이 있고, 비늘 가운데에 흑백의 반점이 있다.

그림 10.15 숭어

숭어는 주로 구이, 조림 등에 이용되고, 예로부터 물고기 중에 맛이 좋아 제일로 여겼다. 숭어의 난소를 염장하여 말린 것을 '치자'라고 하여 고급 안주로 사용하였고 알을 말린 것은 건란이라고 하여 진미로 여겼다. 숭어를 먹으면 비장에 좋고 위를 편하게 하며, 오장을 다스려 오래 섭취하면 몸에 살이 붙고 건강해진다고 알려져 왔다.

(12) 가다랑어bonito, skipjack tuna

그림 10.16 **가다랑어**

가다랑어는 서식하는 곳이 광범위하여 태평양, 대서양, 인도양 등의 온대 및 열대 해역에 분포하고 있으며 우리나라 남해와 제주도 연해 및 일본 홋카이도 근해에 걸쳐 서식한다. 배쪽에 여러 줄의 청흑색 줄무늬가 있는데 이것은 사후에 나타나며 살아 있을 때는 무늬가 없다.

가다랑어의 등살은 수분 함량이 적고 단백질이 많으며, 갈색근은 비타민 A, B_1, B_2, B_{12}, 철분 및 DHA를 많이 함유하고 있다. 가을에 지방이 많아서 가장 맛이 좋으며, 감칠맛 성분인 이노신산이 많이 들어 있어 국물 맛을 내는 데 많이 이용된다. 껍질을 벗긴 가다랑어를 알맞게 잘라 수증기로 찌고 건조시킨 후 숙성시켜서 나무토막처럼 단단해졌을 때 대패로 밀듯이 얇게 포를 뜬 것을 '가츠오부시'라고 하며, 국물 맛을 내는 데 이용한다. 그 외에 회, 통조림, 조림 등의 원료도 사용된다.

(13) 조기yellow croaker

그림 10.17 **조기**

민어과에 속하는 해수어로 참조기, 흑조기, 보구치 등이 있으며, 대표적인 것이 참조기이다. 조기라는 이름은 사람에게 기운을 북돋워 주는 효험이 있다고 하여 붙여진 것이다. 우리나라 서남해안, 동중국해, 타이완, 일본 남부 지역에 서식하며, 색은 회색을 띤 황금색, 입 부위는 홍색, 몸 길이는 약 30 cm 정도이다. 가을에 나는 조기는 주로 원양산이며, 봄에 나는 조기가 서해에서 잡히는 것으로 산란 직후라 맛이 좋다.

조기는 양질의 단백질이 풍부하고 맛이 좋으며 원기 회복 및 성장기 어린이에게 좋다. 한방에서는 배탈, 설사 및 소화불량에 순채와 함께 넣고 끓여 먹었다고 한다. 우리나라 사람들이 가장 즐기는 생선 중의 하나로 제수용, 선물용으로 많이 쓰이는 고급 생선이다. 특히 우리나라 고유의 염건품인 굴비로 많이 이용되는데 비늘, 아가미, 내장 등을 제거하지 않고 조기 무게의 17~25%의 소금을 뿌려 염장한 것을 수분 함량이 10% 정도로 건조시켜 굴비로 만든다. 전남 영광군 법성포산 굴비가 제일 굵고 맛이 좋아 유명하다.

(14) 갈치hairtail

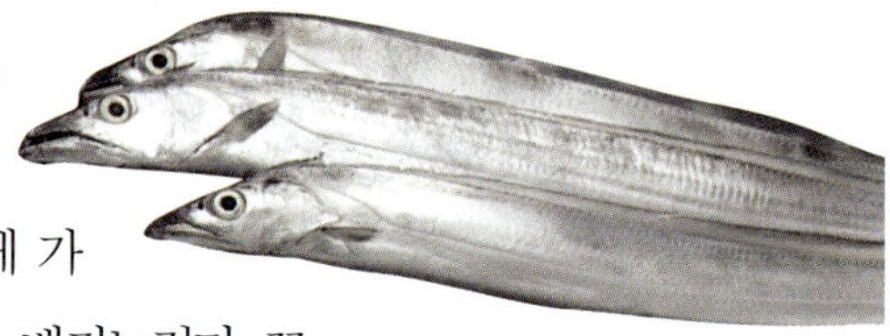
그림 10.18 **갈치**

갈치는 우리나라 서남해안, 일본, 필리핀, 타이완, 호주, 대서양에 분포하는 난해성 어류이다. 몸 길이는 1.5 m 정도로 납작하게 가늘고 길어 꼬리가 긴 끈처럼 생겼으며, 비늘, 배지느러미, 꼬리지느러미가 없고 등지느러미 하나가 전부를 차지하는 것이 특징이다. 몸은 은백색으로 입이 크고 억센 이빨이 있다.

갈치는 살이 희고 부드러우며 단백질 함량이 풍부하고 지방도 적당히 들어 있어 담백하며 맛이 좋다. 여름과 가을철에 맛이 가장 좋으며, 주로 조림, 구이, 튀김 등으로 이용되고 어육 연제품의 원료로도 사용된다. 표피의 은백색 가루의 주성분은 구아닌으로 소화도 안 되고 영양 가치는 없으나 모조진주의 원료로 사용된다.

(15) 대구cod

그림 10.19 **대구**

대구는 우리나라 동해 북쪽, 일본 북쪽, 오호츠크해 등지에 분포하는 한대성 어류로, 수심 150~200 m 전후에서 서식한다. 몸 길이가 60~100 cm로 뒤쪽이 가늘지만 대체로 비대하여 명태보다 대형이며 머리는 크고 아래턱은 위턱보다 짧다. 등은 회갈색이고 배는 흰색이며, 등지느러미와 옆구리에는 모양이 고르지 않은 반점과 물결 모양의 선이 있고, 턱에는 1개의 수염이 있다. 입은 비스듬히 찢어져 있고 커서 대구라는 이름이 붙었다.

지방 함량이 적어 맛이 담백한 것이 특징이고, 대구의 간에는 비타민 A와 D, 그리고 지방이 많이 함유되어 있어 간유의 원료가 된다. 또한 아미노산 중 **타우린**taurine이 풍부하여 피로 회복, 시력 증강, 간 기능 보호의 기능이 있다. 산란기인 겨울철에 가장 맛이 좋으며, 건제품, 염장품 등으로 가공하거나 탕, 찌개, 전골, 찜 등에 이용된다.

(16) 명태alaska pollack

명태는 우리나라의 대표적인 수산물로, 우리나라 동해, 북부 오호츠크해, 베링해, 알래

타우린(taurine, 2-aminoethanesulfonic acid) 분자 구조 내에 아미노기와 설폰산(sulfonic acid) 구조를 가지는 일종의 아미노산. 오징어와 문어 등에 비교적 많이 함유되어 있으며, 피로 회복, 고혈압과 당뇨 예방, 피부미용, 두뇌 개발 및 신경정신 활동 강화 등의 효능이 알려져 있다.

스카에 걸친 북태평양 해역에 널리 분포하고 있다. 몸은 대구와 비슷하나 홀쭉하고 길며, 등은 갈색, 배는 흰색, 몸 옆구리에는 불규칙한 갈색의 세로줄이 있다. 명태는 얼리지 않은 것을 생태, 말려서 건조한 것을 북어, 반건조한 것을 코다리, 동결건조한 것을 황태라고 부른다.

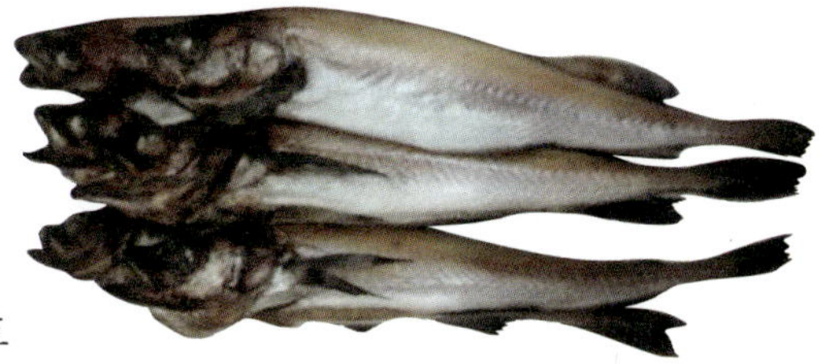

그림 10.20 **생태(위)와 코다리(아래)**

지방 함량이 적고 메싸이오닌, 라이신, 트립토판과 같은 필수아미노산을 많이 함유하고 있어 간 보호 기능이 있으며 해장국의 재료로 많이 이용된다. 명태는 주로 생태찌개, 매운탕, 황태구이, 황태찜, 북어국, 북어무침 등 다양하게 이용되며, 명태의 알은 명란젓으로, 내장은 창란젓으로 이용되고 있다.

(17) 아귀blackmouth angler

아귀는 흔히 '아구'라고도 부르며, 한국, 일본, 중국해, 필리핀 등의 연해에 분포한다. 몸은 회색으로 담색의 반점이 있으며, 몸에는 비늘이 없고 피질 돌기로 덮여있으며 뼈는 물렁뼈이다. 몸 길이는 약 1 m 정도이고 머리의 폭이 넓고 허리와 꼬리가 짧으며, 아래턱이 위턱보다 길고 큰 입에는 다양한 크기의 이빨들이 있다. 앞쪽에 촉수 모양의 가시가 있어 이것으로 작은 물고기를 꿰어서 잡아 먹는다.

그림 10.21 **아귀**

지방 함량이 적고 단백질과 인, 철 등의 무기질을 함유하고 있으며, 간에는 지방과 비타민 A가 많이 들어 있다. 살이 부드럽고 탄력이 있으며, 지느러미와 껍질에는 콜라겐 성분이 많아서 이것을 삶게 되면 젤라틴화되어 부드러워진다. 겨울철이 가장 맛이 좋은 시기이며 살, 아가미, 내장, 난소, 꼬리지느러미, 껍질 등을 모두 먹을 수 있다. 주로 찜이나 매운탕으로 이용된다.

(18) 홍어skate ray

홍어는 가오릿과에 속하며 우리나라의 남해와 서해, 일본, 동중국해 등지에 널리 분포한다. 몸 길이는 약 1.5 m 정도이며 마름모꼴로 폭이 넓다. 등쪽은 갈색, 배는 흰색 혹은 회색이며 배의 중심에는 많은 가시가 있다. 가오리와 홍어는 매우 흡사한 모양을 하고

재료

홍어	1마리	달걀	2개
대파	1대	조미술	1 T
마늘	2쪽	참기름	1/2 T
생강	5 g	간장	2 T
홍고추	1개	고춧가루	1/2 T
석이버섯	3장	깨소금	약간

조리방법

1. 홍어는 껍질을 제거하고 적당한 크기로 잘라 1~2일 정도 꾸덕꾸덕하게 말린다.
2. 석이버섯은 물에 불려 마늘, 생강과 함께 곱게 채 썰고, 대파와 씨를 뺀 홍고추는 1 cm 길이로 어슷하게 썬다.
3. ①의 홍어를 물과 술, 생강즙에 잠시 재워 비린내를 제거한다.
4. 달걀은 흰자와 노른자를 나눠 황백지단을 부쳐서 채 썬다.
5. 찜통에 김이 오르면 홍어를 담고 ②, ④의 고명을 얹은 다음 10분 정도 부드럽게 찐 다음 간장, 파, 마늘, 참기름, 고춧가루, 깨소금을 넣어 만든 양념장을 끼얹어 낸다.

있지만 가오리는 입 부분이 둥글거나 약간 모가 나 있는 반면 홍어는 입 부분이 뾰족하며 굵은 꼬리 윗부분에 2개의 지느러미와 가시가 2~4줄이 늘어서 있다.

가을에서 이른 봄에 산란하고 10~11월에 많이 어획되며, 찜, 포, 회, 조림, 무침이나 매운탕으로 이용된다. 다른 생선과는 달리 항아리에 짚, 소금 등을 함께 넣고 삭혀 먹는데 특히 전라도 지방 사람들이 즐긴다. 삼합은 삭힌 홍어를 삼겹살 수육과 함께 묵은 김치에 싸 먹는 것이며, 막걸리를 곁들여서 먹기도 하는데 이를 '홍탁'이라고 한다.

그림 10.22 **홍어**

(19) 농어sea bass

농어는 우리나라, 중국, 일본 각 연안에 널리 분포하고 있는 근해어이다. 몸 길이가 50~90 cm 정도로 가늘며, 등은 검푸르고 배는 은백색을 띠지만 유어 때는 등지느러미와 옆구리에 작고 검은 점이 산재되

그림 10.23 **농어**

어 있다. 겨울철에 민물과 바닷물이 섞이는 하류에 와서 산란하며 작은 물고기나 갑각류, 조개류 등을 먹고 사는 육식성의 어류이다.

맛이 가장 좋은 시기는 여름철이며, 맛이 담백한 흰살생선으로 회, 구이, 튀김 등으로 이용된다.

(20) 가자미flat fish

가자미는 우리나라 전 해역에 분포하고 있으며 수심 150 m 이내의 바다의 뻘이나 모래 바닥에서 서식한다. 우리나라와 일본 근해에 약 20여 종이 서식하며 홍가자미, 용가자미, 찰가자미, 돌가자미, 노랑가자미, 도다리, 갈가자미 등이 있다. '좌 넙치 우 가자미'라는 말이 있듯이 가자미는 양쪽 눈이 몸의 오른쪽에 있고 넙치는 왼쪽에 있다. 그러나 치어일 때는 눈이 양쪽에 붙어 있으며 성장함에 따라 몸이 편평해지고 눈은 몸의 오른쪽으로 기울어지는데 눈이 있는 쪽을 위로하여 모래 위에서 생활한다. 몸은 회갈색, 등은 고동색, 배는 흰색이며 흑색의 반점이 있는 것도 있다.

그림 10.24 **가자미**

겨울철에 가장 맛이 좋고 단백질, 비타민 A가 비교적 많다. 지방이 적어서 맛이 담백하며 주로 회, 소금구이, 튀김 등으로 이용된다.

(21) 넙치bastard halibut

넙치는 흔히 '광어'라고도 하며, 우리나라 전 연해, 일본, 중국, 사할린 등의 연해에 분포하고 있다. 몸 길이는 약 60 cm이고 위아래로 납작한 긴 타원형 모양으로 두 눈은 몸의 왼쪽에 있고 입이 크다. 몸의 윗부분은 암갈색, 아래쪽은 백색, 꼬리와 지느러미는 등황색이며, 낮에는 활동하지 않고 밤에 주로 먹이를 찾아 활동한다.

그림 10.25 **넙치**

단백질의 질이 우수하며 지방 함량이 적어 맛이 담백하고 비린내가 적으며, 아미노산은 어린이의 발육에 필요한 라이신이 많이 들어 있다. 간에는 비타민 B_{12}가 많고, 비타민 A는 눈이 있는 쪽 부분에 더 많이 함유되어 있다. 겨울철에 즐겨 먹는 횟감으로 많이 이용하며 그 외에 튀김, 찜 등으로 이용된다.

(22) 복어puffer

그림 10.26 복어

복어는 전 세계적으로 약 120여 종이 있으며, 우리나라에는 약 18종이 알려져 있다. 복어에는 독이 많이 들어 있어 식용하는 것은 자주복, 검복, 까치복, 졸복, 황복, 밀복 등이며, 그중에서 자주복이 가장 고급 어종이다. 복어의 몸은 뚱뚱하고 등지느러미가 작고 이가 날카로우며, 수면에서 공격을 받으면 공기를 들이마셔서 배를 볼록하게 내미는 성질이 있다. 복어에는 테트로도톡신tetrodotoxin이라는 독소가 함유되어 있는데 난소에 가장 많고 간, 피부 등에도 들어 있으며 가열조리 해도 분해되지 않으므로 취급에 유의해야 한다. 중독 증상은 운동신경 마비, 호흡 곤란 등이며, 호흡 마비로 사망하는 경우가 있다.

복어는 지방 함량이 적어 담백하고 단백질을 많이 함유하고 있으며, 글루탐산과 타우린 등이 들어 있어 알코올 해독 효과와 피로 회복에 좋은 식품으로 알려져 있다. 복어의 살은 훈제, 건어물, 탕, 회, 구이 등으로 이용하며, 복껍질은 콜라겐이 젤라틴화하므로 약간 냉각시켜 안주로 이용한다.

(23) 연어chum salmon

그림 10.27 연어

연어는 한해성 어류로 민물에서 산란하고 바다에서 성장한다. 9월에서 1월의 산란기에 하천으로 올라와서 하천 바닥의 모래에 구멍을 파고 산란한다. 연어는 송어와 비슷하나 체폭이 좁고, 등은 남회색, 배는 은백색이며 몸 길이는 70 cm 정도이다. 우리나라에서는 주로 동해안 연안에 서식하고 있다.

어육은 분홍색을 띠는데, 이것은 카로티노이드계 색소인 아스타잔틴에 의한 것으로 가열조리 시에도 변화하지 않고 색이 그대로 유지된다. 연어는 주로 훈제구이, 훈제육, 튀김, 횟감으로 이용된다.

연어의 내장 제거 → 머리 부분을 별도로 분리 → 뼈를 발라냄 → 핀으로 가시를 발라냄 → 염으로 처리 → 훈제방에서 연기로 훈제 처리

그림 10.28 훈제연어 제조 공정

(24) 도미sea bream

그림 10.29 도미

도미류에는 여러 종류가 있지만 중요한 수산 자원으로는 참돔, 감성돔, 붉돔, 황돔 등을 꼽을 수 있다. 참돔은 우리나라 전 연해, 일본, 동남 중국해, 하와이 부근의 연해에 많이 분포하고 있다. 몸은 적색에 녹색의 광택이 나고 등에 청록색의 반점이 있으며 몸 길이는 약 90 cm 정도이다.

외관이 좋고 맛이 좋아서 주로 횟감이나 구이 등으로 이용되고 있다.

(25) 뱀장어eel

그림 10.30 장어

뱀장어는 전 세계적으로 20여 종이 분포하며 타이완, 유럽 서부, 미국, 대서양 등이 주요 서식지이다. 몸 길이가 40~60 cm 정도이며 몸은 원통형으로 등은 암갈색이고 밑면은 은백색이다. 비늘이 없고 몸체에 점액질이 많이 분비되어 몹시 미끄러우며 껍질과 살이 두꺼운 편이다. 강의 상류로부터 하구에 걸쳐 널리 분포하며, 민물에서 5~12년간 서식하다가 산란기인 가을철에 바다로 내려가 산란한다.

지방 함량이 17% 정도 내외로 높으며, 특히 비타민 A가 풍부하다. 영양도 많고 맛이 좋으며 주로 구이로 이용되고 있다.

(26) 잉어carp

그림 10.31 잉어

잉어는 중앙아시아가 원산지로 우리나라 전역에 분포하는데 하천, 연못, 호수 등지에서 서식하는 담수어이다. 전 세계적으로 널리 분포되어 있지만 식용하는 지역은 많지 않다. 몸 길이는 보통 50~60 cm이나 100 cm 이상인 것도 있으며, 암회색을 띠고 입 주변에 네 개의 큰 수염이 있다.

잉어는 단백질이 17.5%, 지방 4%, 칼슘 50 mg%, 철 1.4 mg%와 비타민 B_1, B_2가 다량 함유되어 있어 영양적으로 우수하다. 어육은 주로 찜을 하거나 죽, 탕을 끓여서 먹는다. 보양식으로 이용하기도 하는데 산모의 젖이 잘 나오게 하고, 회복기 환자, 임신부, 허약자에게 유용하다.

(27) 미꾸라지loach

미꾸라지는 '추어', '미꾸리' 등으로도 불린다. 논, 개천 등의 흙 바닥 속 물의 흐름이 없는 얕은 곳에 서식하며 번식력이 왕성하다. 몸 길이는 15 cm 정도로 가늘고 길며 피부에서 점액을 분비하므로 매우 미끄럽다. 등은 암녹색에 검은 반점이 있고 입 주위에 십여 개의 긴 수염이 있다.

그림 10.32 **미꾸라지**

단백질과 지방이 풍부하고 점액물질인 뮤신mucin, 아미노산, 비타민 A가 많이 함유되어 있다. 산지나 계절에 따라 맛이 다르며, 가을에 잡히는 것이 살이 통통하여 제일 맛이 좋다. 주로 탕이나 구이 등의

추어탕

재료

미꾸라지	600 g	굵은 소금	1/2컵
얼갈이배추	200 g	양파	1/2개
대파	1과 1/2대	마늘	4쪽
부추	100 g	들깨즙(들깨·물 1/2컵)	
깻잎	10장	양념(된장 1 T, 고추장 2 T, 고춧가루 2 T,	
풋고추	1개	다진 마늘 2 T, 다진 생강 1 t, 국간장 2 T,	
홍고추	1개	후춧가루·산초가루 약간, 소금 약간)	
된장	2 T		

조리방법

1. 미꾸라지는 굵은 소금을 뿌려 뚜껑이 있는 그릇에 넣고 해감시킨 후 거품이 없어질 때까지 소금물에 여러 번 헹궈 씻는다.
2. 솥에 미꾸라지와 물 20컵, 양파 1/2개, 마늘 4쪽, 대파 1/2대, 된장 2 T를 넣고 중불에서 1시간 30분 정도 푹 끓인다.
3. 얼갈이배추는 끓는 물에 줄기부터 넣어 살짝 데친 다음 물기를 꼭 짜 5~6 cm로 썰고, 부추와 깻잎, 대파도 5~6 cm 길이로 썬다.
4. 풋고추와 홍고추는 어슷하게 썰어 물에 남가 씨를 뺀다.
5. 믹서에 분량의 들깨와 물을 넣고 간 다음 체에 걸러 들깨즙 1/2컵을 만든다.
6. ③의 얼갈이배추에 분량의 양념과 ⑤의 들깨즙을 넣고 잘 버무린다.
7. ②의 삶은 미꾸라지를 믹서에 넣어 곱게 간 다음 체에 걸러 솥에 붓고 센 불에서 끓이다가 중불로 줄여 끓인다.
8. 양념한 ⑥의 얼갈이배추를 넣고 중불에서 20분간 더 끓이다가 부추, 깻잎, 대파, 풋고추, 홍고추, 국간장(소금)을 넣어 마무리한다.
9. 기호에 따라 청양고추와 산초가루를 곁들여 낸다.

보양식으로 이용되고 있다.

(28) 메기catfish

그림 10.33 메기

메기는 하천, 호수, 늪 등지에 널리 분포하고 있으며 보통 몸 길이는 50 cm 정도이나 큰 것은 1 m 이상인 것도 있다. 머리는 넓적하고 입은 몹시 크며 네 개의 긴 수염이 있고, 몸에는 비늘이 없고 미끈미끈한 점액으로 덮여 있다. 메기는 수질 오염에 잘 견디고 낮에는 바닥이나 돌 틈에 숨어 있다가 밤에 먹이를 찾아 활동하는 야행성이다.

메기는 맛이 담백하고, 겨울에서 봄에 이르는 시기에 맛이 좋으며, 주로 매운탕으로 이용되고 있다.

(29) 붕어round crucian

그림 10.34 붕어

붕어는 환경에 대한 적응성이 가장 큰 어류로 개울, 못, 그리고 물이 고인 곳은 어느 곳에나 널리 분포하고 있다. 잉어와 비슷한 모습이지만 콧수염 2쌍이 있는 잉어와 달리 붕어에는 없다. 몸 길이는 20~40 cm이고 등은 황갈색, 배는 은백색을 띤다.

단백질 함량이 풍부하고 지방은 1.8%로 함량이 적은 편이지만 불포화지방산을 함유하고 있어서 고혈압 및 동맥경화에 효과가 있으며, 칼슘과 철의 함량이 많아서 성장기 어린이나 빈혈에 좋다. 주로 찜, 탕, 구이, 찌개 등으로 이용되고 있다.

2. 조개류shellfish

조개류는 연체동물의 부족류에 속하며 전 세계적으로 2만 5,000여 종이, 우리나라에는 약 190여 종이 서식하는 것으로 알려져 있다. 현재 식량 자원으로 양식되고 있는 조개류는 50~60여 종에 이른다. 조개류는 구조가 딱딱한 두 개의 겉껍질을 가지고 있으며 그 안에 부드러운 근육조직이 들어 있다. 껍질이 두꺼운 것은 늙은 조개이고, 껍질이 얇을수록 어린 조개로 맛이 좋다. 살아 있는 조개는 껍질이 꽉 닫혀 있거나 가볍게 탁탁 치면 닫히는 것이 신선한 것이며, 가열하였을 경우에 열리지 않는 것은 부패한 것이다.

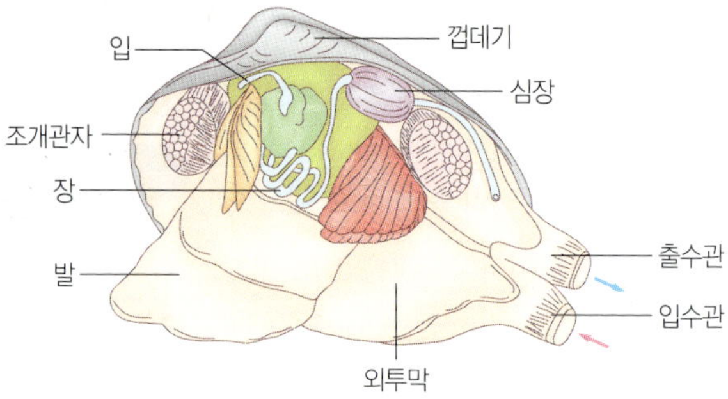

그림 10.35 **조개류의 구조**

일반적으로 조개류는 얕은 바다에서 자라지만 외양성 조개류의 경우에는 암초지대에 자란다. 봄부터 가을에 걸쳐서 알을 낳고 바다에서 알을 수정한 후에 일정한 시기에 도달하면 껍질이 형성되어 수중에 가라앉는다. 조개류의 껍질은 표면에서 분비되어 형성된 콘키올린conchiolin에 의한 각질층과 석회질로 이루어져 있어서 폐기율이 70~85%로 가식부가 상당히 적다.

조개류는 단백질의 함량이 어류에 비해 적은 편이지만 히스티딘, 라이신 등의 아미노산을 많이 함유하고 있으며, 콜레스테롤 저하, 혈압 안정, 심장 강화, 간 해독 능력 강화, 당뇨병 예방 등의 효능을 가지고 있는 타우린이 풍부하게 들어 있다. 또한 글리코겐을 많이

표 10.7 조개류의 성분 조성

(가식부 100 g당)

	에너지 (kcal)	수분 (g)	단백질 (g)	지방 (g)	회분 (g)	탄수화물 (g)	식이섬유 (g)	무기질					비타민				
								칼슘 (mg)	인 (mg)	철 (mg)	칼륨 (mg)	나트륨 (mg)	레티놀 (μg)	B_1 (mg)	B_2 (mg)	C (mg)	나이아신 (mg)
홍합	77	79.7	13.8	1.2	2.2	3.1	-	43	249	6.1	-	-	30	0.02	0.33	4	2.5
소라	100	72.5	20.7	0.3	2.5	4.0	0	92	185	8.2	-	-	0	0.04	0.23	1	1.7
굴(참굴)	80	80.3	9.66	2.19	2.58	5.27	0	428	159	8.72	322	480	-	0.22	0.124	-	-
전복	86	77.2	15.0	0.7	2.0	5.1	-	49	141	2.4	-	-	tr	0.26	0.25	2	3.5
재첩	90	77.5	12.5	1.9	2.3	5.8	-	181	213	21.0	210	390	tr	0.09	0.21	2	2.6
꼬막	58	82.9	12.6	0.3	2.6	1.6	0	83	136	6.8	-	-	39	0.03	0.24	3	3.4
대합	58	83.8	12.0	0.8	2.4	1.0	-	98	162	5.4	-	-	0	0.01	0.18	2	2.3
바지락	73	81.5	12.5	1.2	2.5	2.3	-	70	129	2.68	121	383	-	0.04	0.30	2	-

*tr : trace

자료 : 농촌진흥청 국립농업과학원, 국가표준식품성분표 제9개정판, 2017

함유하고 있고, 비타민 중 A, B_1, B_2, B_{12}가 많으며, 무기질로는 아연을 많이 함유하고 있다.

조개류는 어류와는 달리 맛 성분인 핵산, 글루탐산 및 호박산 등을 많이 함유하고 있어 시원한 감칠맛을 내므로 육수를 사용하는 요리에 많이 이용된다. 조개류의 서식처는 주로 갯벌이 많기 때문에 진흙을 포함하는 경우가 많으므로 사용하기 전에 1~2% 소금물에 30분 정도 담가 해감을 한 후에 사용하는 것이 좋다. 조개류의 저장은 주로 건조나 염장 등을 많이 사용하여 왔으며 최근에는 급속냉동과 통조림의 방법도 사용하고 있다.

1) 홍합mussel

홍합은 우리나라, 일본, 중국 북부 등에 분포하며, 우리나라에서는 마산, 진주, 충무, 여수, 삼천포 등지에서 많이 생산된다. 수심 20 m의 암초에 서식하고 있으며 주로 3~5월, 10~12월에 많이 출하된다. 크기는 약 6~8 cm 정도이고 껍질의 겉면은 광택이 있는 흑자색을 띠며 안쪽은 강한 진주광택을 나타낸다. 살은 황색 또는 홍색을 띤다.

그림 10.36 **홍합**

홍합의 성분은 수분이 77.4~82.8% 정도이고 비타민 A, B_1, B_2, 나이아신도 골고루 함유되어 있다. 홍합은 입이 벌어지지 않고 껍질이 깨지지 않으며, 살이 퍼지지 않고 냄새가 나지 않는 것이 신선한 것이다.

살을 생으로 이용하거나 말려서 사용하는데, 홍합살을 삶아서 말린 것도 있으며 한방에서는 보간, 자양강장, 빈혈 등에 좋은 것으로 알려져 있다. 홍합탕, 홍합초, 젓갈, 찜, 찌개 및 샐러드의 재료로 이용하고 있으며, 주로 프랑스, 이탈리아 요리에 많이 사용된다.

2) 소라top shell

소라는 수심 2~10 m의 해조류가 있는 암초에 서식하며 우리나라의 남부 연안과 일본 남부 연안에 많이 분포하고 있다. 껍데기는 두껍고 견고하며, 나탑은 원뿔형이고 나층은 7층으로 각 층이 부풀어 있다. 껍질의 표면은 녹갈색을 띠고 내면은 은백색의 진주광택을 나타낸다. 자웅이체로 5~8월에 산란을 하며, 주로 밤에 활동을 하고 갈조류를 잘 먹는다.

소라는 단백질 함량이 20.7%로 어류 이상으로 많이 함유되어 있으나 콜라겐과 같은 결체단백질이 많아서 살이 단단하고 쫄깃하다. 겨울철부터 초여름이 가장 맛이 좋은 시기이며, 살이 두텁고 위로 빠져 나오지 않으며 들어 보아서 무거운 것이 신선하고 좋다. 회, 구이, 초무침, 통조림 등으로 많이 이용되며, 껍질은 단추의 원료가 된다.

그림 10.37 소라

3) 굴oyster

굴은 우리나라 서해안과 남해안에 많이 서식하며, 주로 염분이 적은 암초에 붙어서 산다. 세계 여러 나라에서 애용되고 있으며 특히 구미 지역에서 유일하게 날것으로 먹는 수산식품이다. 완벽에 가까운 영양을 갖춘 완전식품으로 '바다의 우유'라고도 불린다. 우리나라에서는 남해안의 통영 부근과 여수 해역에서 양식이 이루어지고 있으며 9월부터 그 다음해 4월까지 수확되는 굴을 주로 이용한다. 서양에서는 5월부터 8월까지 영어로 R자가 들어가지 않는 달은 먹지 말라고 하는데, 이 시기가 산란기로 굴은 알을 보호하기 위하여 생리적으로 독성 성분을 분비할 뿐 아니라 영양소가 적고 맛이 없으며 부패되기 쉽기 때문이다. 굴의 종류에는 우리나라에서 양식하는 주종인 참굴을 비롯하여 유럽굴, 토굴, 호주굴, 아메리카굴, 포르투갈굴, 봄베이굴, 갓굴 등이 있다.

굴은 다른 조개류에 비하여 지방과 글리코겐을 많이 함유하고 있으며, 산란기에는 그 함량이 매우 낮고 겨울철인 2월경에 최고조에 달해 가장 맛이 좋다. 무기질로는 철과 구리가 많이 함유되어 있어서 빈혈에 좋으며, 칼슘과 인도 많이 들어 있다. 그 외에 비타민 A, B_1, B_2 등이 풍부하고 소화도 잘되나 세균이 번식하기 쉬운 단점이 있다. 굴은 특유의 냄새가 나며 주름이 많고 유백색을 띠며 통통하고 가장자리의 색이 선명한 것이 신선한 것이다. 굴회, 어리굴젓, 굴튀김, 굴밥, 굴무침 등 여러 가지로 이용되고 있다.

4) 전복abalone

전복은 복족류에 속하고, 한자어로 복鰒 또는 포鮑라고도 하며 전 세계적으로 100여 종이 알려져 있다. 우리나라 전 연안에 분포하며, 껍질은 약 10 cm 이상으로 크고 울퉁불퉁하며 물결무늬가 있다. 수심 5~50 m 되는 외양의 섬이나 암초에 붙어 살며 바닷물이

그림 10.38 **굴**

그림 10.39 **전복**

그림 10.40 **재첩**

깨끗해 해조류가 많이 번식하는 곳에 서식한다. 우리나라에 있는 전복의 종류는 참전복, 까막전복, 말전복, 오분자기 등이 알려져 있으며, 종에 따라 차이가 있으나 껍데기는 1년에 약 2~3 cm 정도 자란다.

전복은 소라와 비슷하게 단백질의 함량이 많은 편이며 루신, 아르지닌, 글루탐산 등의 아미노산을 함유하고 있어 특유한 맛을 낸다. 전복을 쪄서 말렸을 때 표면에 생기는 흰 가루는 타우린이다.

살아 있는 것을 '생복' 또는 '생전복'이라 하고 삶은 것은 '숙복', 말려서 건조한 것은 '명포'라고 한다. 회, 초무침, 탕류 등에 이용하기도 하고, 특히 전복죽으로 애용되며, 건제품, 통조림 등으로 가공하기도 한다.

5) 재첩marsh clam

재첩은 한강과 금강 이남에 분포하며 특히 낙동강 하류나 섬진강 줄기를 따라 서식하는 민물조개로 '가막조개', '재치' 등으로 불린다. 모래나 진흙 속의 유기물이나 플랑크톤, 조류 등을 걸러 먹는다. 모래에서 자란 것은 황갈색을, 모래 진흙에서 자란 것은 담흑색을 띠며 강한 광택이 있고 성장 맥이 뚜렷하다.

재첩에는 타우린, 메싸이오닌, 시스테인 등의 함황아미노산의 함량이 높아 해독작용 및 피로 회복작용이 있다. 『동의보감』에 의하면 재첩은 간 기능 개선 및 황달 치료에 좋고, 위장을 맑게 하는 효과가 있다고 한다. 마그네슘, 칼슘, 철 등의 함량이 높고, 그 외에 비타민 B_{12}도 다량 함유하고 있다. 국물을 우려 국이나 수제비로 먹거나 숙회, 덮밥, 전으로도 많이 이용되고 있다.

6) 꼬막granosa

꼬막은 '고막', '고막조개', '안다미조개'라고도 불린다. 한국, 일본, 인도양, 서태평양 등에 분포하며, 우리나라에서는 전남 보성, 벌교, 순천 일대가 주요 산지이고 조간대 수심 10 m까지의 진흙 바닥에 서식한다. 껍질의 크기는 길이 5 cm, 높이 4 cm, 너비 3.5 cm로 둥근 부채꼴 모양을 하고 있으며 17~18줄의 굵은 방사륵이 있다. 산란기는 8~10월 사이이며, 3~5월 사이가 제철이다.

꼬막의 살은 붉은색으로 이는 헤모글로빈 성분에 의한 것이며, 철과 비타민 B_{12}의 함량이 많아 빈혈에 효과가 있다. 단백질의 질이 우수하고 지방이 적어 맛이 담백하다. 예로부터 식품으로 많이 이용해 왔으며, 살짝 삶아 초고추장에 찍어 먹는 전라도 지방의 향토음식이 유명하다. 그 외에 건제품으로 수출하기도 한다.

7) 대합hard clam

대합은 우리나라에서 가장 흔히 볼 수 있는 조개로 주로 '백합'이라고 한다. 우리나라 외에 일본, 타이완, 필리핀 등에 분포하고 있다. 길이가 10 cm, 높이 7 cm, 너비 4 cm의 큰 조개로 껍질이 두껍고 매끄러우며 광택이 나고, 안쪽은 백색이지만 껍질은 백색, 회색, 흑색 등 다양하다. 3월에서 5월에 생산되는 것이 가장 맛이 있다.

대합은 단백질과 비타민의 함량은 낮으나 글리신, 알라닌, 글루탐산 등의 아미노산이 많아서 맛이 진하고 칼슘, 인, 철 등이 풍부하게 함유되어 있다. 회, 죽, 탕, 구이, 찜 등으로 이용된다.

그림 10.41 **꼬막**

그림 10.42 **대합**

그림 10.43 **바지락**

8) 바지락Manila clam

바지락은 '바지라기'라고 불리던 것이 줄어서 된 이름이며, 우리나라 전 해안에 분포하는데 특히 서해안 일대에 서식한다. 해변이나 하구의 모래나 진흙 속에 매몰되어 살며 껍질의 색이나 무늬는 서식 장소와 개체에 따라 다르다.

메싸이오닌 등의 필수 아미노산이 골고루 들어 있고 비타민 B_{12}와 철분 등 조혈 성분이 많이 함유되어 있다. 시원한 국물 맛을 내는 호박산과 글루탐산을 함유하고 있어 탕류로 많이 이용하고 있으며, 가장 맛이 좋은 시기는 2~4월경이다.

3. 갑각류crustacea, 연체류mollusks 및 기타 동물성 수산식품

갑각류는 절지동물에 속하며 주로 새우류와 게류로 나눌 수 있다. 절지동물은 몸밖에 골격을 이루고 있으므로 움직이기 위해 여러 개의 마디인 체절로 되어 있다. 수중생활을

표 10.8 갑각류와 연체류의 영양 성분표

(가식부 100 g당)

종류	에너지 (kcal)	수분 (g)	단백질 (g)	지방 (g)	회분 (g)	탄수화물 (g)	식이섬유 (g)	무기질					비타민				
								칼슘 (mg)	인 (mg)	철 (mg)	칼륨 (mg)	나트륨 (mg)	레티놀 (μg)	B_1 (mg)	B_2 (mg)	나이아신 (mg)	C (mg)
보리새우	65	82.8	15.1	0.7	1.3	0.1	-	87	240	1.1	450	140	0	0.07	0.08	2.3	1
대하	76	80.0	18.1	0.6	1.2	0.1	-	74	210	1.4	340	120	tr	0.02	0.06	1.9	1
게	71	80.6	16.19	0.7	2.08	0.43	0	127	137	0.74	216	418	-	0.04	0.12	-	0
바닷가재	119	74.1	15.5	5.1	2.3	3.0	-	230	256	15.8	320	124	38	0.07	0.39	2.6	2
오징어 (생)	87	78.3	18.84	1.44	1.26	0.16	-	11	270	0.18	351	199	-	0.05	0.02	-	0
오징어 (건)	325	19.5	67.8	6.9	5.6	0.2	-	252	821	2.8	750	980	tr	0.13	0.20	8.2	0
문어	68	81.5	15.5	0.8	2.0	0.2	-	31	188	1.0	300	211	tr	0.03	0.12	2.2	tr
낙지	55	86.6	11.5	0.6	1.2	0.1	-	26	166	1.48	237	479	-	0.03	0	-	-
성게	146	71.5	15.8	8.5	2.2	2.0	-	20	196	4.0	490	190	-	0.03	0.40	2.5	0
해삼	23	91.8	3.7	0.4	2.8	1.3	-	119	27	2.1	70	1300	0	0.01	0.03	1.2	0
해파리	5	96.9	1.3	0	1.7	0.1	0	2	8	-	-	-	-	-	-	-	-
미더덕	45	87.6	4.3	1.2	2.8	4.1	0	40	111	3.2	-	-	0	0.03	0.13	2.0	4
멍게	80	80.9	7.3	2.0	2.0	7.8	-	89	84	1.7	-	-	-	0.05	0.20	1.1	2

*tr : trace

자료 : 농촌진흥청 국립농업과학원, 국가표준식품성분표 제9개정판, 2017

하며 아가미가 있고 물로 호흡한다. 몸은 머리, 가슴, 배로 나뉘고 각각은 체절(몸마디)로 되어 있으며 고등한 종일수록 머리와 가슴이 합해진다. 갑각류는 단단한 껍질로 싸여 있는데, 이것의 주성분은 아미노당인 *N*-아세틸글루코사민N-acetylglucosamine이 중합되어 형성된 다당류인 키틴chitin으로 영양 성분은 아니다. 따라서 가식부는 중량의 약 50%에 불과하다. 갑각류는 종류가 대단히 많아 모양과 사는 모습도 각 종마다 매우 다르다.

갑각류 껍질의 색은 붉은색을 띠는 카로티노이드계 색소인 아스타잔틴이 단백질과 헐겁게 결합하여 청록색을 띠고 있으나 가열하면 아스타잔틴이 단백질과 분리되는 동시에 산화되어 적색의 아스타신astacin으로 변한다. 새우나 게 등을 가열조리 하면 본래의 청록색이 붉게 변하는 것이 이 때문이다.

연체류는 마디가 없고 부드러운 몸으로 되어 있는 것으로 현생종이 약 11만 2,000여 종, 화석종이 약 3만 5,000여 종이 있다. 몸은 좌우대칭으로 내부 골격이 없고 많은 점액 분비선이 있으며 복잡한 소화계와 치설이라는 특이한 기관이 있다.

1) 새우류shrimps

새우류는 해수와 담수에 널리 분포하고 있으며, 전 세계적으로 약 2,500여 종에 달하며 우리나라에는 약 80여 종이 분포하고 있다. 주로 잡히는 새우류는 보리새우, 차새우, 민물새우, 젓새우 등이 있으며, 크기에 따라 길이가 27 cm 전후인 대하, 15 cm 전후의 중하, 6 cm 전후의 소하로 분류한다. 몸은 좌우대칭으로 키틴질로 덮여 있으며 머리, 가슴, 배의 3부분으로 구분되는데 머리와 가슴의 부위는 갑각이라 하며 석회질화된 껍질로 되어 있다.

그림 10.44 **새우류**

새우류는 늦가을에서 겨울에 가장 맛이 좋으며 고단백, 저지방의 식품이다. 그 외에 칼슘 함량이 매우 높고 인, 요오드, 철분, 비타민이 많아서 영양적으로 우수하며 독특한 향미가 있다. 일반적으로 찜, 튀김, 구이, 전, 새우젓으로 이용된다. 새우젓은 5월에 담근 것

키틴(chitin) 게, 새우와 같은 갑각류, 곤충류의 외피 및 미생물의 세포벽에 분포하고 있으며 *N*-아세틸글루코사민이 β-1,4 결합으로 연결된 직선상의 다당류. 주로 단백질, 지방, 무기염류 등과 함께 존재하는 경우가 많으며, 체내에서 소화 흡수되지 않는다.

Q&A

Q 새우흑피증 방지법은?

A 새우류를 저장하는 동안 검은 반점(blackspot)이 생기는 현상을 흑피증(melanosis)이라고 한다. 이것은 새우에 존재하는 산화효소인 폴리페놀산화효소(polyphenol oxidase)에 의한 갈변현상에 의해 멜라닌(melanin)이 형성되는 것으로, 인체에는 무해하나 표면에 생긴 얼룩으로 인하여 상품적 가치는 떨어진다. 이를 방지하기 위해서는 산화효소를 저해하거나 환원제를 처리한다.

을 '오젓', 6월에 담근 것을 '육젓', 가을에 담근 것을 '추젓'이라고 하며, 김장용으로는 육젓을 많이 이용한다. 그 외에 동물의 사료나 낚시의 미끼로 이용되기도 한다.

새우류의 종류에는 보리새우, 대하, 중하, 점새우, 크릴새우(크릴) 등이 있는데, 그 특징은 다음과 같다.

보리새우kuruma prawn는 몸길이가 20 cm 정도의 중형의 새우로 우리나라의 서·남해안에서 많이 생산되며 몸 표면에 검은색의 가로줄 무늬가 있다. 조직이 연하고 맛이 좋으며 주로 찜, 튀김 등으로 이용된다.

대하large shrimp는 황해, 발해만에 널리 분포되어 있으며, 꼬리에 검은 무늬가 있는 대형 새우로 몸길이가 25~30 cm에 달한다. 봄철에 맛이 가장 좋으며 주로 찜과 튀김용으로 이용된다.

중하medium shrimp는 난해성 연안의 수심이 낮은 진흙 모래 바닥에 서식하며 몸길이가 12~15 cm인 대표적인 소형 새우이다. 보리새우와 비슷하나 껍질이 얇으며 주로 중국요리 재료나 튀김용으로 이용된다.

점새우spotted shrimp는 황해에 분포하는 아주 작은 새우로, 몸길이는 5 cm 이하로 껍질은 얇고 반투명하다. 주로 새우젓을 담그는 데 이용된다.

크릴krill은 남극해에 널리 분포하고 있으며 4~5 cm 정도로 크기가 상당히 작다. 외관과 맛이 새우와 같으나, 아가미가 외부에 노출되어 있는 것이 다르다. 아미노산 조성이 새우와 비슷하여 우수한 품질을 가지고 있으나 강한 효소 활성으로 변질이 쉬우므로 즉시 냉동하거나 가공이 필요하다. 일본에서는 튀김이나 어육 연제품의 재료로 많이 사용된다.

2) 게류crabs

게류는 해수와 담수에 서식하며 전 세계적으로 약 5,000여 종이 있으나 그중에서 식용이 가능한 종은 많지 않다. 우리나라에는 꽃게와 털게가 가장 많고 그 외에 대게(영덕게),

참게, 반게, 바닷게, 민물게 등이 있다. 일반적으로 수컷이 암컷보다 크며, 수컷의 배 너비는 좁고 암컷은 넓어서 알을 안고 보호하게 되어 있다.

그림 10.45 **게류**

게류의 주성분은 단백질로 약 14%를 함유하고 있으며, 지방이 적어서 담백하다. 칼슘, 인, 철 등의 무기질은 풍부하지만 상대적으로 비타민은 적은 편이다. 게류는 독특한 감칠맛을 지니고 있는데 이는 아미노산인 글리신, 알라닌, 베타인betaine 등이 함유되어 있기 때문이며 이 밖에 이노신산이 소량 들어 있다. 색소 성분으로는 헤모사이아닌hemocyanin이 들어 있으며, 게살을 가열조리 할 경우 흑변이 일어나는 경우는 게살 중의 함황아미노산인 시스틴이 분해되어 황화수소H_2S를 발생시키기 때문이며 청색으로 변하는 것은 헤모시아닌 중의 구리이온 때문이다. 게류는 폐기율이 높고, 효소 등의 작용에 의한 자기소화 및 부패가 빨라 식중독의 가능성이 있으므로 신선한 재료를 이용해야 한다. 게는 5~6월과 10~11월 사이에 많이 나며 이때는 살도 많다. 게장, 탕, 찜, 찌개 등에 이용된다.

게류에 속하는 종류의 특징을 살펴보면 다음과 같다.

왕게king crab는 영일만 북쪽의 동해안과 홋카이도 해역의 깊은 바다에서 서식한다. 몸통의 폭이 25 cm 정도이고, 몸 전체의 길이는 약 135 cm에 이르는 것도 있다. 등쪽

간장게장

재료

꽃게	5마리	마른 고추	5개
청주	1컵	마늘	10쪽
간장	5컵	생강	3쪽
마른 표고버섯	5개		

조리방법

1. 꽃게는 암게로 준비하여 솔로 구석구석 깨끗하게 닦아 물기를 뺀다.
2. 생강은 납작하게 썰고, 마른 고추, 마른 표고버섯은 마른 행주로 닦는다.
3. 냄비에 물과 간장을 2 : 1 비율로 넣고, 마늘, 생강, 마른 표고버섯, 마른 고추, 청주를 넣어 약한 불에서 20분 정도 끓여 차게 식힌다.
4. 손질한 꽃게를 통에 담고 차게 식힌 간장물을 붓는다.
5. 하루가 지나면 간장물만 따라 내어 다시 끓인 뒤, 차게 식혀서 부어 주기를 2~3회 반복한다.

의 색은 암갈색, 배쪽은 담청색을 띠며 가열하면 붉은색으로 변한다. 조직은 거칠지만 맛이 좋아 여러 가지 요리 재료로 사용되며, 주로 통조림용으로 가공된다.

꽃게blue crab는 우리나라 동해안과 울릉도, 서해 전 해안에 분포하고 있으며 주로 서해에서 많이 생산된다. 특히 내륙의 하구 모래땅 낮은 바다에 분포하고 있으며, 우리나라에서는 1년 내내 가장 많이 식용하고 있는 게이다. 주로 각종 양념을 넣은 탕류로 많이 이용하고 있다.

털게horse hair crab는 동해안, 홋카이도, 베링해, 알래스카 연안에 걸쳐 널리 분포하고 있다. 다른 게들보다는 작으며 다리가 짧고 표면에 황갈색의 짧은 털을 가지고 있다. 주로 통조림용으로 가공되고 있다.

닭게spanner crab는 겉껍질의 길이와 폭이 15 cm 정도로 왕게보다 작은 편이며, 껍질의 색은 흑갈색 또는 황회색을 띠고 있다. 다리가 길고 살이 많아서 삶아서 먹거나 통조림으로 가공되고 있다.

3) 바닷가재lobster

대서양, 미국 동부 연안, 캐나다의 뉴펀들랜드에 분포하는 미국산 바닷가재와, 유럽 연안에 분포하는 유럽산 바닷가재 등이 많이 생산된다. 일반적으로 얇은 수심의 바위 밑에서 서식하며, 육식성으로 단단하고 날카로운 집게발을 이용하여 조개 등의 껍질을 부수고 작은 집게발과 이빨을 이용해 잘라서 먹는다.

미국산 바닷가재의 품질이 가장 우수하며, 주로 고급요리의 재료로 버터구이, 찜, 튀김의 형태로 이용되고 있다.

그림 10.46 **바닷가재**

4) 오징어squid

오징어는 전 세계적으로 약 500여 종이 있으며, 식용으로 중요한 것은 15~20여 종으로 알려져 있다. 우리나라에서는 동해에서 많이 잡힌다. 몸통은 원통형으로 길이가 약 20~30 cm 정도이며 10개의 다리와 머리, 몸통의 세 부분으로 구성되어 있다. 식용으로 사용되는 오징어의 종류로는 갑오징어, 쇠오징어, 무늬오징어, 화살오징어, 흰오징어 등이 있다.

오징어는 가식부가 약 80%로 다른 수산식품에 비하여 비교적 많으며, 단백질의 함량이 15~20% 내외를 차지할 정도로 고단백식품이다. 오징어에는 타우린과 히스티딘histidine 등의 아미노산 성분이 많이 함유되어 있는데, 타우린의 경우 오징어 100 g당 327~854 mg이 들어 있으며, 건조 오징어 표면의 흰가루는 주로 타우린으로 이루어져 있다. 타우린은 피로 회복, 고혈압과 당뇨 예방, 피부 미용, 두뇌 개발 및 신경정신 활동 강화 등의 효능이 알려져 있다. 타우린 외에도 고도불포화지방산인 EPA와 DHA, 핵산, 셀레늄selenium 등을 함유하고 있다. 핵산은 몸의 세포 활동을 조절하는 중요한 물질이며, 셀레늄은 인체 내에서 강한 항산화작용과 면역 기능 강화작용을 나타낼 뿐 아니라 중금속을 체내에서 무독화시키는 기능이 알려져 있다. 오징어에는 아미노산류, 베타인, TMAO, 타우린 등의 엑기스분이 많이 들어 있어서 오징어의 맛을 내는 데 관여한다. 엑기스 성분은 세균에 의해 쉽게 분해되어 휘발성 염기 성분을 생성시켜 악취를 발생시키고 또한 표피의 색소를 용해하여 적갈색으로 변화시킨다.

그림 10.47 **오징어**

오징어가 가장 맛있는 시기는 가을철이다. 주로 내장을 제거한 후 건조하여 말린 오징어로 시판되며, 그 외에 회, 젓갈, 튀김, 훈제품 및 통조림 등으로 이용되고 있다.

5) 문어octopus

문어는 전 세계적으로 250여 종이 알려져 있으나 식용으로 이용되는 것은 5~10여 종에 불과하다. 우리나라의 전 연안, 일본, 태평양, 인도양에 분포하며 낮은 바다의 암초에 산다. 문어는 대형으로 몸의 길이가 보통 60 cm 정도이지만 3 m가 넘는 것도 있으며, 8개의 긴 다리가 있어 한자어로 '팔초어八稍魚'라고 한다. 몸의 색깔은 붉은 갈색을 띠고, 12~1월 사이가 가장 맛이 좋은 시기이며, 산란기는 4~6월이다.

지방과 탄수화물의 양은 적고 단백질이 풍부하며, 육질이 단단하여 소화가 잘되지 않는다. 오징어와 같이 타우린, EPA, DHA 등을 많이 함유하고 있다. 대부분 데쳐서 먹거나, 초밥, 초무침 등으로 이용한다. 그 외에도

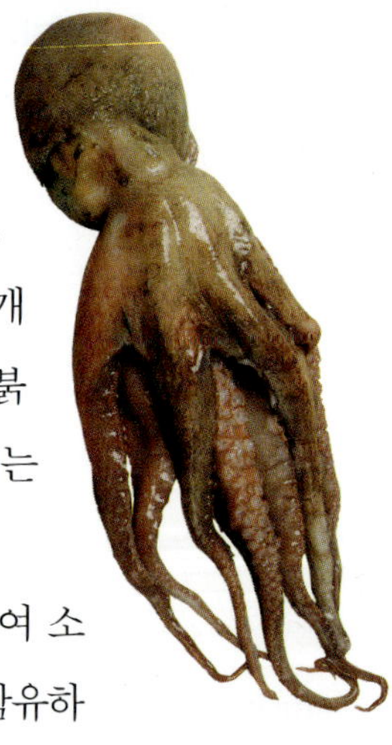

그림 10.48 **문어**

말리거나 훈제품 등으로 가공하여 이용된다. 문어의 주 소비국은 일본이며 그 외에 우리나라, 동남아시아 국가에서 회, 튀김, 조림, 볶음 등의 다양한 방법으로 이용되고 있다.

6) 낙지small octopus

그림 10.49 낙지

낙지는 우리나라, 일본, 중국 등의 심해에 분포하지만 수심이 얕은 바다의 돌 틈이나 진흙 속에서도 서식한다. 몸통의 길이가 10~12 cm, 몸길이가 70 cm 내외이며 몸의 색깔은 회색이나 주위의 빛에 따라 변색된다. 바위 틈에 숨어 있다가 밤에 나와 새우, 조개, 물고기 등을 포식한다. 옛 문헌에 의하면 낙지는 맛이 달콤하고 독이 없으며 회, 국, 포를 만들기에 좋다고 기록되어 있다.

낙지는 오징어, 문어와 마찬가지로 단백질이 풍부하고 지방이 적으나, 상대적으로 수분의 함량이 많아 문어에 비해 맛은 떨어지는 편이다. 산란기는 5~6월 사이이고 겨울철이 가장 맛이 좋은 시기이며, 회, 초밥, 볶음 등으로 이용된다.

7) 해삼sea cucumber

해삼은 약효가 인삼과 같다고 해서 붙여진 이름으로 한자어로 '해서海鼠'라고 하며, 옛 문헌에는 '해남자', '토육', '흑충' 등의 이름으로 기록되어 있다. 세계적으로는 약 1,500여 종이 알려져 있고, 우리나라에는 14종이 있으며 주로 대천, 충무, 여수, 완도, 안면도, 거제, 제주도 등지에 분포한다. 몸 길이가 20~30 cm, 폭이 6~8 cm 정도이며 표면에 돌기가 있어 오이와 모양이 비슷하다. 갈색 바탕에 짙고 연한 반점을 가진 것과 흑색에 가까운 색을 가지는 것 등이 있다.

그림 10.50 해삼

해삼은 수분 91.8%로 단백질, 지방, 탄수화물 및 칼로리가 극히 적고 무기질 성분이 많다. 칼슘, 나트륨, 칼륨이 많은 알칼리성 식품으로 특히 칼슘, 요오드, 알긴산alginic acid을 다량 함유하고 있다. 해삼을 섭취할 때 오독오독 씹히는 연골에는 콘드로이틴chondroitin이 함유되어 있으며, 콘드로이틴은 관절의 연골에 영양을 공급하고 물리적 충격과 스트레스를 흡수시켜 주는 유액이 연골에 머물도록 해서 탄력을 늘리는 기능을 하는 것으로 알려져 있다.

해삼은 기름기에 닿으면 육질이 녹으므로 세척할 때 식초를 넣어 주면 단단해진다. 주로 생으로 썰어서 초장에 찍어 먹으며, 건조하여 중국요리의 재료로 이용하기도 한다. 내장으로는 고급 젓갈을 담그기도 한다.

8) 멍게sea squirt

멍게는 '우렁쉥이'라고도 불리며 원추형 돌기가 붉은색의 단단한 몸에 돋아 있어 '바다의 파인애플'이라고도 한다. 몸의 길이는 약 10~15 cm 정도이고, 우리나라의 경우 전 연안에 서식하나 특히 동해와 남해안에 분포한다. 유생일 때에는 올챙이 모양으로 헤엄쳐 다니지만 성체는 바위에 붙거나 해저의 흙 속에 묻혀 살기 때문에 움직이지 못한다. 멍게는 바깥에 단단한 껍질을 가지고 있으며 그 안쪽에 등황색의 살을 식용한다.

그림 10.51 **멍게**

멍게는 다른 어류에 비해 단백질 함량이 적은 반면, 탄수화물을 많이 함유하고 있다. 탄수화물의 대부분은 글리코겐으로 구성되어 있으며, 수온이 높은 여름철에 맛이 좋은 이유는 다른 계절에 비해 이때 글리코겐의 함량이 많기 때문이다. 멍게 특유의 맛은 불포화 알코올인 신티올cynthiol에 의한 것이다. 주로 생으로 초고추장에 찍어서 먹으며, 젓갈 등과 같은 가공품으로 이용되기도 한다.

9) 성게sea urchin

성게는 우리나라에 약 30여 종이 서식하며, 우리나라 전 연안의 암초에 분포하고 있다. 둥글고 석회질의 딱딱한 껍질 외에 뾰족한 가시가 있어 '밤송이 조개'라고도 한다. 해삼과 함께 극피동물류에 속하며 우리나라에 많이 분포되어 있는 성게류로는 보라성게, 말똥성게, 분홍성게 등이 있다.

주로 알을 이용하는데 생으로 초장이나 간장에 찍어 먹기도 하고, 초밥에 얹어 먹기도 한다. 또한 젓갈을 담그는 데 이용하기도 하는데 성게젓은 단백질뿐만 아니라 비타민 A와 나이아신이 풍부하며 풍미도 좋다.

그림 10.52 **성게**

10) 해파리jellyfish

해파리는 우리나라 동해안에서 여름부터 가을에 걸쳐 나타난다. 두꺼운 한천질로 되어 있으며 모양은 갓과 비슷하다. 안쪽에 굵은 8개의 다리를 가지고 있고 헤엄치는 힘이 약해서 수면을 떠돌아다니며 생활한다.

저칼로리 식품으로 단백질, 탄수화물, 인 등을 함유하고 있으며, 주로 초무침, 냉채, 중화요리의 재료로 이용되고 있다.

11) 미더덕warty sea squirt

미더덕은 멍게와 유사하나 크기가 작고, 우리나라 전 연해에 분포하고 있으며 주로 바위 끝에 붙어 서식한다. 몸은 황갈색을 띠고 외피는 섬유질과 같은 물질로 이루어져 있어서 딱딱하다.

4~5월 사이에 수확한 것이 가장 좋으며, 향미와 씹는 느낌이 독특하여 각종 해산물을 이용한 탕, 찌개류에 사용된다.

그림 10.53 **미더덕**

4. 해조류algae; seaweed

해조류는 바다에 분포하는 식물로 클로로필을 함유하여 광합성을 통한 독립영양생활을 하는 하등식물을 말한다. 우리나라 근해에 서식하는 해조류는 약 400여 종이 존재하며 이 중에서 식용할 수 있는 것은 50여 종이다. 해조류는 표 10.9와 같이 색소 및 바다에 서식하는 위치에 따라 녹조류green algae, 갈조류brown algae, 홍조류red algae로 분류된다.

해조류는 비소화성 복합다당류 및 식이섬유를 함유하고 있어 소화율이 낮아 저열량

표 10.9 해조류의 분류

분류	종류	색소	서식처
녹조류(green algae)	파래, 청각, 클로렐라	chlorophyll a와 b, carotenoid계 색소, xanthophyll계 색소	연안 지역
갈조류(brown algae)	미역, 다시마, 톳	chlorophyll a와 c, fucoxanthin	중간 지역
홍조류(red algae)	김, 우뭇가사리	chlorophyll a, phycoerythrin, phycocyanin	가장 깊은 지역

식품으로 이용되며, 장내에서 정장작용을 한다. 비타민 및 무기질이 풍부하며 특히 요오드의 함량이 높아 갑상선 부종 예방에 효과가 있으며, 다양한 종류와 색으로 인해 계절감 및 장식용으로 사용하기도 한다. 알긴산, 카라기난carrageenan, 한천 등과 같은 해조류의 추출물은 증점제, 안정제 등의 용도로 식품 공업의 원료로 이용 가치가 높으며, 이외에도 사료용, 의약용 및 비료용으로도 널리 이용되고 있다.

1) 해조류의 성분 조성

해조류의 성분 조성은 채취 장소 및 계절에 영향을 받으며, 일반적인 성분의 조성은 표 10.10과 같다.

(1) 탄수화물

해조류의 종류에 따라 약 30~50% 내외의 함량을 차지한다. 주성분은 점성을 가지는 복합다당류로서 포도당, 마노스, 갈락토스, 과당, 푸코스, 자일로스, 아라비노스 등으로

표 10.10 해조류의 성분 조성

(가식부 100 g당)

종류	에너지 (kcal)	수분 (g)	단백질 (g)	지방 (g)	회분 (g)	탄수화물 (g)	식이섬유 (g)	무기질					비타민				
								칼슘 (mg)	인 (mg)	철 (mg)	칼륨 (mg)	나트륨 (mg)	레티놀 (μg)	B_1 (mg)	B_2 (mg)	나이아신 (mg)	C (mg)
미역(생)	18	87.6	3.0	0.3	4.0	5.1	-	149	80	1.1	730	610	-	0.06	0.14	1.3	15
미역(건)	126	16.0	20.0	2.9	24.8	36.3	-	959	307	9.1	5500	6100	-	0.26	1.00	4.5	18
다시마(생)	12	91.0	1.1	0.2	3.5	4.2	-	103	23	2.4	1242	75	0	0.03	0.13	1.1	14
다시마(건)	110	12.3	7.4	1.1	34.0	45.2	-	708	186	6.3	7500	3100	0	0.22	0.45	4.5	18
파래(생)	11	93.8	2.18	0.15	0.92	2.95	2.1	55	38	4.1	131	122	-	0.29	0.14	-	36
파래(건)	144	15.2	23.8	0.6	13.7	46.7	-	652	150	17.2	-	-	-	0.40	0.52	10.0	10
김(생)	12	90.5	3.3	0.4	3.8	2.0	-	490	474	4.5	2208	144	-	-	-	-	-
김(건)	165	11.4	38.6	1.7	8.0	40.3	-	325	762	17.6	3503	1294	0	1.20	2.95	10.4	93
우뭇가사리	46	70.3	4.2	0.2	3.8	18.5	0	183	47	3.9	-	-	0	0.04	0.43	1.1	15
청각(생)	8	92.1	1.4	0.4	4.5	1.6	0	37	12	2.5	-	-	0	0.01	0.05	1.4	9
청각(건)	156	10.0	13.8	0.8	22.6	62.6	0	-	-	-	-	-	-	-	-	-	-
톳(생)	14	88.1	1.9	0.4	4.6	4.0	0	157	32	3.9	-	-	0	0.01	0.07	1.9	4
톳(건)	81	32.7	6.6	0.8	27.9	32.0	-	768	118	76.2	-	-	-	-	-	-	-
클로렐라(건)	174	10.3	45.3	7.2	11.5	25.7	-	117	1536	73.4	-	-	-	-	-	-	-

자료 : 농촌진흥청 국립농업과학원, 국가표준식품성분표 제9개정판, 2017

구성되어 있으며, 갈조류에는 알긴산, 라미나린laminarin, 푸코이단fucoidan, 홍조류에는 한천agar, 카라기난, 폴피란porphyran 등이 알려져 있다. 이외에 헤미셀룰로스hemicellulose, 만니톨mannitol, 소비톨sorbitol 등이 들어 있다.

(2) 단백질

건조 해조류에는 약 10~40% 정도 함유되어 있으며, 특히 클로렐라와 김에 상당히 많은 양이 존재한다. 일반적으로 필수아미노산인 메싸이오닌의 함량은 적으며, 미역과 다시마는 트립토판의 함량이 많고 김에는 적게 들어 있다.

(3) 지방

해조류에는 약 1% 내외로 적게 들어 있으며, 대부분 카로티노이드carotenoid계 색소이며 중성지방의 함량은 거의 없다.

(4) 무기질과 비타민

무기질의 함량은 약 10~30% 내외로 해조류의 종류에 따라 차이가 나지만, 전반적으로 무기질이 풍부하다. 나트륨, 칼륨, 칼슘, 인, 철 및 요오드가 많이 들어 있는 것이 특징이다. 비타민 B_1의 함량은 적으나 비타민 B_2 및 나이아신 함량이 많으며 건조하지 않은 해조류에는 비타민 C도 비교적 많은 양이 함유되어 있다.

(5) 기타

갈조류는 터펜terpene계의 물질을, 녹조류 및 홍조류는 함황화합물을 가지고 있어 해조류 특유의 독특한 냄새를 나타낸다. 특히 김의 독특한 방향은 다이메틸설파이드dimethyl sulfide에 의한 것이다.

2) 주요 해조류

(1) 미역sea mustard

미역은 갈조류에 속하는 대표적인 해조류로 한국, 일본의 연안과 북미와 멕시코에 이르는 해안에 분포하고 있다. 우리나라 전역에 분포하며 특히 완도, 기장, 진도, 고흥 등의 전라남도와 경상남도 지역이 주산지이다. 김과 함께 우리나라에서 가장 많이 생산

그림 10.54 **미역**

되는 해조류 중의 하나이다. 봄에서 여름에 걸쳐 번식하며, 겨울에서 봄에 걸쳐 주로 채취하는데 이 시기에 가장 맛이 좋다.

단백질 약 20%, 탄수화물 약 30%, 회분 약 25% 정도로 비교적 회분의 함량이 높으며, 특히 요오드의 함량이 높다. 탄수화물은 알긴산, 만니톨, 라미나린, 푸코이단, 헤미셀룰로스 등이고, 인체 내에서 소화 흡수되지 않아 열량원으로 이용되지 않으며 정장작용을 나타낸다. 특히 알긴산의 경우 금속의 흡수성이 높아 유해 중금속을 밖으로 배출시킬 뿐만 아니라 항콜레스테롤 효과도 나타낸다. 칼슘과 철이 많이 함유되어 있어 치아 및 골격 형성, 산후 자궁 수축과 지혈작용을 돕고 조혈작용의 효과가 있다. 또한 갑상선 호르몬의 구성 성분인 요오드가 풍부하여 심장, 혈관 활동 및 신진대사를 증진시킨다.

그림 10.55 **미역 가공식품**

주로 건조시켜 판매되고 있으며, 소금에 절여서 가공한 염장 미역도 있다. 사용할 때에는 물에 담가 소금기를 제거한 후 무침이나 국의 재료로 이용한다.

(2) 다시마sea tangle

다시마는 갈조류에 속하는 2~3년생의 해조류로, 한대 및 아한대의 연안에 분포하는 한해성 식물이다. 우리나라에서는 동해안에 분포하며 남해안에서는 인공양식을 하고 있다. 태평양 연안에 20여 종이 생육하고 있으며, 주요 종으로 참다시마, 애기 다시마, 오호츠크 다시마 등이 있고 주로 양식되는 종은 참다시마이다. 다시마는 줄기, 잎, 뿌리의 구분이 뚜렷한데 잎은 하부의 폭이 넓고 띠 모양으로 약 2~6 m로 길게 생겼으며 황갈색 또는 흑갈색을 띤다. 다시마는 채취 시기가 7월 중순에서 9월 상순이 최적기이다.

미역과 비슷한 갈조류이므로 구성 성분이 비슷하다. 주성분은 탄수화물로 주로 알긴산, 라미나린과 섬유소로 구성되어 있으며, 표면에 하얀 가루 성분은 당알코올인 만니톨로 설탕의 약 60% 정도의 단맛을 나타낸다. 감칠맛을 내는 글루탐산glutamic acid 등의 아미노산 성분을 함유하고 있어 국물 맛을 내는 데 이용되기도 한다.

그림 10.56 **다시마**

색이 검고 반듯하게 겹쳐서 말려 두꺼우며, 표면에 만니톨의 가루가 하얗게 고루 퍼져 있고 주름이 없는 것이 품질이 좋은 것이다. 초봄에 생산된 것은 날것으로 이용하고, 봄부터 가을에 생산되는 다시마는 건조하여 국물을 우려내거나 튀김용으로 이용되고 있다. 최근에는 다시마를 이용한 차의 원료로도 사용되고 있다.

(3) 김laver

김은 홍조류에 속하는 해초로 '해태'라고도 한다. 알래스카 주에서 캘리포니아 주까지 이르는 미국 동북부 해역에 분포하고 있으며 국내에서는 완도, 진도, 고흥, 부안, 하동, 김해 등 서남해 연안이 주산지이다. 바다의 암초에 붙어서 서식하며 길이는 14~25 cm, 폭은 5~12 cm이다. 채취 시기는 11월부터 4월까지이며 겨울철에 생산되는 것이 품질이 좋고 단백질의 함량도 높은 편이다. 전 세계적으로 약 50종류가 알려져 있으며 우리나라에는 약 10여 종이 분포하고 있다.

그림 10.57 **김**

주요 성분으로는 단백질이 약 30~40% 내외, 탄수화물이 약 40~50% 내외를 차지하며 그 외에도 비타민, 무기질이 풍부하게 들어 있다. 탄수화물로는 한천이 가장 많은 함량을 차지하며 그외에 헤미셀룰로스, 소비톨, 둘시톨 등을 함유하고 있다. 단백질로는 트레오닌, 발린, 루신, 아이소루신, 라이신, 메싸이오닌, 페닐알라닌, 트립토판 등과 같은 필수아미노산을 많이 함유하고 있으며, 글루탐산, 글리신, 알라닌, 타우린 등을 함유하고 있어 단맛과 감칠맛을 낸다. 비타민은 카로틴이 많이 존재하여 비타민 A의 좋은 급원이며, 그 외에도 비타민 B_1, B_2, C 등이 비교적 많이 함유되어 있다. 다른 해조류와 같이 무기질이 풍부하며 마그네슘, 인, 아연, 철도 비교적 많은 알칼리성 식품이다. 색은 홍자색 또는 흑자색으로 피코빌린phycobilin계에 속하는 홍색의 피코에리트린phycoerythrin과 청색의 파이코시아닌phycocyanin, 그리고 클로로필chlorophyll a로 구성되어 있으나 가열하면 피코에리트린은 홍색에서 녹색으로 변하게 된다. 김에는 독특한 향기가 있는데 이것은 다이메틸설파이드에 의한 것으로 알려져 있다.

김을 장기 보관할 경우 붉은색으로 변하는데 이는 장시간의 광선이나 공기와의 접촉으로 클로로필 성분이 분해되기 때문이다. 따라서 김을 저장할 경우 직사광선을 피하고 습기가 없고 서늘한 곳에 밀봉하여 보관하는 것이 좋으며, 수분이 10% 이상일 경우에는 화학적 변화가 일어나기 쉬우므로 장기간 보관을 할 경우 40~60℃에서 4~10초간 구워서 수분을 제거한 후 저장하는 것이 좋다. 건조 김으로 직접 식용하거나 조미액을 더해 가공한 맛김, 김부각, 물김 등으로 가공하여 이용한다.

(4) 우뭇가사리agar-agar

한국, 일본, 사할린, 타이완 등 전 세계적으로 분포하며, 특히 파도가 조용한 내만에 많이 자라는 홍조류로서 '가시리'라고도 한다. 몸 전체가 부채 모양으로 퍼져 있으며 길이는 약 10~30 cm 정도이고 보통 2~3년 생육하는 다년초이다. 보통 4~10월에 걸쳐 채취하는데, 4~6월 사이에 채취한 것의 품질이 좋다.

주성분은 중성다당류인 아가로스agarose이며 그 외에 산성다당류인 아가로펙틴agaro-pectin 및 기타 다당류로 구성되어 있다. 아가로스는 젤화 능력과 젤의 강도가 강하여 한천에 응고성을 부여하는 성분이며, 아가로펙틴은 젤화 능력은 크지만 가수분해되기 쉽고 점도가 큰 성질을 가지고 있다.

자연 한천은 우뭇가사리를 끓여서 나오는 즙을 분리하여 응고상자에 넣어 응고시킨 뒤 이를 잘라 추운 겨울 옥외에서, 야간에는 -5~-10℃의 한기로 동결시켜 한천질과 얼음의 결정으로 분리시키고 주간에는 5~10℃의 저온에서 수분을 건조시키는 일을 약 보름 동안 되풀이하여 제조한다.

식품에서는 양갱, 잼, 젤리 등에 펙틴의 대용으로 사용되며, 유제품, 청량음료의 안정제 등으로 널리 이용된다. 한천의 주성분은 탄수화물이지만 소화 흡수가 어려워 영양적 이용보다는 저칼로리 식품으로 사용된다. 실험실에서는 미생물 배지 및 전기영동 분석 시에 사용되며, 크로마토그래피 컬럼의 지지체로도 사용된다.

(5) 파래sea lettuce

녹조류에 속하는 파래는 우리나라, 일본, 유럽 등 전 세계적으로 분포하며, 민물이 흘러 들어오는 해안 근처의 바위 위에 서식하는데 늦가을부터 다음해 봄까지 번식한다. 파래의 종류는 세계적으로 약 15여 종이며, 대표적인 것으로는 가시파래, 격자파래, 납작파래, 잎파래 등이 있다. 향기가 많고 맛이 독특하여 한국과 일본 등에서 즐겨 먹는다.

그림 10.58 **파래**

파래는 단백질이 약 20~30% 정도로 많은 양을 함유하고 있으며, 칼슘, 인, 철 등의 무기질이 많아 중요한 알칼리성 식품이다. 비타민 U가 양배추의 약 70배 이상 들어 있어 위궤양 예방에 좋은 것으로 알려져 있다. 김에 섞어 파래김으로 많이 이용하며, 생것을 초무침하거나 건조된 것을 국거리로 이용한다.

(6) 청각sea staghorn

청각은 전 세계적으로 분포한다. 얕은 바닷속의 조개껍데기 또는 바위, 암석, 돌 등에 붙어서 서식하며 부드럽고 둥근 가지로 형성되어 있다.

단백질과 탄수화물이 많이 함유되어 있다. 신선한 향과 맛을 가지고 있어 우리나라 남부 지방에서는 김치에 고명으로 사용하기도 하며, 그 외에 생으로 먹거나 무침 또는 염장하거나 건조하여 사용한다.

청각

건청각

그림 10.59 **청각**

(7) 톳sea weed fusiforme

톳은 갈조류에 속하며, 일본, 동중국해에 분포하고, 우리나라에서는 동해안 주문진 이남에서 서해안 장산곶에 이르기까지 널리 분포하는데 제주도와 서남해안에서 주로 생산된다.

섬유질이 많고, 철, 칼슘, 마그네슘 등의 무기질을 많이 함유하고 있으며 특히 칼슘과 마그네슘의 비율이 좋은 것으로 알려져 있다. 주로 국이나 무침으로 이용된다.

그림 10.60 **톳**

(8) 클로렐라chlorella

클로렐라라는 명칭은 그리스어로 녹색을 의미하는 'chloros'와 라틴어로 작다는 뜻을 가진 접미사인 'ella'의 합성어이며, 녹조류에 속하는 단세포 해조류이다. 약 2~8 μm 정도의 구형으로 분열에 의해 무성생식을 하며, 고등식물과 같이 빛과 이산화탄소를 이용하여 광합성을 통한 독립영양생활을 하는 번식력이 강한 해조류이다.

건조 클로렐라는 단백질 45.3%, 지방 7.2%, 탄수화물 25.7%, 회분 11.5% 등을 함유하고 있으며 특히 단백질을 포함한 여러 영양소를 포함하고 있다. 증식 속도가 다른 식물에 비해 매우 빠르므로 미래의 단백질 식량, 고영양 식량으로 기대되고 있다. 식품 재료뿐만 아니라 사료용, 의약용 등 이용 범위가 넓다.

단원정리

1. 수산식품에 속하는 것으로는 어류, 조개류, 갑각류, 연체류 및 해조류 등이 있으며, 곡류를 주식으로 하는 우리나라에서는 단백질의 중요 공급원이 된다. 수산물은 생산되는 장소와 시기가 일정하지 않고 생산량의 변동이 심하므로 최근에는 기르는 어업 육성 정책에 따라 양식에 의한 수산식품의 생산량이 급격하게 증가하고 있는 추세이다.
2. 어류는 해수어와 담수어로 구분된다. 해수어는 어육의 색에 따라 붉은살생선과 흰살생선으로 나눌 수 있는데, 운동성이 강한 회유 어종은 붉은색을, 운동성이 약한 정착성 어종은 흰색을 띤다. 어류의 화학적 조성과 어육의 맛은 어류의 종류, 부위, 산란 환경, 성장 속도, 계절, 성별, 어획 방법 등에 따라 상당한 차이를 보인다.
3. 조개류는 다른 수산식품에 비해 가식부가 20~30% 정도로 적으나, 다양한 종류의 아미노산, 글리코겐, 타우린 등의 성분을 가지고 있어 국물을 내거나 여러 요리에 이용된다.
4. 갑각류는 키틴질로 된 딱딱한 외피로 덮여 있고 체절로 되어 있으며, 새우, 게, 가재 등이 해당된다.
5. 연체류는 몸에 뼈가 없고 부드러우며 근육이 발달되어 있다. 여기에 속하는 것으로는 오징어, 문어, 낙지 등이다.
6. 해조류는 바다에 분포하는 식물로, 비소화성 다당류와 식이섬유를 많이 함유하고 있어 소화율이 낮아 저열량 식품으로 이용된다. 해조류의 추출물은 식품 산업이나 의약 및 공업용 원료로도 이용된다.

연습문제

1. 해수어에서 나는 냄새와 관계가 없는 것을 고르시오.
   ① 피페리딘 ② TMA ③ 암모니아 ④ 요오드취

2. 선도가 저하된 고등어나 꽁치에 의해서 생성되는 식중독 유발 물질을 고르시오.
   ① 타이라민(tyramine) ② 히스타민(histamine)
   ③ 프토마인(ptomaine) ④ 푸트레신(putrescine)

3. 어육 연제품의 제조 시 보수력과 밀접한 관계를 가지고 있는 것을 고르시오.
   ① 수용성 단백질 ② 근원섬유단백질 ③ 글리코겐 ④ 경단백질

4. 갑각류의 껍질에 많이 함유되어 있는 키틴질의 구성 성분을 고르시오.
   ① 푸코스(fucose) ② 글루쿠론산(glucuronic acid)
   ③ 자일로스(xylose) ④ *N*-아세틸글루코사민(*N*-acetylglucosamine)

5. 게, 새우류에서 발생하는 흑변을 방지하는 방법에 대한 서술로 틀린 것을 고르시오.

① 금속이온을 첨가한다. ② 가열 처리를 하여 효소를 불활성화시킨다.
③ pH를 4 이하로 유지한다. ④ 아황산수소나트륨을 첨가한다.

6. 해조류의 식품학적 가치에 대하여 설명하시오.

7. 미역 등의 갈조류에 들어 있는 점성을 가지는 수용성 황산다당류를 고르시오.

① 푸코이단(fucoidan) ② 알긴산(alginic acid)
③ 우뭇가사리(agar) ④ 매니트(mannit)

정답 및 해설

1. ① 2. ② 3. ② 4. ④
5. ① 6. 저열량 식품, 정장작용, 갑상선 부종 예방, 식품첨가물로 이용, 저장 용이 등이 있다. 7. ①

제11장

유지류

학습목표

1. 유지 및 유지 가공품의 종류를 알 수 있다.
2. 유지의 재료적 특징을 물리적, 영양학적, 기능적인 면에서 이해할 수 있다.
3. 유지의 특징에 따라 조리와 가공에 응용할 수 있다.

지방lipid은 극성인 물에는 녹지 않으나 비극성 유기용매에 녹는 물질을 통칭하는 용어이다. 이 중 식품의 주요 영양원으로 사용될 수 있는 중성지방으로 구성된 지방을 유지fats and fatty oil라고 한다. 유지는 모든 생명체의 특정 조직에 주로 분포하며 생명 유지에 필수적인 구성 요소이다. 동물에서는 피하조직, 내장 주위, 복강, 간장 및 결체조직에서 주로 발견되며, 식물에서는 종자, 과실, 곡물의 배아에 많이 존재한다. 상온에서 고체인 지방fat과 액체 상태인 기름oil으로 구별되나 혼용되어 사용된다. 식용 가능한 동물성 유지로는 우지, 돈지(라드), 버터 등의 육상동물 지방과 어유, 경유 등 해양동물유가 있다. 식물성 유지로는 콩기름, 옥수수기름, 참기름, 채종유 등의 식물유vegetable oil와 야자유, 팜유 등의 식물성 지방으로 나눌 수 있다. 상온에서 고체인 지방 중 동물성 이외에 코코넛유, 야자유, 팜유 등 식물성 지방도 있으며, 상온에서 액체인 유지 중 식물성 유지 외에 해양동물유도 있다. 우리나라는 식용유지의 원료를 주로 수입하는데 원료를 자급하여 유지를 생산하는 경우는 들기름을 제외하고 거의 전무하다.

전 세계적으로 식물성 유지는 1년에 184백만 톤이 소비되어 약 1인당 20 kg 정도 소비한다. 종자씨유가 가장 많이 소비되며 그 다음이 열대유지, 돈지, 우지, 마가린, 버터 등의 순이다(그림 11.1). 전 세계적으로 소비되는 유지의 종류는 각국의 문화와 식사 습관에 따라 다르다. 액상유지는 전 세계적으로 활용되나 기ghee, 바나스파티vanaspati는 인도와 아프리카에서 주로 섭취된다(그림 11.2). 마가린 및 버터는 축산업이 발달한 지역에서 많이 소비된다.

식물성 유지의 소모량은 184백만 톤에 이르며 식물성 유지 중 가장 많이 소비되는 유종은 팜유, 대두유, 해바라기씨유, 유채유 등의 순이다.

1. 재료 및 특성

1) 식용유지

(1) 식용유지의 생산

유지는 식용뿐 아니라 비누, 양초, 화장품, 윤활유, 애완동물 사료 제조 등에 사용되며 바이오디젤의 원료로도 사용된다. 세계적으로 가장 많이 소비되는 유종은 팜palm이며 대두, 유채, 해바라기씨 등의 순서로 사용된다(표 11.1). 식용유지의 절반은 대두에서 유래하며 이 밖에 땅콩, 면화, 팜핵, 코코넛, 올리브 등이 사용된다.

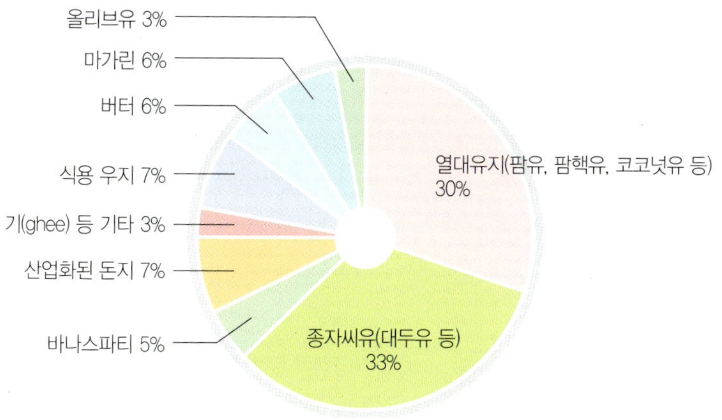

그림 11.1 세계적으로 소비되는 유지의 종류 및 소비량

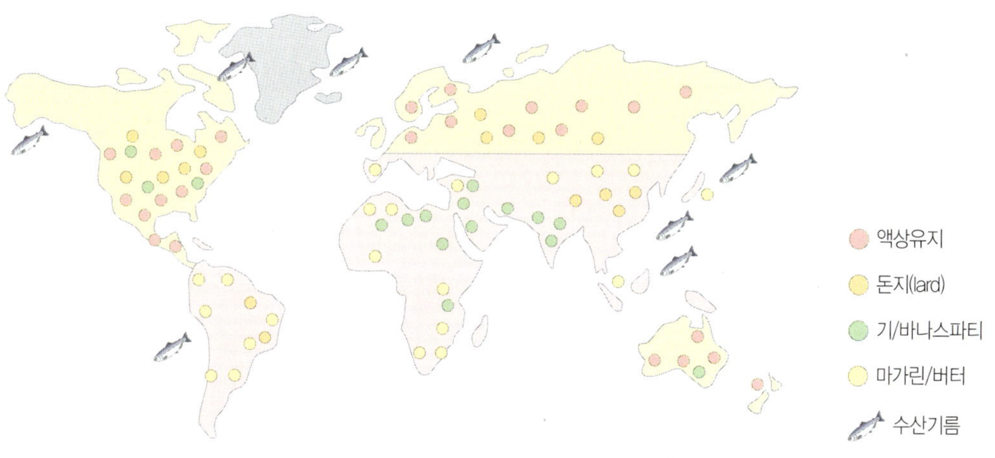

그림 11.2 유지식품의 세계적인 사용 분포

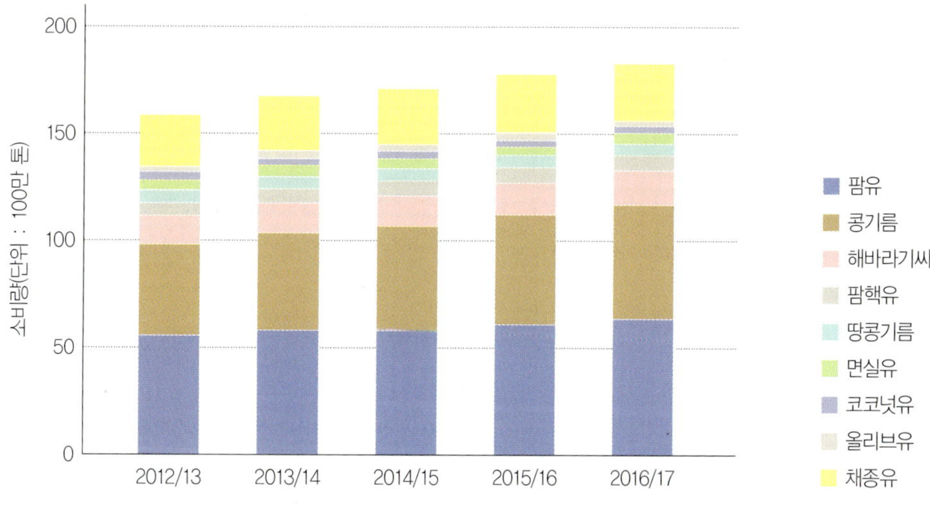

그림 11.3 식물성 유지의 사용량(2012~2016년)

표 11.1 세계적으로 소비되는 유종의 종류 및 소비량

유종의 원료	세계적 소비량(백만 t)	참고 사항
팜	41.31	가장 많이 생산되는 열대 유지이며, 바이오디젤로도 사용
대두	37.54	세계적으로 소비되는 식용유지의 약 반을 차지
유채	18.24	카놀라유로 요리에 사용되며, 바이오디젤로도 사용
해바라기씨	9.91	요리 및 바이오디젤로 사용
땅콩	4.82	조리용으로 사용
면화	4.99	조리용으로 사용
팜핵	4.85	아프리카 팜나무의 씨앗으로부터 유래
코코넛	3.84	비누 제조 및 요리에 사용
올리브	2.84	요리, 화장품, 비누 제조, 전통적인 오일램프에 사용

자료 : 미국농림부 USDA, 2007/2008년도

표 11.2 연도별 식용유지 시장 규모

구분	2006년	2007년	2008년	2009년	2010년	2011년	5년 성장률
시장 규모(억 원)	10,161	10,825	13,273	13,805	13,463	15,159	8.3%

우리나라는 거의 대부분의 식용유지 원료를 수입하여 제조 및 가공한다. 우리나라 연도별 시장 규모는 표 11.2에 나타내었다. 2006년부터 2011년까지 8.3% 성장하였다. 대두유의 수입 및 생산량이 가장 많으나 생산량 대비 가격은 참기름 및 들기름이 높다(표 11.3). 일반적으로 국내에서 식용유하면 대두유를 의미할 정도로 대표적인 식물성 유지이다. 팜유류의 경우 국내 출하량은 대두유 다음으로 많으며 라면, 스낵 등의 유탕류 식품 제조에 활용된다.

(2) 유지의 분포

유지는 모든 동식물, 미생물의 세포 속에 존재하며 생물의 종류에 따라 존재하는 부위나 형태 및 함량이 다양하다. 동물의 경우 지육脂肉, 가죽, 내장, 뼈 등에 주로 분포해 있고, 식물의 경우 과육, 종자(배유부, 배아), 껍질에 있으며, 단세포 생명체인 경우 세포 내에

바이오디젤(biodiesel) 폐식용유나 유채꽃, 콩 등에서 식물성 기름을 추출하여 유지 중성지방을 알코올과 에스터반응시켜 지방산에 메틸(CH_3)기를 첨가하여 휘발성을 증가시킨 물질(지방산 메틸에스테르). 휘발유와 일정 비율로 섞어 경유자동차의 연료로 사용되며 일산화탄소, 질소산화물, 미세먼지, 이산화탄소의 배출량을 10~35% 감축시킬 수 있다.

표 11.3 유종별 식용유지 생산량

	국내 출하량(톤)	국내 출하액(백만 원)	국내 출하액 비율(%)
대두유	395,485	514,646	34.0
옥수수유	41,120	60,426	4.0
채종유	67,990	92,679	6.1
현미유(미강유)	15,130	32,827	2.2
참기름	17,250	118,150	7.8
들기름	1,561	2,929	0.2
해바라기유	6,967	17,027	1.1
면실유	542	1,165	0.1
올리브유	7,210	33,340	2.2
팜유류	79,919	100,134	6.6
야자유	7,020	17,312	1.1
혼합 식용유	44,486	89,837	5.9
가공유지	50,532	117,174	7.7
쇼트닝	54,632	113,231	7.5
마가린	38,429	82,303	5.4
기타 식용유지	18,623	52,869	3.5
합계	860,543	1,515,918	100.0

자료 : 식품저널 편집부, 식품유통연감, 2011

존재한다. 생명체 내에 존재하지 않지만 지방의 한 종류로 인정되는 왁스wax는 과피, 각질부, 벌집 등에서 발견되고, 식물의 씨앗, 꽃, 잎 등에도 방향 성분의 지방이 존재한다. 왁스나 방향유는 식용유지로 간주되지는 않는다.

동물성 유지의 원료로는 축육류의 소기름, 돼지기름, 양기름mutton tallow이 있고 조육류의 닭기름, 어패류(해양동물류)의 고래기름, 상어기름, 명태간유 등이 있다. 소젖, 양젖에서 유래한 유지방은 버터로 활용된다.

식물성 유지의 원료는 서식하는 기후대에 따라 지방의 조성이 상이하다. 한대식물유는 온대나 열대 식물에서 유래한 유지보다 불포화지방산이 많은 특징이 있다. 다년생 식물류로 야자유, 팜유, 동백기름이, 일년생 식물류로는 콩, 해바라기, 채종유, 면실유 등이 있다. 또한 추출 위치에 따라 콩, 참깨, 땅콩은 배유 부분이, 옥수수는 배아 부분이, 팜palm, 코코넛은 과육 부분이, 팜핵, 면실, 고추씨는 과일의 핵(씨)이 기름의 원료로 사용된다.

이들 원료로부터 유지를 식용 수준으로 제조하기 위해서는 지방을 추출 및 정제해야 한다. 유지가 식용으로 적합하기 위해서는 다음과 같은 성상을 갖추어야 한다.

- 유지의 주성분인 중성지방triacylglycerol의 함량이 높고 이들의 가수분해산물인 유리지방산 혹은 지방산화산물의 함량이 적어야 한다. 엑스트라버진 올리브유는 기타 정제유지에 비해 유리지방산 함량이 상대적으로 많이 존재한다.
- 중성지방 이외의 불순물인 왁스, 인지질phospholipid, 색소 등이 적어야 한다.
- 색은 무색에 가깝거나 투명한 엷은 색이며 불쾌한 냄새가 없어야 한다. 정제를 거치지 않은 참기름, 들기름은 색이 검다.

(3) 유지의 회수 및 정제

식물 원료에 존재하는 유지를 회수하기 위해서는 비극성 유기용매를 이용하여 추출할 수 있으며 기계적 착유를 통해 다량의 물, 불순물과 함께 유지를 회수할 수 있다. 참깨나 들깨를 볶는 공정도 가열에 의해 유지를 회수하는 방법 중의 하나이다. 동물성 유지의 경우 고온 혹은 고압을 활용하여 유지를 용출하여 회수할 수 있다. 이렇게 회수된 유지는 식물에서 회수된 경우 엽록소가 함유되어 있어 초록색을 띠며 볶은 경우에는 갈색에서 검은색이 되고, 동물의 경우 무색이 된다. 삼겹살을 먹을 때 나오는 기름을 생각해 보면 이해가 쉽다.

회수된 유지에는 원료의 부스러기, 검gum질, 단백질, 지방산, 색소, 냄새 등의 불순물이 함유되어 있어서 이들을 제거하는 공정이 필요하며 이 공정을 정제 공정이라 한다(그림 11.4).

불순물을 미리 제거하는 정제refining 과정에는 탈검, 탈산, 탈색, 탈취 등이 있다.

- 탈검degumming : 착유, 추출 과정에서 원료로부터 여러 가지 불순물이 나오게 된다. 어유와 우지·돈지 등은 단백질 분해물과 기타의 점질물을 함유하고 있는데, 이런 여러 가지 불순물들을 검질이라 한다. 이 검질 물질을 제거하는 작업을 탈검 과정이라 한다.
- 탈산deacidification : 원유는 착유, 추출 시 중성지방의 가수분해에 의해 유리지방산을 함유하게 되며 이들을 제거하는 조작을 탈산이라 한다. 알칼리성인 가성소다를 이용하여 지방산을 중화시켜 제거하는 방법이 많이 사용된다.
- 탈색bleaching : 원유에 함유되어 있던 대부분의 불순물은 탈검, 탈산 과정에서 제거되지만 유용성 색소물질인 카로티노이드 및 엽록소는 제거되지 않는다. 이들을 제

거하는 공정이 탈색이다. 탈색은 주로 흡착법을 사용하며 산성백토, 활성 백토, 활성 탄소 등의 흡착제를 사용한 후 여과한다.

- 탈취deodorization : 탈취는 유지 정제 공정 중 마지막 단계로서 식용유지 제조에 있어서 가장 중요한 공정이다. 불쾌한 냄새와 맛의 원인이 되는 물질을 제거하는 공정으로 감압하에서 고온 가열한 유지에 수증기를 불어 넣어 유취물질과 지방산 등 휘발성 물질을 증류 제거하는 진공 수증기증류 공정이다. 또한 고도의 진공하에서 240~260℃로 가열하면서 수증기를 불어 넣기도 한다.

위와 같은 정제 공정을 거치면 맑고 투명한 식용유지가 된다. 정제 공정을 거친 RBD oilrefined bleached and deodorized oil은 투명하며 함유된 파이토케미컬phytochemical에 따라 특유의 색을 띤다. 예를 들어 카로티노이드가 많이 함유된 팜유는 붉은색을 띠게 되고, 엽록소가 존재하면 초록색이 난다. 반면에 정제 과정 없이 사용하는 참기름 및 들기름은 볶음 공정 중 발생하는 갈색 색소에 의해 검은색을 띠며 정제한 참기름 및 들기름은 다른 정제유와 유사한 색을 띤다.

천연유지를 그대로 가공식품에 사용하기가 부적합한 경우 추가적인 공정을 통해 원하는 성질을 갖는 유지를 제조하기도 한다. 대표적인 예가 수소 첨가 혹은 경화hydrogenation를 통한 쇼트닝 등의 제조이다.

경화 공정은 이중결합이 있는 불포화지방산에 수소가스를 불어 넣어 포화지방산으로 제조하는 기법이며, 수소가스, 니켈 촉매, 150~180℃ 고온 가열 및 교반 처리 등이 필요하다. 다만, 경화 공정에 의해 유지 중 트랜스지방이 생성될 수 있음은 주의해야 할 사항이다.

또한 탈납winterization 공정을 거치기도 한다. 이 공정은 냉장 및 냉동 온도에서 유지를 보관하여 고체상과 액체상으로 유지를 물리적으로 분리하여 저온에서도 응고하지 않는 유지를 생산하는 방법이다. 샐러드유나 면실유의 경우 납wax, 고융점의 글리세라이드glycerides가 존재하여 유지를 저온 저장하면 침전을 야기시키므로 제거하는 공정이 필요하다. 5~7℃에서 50시간 정도 유지시켜 이들을 제거하는 공정을 탈납 공정이라 한다.

포화지방산과 건강 일반적으로 포화지방산은 건강에 해로운 지방산, 불포화지방산은 이로운 지방산으로 인식되고 있으나 반드시 그렇지는 않다. 심혈관 질환에 해로운 콜레스테롤(LDL-cholesterol)을 증가시키는 지방산에는 포화지방산이 많으나 스테아르산(stearic acid)은 증가시키지 않는 것으로 알려져 있다. 또한 트랜스지방산은 불포화지방산이나 LDL-콜레스테롤을 증가시킨다. 따라서 포화지방산이라고 모두 해로운 지방산은 아니다.

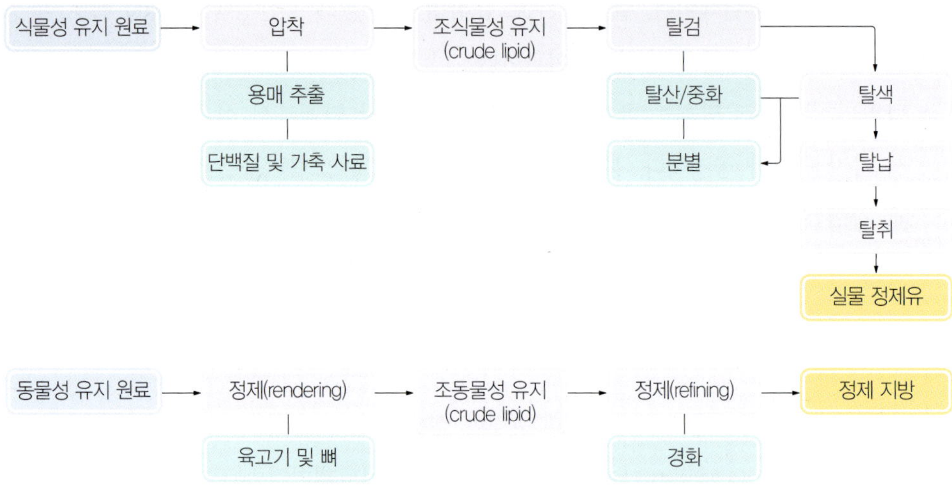

그림 11.4 **식물성 및 동물성 유지 원료에서 유지 제조 공정**

(4) 동물성 유지

- 우지beef tallow : 소의 지방조직에서 회수한 유지로 백색, 황색, 회색 등의 고체지방이다. 콩팥과 장에서 유래한 지방이 주로 식용으로 사용된다. 상온에서 고체이며 돈지인 라드와 같이 정제 후 마가린 혹은 쇼트닝의 원료로 사용된다. 식용 이외에 비누, 바이오디젤, 양초 제조 등에 사용되기도 한다. 주요 산지는 소를 많이 사육하는 호주, 미국, 뉴질랜드 등이다. 올레산, 팔미트산, 스테아르산의 순서로 많이 존재한다.
- 돈지lard : 돼지의 지방조직에서 분리한 지방이며, 콩팥의 지방조직인 리프 라드leaf lard의 품질이 가장 좋다. 불포화도가 56~62%로 높아 부드럽고 특유의 풍미가 있으며 중국요리를 조리할 때 많이 사용된다. 식물로부터 유지가 생산되기 전까지 라드는 버터와 함께 가장 중요한 지방으로 다양한 요리에 사용되어 왔으나 포화지방산의 위해성이 알려지면서 그 사용량이 줄어들었다. 그러나 동일한 양의 버터에 비해 포화지방산 및 콜레스테롤 함량은 낮고, 불포화지방산 함량은 높으며 트랜스지방 문제가 없는 등 유익한 면이 알려지면서 최근에는 사용량이 증가하고 있다. 돼지를 키울 때 사용된 사료 종류에 따라 생산되는 라드의 지방산 종류 및 요오드가가 달라진다. 라면 제조, 마가린, 쇼트닝, 스프레드의 원료가 된다.
- 어유fish oil : 어류를 열수에 넣고 가열하여 분리되는 기름에서 얻으며 연어, 참치, 송어, 정어리, 꽁치, 고등어, 대구, 명태 등에서 채유한다. 다른 동물성 지방에 비해 고

도불포화지방산의 함량이 많아 상온에서 액체이다. 특히 EPA, DHA와 같은 오메가-3지방산이 많아 생리활성이 뛰어난 것으로 알려져 있다. 산화되기 쉽고 강한 어취가 있다. 어류의 오메가-3지방산은 어류 자체적으로 생산된 것이 아니라 이들 지방산을 함유하고 있는 먹이인 미세조류에서 유래한다. 식품으로서의 어유는 수소첨가 공정인 경화유를 제조한 후 마가린 혹은 쇼트닝의 원료로 사용된다.

- 버터butter : 우유의 유지에서 분리된 유지방으로 가장 오랜 역사를 갖는 식용 가공유지이다. 유제품으로 취급된다.
- 경유whale oil : 고래의 지육이나 내장 등에서 채취하며 고래 종류에 따라 조성이 달라진다. 엄밀히 경유는 왁스에 가까우며 램프나 양초 제조 시 사용되었다. 수염고래류에서 채유된 경유는 불검화물이 1% 이하이나, 이빨고래류의 기름은 불검화물 함량이 30% 이상으로 영양적 가치가 적어 공업용으로 사용된다. 경화 공정을 거친 후 마가린 및 쇼트닝의 원료로 사용된다. 1986년 상업적 고래사냥이 금지된 이후 경유 생산은 거의 중지되었다.
- 기ghee : 인도의 주요 식용유지로 물소 등의 젖으로 만든 버터를 녹여 체로 걸러 만든다. 인도와 이집트 요리에 중요한 원료로 거의 포화지방산으로 되어 있다.
- 수이트Suet : 소, 송아지, 양 등의 콩팥과 허리살 주변의 하얀 지방이다. 영국 요리에 사용되며 양초를 제조하는 데에도 사용된다.

(5) 식물성 유지

- 콩기름soybean oil : 콩기름은 대두를 파쇄한 후에 유기용매인 헥산으로 채유하고 정제과정을 거쳐 얻은 투명한 담황색의 반건성유이다. 일반적으로 식용유하면 대두유를 연상할 정도로 대중적으로 사용되며, 대두박은 사료로 사용된다. 100 g의 대두유에는 약 16 g의 포화지방, 16 g의 모노불포화지방산, 58 g의 다가불포화지방산을 포함하며 51% 이상의 리놀레산linoleic acid을 함유하고 있다. 대두의 주산지는 미국(32%), 브라질(28%), 아르헨티나(21%), 중국(7%), 인도(4%) 등이다. 정제유는 튀김유, 샐러드유, 마요네즈, 마가린, 쇼트닝의 원료로 널리 사용된다.
- 옥수수유corn oil : 옥수수 배아는 약 33~40%의 지방을 포함하고 있으며 이를 압착 및 용매 추출법에 의해 채유한 유지가 옥수수유이다. 발연점이 높아 튀김유로 사용되며 마가린의 제조에도 사용된다. 약 15 g의 포화지방, 33 g의 모노불포화지방산,

65 g의 다가불포화지방산을 포함하며, 가장 높은 리놀레산을 함유하고 있는 식용유지이다. 이 밖에 바이오디젤, 비누, 잉크 등에 사용된다.

- 유채유rape seed oil : 노란 꽃을 갖는 유채 혹은 평지의 종실을 압착, 용매 추출, 정제하여 얻는 반건성유로, 응고점이 낮으며 샐러드유, 튀김유, 조리용 마가린, 과자 제조용 등에 사용된다. 카놀라는 유채의 2가지 종류 중 한 종으로 이로부터 채유한 유지를 채종유 혹은 카놀라유canola oil라고 한다. 최근 바이오디젤 연료로 각광을 받으면서 생산량이 급증하고 있다. 중국, 캐나다, 인도, 독일 등이 주요 생산국이다.
- 참기름sesame seed oil : 참깨의 종실을 볶아 압착법으로 착유하여 얻은 반건성유로, 정제 과정을 거치지 않은 경우 특유의 향기와 적갈색을 띤다. 타이완 등에서는 정제해서 튀김유로 사용하기도 한다. 불포화지방산이 높지만 참깨에서 유래한 리그난 성분인 세사몰린, 세사민과 세사몰린으로부터 유래한 세사몰 성분이 있어 산패에 강하다. 특히 세사몰은 세사몰린이 고열을 받으면 생성되는 물질로 강력한 항산화능을 갖고 있다. 올레산과 리놀레산이 다량 함유되어 있고 리놀렌산linolenic acid은 거의 검출되지 않아 혼합참기름의 지표로 리놀렌산 함량을 사용하기도 한다. 주로 풍미 증진 조미료로 사용되며 상대적으로 가격이 비싸다. 참깨는 인도, 중국, 한국 등에서 재배된다. 참기름에 다른 유종을 혼합한 경우 참기름으로 판매할 수 없다.
- 들기름perilla seed oil : 들기름은 들깨 종실을 압착법으로 채유한 유지로 특유의 냄새를 나타낸다. 전 세계에서 유일하게 우리나라에서 가장 많이 사용되는 유종이다. 오메가-3지방산인 리놀렌산이 50% 이상 함유되어 있으며 주로 풍미 증진 조미료로 사용된다. 들기름에 다른 유종을 혼합한 경우 들기름으로 판매할 수 없다.

그림 11.5 참깨

그림 11.6 들깨

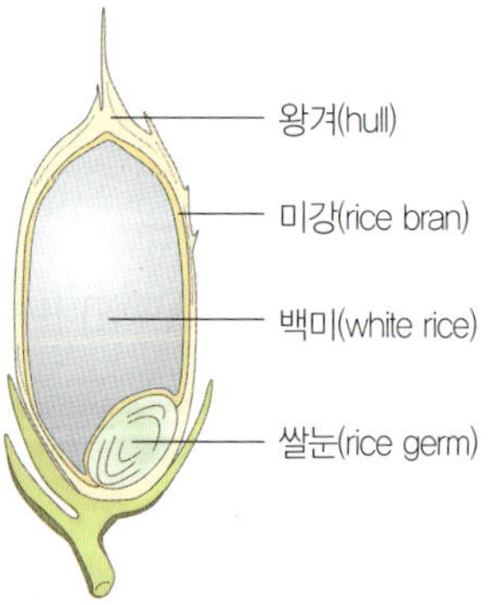

그림 11.7 **쌀의 구조 및 미강의 위치**

- 미강유rice bran oil : 수확한 벼는 왕겨hull, 미강rice bran, 배아rice germ 및 가식부인 배유 혹은 백미로 되어 있다(그림 11.7). 미강유는 쌀겨에서 용매 추출 후 정제된 유지로 맑은 성상을 지니며 토코트라이에놀tocotrienol 및 감마-오리자놀γ-oryzanol 등의 항산화물질이 다량 포함되어 있다. 발연점이 높아(254℃) 튀김유로 주로 사용된다.
- 팜유palm oil : 야자나무 과육을 압착해서 얻은 식물유지로, 아프리카, 말레이시아를 포함한 동남아시아 등에서 재배된다. 팜핵유와 차이가 있다. 베타-카로틴을 갖고 있어 붉은색을 띠며 포화지방산 함량이 높은 식물유지이다. 포화지방산인 팔미트산이 44% 포함되어 있다. 팜핵유palm kernel oil는 야자나무 열매의 핵에서 채유한 것으로 야자유와 유사한 성질을 갖고 있다. 팜유보다 포화지방산 함량이 더 높으며 상온에서 고체이다. 식품조리 시 요리용 기름 및 튀김유로 사용된다(그림 11.8).
- 야자유coconut oil : 건조한 야자 과육 및 핵을 압착하여 얻은 식물유지로 '코프라 오일copra oil'이라고도 한다. 이때 코프라는 건조 코코넛 핵을 의미한다. 라우르산lauric acid, 미리스트산myristic acid 등의 포화지방산이 다량 함유되어 있다. 흰색 또는 옅은 노란색을 띠고 특유의 냄새가 난다. 녹는점 23~28℃, 비중 0.914~0.938, 굴절률 1.447~1.449, 비누화값 253~258, 요오드가 8~10, 라이헤르트-마이슬값 5.5~8.9이다. 발연점(180℃)이 높아 튀김유로 사용되고 마가린, 쇼트닝의 원료가 되며, 비누나 가소제의 원료로 쓰인다. 경화 및 부분 경화 야자유는 커피크림이나 스낵에 사용된다.
- 카카오지cocoa butter : 카카오나무의 종자인 카카오콩을 볶아 껍질 제거 후 압착법으로 채유한 유지로 특유의 방향이 있다. 착유 후 남은 탈지박을 미세분말로 제조한 것이 코코아이다. 카카오지는 주로 초콜릿, 비스킷의 주원료이며 녹는점이 32~39℃

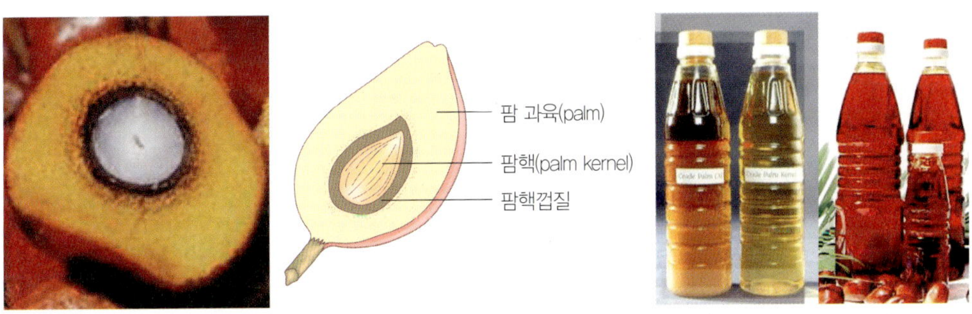

그림 11.8 **팜의 구조(왼쪽) 및 팜유(오른쪽)**

그림 11.9 카카오나무(왼쪽), 카카오 열매(가운데) 및 초콜릿(오른쪽)

로 상온에서 고체이고 섭취 시 녹는 특성이 있다. 다른 유지보다 저급지방산인 라우르산이 비교적 많고 특유의 향미 성분이 락톤lactone류를 150 ppm 정도 함유하고 있다. 가소성의 범위가 좁아 입안의 온도에서 고체가 액체로 된다(그림 11.9).

아프리카 서해안, 남미, 인도 등의 열대지방에서 주로 생산된다. 카카오지를 대체하기 위해 CBEcocoa butter equivalent 등이 개발되고 있다.

- 올리브유olive oil : 올리브 과육에서 압착하여 얻은 버진 올리브유나 이들을 정제하여 얻는 정제 올리브유가 있다. 보통 엑스트라버진 올리브유(0.8% 이하의 산가), 버진 올리브유(2.0% 이하의 산가), 퓨어 올리브유(버진과 정제유의 혼합), 올리브유(버진과 정제유의 혼합), 올리브 포마스유 등 5가지로 품질을 나눈다. 엑스트라버진 올리브유는 씨를 제거한 최상품 올리브를 압착하여 얻은 최고급 오일로 신맛이 거의 없다. 버진 올리브유는 에스트라버진 올리브유 제조 때 사용되는 올리브보다 품질이 약간 떨어지는 올리브를 사용한 오일이다. 그 이외의 올리브유는 버진 올리브유와 정제유를 혼합하여 제조한다.

  7억 5,000만 그루 이상의 올리브나무에서 얻으며 스페인이 유럽 전체 생산량의 40~45%를 생산하고 있다. 올레산과 팔미트산이 주요 지방산이며 샐러드용으로 사용된다. 엑스트라버진 올리브유는 중성지방 이외의 성분이 다량 함유되어 있고 발연점이 낮아 177℃ 이상의 온도에서 탈 수 있다. 중성지방 이외의 성분을 제거한 정제 올리브유 형태는 튀김용 기름으로 사용할 수 있다.

- 면실유cottonseed oil : 면화를 채취한 후 남은 종자를 분쇄, 가열, 압착, 용매 추출하여 채유한다. 유독 성분인 고시폴gossypol을 함유하고 있어 정제 공정으로 제거 후 식용으로 사용한다. 샐러드유, 마가린, 드레싱용으로 사용된다.

그림 11.10 **해바라기 씨**

그림 11.11 **홍화씨**

그림 11.12 **식물성 유지들**

- 해바라기유sunflower oil : 국화과 1년생 초본인 해바라기 씨를 압착, 용매 추출법으로 채유한 후 정제한다. 발연점이 227~232℃로 높아 튀김유로 사용되고, 샐러드유, 과자, 쇼트닝, 마가린 제조에 활용된다.
- 땅콩유peanut oil : 땅콩을 압착, 추출하여 얻으며 탈지박은 단백질이 풍부하여 과자 원료로 사용된다. 미국, 중국, 서아프리카, 호주, 지중해 연안 등에서 생산되며 불건성유이다. 발연점이 높아 튀김유로 사용되며, 마가린의 원료로 사용된다. 땅콩버터는 건조된 볶은 땅콩으로 만든 식품으로 땅콩유와는 상관이 없으며 부분 경화유, 소금, 덱스트로스 등을 혼합하여 반고체 상태로 제조된 제품이다.
- 바나스파티vanaspati : 인도의 버터인 기ghee를 대용해서 종종 사용되는 식물성 유지로 경화 과정을 거친다. 어원은 산스크리트어이며, 주로 팜유를 이용하여 제조된다.
- 아보카도 오일avocado oil : 아보카도 오일은 미국 캘리포니아 남부 해안에서 제조되며 저온 압착하여 제조된다. 연소점이 높아 고온 조리가 가능하다.
- 기타 식물 유래 유종 : 식물의 종자에는 어느 정도의 지방이 함유되어 있어서 식물 종자 유래의 유지가 계속 개발되고 있다. 녹차 씨에서 추출한 녹차씨유, 국화과의 2년생 초본인 홍화 종자로부터 채유한 홍화씨유safflower oil 등이 있다.

(6) 가공유지

- 마가린margarine : 정제된 유지에 물, 소금, 유고형 성분, 유화제 등을 혼합, 유화시켜 만든 버터 대용품이다. 유지 원료로는 동물성 유지와 식물성 유지가 모두 사용될 수

유화(emulsion) 유화는 물과 기름처럼 서로 섞이지 않는 2가지 액체를 유화제(emulsifier)의 존재하에 분산시켜 안정하게 존재하는 상태. 물 속에 기름이 분산되어 있으면 수중유적형(O/W)이라 하고, 반대로 기름 속에 수분이 분산되어 있는 경우는 유중수적형(W/O)이다. 대표적인 수중유적형 유지식품은 마가린이고, 유중수적형 유지식품은 버터이다.

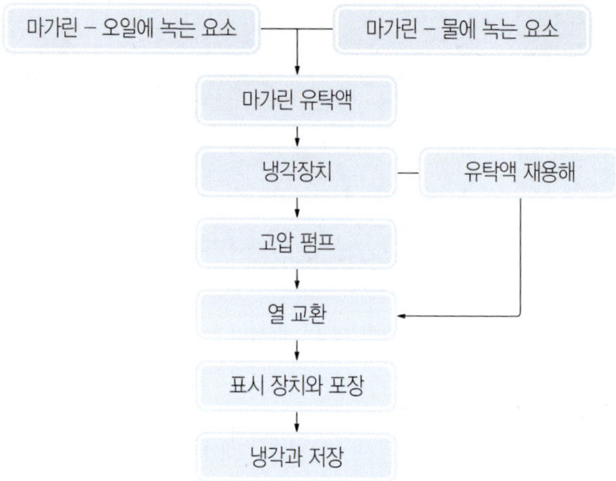

그림 11.13 **가정용 마가린 제조 공정**

그림 11.14 **마가린류**

있으며 이들을 녹는점이 28~33℃가 되도록 배합한다(그림 11.13). 부분 경화유를 원료로 사용하는 마가린의 경우 트랜스지방이 포함되어 있다. 1869년 프랑스 나폴레옹 3세가 버터 대용품을 공모하여 Mège-Mouriés라는 프랑스 과학자가 개발하였다. 마가린은 유중수적형w/o 유화를 갖는 제품으로, 포함되어 있는 유지방의 함량 및 지방의 함량에 따라 다양한 제품군이 분류되어 있다. 지방 함량은 80% 정도이다.

- 쇼트닝shortening : 쇼트닝은 제과 제빵 시 사용되는 반고체상의 가공유지로 제품의 물성을 'shorten', 즉 쉽게 부서지는 조직감을 제공할 수 있다. 정제한 유지, 경화유 등에 10~20%의 단산가스, 실소가스, 공기 등을 혼합하여 급냉하여 제조하며 무수, 무염, 무색, 무미, 무취이고 지방 함량은 100%이다.
- 샐러드유salad oil : 샐러드유는 식물 유래 정제유로 샐러드의 드레싱으로 주로 사용되는 유지이다. 올리브유가 주로 사용되고 있으며 그 밖에 다양한 식물성 유지가 샐러드유로 사용된다.
- 튀김유 : 튀김용으로 정제된 유지를 통칭하며, 불순물이 없어야 튀김 온도에서 연기

가 발생하지 않는다. 콩기름, 채종유, 미강유 및 이들의 혼합유지가 사용될 수 있다. 대부분의 식용유지는 정제 공정을 거치면 튀김유로 활용할 수 있다.

기타 가공유지

- 경화유hardened oil는 어유나 대두유 등에 경화 공정을 통해 포화도를 높인 흰색 고형의 고체지방이다. 식용유와 마가린의 원료, 비누의 원료 등으로 사용되며, 가수분해하여 제조한 고체지방산은 양초의 원료로 사용된다.
- 카놀라유에 대두 레시틴, 추진제propellant를 혼합하여 스프레이 형태로 제조하여, 음식이 용기로부터 잘 분리되도록 하는 용도로 개발된 제품도 있다. 이들 제품은 음식물을 조리하기 전에 용기에 직접 분사하여 사용한다.

2. 성분

지방은 탄수화물, 단백질과 더불어 식품을 구성하는 가장 중요한 3대 영양 성분 중 하나로 효율적인 에너지원(9 kcal/g)이며, 세포막의 구성 성분이고 지용성 비타민인 비타민 A, D, E, K 등의 운반체이다. 지방이 없는 식이를 한 경우 실험동물은 제대로 성장하지 못하며 임신 가능성도 줄어드는데 이와 같은 현상은 리놀레산, 리놀렌산, 아라키돈산arachidonic acid과 같은 필수지방산이 충분히 제공되지 않기 때문이다.

식용유지는 지방산이 혼자 있는 상태가 아닌 트라이아실글리세롤triacylglycerol 형태, 즉 중성지방으로 존재하며 하나의 글리세롤에 3개의 지방산이 결합되어 있는 상태로 탄수화물 및 단백질과 같은 폴리머와는 기본 구조가 다르다. 지방산은 다수의 탄소사슬과 카복실기carboxyl group가 연결된 형태로 탄소사슬에 존재하는 이중결합이 없으면 포화지방산, 이중결합이 존재하면 불포화지방산으로 나눈다. 자연계 유래 지방산의 일반적인 특징은 짝수의 탄소 수, *cis*형의 이중결합, 이중결합이 2개 이상 존재할 때는 비공액non-conjugated 형태이다. 물론 항상 예외는 존재한다. 식용유지에 '포화지방산 함량이 높다' 혹은 '불포화지방산의 함량이 높다'는 것은 주로 상대적인 함량을 말하며, 포화지방산 함량이 높을수록 상온에서 고체로 존재하며 불포화지방산이 많을수록 상온에서 액체로 존재한다.

포화지방산이 혈중 콜레스테롤을 높이는 효과가 있기에 과다한 섭취는 심혈관 질환을 유발할 수 있어 과다 섭취에 주의해야 한다. 그렇지만 모든 포화지방산이 혈중 콜레스테

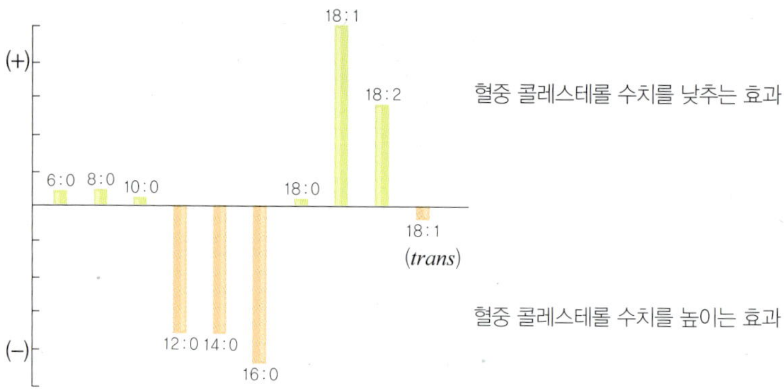

그림 11.15 지방산이 혈중 콜레스테롤에 미치는 영향

롤을 증가시키는 것은 아니며, 모든 불포화지방산이 콜레스테롤 수치를 낮추는 것도 아니다(그림 11.15). 탄소 수가 6, 8, 10, 18개인 포화지방산은 콜레스테롤 수치를 높이지 않으며 12, 14, 16개의 탄소를 갖는 라우르산(12 : 0), 미리스트산(14 : 0), 팔미트산(16 : 0)은 콜레스테롤 수치를 높이는 효과가 있다. 또한 불포화지방산 중에서 트랜스지방은 콜레스테롤을 높인다.

3. 취급 및 보관

식용유지는 보통 상온에서 보관하며 개봉 후에는 냉장고에서 보관하는 것도 좋다. 저온 보관 시 발생하는 유지의 침전물은 사용 시 상온에 방치하면 곧 녹게 된다. 상온에서 개봉 후 장기간 보관하게 되면 지방의 산화가 발생하여 산패취를 동반하게 된다. 특히 불포화지방산 함량이 높아 상온에서 액체 상태인 유지는 저온에서 보관하는 것이 좋다. 가시광선 및 자외선 조사와 같은 광산화에 의해 산화반응이 촉진되므로 암소에서 보관해야 한다.

지방 산화는 유지 및 유탕 처리제품의 가장 근본적인 화학반응으로 산화가 진행되어 산패된 제품은 특유의 이취off-flavor가 발생한다. 구체적으로 불포화지방산에 산소가 결합한 후 산패취를 발생하는 과정이며 자동산화, 일중항산소에 의한 산화, 효소에 의한 산

지방 산화(lipid oxidation) 불포화지방산과 산소가 결합하는 화학작용. 산패취를 발생하게 된다. 자동산화, 일중항산소에 의한 산화, 효소에 의한 산화, 튀김 공정과 같은 고온에 의해 유발되는 산화 등의 산화 메커니즘이 알려져 있다. 지방 산패를 억제하기 위해서 산소를 제거하고 대신 질소 충전 포장을 한다. 정제 식용유의 경우 산화를 억제하기 위해 토코페롤 및 구연산과 같은 항산화제를 추가하기도 한다.

화, 튀김 공정과 같은 고온에 의해 유발되는 산화 등의 산화 메커니즘이 알려져 있다. 지방 산패에 영향을 주는 인자는 금속이온, 고온, 산소 농도, 감광제, 자외선, 수분 함량, 인지방 및 가수분해된 산화생성물, 항산화제의 존재 등이다. 지방 산패를 억제하기 위해서 산화를 촉진하는 인자를 감소시키고 항산화제를 첨가시킨다. 일부 과자의 경우 산소를 제거하고 대신 질소 충전한 포장을 사용하여 산패를 억제하기도 한다. 정제 식용유의 경우 산화를 억제하기 위해 탈검, 탈색 및 탈산 과정을 거치고 토코페롤 및 구연산citric acid과 같은 항산화제를 일부러 추가하기도 한다.

4. 조리 및 가공

유지를 조리에 사용하는 근본적인 이유는 탄수화물, 단백질이 제공하지 못하는 식감 및 풍미를 주기 때문이다. 단백질로만 되어 있는 닭가슴살은 퍽퍽하지만 지방이 같이 있는 삼겹살은 상대적으로 부드럽다. 가공 시 유지를 사용하는 데는 특유의 식감 제공 이외에 아주 중요한 요인이 있다. 닭을 물에 넣고 삶으면 백숙이 되지만 기름 속에서 조리하면 튀김이 된다. 근본적인 차이는 바로 열전달 능력이다. 물의 경우 100℃에서 끓어 수증기가 되므로 식품에 100℃ 이상의 열을 전달하기 어렵다. 반면에 유지는 휘발되는 데 400℃ 이상의 고온이 필요하다. 따라서 160~200℃ 이하에서 조리되는 튀김 온도에서는 상대적으로 안정하게 되어 열을 전달하는 효율적인 매개체가 될 수 있다. 동시에 식품에 함유된 수분이 고온의 유지와 만나 수증기가 되어 식품 자체는 수분이 감소하게 되므로

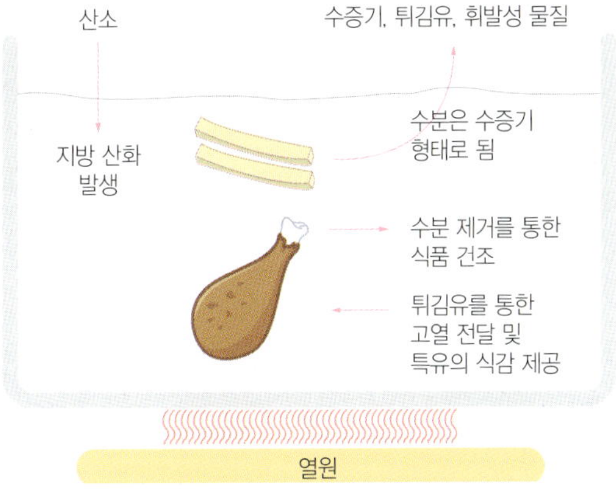

그림 11.16 **유탕 처리 식품의 조리 원리**

바삭바삭한 식감을 제공할 수 있다. 많은 기름 속에서 식품을 조리하는 방법을 'deep-fat frying'이라 하며 '튀김' 혹은 '유탕 처리'라고 한다. 과자, 라면, 유과 등이 이 공정을 통해 제조된다. 유탕 처리 시 식품에 수분이 차지하고 있던 빈 공간을 유지가 채우면서 튀김요리에는 다량의 튀김기름이 함유된다. 수증기 증발과 함께 튀김기름 또한 공기 중으로 방출되어 감소하게 되므로 주기적으로 기름을 보충해 주어야 한다(그림 11.16).

또한 튀김 이외에 볶음 및 지짐의 열전달 매체로 이용된다. 철판에 기름을 두르고 볶거나 지지는 것을 '지짐' 또는 '부침pan-frying'이라고 한다.

쇼트닝은 제과 제빵 시 단백질 및 탄수화물 조직을 쪼개 공기가 쉽게 포함되므로 잘 부풀 수 있게 도와주는 역할을 한다.

단원정리

1. 유지는 동물, 식물, 미생물에 존재하는 지용성 물질로 이를 추출, 압착 등의 방법으로 회수하여 식용유지로 사용한다.
2. 압착 후 그대로 사용되는 참기름, 들기름 등을 제외하고 대부분의 유지는 정제 공정을 거쳐 소비자에게 판매된다.
3. 유지는 식품의 풍미와 조직감을 제공하고 인체의 생명을 유지하는 데 필수적인 역할을 수행한다. 리놀레산, 리놀렌산, 아라키돈산 등의 필수지방산이 함유되어 있으며 지용성 물질의 전달체 역할을 한다.
4. 경화 공정 등을 거쳐 식품 가공에 적절한 물성을 지닌 경화유지로 활용되며 버터, 마가린, 쇼트닝 등으로 가공되어 사용된다.
5. 유탕 처리와 같은 조리 시 열전달의 효율적인 매개체로 활용되어 식품을 건조시키고 적절한 식감을 제공한다.

연습문제

1. 식물 유래 유지 중 상온에서 고체지인 유지의 종류를 설명하시오.

2. 유지를 채유 후 정제하는 4가지 공정을 답하시오.

3. 우리나라에서 유일하게 다량 생산 및 소비되는 유종이 무엇인지 답하시오.

4. 트랜스지방을 많이 발생시키는 유지 가공 공정은 무엇인지 간단히 설명하시오.

5. 필수지방산의 종류 3가지를 답하시오.

6. 유탕 공정 중 최종 처리 식품에 튀김유가 적게 함유되기 위해서는 어떻게 해야 할지를 설명하시오.

7. 참기름 및 들기름은 높은 가격으로 인해 대두유와 같은 유지와 혼용될 수 있다. 이를 어떻게 구분할 수 있을지 아이디어를 내 보시오.

8. 다음 중 유리지방산 함량이 가장 높은 기름을 고르시오.

① 엑스트라 버진 올리브유　　② 파인 버진 올리브유

③ 세미파인 버진 올리브유　　④ 정제 등급 A 올리브유

9. 미강유에 다량 함유되어 있는 항산화물질 2가지를 답하시오.

정답 및 해설

1. 상온에서 고체지인 식물 유래 유지는 팜유, 야자유, 카카오지 등이 있다.
2. 유지 채유 후 정제 단계는 탈검(Degumming), 탈산(Deacidification), 탈색(Bleaching), 탈취(Deodorization)이다.
3. 들깨 및 들기름
4. 부분 경화 공정(partial hydrogenation). 부분 경화 공정은 상온에서 액체인 유지를 적절한 고체 물성을 함유한 고체지방으로 만들기 위해 이중결합이 있는 불포화지방산에 수소가스를 불어 넣어 포화지방산으로 제조하는 공정이다.
5. 리놀레산(linoleic acid), 알파-리놀렌산(α-linolenic acid), 아라키돈산(arachidonic acid)
6. 식품의 수분 함량 및 이들이 차지하고 있던 빈 공간을 최소화해야 한다. 식품을 유탕 처리하기 전 적절히 건조하고 식품 모양을 빈 공간이 작게 존재하는 모형을 갖게 하며 통일된 형태를 유지하도록 한다.
7. 관능적으로 혼합 참기름 및 들기름을 식별하는 것은 쉽지 않으며 기기분석의 도움을 받아야 한다. 참기름은 리놀렌산 함량이 거의 없으나 대두유 등의 유지에는 이 지방산이 많이 함유되어 있다. 또한 중성지방산의 분포를 측정하여 차이를 식별할 수 있다. 또한 적외선법, 동위원소비율분석법 등이 활용된다.
8. ④
9. 감마-오리자놀, 토코트리에놀

제12장

조미식품 재료

학습목표

1. 조미식품 재료의 종류를 알 수 있다.
2. L-글루탐산나트륨과 핵산의 특성을 이해할 수 있다.
3. 식물성 단백가수분해물 및 효모 추출물의 특성을 이해할 수 있다.

「식품공전」에 "조미식품이란 식품을 제조·가공·조리함에 있어 풍미를 돋우기 위한 목적으로 사용되는 것으로 식초, 소스류, 토마토케첩, 카레, 고춧가루 또는 실고추, 향신료 가공품, 복합조미식품 등을 말한다."라고 되어 있고, 이 중 "복합조미식품이라 함은 식품에 당류, 식염, 향신료, 단백가수분해물, 효모 또는 그 추출물, 식품첨가물 등을 혼합하여 분말, 과립 또는 고형상 등으로 가공한 것으로 식품에 특유의 맛과 향을 부여하기 위해 사용하는 것을 말한다."라고 되어 있다.

본 장에서는 조미식품 재료로 사용되는 식초, 복합조미식품에 들어가는 식염, 식물성 단백가수분해물, 효모 추출물, 그리고 식품첨가물로서 L-글루탐산나트륨 및 핵산에 대해 설명하기로 한다.

1. 식초vinegar

식초는 조리 시 조미료로서 사용되며, 신맛은 소화기관을 자극하여 소화작용을 돕고 청량감을 주어 식욕을 돋운다. 산성이기 때문에 과일이나 야채가 산화되는 것을 막고 효소가 비타민 C를 파괴하는 속도를 늦춰 주기도 한다. 또한 pH를 저하시켜 미생물의 생육을 막아 주므로 식품에 저장성을 부여한다.

「식품공전」에 나와 있는 식초의 정의는 "곡류, 과실류, 주류 등을 주원료로 하여 발효시켜 제조하거나 이에 곡물당화액, 과실착즙액 등을 혼합·숙성하여 만든 발효식초와 빙초산 또는 초산을 먹는 물로 희석하여 만든 합성식초를 말한다."라고 되어 있다.

식초의 식품 유형에는 발효식초, 합성식초 및 기타 식초가 있는데 발효식초 중 감을 초산발효한 액을 '감식초'라고 한다. 우리나라 식초 시장은 1970년대는 빙초산을 희석한 합성식초가 주를 이루었고, 1980년대는 주정을 사용한 발효식초, 1990년대는 100% 과즙을 이용한 발효식초, 그리고 2000년대는 건강 기능성 식초로 변화하였다. 식초는 용도에 따라 조미식초와 음료식초로 나눌 수 있는데 2006년 이후 음료

그림 12.1 식초

빙초산(glacial acetic acid) CH_3COOH, 초산 함량이 99.0% 이상인 순수 초산. 16℃ 이하에서 얼기 때문에 이러한 이름이 붙었다.

식초의 시장이 크게 성장하였다. 2008년에는 전체 식초시장 698억 원 중 조미식초가 280억 원, 음료식초가 416억 원의 시장을 형성하였다. 식초의 규격은 총산(초산으로서) 함량이 4~29%(감식초는 2.6% 이상)이다. 발효식초에는 초산 이외에도 각종 유기산이 들어 있다.

발효식초는 당류를 1차로 알코올 발효한 다음 2차로 초산발효하여 초산의 함량이 4~12%가 되도록 한 것이다. 초산발효에 사용하는 균주는 초산균*Acetobacter*이다. 알코올 발효를 할 수 있는 모든 원료는 식초 발효에 사용될 수 있다. 하지만 가장 좋은 것은 와인과 사이다로 만든 것이다.

식초의 생산은 와인의 발명으로 거슬러 올라가는데, 와인을 일정 시간 공기 중에 노출시켜 두면 식초가 된 것으로 'vinegar'라는 말은 와인의 프랑스어인 'vin'과 sour의 의미를 갖는 'aigre'에서 유래하였다. 17세기까지 식초는 와인이나 맥주 제조 시 부산물로 생산되었을 뿐 독립적으로 대규모 생산이 이루어지지는 않았다. 최초의 식초 생산 길드는 1394년 프랑스 오를레앙 지방에서 만들어졌다. 식초는 알코올이 공기와 미생물의 접촉하에 자발적으로 만들어지기 때문에 쉽게 생산할 수 있다. 식초는 액체의 표면에 부드러운 회색 피막을 형성하기 시작할 때 만들어지며 이 피막은 점점 바닥으로 가라앉게 되고 젤리 모양의 물질이 된다. 식초는 자연적으로 생산되지만 보통 미생물 배양을 이용하여 생산한다. 일부 식초는 아직도 장인에 의해 전통적으로 생산되지만 대부분은 공업적으로 생산된다.

2. L-글루탐산나트륨monosodium glutamate, MSG

L-글루탐산나트륨은 L-글루탐산의 나트륨염으로 전 세계적으로 널리 사용되는 향미증진제이다. L-글루탐산은 자연계에 널리 존재하는 아미노산으로 단백질의 구성 성분으로 또는 유리된 형태로 존재한다. 식품에 향미 증진 효과를 주는 것은 유리된 L-글루탐산 형태일 때이다. 표 12.1은 식품 중에 존재하는 L-글루탐산의 함량을 나타낸 것이다. 토마토는 단백질 함량은 낮지만(0.7%) 유리형 L-글루탐산의 함량이 높기 때문에(0.246 g/100 g) 향미 증진 효과가 있다. 치즈에도 유리형 L-글루탐산이 고농도로 존재하기 때문에 향미 증진작용을 한다.

그림 12.2 조미료

L-글루탐산은 1866년 밀 글루텐의 산가수분해물

표 12.1 식품 중 L-글루탐산의 함량

식품	단백질 함량 (%)	단백질 중 L-글루탐산 함량 (%)	L-글루탐산 함량 (g/100 g 식품)	
			결합형	유리형
우유	2.9	19.3	0.560	0.001
모유	1.1	15.5	0.170	0.018
카망베르치즈	17.5	27.4	4.787	0.600
파머산치즈	36.0	27.4	9.847	0.600
달걀	12.8	12.5	1.600	0.023
닭고기	22.9	16.1	3.700	0.044
소고기	18.4	13.5	2.500	0.033
돼지고기	20.3	15.7	3.200	0.023
완두콩	7.4	14.8	1.100	0.075
단옥수수	3.3	15.1	0.500	0.106
토마토	0.7	37.1	0.260	0.246
시금치	3.3	9.1	0.300	0.047

자료 : IFT, Monosodium glutamate (MSG), *Food Technology*, 41(5), 1987

에서 처음으로 분리되었고, 화학적 구조는 1890년에 밝혀졌다. L-글루탐산의 향미 증진 효과는 1908년에 처음으로 밝혀졌는데, 전통적으로 식품에 감칠맛umami(지미)을 주기 위해 사용했던 해조류 다시마konbu, *Laminaria japonica*에서 분리되었다. 이후 특허를 받아 1909년부터 일본에서 상업적으로 생산하기 시작하였다.

제조법은 발효법이 보편화되기 전인 1960년대 전까지는 고전적인 방법으로, 단백질 밀 글루텐이나 탈지대두를 염산으로 산가수분해해서 제조하였다. L-글루탐산은 HCl 염의 형태로 다른 아미노산과 분리된다. 즉, L-글루탐산-염산 결정을 뜨거운 물에 녹여 여과한 후 pH를 3.2(등전점)로 조절하여 L-글루탐산 결정을 침전시켜 얻는다. 물에 분산한 후 수산화나트륨으로 중화시켜 L-글루탐산을 얻는다. 중화된 용액은 활성탄으로 탈색하고 L-글루탐산나트륨을 결정화하기 위해 농축하여 원심분리한다. L-글루탐산나트륨 형태로 존재하는 것은 건조된 결정형일 때뿐이다(그림 12.3).

1957년 미생물이 L-글루탐산을 축적한다는 사실이 알려진 이후 현재는 발효법에 의해 L-글루탐산나트륨이 생산되고 있다. L-글루탐산나트륨은 코리네박테륨 글루타미쿰 *Corynebacterium glutamicum*을 사용하여 30%의 수율(L-글루탐산 무게/당의 무게)로 생산된다. 발효 기술의 발전으로 100 g/L, 60%의 수율로 생산이 가능하다. 자연계에는 L-글루탐산을

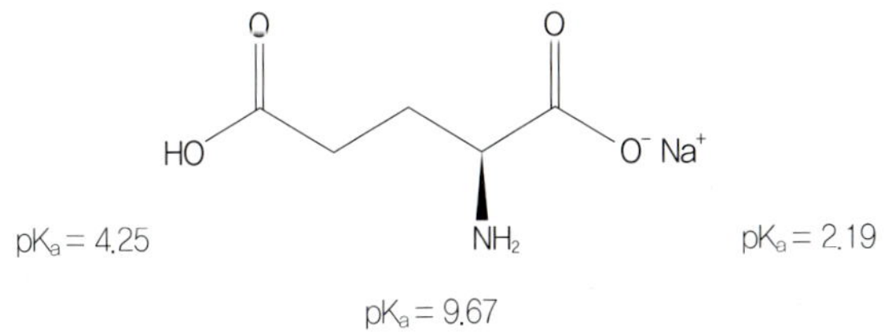

그림 12.3 L-글루탐산나트륨의 구조

표 12.2 L-글루탐산을 생산하는 미생물

속	종
Corynebacterium	*glutamicum, lilium, callunae, herculis*
Brevibacterium	*divaricatum, aminogenes, flavum, lactofermentum, saccharolyticum, roseum, immariophilum, alanicum, ammoniagenes, thiogenitalis*
Microbacterium	*salicinovolum, ammoniaphilum, flavum* var. *glutamicum*
Arthrobacter	*globiformis, aminofaciens*

생산하는 미생물이 많이 존재한다. 표 12.2는 L-글루탐산을 생산하는 미생물을 나타낸 것이다. 발효 후에는 pH를 3.2로 조절하여 L-글루탐산 결정을 침전시킨다. 이후 중화, 탈색 공정을 거쳐 L-글루탐산나트륨을 제조한다.

L-글루탐산나트륨은 L-글루탐산이 해리된 형태(-COO^-)일 때 감칠맛이 나며 비해리 상태인 L-글루탐산(-COOH)은 감칠맛이 없다. L-글루탐산은 3개의 산해리상수pK_a, 2.19(α-카복실기), 4.25(γ-카복실기), 9.67(α-아미노기)가 있는데, pH가 중성일 때는 알파-카복실기와 감마-카복실기가 해리되어 나트륨과 결합한 L-글루탐산나트륨으로 존재한다(그림 12.3). 낮은 pH에서는 카복실산이 비해리형으로 존재한다. 즉 L-글루탐산은 pH에 따라 유리산과 염의 형태로 상호 전환된다. L-글루탐산이 감칠맛을 갖게 되는 것은 염의 형태일 때이다. L-글루탐산나트륨의 맛 한계값threshold은 수용액에서 0.03%이다. L-글루탐산나트륨은 5′-GMP나 5′-IMP 같은 핵산과 함께 존재하면 향미 상승작용을 나타낸다.

L-글루탐산나트륨은 안전성에 아무런 문제가 없다고 알려져 있으나 현재 식품업계는 소비자들의 기피로 인해 L-글루탐산나트륨을 식품에 첨가하지 않는 추세이다.

한계값(threshold) 맛과 냄새 등의 물질을 감지할 수 있는 최소 농도.

상승작용(synergy, synergism) 상승효과라고도 한다. 어떤 물질의 효과가 다른 물질과 동시에 사용하면 원래의 효과보다 훨씬 강한 효과를 나타내는 현상.

3. 핵산nucleotides

핵산의 존재는 오래전부터 알려졌는데 1847년 Liebig는 5′-이노신산5′-inosinic acid을 쇠고기 추출물에서 추출한 바 있고, 1913년에는 건조 가다랑어의 풍미가 5′-이노신산의 염에 기인한다고 알려지기도 하였다. 1960년에는 RNA의 분해산물로부터 얻은 5′-구아닐산이나트륨disodium 5′-guanylate, 5′-GMP이 5′-이노신산이나트륨disodium 5′-inosinate, 5′-IMP과 유사한 풍미를 갖는다는 것이 알려지게 되었다. 5′-GMP는 표고버섯shiitake, *Lentinus edodes*의 맛을 내는 물질이다. 핵산 중에서 5′-IMP와 5′-GMP가 조미료로 사용되는데, 특히 L-글루탐산나트륨과 혼합해서 사용하면 상승작용에 의해 식품의 지미가 증가한다.

건조 가다랑어와 고기 추출물에는 5′-IMP의 함량이 높아서 100 g 속에 300~1,000 mg이 들어 있고, 표고버섯에는 5′-GMP의 함량이 높아 100 g 속에 100~200 mg이 들어 있다. 5′-IMP와 5′-GMP의 맛 한계값은 각각 0.012와 0.0035%이다. 핵산의 녹는점은 200℃ 정도이며 수용액의 열 안정성은 pH에 따라 달라지는데 산성과 알칼리성 조건에서 핵산은 분해된다.

핵산의 생산에는 3가지 방법이 있는데 첫째, 효모 RNA를 효소로 분해해서 생산하거나 둘째, 이노신과 구아노신을 발효에 의해 생산한 다음 인산화시켜서 만들거나 셋째, 직접 발효에 의해 생산한다.

4. 식물성 단백가수분해물hydrolyzed vegetable protein, HVP

식물성 단백가수분해물HVP은 오랫동안 식품업계에서 가공식품의 향미를 증진시키는 물질로 알려져 왔다. HVP 자체가 향미를 주기도 하지만 L-글루탐산의 함량이 높아 향미 증진작용을 하기도 한다. HVP는 식품에 고기 맛을 주는 것으로 알려져 있는데, 효모 추출물과 마찬가지로 식품에 다양하게 이용되며 적용하기가 쉽다. 식염 농도가 높기 때문에(40~45%) 저장성도 좋다. HVP의 장점은 여러 가공 조건에서도 안정하다는 것이다. 따라서 통조림이나 냉동제품에 향미 변화 없이 사용되며, 스낵이나 크래커 등 180℃ 이상에서 가열하는 식품에도 사용된다.

HVP의 제조 원료로는 밀 글루텐, 옥수수 글루텐, 탈지대두, 탈지땅콩, 탈지면실 등 식물성 단백질이 사용된다. 1950년대 초반에는 낮은 가격과 높은 L-글루탐산 함량으로 인해 밀 글루텐이 주로 사용되었으나 최근에는 콩단백질이 많이 사용되고 있다.

HVP 생산 공정에는 세 가지가 있는데 첫째는 효소적 공정으로 가수분해가 완전하게 되지 않고 간혹 쓴맛 펩타이드를 생성하기도 한다. 두 번째로 잘 알려지지는 않았지만 알칼리가수분해법이 있다. 이 공법은 아미노산 시스틴cystine과 아르지닌arginine 등이 파괴되어 종종 균형 잡히지 않은 아미노산 프로파일을 나타내어 향미에 거부감을 주기도 한다. 세 번째로 산가수분해법인데 가장 많이 사용되는 방법이다. 이 공정은 빠르고, 저가이며, 바람직한 향미 특성을 나타낸다.

그림 12.4는 산가수분해법에 의한 HVP 생산 공정을 보여 주고 있다. 반응 초기 액은 단백질이 풍부한 고형분 32%, 수분 23%와 염산 32%를 함유하고 있다. 통상적으로 가수분해는 100℃에서 11시간 또는 가압하에 121℃에서 1.5시간 행한다. HVP의 맛은 원료의 적절한 선택과 혼합 및 가수분해 조건에 달려 있다. 가수분해에 의해 대부분의 단백질은 아미노산으로 분해되며 간혹 다이펩타이드dipeptide가 HVP의 향미 성분으로 존재하기도 한다. 단백질가수분해 이외에도 탄수화물이 분해되어 5-하이드록시퍼퓨랄5-hydroxyfurfural 및 하이드록시메틸퍼퓨랄hydroxymethylfurfural 같은 메일라드Maillard 반응 향을 생성하는 향미 전구물질이 생성되기도 한다. 아미노산의 파괴 정도를 낮추고 HVP의 향미를 증진시키기 위해 염산의 비율을 높이기도 하지만 염산의 과도한 사용은 중화 과정 중 고농도의 염을 생성하기 때문에 피하는 것이 좋다. 가수분해 후 반응물을 냉각시킨 후 pH가 5~6 사이가 되도록 수산화나트륨으로 중화시킨다. 중화 후 반응액은 후민humin이라 불리는 불용성 고분자물질 때문에 흑색을 띠게 되므로 여과 공정을 통해 이를 제거한 후 활

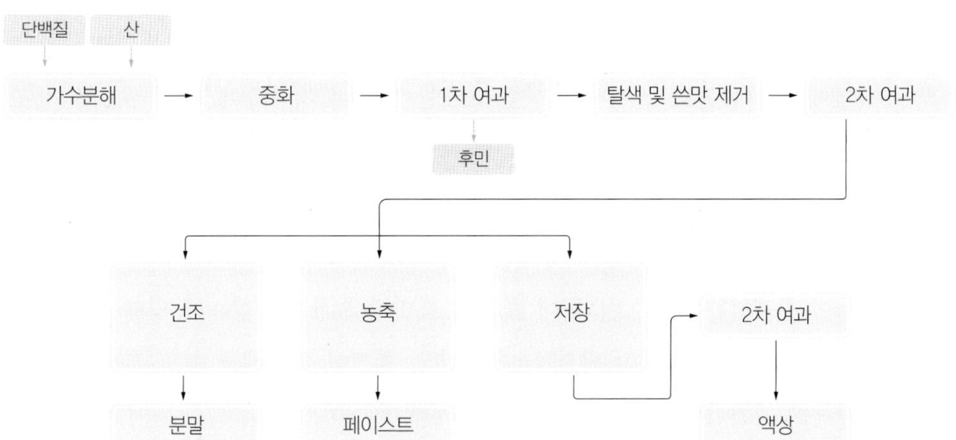

그림 12.4 HVP 생산 공정
자료 : Nagodawithana, T.W., *Savory Flavors*, 1995.

성탄으로 탈색함과 동시에 쓴맛 물질을 제거한다. 탈색된 액은 다시 여과한 후 6~8개월 동안 저장한다. 제품은 진공 또는 분무건조하여 분말 상태(수분 5%)로 만들거나, 75~85%의 고형분 함량을 함유한 페이스트 제품으로 만들기도 한다. 최근에는 염 농도를 줄인 HVP를 제조하려고 노력하고 있다.

HVP의 향미 증진 효과는 L-글루탐산나트륨과 식염 때문이다. 통상적으로 HVP제품은 9~12%의 L-글루탐산을 함유하고 있다. 뿐만 아니라 아미노산과 다이펩타이드에 의해서도 맛을 낸다. 제품에 따라서는 환원당을 함유하고 있는 것이 있는데 이러한 것은 가공 중 메일라드 반응에 의해 고기 향을 생성할 수도 있다.

HVP 제조 과정에서 MCPD3-monochloro-1,2-propanediol와 DCP1,3-dichloro-2-propanol가 생성될 가능성이 있다. 이 물질들은 단백질을 강염산으로 가수분해할 때 원료에 존재하고 있는 지방이 분해되면서 생성된다. 이 물질들의 생성에 영향을 미치는 것은 원료 중 지방 함량과 염산의 농도이다.

5. 효모 추출물yeast extract

효모 추출물은 상업적으로 분말 또는 페이스트 형태로 유통되며 식품 산업체에서 천연 향미제로 많이 사용하고 있다. 효모 추출물은 빵 효모baker's yeast나 맥주 효모brewer's yeast로부터 만든다. 효모 추출물은 효모의 자기소화autolysis, 원형질 분리plasmolysis 또는 가수분해에 의해 생성된 가용성 성분의 농축물이다. 일반적으로 효모 추출물은 세척(부산물을 이용할 경우), 가용화, 분리, 청징, 농축, 건조의 과정을 거쳐 제조된다.

맥주 산업에서 부산물로 얻어지는 맥주 효모는 가격이 저렴하여 효모 추출물 제조에 많이 이용된다. 맥주 효모는 비타민 B군의 중요한 급원이다. 맥주 효모는 낮은 가격에 대량으로 공급이 가능하지만 발효 과정에서 맥주의 고형분이나 홉hop 때문에 바람직하지 않은 향미가 포함될 수도 있다. 홉에는 쓴맛 성분인 휴물론humulone이나 아이소휴물론isohumulone이 존재하는데 이 성분들이 효모의 표면에 흡착되어 향미에 영향을 미친다. 따라서 쓴맛을 제거하는 과정이 필요할 수도 있다. 효모를 배양해서 효모 추출물을 제조하기도 하는데 가격이 비싸다. 사카로미세스 세레비시에*Saccharomyces cerevisiae*(빵효모), 칸디다 유틸리스*Candida utilis*, 클루이베로미세스 마르시아누스*Kluyveromyces marxianus*에서 만들어지는 효모 추출물도 사용되는데 맥주 효모와는 다른 향미 특성을 가진다.

1) 자기소화

자기소화는 효모 세포 내에 존재하고 있는 성분들을 세포 내에 존재하는 분해효소의 작용에 의해 가용화시키는 과정이다. 온도, pH, 시간 등의 조건을 잘 조절해서 수행하는데 효소가 불활성화되지 않아야 한다. 자기소화가 진행되면 세포막은 반투막 특성이 사라져 분해된 성분이 세포 밖으로 나오게 된다. 자기소화에 의해 효모 추출물을 제조할 때 수율이 최대로 되기 위해서는 효모의 생존율을 높여야 한다. 효모를 사멸시키는 조건에서는 자기소화에 필요한 효소도 불활성화된다. 효모 추출물의 향미는 외부 요인에 의해서도 영향을 받는데 세척이 잘된 효모로 제조한 효모 추출물의 향미가 더 좋다.

2) 원형질 분리

효모는 고농도의 식염 존재하에서 수분을 잃게 되면서 원형질막이 세포벽으로부터 분리되고 내용물은 농축된다. 원형질 분리가 지속되면 세포는 죽게 되고 분해가 시작된다. 사용하는 식염은 미생물 오염을 방지할 뿐 아니라 향미를 증진시키는 역할도 한다. 원형질 분리에 의해 미생물 오염도가 아주 낮은 효모 추출물을 제조할 수 있다. 하지만 고농도의 식염 때문에 식품 산업에서의 사용은 제한적이다.

3) 가수분해

염산을 사용하여 효모 내용물을 가수분해시키는 방법이다. 자기소화와 달리 이 방법은 효모의 생존율을 높일 필요가 없다. 건조 효모를 65~85% 농도로 만든 후 염산을 가하여 100℃에서 반응시킨다. 전체 질소의 50~60%가 아미노태질소로 전환되도록 반응시킨 후 pH가 5~6이 되도록 수산화나트륨으로 중화시킨 다음에 여과, 농축 또는 건조(수분 함량 5%) 과정을 거쳐 제조한다. 이 방법은 수율과 생산성은 높지만 장치가 염산에 잘 견딜 수 있도록 하려면 많은 경비가 소요된다. 고농도의 식염과 염산에 의한 안전성 문제 때문에 상업적으로 많이 사용되지 않고 있다.

6. 식염salt

「식품공전」상 "식염이란 해수나 암염 등으로부터 얻은 염화나트륨이 주성분인 결정체를 재처리하거나 가공한 것 또는 해수를 결정화하거나 정제, 결정화한 것을 말한다."고 되어 있다.

식염은 소금이라고도 하며 짠맛 성분으로 식품의 조미에 사용된다. 또한 영양학적으로도 중요하며 농도를 증가시키면 삼투압이 높아져 미생물의 생육을 저해하므로 식품의 저장에 널리 이용된다. 물과 같이 소금은 인체가 기능하는 데 필수적이다. 소금은 그 귀중함으로 인해 'white gold'라고 불리어 왔으며, 지구상에 골고루 분포되어 있지 않아 부자만이 독점해 온 사치물로 간주되어 왔다. 고기, 올리브, 치즈 등을 저장하는 데 사용되었을 뿐 아니라 로마시대에는 군인들의 봉급으로 사용되기도 하였는데 'salary'의 어원이 여기서 유래한 것이다.

식염의 식품 유형은 표 12.3과 같다. 규격은 정제소금은 염화나트륨 함량이 95.0% 이상, 재제소금은 염화나트륨 함량이 88.0% 이상, 천일염은 염화나트륨 함량이 70.0% 이상 되어야 한다. 천일염은 식품첨가물 등 다른 물질을 사용하지 않은 것이어야 한다. 분쇄염

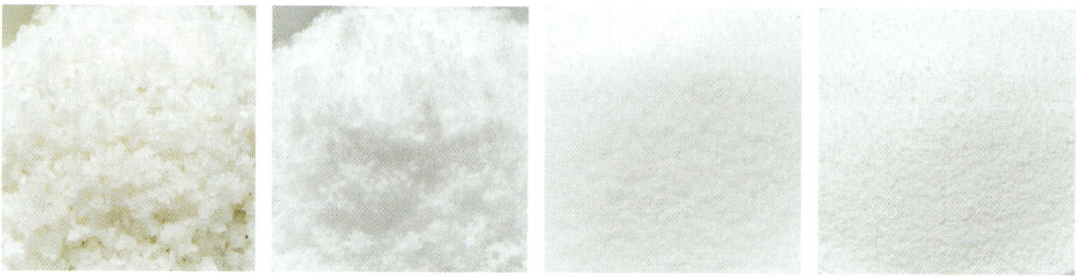

굵은 소금 곤소금 맛소금 구운 소금

그림 12.5 **여러 종류의 소금**

표 12.3 식염의 식품 유형

식품 유형	정 의
천일염	염전에서 해수를 자연 증발시켜 얻은 염화나트륨이 주성분인 결정체와 이를 분쇄, 세척, 탈수 또는 건조한 염을 말한다.
재제소금(재제조소금)	원료 소금(100%)을 정제수, 해수 또는 해수농축액 등으로 용해, 여과, 침전, 재결정, 탈수, 염도 조정 등의 과정을 거쳐 제조한 소금을 말한다.
태움·용융소금	원료 소금(100%)을 태움, 용융 등의 방법으로 그 원형을 변형한 소금을 말한다. 다만, 원료 소금을 세척, 분쇄, 압축의 방법으로 가공한 것은 제외한다.
정제소금	해수(해양심층수 포함)를 이온교환막 등의 방법으로 정제한 농축함수 또는 원료소금(100%)을 용해한 물을 진공증발관 등에 넣어 제조한 소금을 말한다.
가공소금	천일염, 재제소금, 태움·용융소금, 정제소금, 기타 소금을 50% 이상 사용하여 식품 또는 식품첨가물을 가하여 가공한 소금을 말한다.

을 만들 때는 소금이 쉽게 굳어지는 것을 방지하기 위해 페로시안화칼륨을 첨가하기도 한다. 재제소금은 꽃소금이라고도 불린다.

천일염은 최근까지 식품이 아닌 광물로 취급받았으나 2008년 3월 광물에서 식품으로 인정된 후 2009년 3월부터 소관 부처도 지식경제부에서 농림축산식품부로 이관되었다. 국내산 천일염은 염화나트륨 함량이 83% 정도이며, 칼륨 등 미네랄 성분이 높은 것으로 알려져 있다. 현재 우리나라의 천일염 생산량은 33만 3,000톤이고 주요 생산지는 전남 신안군이다.

그림 12.6 **소금**

단원정리

1. 식초는 합성식초와 발효식초가 있는데 합성식초는 빙초산을 희석한 것이고 발효식초는 당류를 알코올 발효한 후 초산균으로 초산 발효하여 초산의 함량이 4~12%가 되도록 한 것이다.
2. L-글루탐산은 유리형일 때 감칠맛을 나타낸다. 밀 글루텐이나 탈지대두를 염산으로 산가수분해하고 수산화나트륨으로 중화하여 L-글루탐산나트륨 형태로 제조하였으나 현재는 발효에 의해 생산된다. L-글루탐산은 pH에 따라 유리산과 염의 형태로 상호 전환되는데 염의 형태일 때 감칠맛을 나타낸다.
3. 핵산 중에서 5'-IMP와 5'-GMP가 조미료로 사용되는데, 특히 L-글루탐산나트륨과 혼합해서 사용하면 상승작용에 의해 식품의 감칠맛이 증가한다. 건조 가다랑어와 고기 추출물에는 5'-IMP가, 표고버섯에는 5'-GMP가 많이 들어 있다.
4. HVP는 주로 산가수분해법에 의해 생산되는데 최근에는 MCPD와 DCP 생성 가능성으로 효소분해법도 이용되고 있다. HVP의 향미 증진 효과는 L-글루탐산나트륨과 식염 때문인데, 통상적으로 HVP제품은 9~12%의 L-글루탐산을 함유하고 있다.
5. 효모 추출물은 빵 효모나 맥주 효모로부터 효모의 자기소화, 원형질 분리 또는 가수분해에 의해 생성된다.
6. 천일염은 최근에 광물에서 식품으로 인정되었으며 국내산 천일염은 염화나트륨 함량이 83% 정도이며 미네랄 성분 함량이 높다.

연습문제

1. 발효식초와 합성식초에 대해 설명하시오.

2. L-글루탐산과 L-글루탐산나트륨에 대해 설명하시오.

3. 핵산 중 정미성을 가지는 것을 답하시오.

4. 식물성 단백가수분해물(HVP)의 제조에서 산분해법과 효소분해법의 차이를 설명하시오.

5. 효모추출물의 제조 방법 세 가지를 답하시오.

6. 「식품공전」 규격에서 천일염의 염화나트륨 함량으로 알맞은 것을 고르시오.

① 95% ② 88% ③ 70% ④ 35%

정답 및 해설

1. 발효식초는 당류를 1차로 알코올 발효한 다음에 2차로 초산균(*Acetobacter*)을 이용해 초산 발효한 것으로 알코올 발효를 할 수 있는 모든 원료는 식초 발효에 사용될 수 있다. 합성식초는 빙초산 또는 초산을 먹는 물로 희석하여 만든 것이다.
2. L-글루탐산은 자연계에 널리 존재하는 아미노산으로, 단백질의 구성 성분으로 또는 유리된 형태로 존재한다. 식품에 향미 증진 효과를 주는 것은 유리된 L-글루탐산(glutamate) 형태일 때이다. L-글루탐산은 카복실기가 해리된 형태(-COO-)일 때 감칠맛(지미, umami)이 나며 비해리 상태인 L-글루탐산(-COOH)은 감칠맛이 없다. L-글루탐산나트륨은 L-글루탐산의 나트륨염으로 L-글루탐산나트륨이 물에 녹으면 L-글루탐산이 된다. 따라서 L-글루탐산나트륨이 향미 증진작용을 하는 것은 L-글루탐산 때문이다. L-글루탐산이 향미 증진작용을 한다는 사실이 알려진 이후 L-글루탐산을 L-글루탐산나트륨의 형태로 대량으로 생산하고 이를 식품첨가물로 이용하고 있는 것이다. L-글루탐산나트륨 형태일 때가 결정형 L-글루탐산보다 용해도가 높고 용해가 빠르다.
3. 5′-IMP와 5′-GMP
4. 산분해법은 염산을 넣고 100℃에서 11시간 또는 121℃에서 1.5시간 가열하여 단백질을 완전히 가수분해시키는 방법으로, 빠르고 저가이며 바람직한 향미 특성을 나타낸다. 하지만 산분해법으로 식물성 단백가수분해물을 제조 시 MCPD(3-monochloro-1,2-propanediol)와 DCP(1,3-dichloro-2-propanol)가 생성될 가능성이 있다. 이 물질들은 단백질을 강염산으로 가수분해할 때 원료에 존재하는 지방이 분해되면서 생성된다. 효소분해법은 단백질분해효소를 사용하여 단백질을 가수분해하는 방법으로 가수분해가 완전하게 되지 않고 쓴맛 펩타이드를 생성하기도 한다. 효소분해법은 염산을 사용하지 않기 때문에 MCPD 및 DCP가 생성될 가능성이 없다.
5. 자기소화, 원형질 분리, 가수분해
6. ③

CHAPTER **13**

제13장

기호식품 재료

학습목표

1. 차의 종류 및 건강 기능성을 알 수 있다.
2. 커피의 종류 및 제법을 이해할 수 있다.
3. 초콜릿 만드는 재료의 특성을 이해할 수 있다.

기호식품이란 영양가보다 독특한 향기나 맛이 있어 즐기고 좋아하는 식품으로 술, 차, 커피, 초콜릿 등이 있다. 본 장에서는 기호식품 재료로서 중요한 위치를 차지하고 있는 차, 커피 및 코코아에 대해 알아보기로 한다.

1. 차tea

차는 차나뭇과Theaceae의 차나무*Camellia sinensis* 싹이나 잎을 건조시켜 만든다. 차나무는 9 m 높이의 야생에서 자라는 상록수였으나, 상업적으로 재배하는 차나무는 잎을 따기가 편하도록 1~1.5 m 높이로 개량한 것이다. 티베트, 중국 서부, 인도 북부 등지에서 자생하고 있으며, 차의 기원은 불확실하지만 중국에서는 4,500년 전에 황제가 재배를 시작했다고 전해지고 있다. 중국에서는 16세기에 차가 대중적인 음료가 되었고, 일본에서는 차를 종교의식을 할 때 마시곤 하였다. 차나무는 자바Java 및 다른 열대, 아열대 지방에서 처음으로 재배되기 시작했으며 17세기 들어서 네덜란드인에 의해 유럽에 소개되었다. 그 후 프랑스 및 영국에서 인기 있는 음료가 되었고, 특히 영국인들은 하루에 두 번씩 차를 마시는 tea break 문화를 가지게 되었다. 차는 물 다음으로 인류가 가장 많이 소비하는 음료로, 전 세계적으로 1인당 하루에 0.1 L를 소비한다.

1) 재료 및 특성

차나무는 두 개의 주요 품종이 있다. 인도 대엽종*Assamica*은 잎이 큰 품종(15~20 cm)이고 중국 소엽종*Sinensis*은 잎이 작다(5~12 cm). 차나무는 강수량이 적당하고(연강수량 2,000 mm) 배수가 잘되며 토양이 약간 산성인 열대 또는 아열대 지방에서 잘 자란다. 중국 소엽종 품종은 내냉성이 있다. 뜨거운 열대지방에서는 고도가 높은 곳에 심으면 품질이 향상된다. 인도 남부나 스리랑카 지방에서는 고도 2,000 m에서 재배된다. 차나무는 5,000~10,000개/ha 밀도로 재배한다.

차 농장에서는 1년에 20~30차례씩 찻잎을 딴다. 차는 1년에 세 번 수확하는데 3~4월경에 수확하는 잎을 1번차first flush, 5~6월경에 수확하는 잎을 2번차second flush, 10월에 수확하는 잎을 추자autumnal라고 한다.

전통적으로는 손으로 찻잎을 따왔으나 점점 기계적 작업으로 바뀌는 추세이다. 가지 끝에 있는 어린잎(새싹)만을 딴다. 최상의 차는 싹bud과 그 다음 두 잎에서 만들어진다.

공정에 따라서 잎은 홍차(발효차fermented tea), 우롱차(반발효차semifermented tea), 녹차(비발효차unfermented tea)로 분류할 수 있다.

2) 종류

(1) 녹차green tea

녹차는 발효되지 않은 것이다. 찻잎은 따자마자 열처리를 하는데, 찻잎에 들어 있는 효소는 몇 분 동안의 증기 가열에 의해 불활성화된다. 그 후 찻잎은 홍차처럼 건조된다. 녹차는 타닌tannin 성분이 덜 산화되어 홍차보다 수렴성astringency이 강하다. 녹차는 중국, 일본 및 이슬람 국가에서 인기가 많다. 녹차 제조에서 가장 중요한 것은 찻잎이 매력적인 외관과 특징적인 향을 갖게 하면서 카테킨catechin 산화를 최대한 방지하는 것이다.

(2) 홍차black tea

홍차는 발효차를 말하는데, 가장 널리 소비되는 차 형태이다. 영어로는 'black tea'라 하는데 이는 발효된 찻잎의 색에서 유래한 것이고, 한국, 중국, 일본은 '홍차'라고 하는데 이는 차의 색에서 유래한 것이다. 카테킨이 폴리페놀산화효소polyphenol oxidase에 의해 산화되면 황색을 나타내는 테아플라빈theaflavin(그림 13.3)이나 적색을 나타내는 테아루비긴thearubigin으로 변해서 홍차 특유의 색을 나타내게 된다.

홍차를 제조하는 공정은 위조withering, 유념rolling, 발효fermentation, 건조drying, 등급 매기기grading의 5단계로 이루어진다. 위조는 찻잎의 수분 함량이 줄어들도록 시들게 하는 과

그림 13.1 **녹차**

그림 13.2 **홍차**

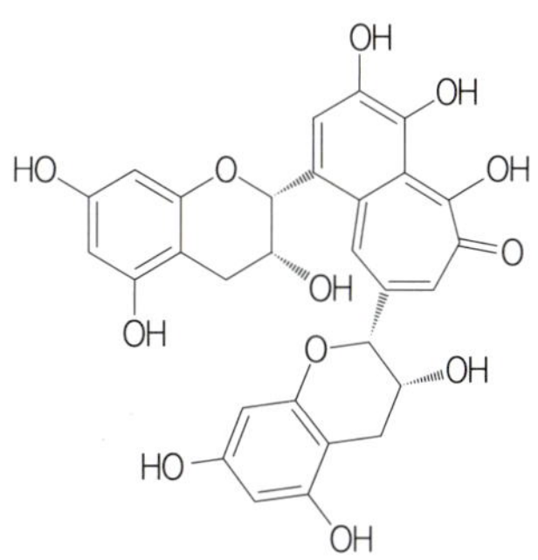

그림 13.3 **테아플라빈의 구조**

타닌(tanin) 식물에 널리 분포하며 수용액은 수렴성을 가지는 화합물의 총칭. 여러 가지 폴리페놀류가 중합한 복잡한 구조의 고분자물질(분자량 600~2000)이다. 화학 구조는 불분명한 것이 많다.

정이다. 수분 함량은 75~80%에서 55~65%로 감소하는데, 이 공정은 6~18시간 동안 진행된다. 위조 공정에서는 부어오른 잎이 흐물거리게 되는데 이러한 위조는 찻잎이 다음 공정에서 부서지지 않고 취급하기 쉽게 해준다. 유념은 찻잎의 색소를 분해하고 즙이 나오도록 하는 것으로 이 공정에서 차의 색, 농도 및 맛이 결정된다. 유념 공정에서는 찻잎의 세포막을 파괴하여 발효에 필요한 성분들이 서로 접촉되도록 한다. 발효 공정은 미생물에 의한 발효를 의미하는 것은 아니며 효소작용에 의한 산화 과정이다. 발효 과정을 거치면서 차는 특유의 향과 색을 띠게 된다. 건조 과정에서는 발효가 끝나고 나머지 수분이 제거된다. 등급 매기기에서 찻잎은 품질에 따라 선별된다. 예전에는 녹차가 시장을 지배했으나 현재는 98%가 홍차이다.

카테킨이 산화되는 첫 번째 단계는 반응성이 강한 퀴논quinone으로 산화되는 것이다. 카테킨에서 유래한 퀴논은 갈로카테킨에서 유래한 퀴논과 반응하여 테아플라빈으로 전환된다. 총테아플라빈 농도는 홍차에서 2.5%를 넘지 않지만 0.3%처럼 낮은 농도로 존재하기도 한다. 산화가 오래되면 테아플라빈 함량이 줄어든다.

(3) 우롱차oolong tea

우롱차는 타이완에서 유래한 것으로 부분적으로 발효시킨 차이다. 특성은 녹차와 홍차의 중간 정도이다. 차의 색은 녹갈색이며, 녹차보다 풍부하고 홍차보다는 더 섬세한delicate 향을 가지고 있다. 최상의 우롱차는 여름에 생산된다.

그림 13.4 **우롱차**

(4) 기타

이외에도 향차flavored tea, 즉석차instant tea와 탈카페인차decaffeinated tea가 있다. 향차는 녹

향차

민트차

허브차

그림 13.5 **기타 차의 종류**

차에 오렌지껍질, 베르가모트유bergamot oil 및 재스민jasmine 등을 섞어 독특한 향을 가진 차로 제조한 것이다. 얼그레이Earl Grey 차는 베르가모트유와 섞은 향차이다. 즉석차는 침지와 증발 공정을 통해 분말 형태로 만든 것이다. 탈카페인차는 카페인을 제거하여 각성 효과를 줄인 것이다.

3) 영양 및 건강 기능성

찻잎의 구성 성분은 표 13.1과 같다. 폴리페놀polyphenol의 일종인 카테킨은 녹차의 주요 건강 기능 성분이다. EGCGepigallocatechin-3-gallate는 녹차에 가장 풍부한 카테킨이다. EGCG는 침 속의 단백질과 결합하여 녹차의 수렴성을 나타내기도 한다. 홍차와 우유를 함께 섭취하면 우유단백질이 카테킨과 결합하여 홍차의 기능성이 줄어든다고 알려져 있다. 홍차 발효 과정 중 카테킨 성분은 산화작용과 중합polymerization 과정을 거쳐 테아플라빈과 테아루비긴으로 변하는데 이 성분은 홍차 특유의 색과 맛을 내는 화합물이다.

표 13.1 찻잎의 구성 성분

구성 성분	%(건조중량)	구성 성분	%(건조중량)
플라반올	25	다당류	14
플라본올(flavonol)과 플라본올 배당체	3	단백질	15
폴리페놀산(polyphenolic acids)과 뎁사이드(depsides)		셀룰로스(cellulose)	7
그 외 폴리페놀	3	리그닌(lignin)	6
카페인(caffeine)	3	지방	2
테오브로민(theobromine)과 테오필린(theophylline)	0.2	클로로필(chlorophyll)과 그 외 색소	0.5
아미노산	4	회분	5
유기산	0.5	휘발성 성분	<0.1
단당류	4		

(1) 플라반올flavanol, flavan-3-ol

찻잎의 큰 특성은 폴리페놀 함량이 높다는 것이다. 일광, 강수량, 온도 등 여러 조건에 따라 변하기는 하지만 플라반올은 보통 건조중량의 20~30%를 차지한다. 차 플라반올 중 가장 중요한 것은 카테킨이다. 찻잎에 많이 들어 있는 카테킨은 그림 13.6에 나타나 있

뎁사이드(depsides) 폴리페놀산의 하이드록시기와 다른 폴리페놀산의 카복실기가 분자 간 에스터결합을 한 화합물의 총칭.

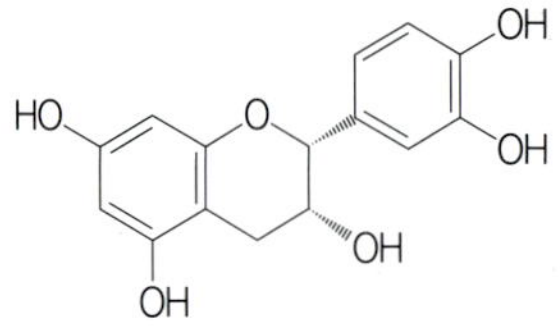

(−)−epicatechin(EC)

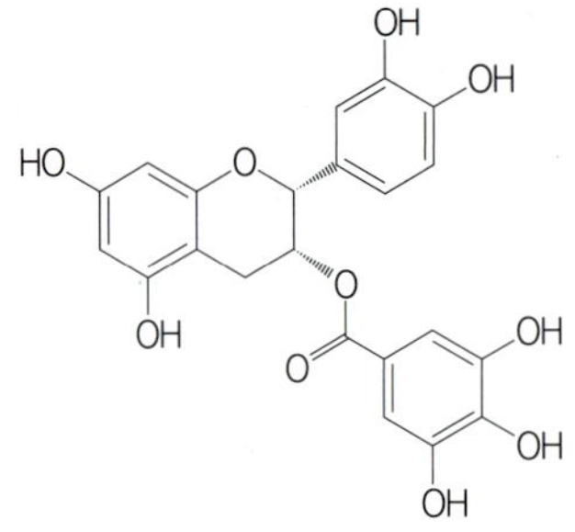

(−)−epicatechin gallate(ECG)

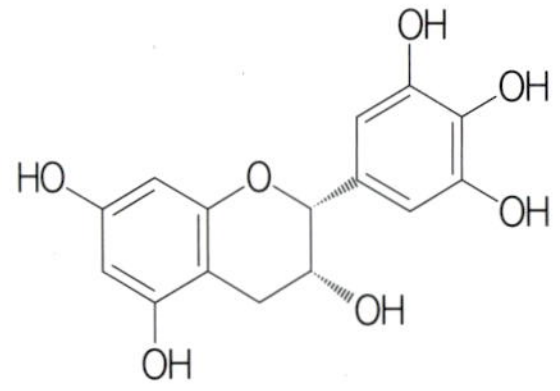

(−)−epigallocatechin(EGC)

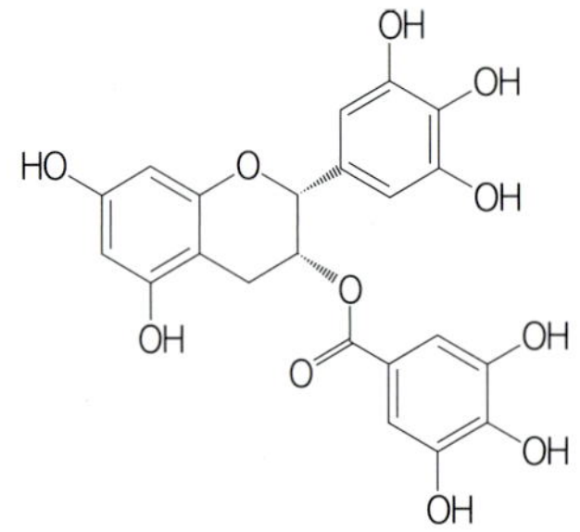

(−)−epigallocatechin gallate(EGCG)

그림 13.6 찻잎에 많이 들어 있는 카테킨

다. 플라반올은 C6-C3-C6의 구조를 가지고 있는 플라보노이드flavonoid의 일종이다. 차 플라반올은 수용성이고 수렴성을 가진 무색의 물질로 알칼리 환경에서 빠르게 산화한다. 찻잎에는 EGCGepigallocatechin gallate의 함량이 가장 높다(9~13%). 신선한 찻잎에는 EC(-)-epicatechin가 1~3%, ECG(-)-epicatechin gallate가 3~6% 그리고 EGC(-)-epigallocatechin가 3~6% 들어 있다.

차 음료의 품질은 찻잎의 플라반올 농도, 특히 갈레이트 플라반올gallated flavanol과 관련이 있다. 카테킨과 에피카테킨epicatechin은 에피머epimer 관계이다.

(2) 그 외 폴리페놀화합물polyphenol compound

갈산gallic acid, 퀸산quinic acid, 플라본올flavonols: kaempferol, quercetin, myricetin, 클로로겐산

플라보노이드(flavonoid) 폴리페놀화합물로 C6-C3-C6 골격을 가진 화합물. 플라본(flavone), 플라바논(flavanone), 플라반올(flavanol), 플라본올(flavonol) 등이 있다.

에피머(epimer) 단지 1개의 입체 중심에서 배열(configuration)이 다른 부분입체이성질체(diastereomer) 글루코스(glucose)와 마노스(mannose)의 관계.

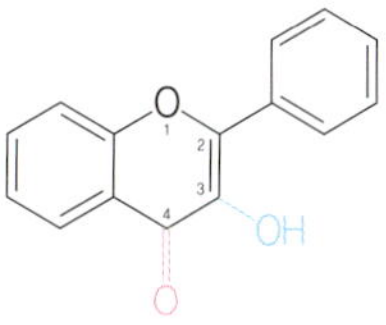

그림 13.7 **플라본올의 구조**

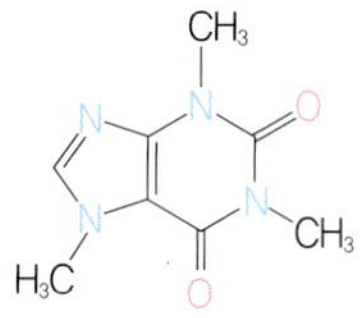

그림 13.8 **카페인의 구조**

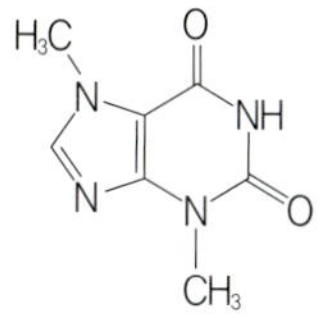

그림 13.9 **테오브로민의 구조**

chloro-genic acid, 파라-쿠마릴퀸산*p*-coumarylquinic acid, 테오갈린theogallin 등이 함유되어 있다. 플라본올은 케톤기를 가지고 있는 플라보노이드의 일종이다(그림 13.7).

(3) 카페인과 잔틴caffeine and xanthines

찻잎은 2~4.5%의 카페인(그림 13.8)을 함유하고 있으며, 소량의 테오브로민theobromine(그림 13.9)과 테오필린theophylline이 들어 있다. 카페인은 찻잎 외에도 커피, 코코아콩, 콜라너트kola nut 등 60종류 이상의 식물에서도 발견된다.

(4) 아미노산amino acid

테아닌theanine, 5-*N*-ethylglutamine은 찻잎의 특징적인 아미노산으로 녹차의 품질과 밀접한 관계가 있다. 찻잎에 존재하는 아미노산 중 50%가 테아닌이다. 그 밖의 다른 아미노산은 제조 과정 중 향 생성에 관여한다.

(5) 카로티노이드carotinoid

카로티노이드 화합물은 0.03~0.06% 들어 있으며 향 생성에 중요하다. 베타-카로틴β-carotene, 루테인lutein, 제아잔틴zeaxanthine과 비올라잔틴violaxanthine 등이 여기에 속한다.

(6) 지방lipid

불포화지방산이 향 생성에 중요하다. 리놀레산linoleic acid 및 리놀렌산linolenic acid이 신선한 찻잎에 약 1.2% 존재한다.

(7) 효소enzyme

찻잎에서 중요한 효소는 폴리페놀산화효소polyphenol oxidase인데 카테킨의 산화에 관여한다.

4) 향aroma

녹차의 향기 성분 생성에는 폴리페놀, 카로티노이드, 불포화지방산 등 3개의 전구물질이 관여한다. 녹차의 주요 휘발성 성분으로는 제라니올geraniol, 리날로올산화물linalool oxide, 리날로올linalool 등이 알려져 있다. 표 13.2는 녹차의 주요 향기 성분을 나타낸 것이다. 녹차의 향기는 지방산의 산화가 중요한 역할을 한다. 특히 (Z)-1,5-octadien-3-one, (Z)-3-hexenal, 3-methyl-2,4-nonanedione 등이 녹차 특유의 풋내, 건초 냄새 같은 향에 중요한 역할을 한다.

홍차의 주요 향기 성분은 표 13.3과 같다. 이 결과는 AEDAaroma extract dilution analysis로 분석한 것으로 FDflavor dilution 값이 높다는 것은 향의 상대적 강도가 높다는 것을 의미한다. 홍차에서는 β-damascenone, linalool, 3-hydroxy-4,5-dimethyl-2(5H)-furanone, 4-hydroxy-2,5-dimethyl-3(2H)-furanone 등의 FD 값이 높았다.

2. 커피coffee

커피나무는 에티오피아나 열대지방이 원산지이다. 커피의 발견에는 여러 가지 설이 있는데 그중 하나가 850년 에티오피아에서 염소가 커피나무 열매를 먹고 흥분해 날뛰는 것을 보고 발견했다는 것이다.

커피의 어원은 아랍어 카와kawha에서 유래한 것이라는 주장도 있으나 언어학자들은 커피가 발견된 에티오피아 지역 이름인 카파Kaffa에서 유래했다고 보고 있다. 아랍에서는 1575년부터 커피나무를 경작하기 시작하였고, 17세기에 유럽으로 도입되었다. 커피는 고도가 1,800 m인 열대와 아열대 기후에서 자란다. 일반적으로 높은 고도에서 자란 것이 맛과 향이 풍부하다. 커피는 국제 무역에서 밀, 옥수수, 콩과 함께 가장 중요한 농산물이다.

1) 재료 및 특성

커피나무는 꼭두서니*Rubiaceae*과에 속하는 2~3 m 높이의 작은 관목이다. 커피나무는 품종에 따라 6 m까지 자란다. 커피나무는 보통 5, 6년 후에 열매를 맺는다. 하얀 꽃이 피고 6개월 후에 하얀 꽃은 체리 크기의 열매를 만드는데, 이것이 익으면 검붉

그림 13.10 **커피**

표 13.2 녹차 분말의 주요 향기 성분 농도

향기 성분	함량 (μg/kg)
(Z)-1,5-octadien-3-one	1.8
3-hydroxy-4,5-dimethyl-2(5H)-furanone	49
3-methyl-2,4-nonanedione	83
(Z)-4-heptenal	112
(Z)-3-hexenal	101
(E,Z)-2,6-nonadienal	61
1-octen-3-one	6
(E,E)-2,4-decadienal	127
(E)-β-damascenone	9
4-hydroxy-2,5-dimethyl-3(2H)-furanone	276
2/3-methylbutyric acid	5,280
2-phenylethanol	1,140
linalool	206

자료 : Belitz, H.D. & Grosch, W., *Food Chemistry*, 1999

표 13.3 홍차의 주요 향기 성분

향기 성분	향 특성	FD 값
(E)-β-damascenone	가열한 사과 냄새	512
linalool	꽃향기	512
3-hydroxy-4,5-dimethyl-2(5H)-furanone	시즈닝(seasoning)향	512
4-hydroxy-2,5-dimethyl-3(2H)-furanone	캐러멜 향	512
3-methyl-3,4-nonanedione	건초 냄새	256
bis(2-methyl-3-furyl) disulfide	삶은 고기 냄새	256
(Z)-4-heptenal	비스킷 냄새	256
1-octen-3-one	버섯 향	128
vanillin	바닐라 향	128
(E,E)-2,4-decadienal	기름에 튀긴 냄새	64
2-phenylethanol	꽃향기	64
(E)-2-nonenal	기름 냄새	64

자료 : Belitz, H.D. & Grosch, W., *Food Chemistry*, 1999

AEDA 중요한 향기 성분을 동정하는 분석법. 시료에서 휘발성 성분을 추출한 후 추출용매로 단계적으로 희석하여 가스크로마토그래프(GC)로 분리한 후 사람이 코로 냄새를 맡는다. 희석배수가 높아도 계속 냄새가 나는 휘발성 성분은 상대적으로 향이 강한 성분이다.

게 변한다. 커피체리는 1.3~1.9 cm 정도의 길이가 되면 2개의 옅은 녹색 종자를 갖게 된다. 큐어링curing에 의해 열매의 바깥 부분이 제거되고 노란색 또는 옅은 녹색 종자(커피콩)coffee bean가 남게 된다. 커피콩은 단단한 껍질과 종피spermoderm라 불리는 은색의 피부로 덮여 있다. 건식큐어링dry curing은 주로 브라질에서 사용되는데 태양과 바람으로 건조시키며 보통 2~3주 걸린다. 커피체리가 완전히 건조되면 껍질 벗기는 기계로 껍질을 벗긴다. 습식큐어링wet curing은 커피체리를 세척하기 위해 탱크에 넣고 돌 등 이물질을 제거한 다음에 과육제거기depulping machine에 넣고 외부 껍질을 제거한 후 발효 탱크에 넣어 나머지 펄프를 제거한다. 발효는 보통 12시간에서 수일까지 계속되는데 시간이 길어지면 이취가 발생할 수 있다. 이후에 커피콩은 건조시켜 껍질을 제거하는데 커피콩은 12~14%의 수분을 함유한다. 카페인 함량은 1~2% 정도이다.

커피 품종(종류)은 아라비카*Coffea arabica*(세계 생산량의 75%)와 로부스타*Coffea robusta*(25%)가 주류를 이루며, 리베리카*Coffea liberica*도 있다. 브라질과 콜롬비아가 주요 생산국이다. 각 종류는 특유의 맛과 향을 가지며 카페인 함량이 다르다. 아라비카 콩은 상대적으로 큰데 가운데가 구불구불한 주름으로 되어 있다. 이 커피콩으로 커피를 끓이면 향이 부드럽고 깔끔한 맛이 있으며 카페인 함량은 1%이다. 주 생산국은 아라비아, 에티오피아, 브라질, 인디아, 멕시코와 콜롬비아이다. 로부스타 콩은 더 작고 둥글며 직선의 주름을 가지고 있다. 상대적으로 맛이 덜 깔끔하며 쓴맛이 있다. 카페인 함량은 2%이다. 로부스타라는 이름은 병과 열에 저항성이 강한 것에서 연유했다. 주로 아프리카에서 재배되며 아라비카보다 낮은 가격에 거래된다.

커피는 볶지 않은unroasted 생두green bean 형태로 팔리는데 생두는 몇 년을 저장해도 향이 변하지 않는다. 어떤 커피는 창고에 저장하며 숙성aging시키면 향이 좋아지는 것도 있다.

배전roasting 과정은 커피의 향미에 가장 중요한 공정이다. 배전 후에는 향 손실을 막기 위해 바로 냉각시키고 아라비아검Arabic gum이나 설탕 등으로 코팅을 한다. 배전 과정 중에 색깔은 당의 캐러멜 반응에 의해 녹색에서 갈색으로 변하며 배전 시간이 길수록, 배전 온도가 높을수록 커피콩의 색이 더 진해진다. 커피콩은 60% 정도 팽창하며 수분이 빠져나가 15~20% 정도 중량이 줄어든다. 카페인 양은 변하지 않는다. 배전 시간이 길면 길수록 쓴맛은 증가하지만 신맛은 줄어든다.

커피콩은 배전하기 전에는 향이 없거나 약하다. 당, 산, 단백질, 질소함유화합물 등이 높은 배전 온도에서 반응하여 바람직한 커피 향을 생성한다. 콩은 1.5배 팽창하고 다공성이 되며, 색은 녹색에서 갈색으로 변한다. 커피 배전은 배전된 콩의 색에 따라 약배전, 중배전, 강배전으로 구분된다. 강배전에는 프렌치로스트, 이탈리안로스트 등이 있다.

배전 중에는 수분이 손실되고, 이산화탄소가 생성되며 당은 분해된다. 당의 변화는 색의 변화에 영향을 미친다. 이산화탄소의 손실은 향미의 손실과 밀접한 관계가 있다. 배전 중 콩의 온도는 200~220℃가 되도록 한다. 커피콩의 온도는 마지막에 급격히 상승하고 콩은 팽창하여 팝콘 튀길 때와 같은 소리가 난다.

2) 종류

(1) 인스턴트커피instant coffee

인스턴트커피는 뜨거운 물을 부어 음료로 할 수 있도록 한 가용성 커피분말이다. 분말을 만드는 데 사용하는 커피콩은 주로 로부스타를 사용한다. 분쇄하여 배전하고 커피를 끓인 후percolate 건조시켜서 제조한다. 갓 끓인 커피에는 존재하지 않는 커피 맛에 부정적인 영향을 주는 많은 성분이 들어 있을 수 있다. 또한 향을 보전하기 위해 냉동건조법으로 제조하기도 한다.

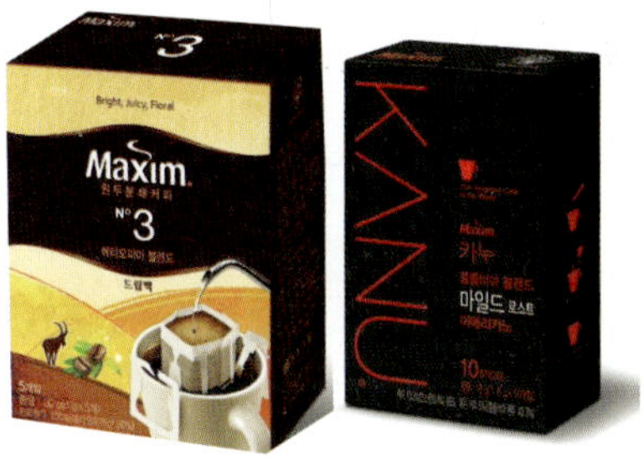

그림 13.11 **인스턴트커피**

(2) 탈카페인커피decaffeinated coffee

배전하기 전에 대부분의 카페인을 제거한 커피를 말한다. 초기 탈카페인커피는 휘발성이 높은 용매methylene chloride, ethyl acetate, CO_2를 사용해서 카페인을 제거하였다. 용매는 배전 과정 중에 완전히 제거된다. 최근에는 초임계유체추출법supercritical fluid extraction을 사용하는데 카페인이 97%까지 제거된다.

(3) 커피 대용물

커피와 비슷한 맛과 향을 내지만 카페인은 들어 있지 않는 것을 말한다. 치커리chicory 뿌리가 가장 널리 사용된다.

(4) 기타

에스프레소espresso는 이탈리아어로 'pressed out'이란 뜻으로 완전히 배전된 원두커피로 만들며 보통 커피보다 2배 많은 양의 커피를 사용한다. 카페모카caffe mocha는 에스프레소와 핫초콜릿을 섞은 것이고, 카페라떼caffe latte는 우유를 에스프레소와 섞은 것이다. 카푸치노cappuccin o는 에스프레소 위에 거품 낸 우유를 얹은 것이다.

3) 영양 및 건강 기능성

영양학적 관점으로 보면 커피는 단백질, 탄수화물, 지방 함량이 낮다. 커피콩에는 카페인, 타닌(주로 클로로겐산), 오일oils, 질소화합물 등 100여 가지의 성분이 들어 있다. 생두와 원두커피의 구성 성분은 표 13.4와 같다. 각성 성분인 카페인은 차나 코코아에 들어 있는 테오브로민과 같이 잔틴xanthine에 속하는 것으로, 이뇨작용이 있고 중추신경 및 호흡기를 자극하며 혈관을 확장하기도 한다. 또한 심장박동을 빨라지게 한다. 클로로겐산(그림 13.12)은 커피에 가장 많이 들어 있는 산으로 커피의 쓴맛과 신맛에 관여하며, 폴리페놀화합물의 일종이므로 항산화작용을 한다. 배전 과정 중 30% 이상이 파괴된다. 트라이고넬린trigonelline, *N*-methylnicotinic acid(그림 13.13)은 생두에 1.1% 존재하는데 50% 정도는 배전 과정에서 파괴된다. 트라이고넬린은 나이아신niacin으로 변환될 수 있으며 치아에 스트렙토코커스 뮤탄스*Streptococcus mutans*의 흡착을 억제해 충치 예방에 도움이 되는 물질로 알려져 있다.

평균 1잔의 드립drip커피 170 g에는 108~180 mg의 카페인을 함유한다. 퍼콜레이티드

표 13.4 생두와 원두커피의 구성 성분

성분	생두(green bean)	원두커피(roasted coffee)
헤미셀룰로스(hemicelluloses)	23.0	24.0
셀룰로스(cellulose)	12.7	13.2
리그닌(lignin)	5.6	5.8
지방	11.4	11.9
회분	3.8	4.0
카페인	1.2	1.3
수크로스(sucrose)	7.3	0.3
클로로겐산(chlorogenic acid)	7.6	3.5
단백질	11.6	3.1
트라이고넬린(trigonelline)	1.1	0.7
환원당	0.7	0.5
미지의 화합물	14.0	31.7

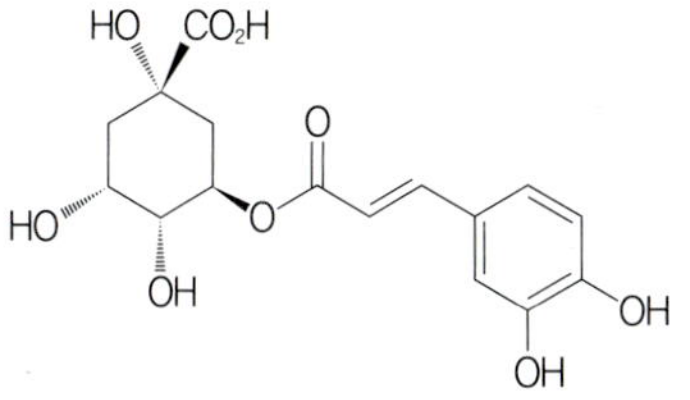

그림 13.12 **클로로겐산의 구조**

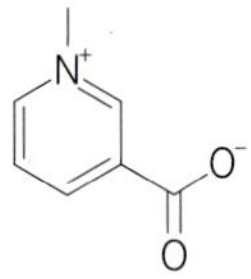

그림 13.13 **트라이고넬린의 구조**

커피percolated coffee는 72~144 mg의 카페인을 함유한다. 인스턴트커피는 60~90 mg, 탈카페인커피는 6 mg 이하의 카페인이 들어 있다. 차 170 g의 카페인 함량은 78~108 mg, 콜라(355 mL)는 28~64 mg이다. 커피는 하루에 4잔 정도 마시는 것이 적당하다.

4) 저장

커피의 맛과 향은 배전을 한 직후부터 변하게 된다. 배전한 커피콩은 밀봉된 유리 또는 금속용기에 넣어 냉동, 냉장 저장을 한다. 잘 저장하면 신선도를 3주 정도 유지할 수 있다. 배전하지 않은 커피콩은 수개월 동안 저장이 가능하다. 신선도를 높이려면 커피를 끓이기 바로 전에 분쇄하여야 한다. 대부분의 분쇄 커피는 진공포장되어 있는데, 진공포장을 하면 커피 향을 3개월까지 보존할 수 있다. 개봉하면 신선도가 감소하기 시작한다. 신선도를 유지하려면 공기와 수분에 노출되지 않는 조건에서 저장하여야 한다. 커피는 배전하자마자 향을 잃기 시작하며, 특히 분쇄하고 나면 향 손실이 증가한다. 공기와 빛이 없는 곳에 보존해야 한다. 분쇄 커피는 상온에서 7~10일까지 보존이 가능하고 냉동고 속에서는 1달까지 보관할 수 있다. 커피콩은 냉장고 속에서 수개월까지 보존이 가능하다.

5) 향미

커피의 쓴맛은 유기산에 기인한다. 유기산 중 반 이상을 차지하는 클로로겐산은 커피에 4% 정도 들어 있어 커피의 쓴맛과 신맛에 관여한다. 트라이고넬린도 커피의 쓴맛에 관여한다. 이외에도 폴리페놀화합물과 카페인이 커피의 쓴맛에 관여한다. 커피에는 메틸잔틴methylxanthine계에 속하는 카페인과 테오브로민3,7-dimethylxanthine이 들어 있는데 각성 효과를 나타내는 것으로 알려져 있다.

커피의 휘발성 향기 성분은 600개 이상이 동정되었다. 표 13.5에 있는 커피의 주요 향기

표 13.5 아라비카와 로부스타 커피의 주요 향기 성분

향 활성 화합물	농도(mg/kg) (aroma value)	
	아라비카	로부스타
3-methyl-2-butenethiol	0.0082 (2.7×10⁴)	0.0083 (2.8×10⁴)
2-furfurylthiol	1.7 (1.7×10⁵)	1.73 (1.7×10⁵)
methional	0.240 (1.2×10³)	0.095 (5×10²)
3-mercapto-3-methylbutylformate	0.130 (3.7×10⁴)	0.115 (3.3×10⁴)
2-ethyl-3,5-dimethylpyrazine	0.330 (2.1×10³)	0.94 (5.9×10³)
2,3-diethyl-5-methylpyrazine	0.095 (1.1×10³)	0.31 (3.4×10³)
3-isobutyl-2-methoxypyrazine	0.083 (2.1×10⁴)	0.012 (3.0×10³)
4-hydroxy-2,5-dimethyl-3(2H)-furanone	109 (1.1×10⁴)	57.0 (5.7×10³)
2(5)-ethyl-4-hydroxy-5(2)-methyl-3(2H)-furanone	17.3 (1.5×10⁴)	14.3 (1.2×10⁴)
3-hydroxy-4,5-dimethyl-2(5H)-furanone	1.47 (74)	0.63 (32)
5-ethyl-3-hydroxy-4-methyl-2(5H)-furanone	0.160 (21)	0.085 (11)
guaiacol	4.2 (1.7×10³)	28.2 (1.1×10⁴)
4-ethylguaiacol	1.63 (32)	18.2 (360)
4-vinylguaiacol	64.8 (3.2×10³)	177.7 (8.9×10³)
vanillin	4.8 (1.9×10²)	16.1 (6.4×10²)
(E)-β-damascenone	0.195 (2.6×10⁵)	0.205 (2.7×10²)
2,3-butanedione	50.8 (3.4×10³)	47.8 (3.2×10³)
2,3-pentanedione	39.6 (1.3×10³)	19.8 (6.6×10²)

자료 : Belitz, H.D. & Grosch, W., *Food Chemistry*, 1999

성분 중에서 향값aroma value이 높은 2-furfurylthiol, 3-methyl-2-butenethiol, 3-mercapto-3-methylbutylformate 등이 커피의 roasty/sulfury 향에 중요한 역할을 한다. 피라진pyrazine에 의해 earthy/roasty한 향이, 퓨란온furanone에 의해서는 캐러멜 향이, 구아이아콜guaiacol, 4-비닐구아이아콜4-vinylguaiacol에 의해서는 스모크 향을 내게 된다.

표 13.5에 있는 18개의 주요 향기 성분 외에도 acetaldehyde, propanal, methylpropanal, 2-methylbutanal, 3-methylbutanal, 2-methyl-3-furanthiol, methanethiol, dimethyl trisulfide, 2-ethenyl-3,5-dimethyl pyrazine, 2-ethenyl-3-ethyl-5-methyl pyrazine 등이 커피 향에 중요한 역할을 한다.

향값(aroma value) 향기 성분의 농도를 그 향기 성분의 한계값(threshold)으로 나눈 값.

3. 코코아cocoa

1) 카카오cacao

카카오의 학명은 *Theobroma cacao*이다. 카카오콩에서 추출한 코코아는 초콜릿을 만드는 기본 재료이다. cacao라는 말은 마야 인디언들이 카카오나무를 일컫는 말인 'cacahuatl'에서 유래하였다. caca는 '쓴 즙'을 의미한다. chocolate은 쓴 물을 의미하는 'tchocoatl'에서 유래하였다. 아즈텍인이 즐겨 마시던 초콜릿 음료를 의미하였는데 이 초콜릿 음료는 카카오콩에 고추, 사향, 꿀, 바닐라 등을 넣어서 만들며 여기에 안나토 색소를 넣어 붉게 만들었다. 카카오나무 경작은 3,000년 전에 시작되었으며, 카카오는 식량으로서 또는 화폐 수단으로서 중요한 역할을 하였다.

카카오는 1822년 아프리카에서 경작하기 시작하였다. 오늘날 카카오를 가장 많이 생산하는 나라는 아프리카 국가인 코트디부아르, 가나, 카메룬, 나이지리아 및 브라질, 에콰도르 등이다. 최초의 초콜릿 바는 1847년에 영국 회사에 의해 시장에 출시되었는데, 코코아버터, 초콜릿액, 설탕을 섞는다는 아이디어로 만들었다. 스위스는 초콜릿 생산에 전문성이 있는데 고급 초콜릿을 만드는 명성을 가지고 있다. 미국에서는 1888년 Hershey가 펜실베이니아주에서 초콜릿 공장을 열었다. 스위스는 인구 1인당 초콜릿 소비량이 가장 많다.

카카오나무는 20여 종이 있는데 크게 두 종류로 나눈다. 첫 번째 그룹은 고품질의 카카오로 주로 남미에서 생산되며, 두 번째는 아프리카에서 생산되는 것으로 수확량은 많으나 품질은 떨어진다. 카카오나무는 7.8 m까지 자라고 잎은 30 cm 길이이며 1.4~12.7 cm의 넓이를 가진다. 초기에는 옅은 장밋빛을 가지고 있으나 완숙기에 검은색을 띠며, 빛나는 가죽 모양의 외관을 가지게 된다. 카카오나무는 적도 벨트를 따라 습한 열대기후에서 자란다.

꼬투리pod로 불리는 타원형의 열매는 30 cm 길이에 1.4~12.7 cm의 넓이까지 자란다. 꼬투리에는 2.5 cm 넓이의 30~40개의 분홍색 또는 연한 자주색의 씨 또는 콩이 들어 있다. 과육nib 부분을 먹을 수 있는데 쓴맛 때문에 가공을 하여야 한다. 가공은 발효, 정선sorting, 볶음roasting, 냉각cooling, 파쇄cracking, 분쇄grinding의 공정을 거친다. 발효는 보통 3~9일 정도 지속되며, 카카오콩의 조성을 변화시킨다. 발효 온도 50℃에서 세균은 사멸되고 초콜릿 특유의 향을 내는 효소가 활성화된다. 발효된 카카오콩은 수분 함량이

6~8%가 될 때까지 일광건조를 시킨다. 건조된 카카오콩은 이물질을 제거하기 위해 정선 과정을 거친다. 볶음 공정은 타닌 성분을 변화시켜 쓴맛을 제거하고 특유의 향을 발현시키는 중요한 공정으로 최종제품의 색과 향을 결정한다. 파쇄 공정에서 50~88℃ 사이의 온도에서 롤러로 분쇄하여 카카오콩을 껍질과 분리한다. 점질의 페이스트paste가 얻어지며 이를 초콜릿 리쿠어liquor 또는 초콜릿 매스mass라 부르며 53%의 코코아버터cocoa butter로 구성되어 있다. 코코아분말cocoa powder은 초콜릿 리쿠어를 압착하여 코코아버터를 추출한 후 만든다. 코코아분말은 10~25%의 지방을 함유하고 있다. 한 컵의 코코아에는 0.1 g의 테오브로민과 0.01 g의 카페인이 들어 있다.

표 13.6은 발효 후 건조한 카카오콩, 카카오 껍질 및 카카오 배아의 성분 조성을 보여주고 있다. 카카오콩에는 폴리페놀류로 카테킨(약 37%), 안토사이아닌 및 류코안토사이아닌leucoanthocyanine이 들어 있으며, 주 카테킨은 (-)-에피카테킨, (+)-카테킨, (+)-갈로카테킨과 (-)-에피갈로카테킨이다. 카카오콩에는 각성 효과를 나타내는 테오브로민이 1.2%, 카페인이 0.2% 함유되어 있다.

표 13.6 발효 후 건조한 카카오콩, 카카오 껍질 및 카카오 배아의 성분 조성

구성 성분	카카오콩	카카오 껍질	카카오 배아
수분	5.0	4.5	8.5
지방	54.0	1.5	3.5
카페인	0.2		
테오브로민	1.2	1.4	
폴리페놀	6.0		
조단백질	11.5	10.9	25.1
단당류와 올리고당	1.0	0.1	2.3
전분	6.0		
펜토산(pentosans)	1.5	7.0	
셀룰로스(cellulose)	9.0	26.5	4.3
유기산	1.5		
그 외 화합물	0.5		
회분	2.6	8.0	6.3

2) 초콜릿의 제조

그림 13.15는 카카오콩이 코코아분말과 초콜릿으로 가공되는 공정을 보여 준다.

초콜릿을 만드는 작업은 설탕과 카카오의 물리적 특성의 다양성으로 인해 균일한 리쿠어 또는 페이스트를 만들기가 어렵기 때문에 복잡한 기술이 필요하다. 초콜릿 리쿠어를 설탕 및 코코아버터와 먼저 혼합하고 부드러운 조직감의 페이스트를 얻기 위해 가열, 교반한다. 냉각과 템퍼링 tempering을 하면 카카오가 결정화되는 온도에 도달하게 되고 초콜릿이 만들어진다.

그림 13.14 **초콜릿**

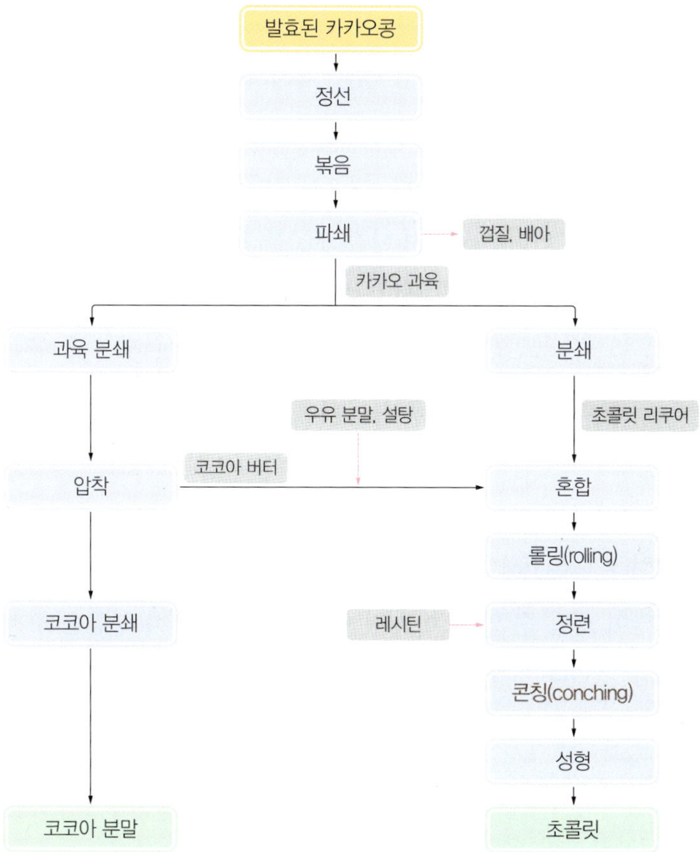

그림 13.15 **코코아분말과 초콜릿 제조 공정**

콘칭(conching) 초콜릿 리쿠어를 섞고 열을 가하며 섞어 주는 과정. 입자를 균일하게 한다.

초콜릿은 종류가 다양하며 무가당초콜릿unsweetened chocolate, 다크초콜릿dark chocolate, 밀크초콜릿milk chocolate, 화이트초콜릿white chocolate 등이 있다. 무가당초콜릿은 초콜릿 리쿠어가 고체화된 것으로 설탕과 우유 등이 첨가되지 않은 것이다. 이것은 초콜릿 향미를 가지고 있으나 쓴맛 때문에 그 자체로 먹기 적합하지 않고 제빵 용도로 사용된다. 다크초콜릿은 35~70%의 초콜릿 리쿠어와 설탕, 유화제를 함유하고 있다. 자체로 먹거나 제빵용으로 사용한다. 밀크초콜릿은 코코아버터에 밀크파우더, 설탕, 향 등을 섞어서 향을 부드럽게 하고 조직감을 풍부하게 한 것이다. 밀크가 타기 때문에 제빵용으로는 부적합하다. 화이트초콜릿은 초콜릿 리쿠어를 사용하지 않고 코코아버터를 원료로 하여 설탕, 유제품 등을 첨가하여 만든 초콜릿을 말한다.

3) 초콜릿의 영양

코코아와 초콜릿의 단백질 함량은 10~20% 사이이다. 초콜릿은 50%의 지방을 함유하고 있고 코코아는 10~22%의 지방을 함유하고 있다. 30 g의 코코아에는 617 mg의 테오브로민과 72 mg의 카페인이 들어 있다. 테오브로민은 카페인의 구조와 매우 유사하여 카페인 구조에서 메틸기 하나가 떨어져 나간 구조를 가지고 있다.

운동을 하기 전에 초콜릿을 먹으면 에너지를 보충할 수 있다고 하는데 이는 그렇지 않다. 왜냐하면 근육은 18시간 동안은 몸 속에 저장된 글리코겐glycogen을 이용하기 때문이다.

4) 초콜릿의 저장

초콜릿은 상온에서 저장하여야 한다. 잘 포장해서 수분과 열만 피하면 수개월 저장이 가능하다. 냉장고나 냉동고에 저장할 수도 있으나 코코아버터가 표면에 다시 나타나기 때문에 흰색의 막이 생길 수 있다. 이것은 초콜릿 향에는 전혀 영향을 주지 않으며 녹이면 다시 사라진다. 조리나 저장 시 수분을 피하는 것이 중요하다.

5) 코코아 향

표 13.7은 코코아의 주요 향기 성분을 나타낸다.

표 13.7 코코아의 주요 향기 성분

향기 성분	향 특성	FD 값
3-methylbutanal	malty	1,024
ethyl 2-methylbutanoate	fruity	1,024
hexanal	green	512
unknown	fruity, waxy	512
2-methoxy-3-isopropylpyrazine	peasy, earthy	512
(E)-2-octenal	fatty, waxy	512
unknown	tallow	512
2-methyl-3(methyldithio)furan	cooked meat-like	512
2-ethyl-3,5-dimethylpyrazine	earthy, roasty	256
2,3-diethyl-5-methylpyrazine	earthy, roasty	256
(E)-2-nonenal	tallow, green	256
unknown	pungent, grassy	128
unknown	sweet, waxy	128
phenylacetaldehyde	honey-like	64
(Z)-4-heptenal	biscuit-like	64
δ-octenolactone	sweet, coconut-like	64
δ-decalactone	sweet, peach-like	64

단원정리

1. 기호식품은 영양가보다 독특한 향기나 맛이 있어 즐기고 좋아하는 식품이다.
2. 차는 발효시키지 않은 차인 녹차, 발효시킨 차인 홍차, 부분적으로 발효시킨 차인 우롱차가 있다.
3. 녹차에는 건강 기능성 성분으로 폴리페놀의 일종인 카테킨이 들어 있으며 이 중 EGCG(epigallocatechin-3-gallate)가 가장 풍부하다.
4. 커피 품종에는 아라비카와 로부스타가 있다. 배전은 커피의 향미에 가장 중요한 공정이며 알맞은 배전 공정에 의해 바람직한 커피 향이 생성된다.
5. 커피에는 카페인, 클로로겐산 및 트라이고넬린 성분 등이 들어 있다.
6. 카카오콩을 발효, 정선, 볶음, 냉각, 파쇄, 분쇄하면 초콜릿 리쿠어가 얻어지며 이로부터 초콜릿이 제조된다. 초콜릿 리쿠어를 압착하여 코코아버터를 추출한 후 코코아 분말을 만든다.

연습문제

1. 차의 종류와 차이점을 설명하시오.

2. 차의 건강 기능 성분인 카테킨에 대하여 설명하시오.

3. 커피 주요 품종에 대하여 설명하시오.

4. 홍차 제조 시 유념(rolling)을 하는 목적을 설명하시오.

5. 차에서 가장 함량이 높은 카테킨을 답하시오.

6. 커피 향을 오랫동안 신선하게 유지하는 방법을 설명하시오.

7. 초콜릿의 품질을 좋게 유지하려면 어떻게 저장하여야 하는지를 설명하시오.

8. 코코아 분말 만드는 방법을 설명하시오.

정답 및 해설

1. 녹차, 홍차, 우롱차가 있는데 녹차는 발효시키지 않은 차이고, 홍차는 발효시킨 차, 우롱차는 부분적으로 발효시킨 차이다.
2. 카테킨은 찻잎에 많이 들어 있는 폴리페놀화합물이다. 찻잎에 들어 있는 카테킨에는 (−)-epicatechin(EC), (−)-epicatechin gallate(ECG), (−)-epigallocatechin(EGC) 및 epigallocatechin gallate(EGCG)가 있다. 카테킨은 플라보노이드의 일종으로 플라반올 구조를 가지고 있다.
3. 아라비카와 로부스타가 있는데, 아라비카가 세계 생산량의 75%를 차지하고 로부스타가 25%를 차지한다. 그 외에 리베리카도 있다. 아라비카 콩은 상대적으로 큰데 가운데가 구불구불한 주름으로 되어 있다. 이 커피콩으로 커피를 끓이면 향이 부드럽고 깔끔한 맛이 있으며 카페인 함량은 1%이다. 주 생산국은 아라비아, 에티오피아, 브라질, 인디아, 멕시코와 콜롬비아이다. 로부스타 콩은 더 작고 둥글며 직선의 주름을 가지고 있는데, 맛이 덜 깔끔하며 쓴맛이 있다. 카페인 함량은 2%이다. 주로 아프리카에서 재배되며 아라비카보다 낮은 가격에 거래된다.
4. 찻잎의 세포막을 파괴시켜 효소작용에 의한 발효(산화작용)가 일어나게 한다.
5. EGCG(epigallocatechin gallate)
6. 배전한 커피콩은 밀봉된 유리 또는 금속 용기에 넣어 냉동, 냉장 저장을 한다. 커피콩은 커피를 끓이기 바로 전에 분쇄한다. 진공 포장을 하고 공기, 수분, 빛에 노출되지 않는 조건에서 저장한다.
7. 초콜릿은 상온에서 잘 포장해서 수분과 열을 피해 저장한다. 냉장 저장 시 코코아버터가 표면에 다시 나타나 흰색의 막이 생길 수도 있으나 초콜릿 향에는 전혀 영향을 주지 않으며 녹이면 다시 사라진다.
8. 발효된 카카오콩을 파쇄하여 얻은 과육을 분쇄, 압착하여 코코아버터를 추출한 후 건조시켜 만든다.

CHAPTER **14**

제14장
버섯류

학습목표

1. 버섯의 종류를 알 수 있다.
2. 버섯의 재료적 특징을 물리적, 영양학적, 기능적인 면에서 이해할 수 있다.
3. 버섯의 특징에 따라 조리와 가공에 응용할 수 있다.

버섯류는 식물학 분류상 곰팡이와 같은 종류로 담자균류에 속하는 것이 대부분이며 일부는 자낭균류에 속하는 것도 있다. 버섯의 식용에 대한 역사는 매우 길며 기원전 3500년경 동굴의 타실리Tassili상에도 기록되어 있다. 고대 이집트에서는 버섯을 신의 음식으로 여겨 일반인이 섭취하지 못하도록 하였고, 로마인들은 버섯을 힘을 키워 주는 음식으로 여겨 군인들의 식사에 사용하였다.

버섯에는 잎과 엽록소는 물론이고 꽃과 뿌리 또한 없어 영양분을 제공해 줄 수 있는 생물체 및 물질에 기생하며 존재한다. 버섯류 중에는 활물기생균에 속하는 동충하초와 활물공생균에 속하는 송이, 그리고 활물기생과 사물기생 둘 다 가능한 복령 등도 있다. 자연계에서 버섯의 영양 섭취 방법은 주로 셀룰레이스cellulase와 리그네이스lignase 등의 효소를 분비하여 섬유소인 셀룰로스cellulose, 헤미셀룰로스hemicellulose, 목질소인 리그닌lignin 등을 분해하면서 자신의 영역을 넓혀 나가고, 각종 질소원으로부터 영양을 섭취하여 세포의 구성물질을 합성해 나간다.

독이 있는 버섯은 총 버섯 종류의 1~2%에 지나지 않으며 식용 가능한 버섯의 종류는 600여 종이 있으나 일반에게 식용으로 매매되는 종류는 20~30종에 지나지 않는다. 동양에서는 표고, 느타리, 목이버섯 등이, 서양에서는 양송이가 주로 재배된다. 우리나라에서는 일제강점기에 일본인들이 제주도, 지리산, 오대산을 중심으로 표고를 재배하였으며 광복 이후 종균 배양과 기술 개발을 실시해 표고와 양송이 재배가 대량으로 보급되었다.

우리나라의 버섯 생산량은 약 19만 톤이고 버섯의 소요량은 15만 톤이다. 우리나라 버섯 생산량은 1991년에 세계 10위였으며, 다른 나라에 비해 그 증가 속도가 빨라 지금은 세계 7, 8위에 속할 것으로 추정된다. 특히 아시아의 중국, 일본, 한국에서 버섯 생산량의

표 14.1 버섯의 주요 수출국 시장 규모 및 한국산 수출 점유율

구분	국가명	시장 규모(1,000톤)		한국산 수출(1,000톤)		
		생산량	수입량	수출 물량	점유율(%)	경쟁국(점유율)
주요 수출국	네덜란드(2013)	300	3,710	1,345	36	중국(33)
	미국	391	9,087	2,682	30	중국(64)
	캐나다	90	2,372	1,237	52	미국(23)
	호주	50	1,959	1,406	72	중국(25)
수출 가능국	말레이시아(2013)	–	668	392	59	중국(31)
	홍콩(2013)	–	9,070	1,607	18	중국(64)

자료 : FAOSTAT, Global Trade Atlas

증가 속도가 다른 나라에 비해 빠른 것으로 알려져 있다.

우리나라의 버섯 수출은 1960~1980년대에는 양송이가 주도하다가 1990년대에는 송이와 표고가 주도하였다. 최근에 팽이버섯, 느타리류, 양송이, 영지, 신령버섯 등의 수출이 다소 증가하였고 송이와 표고는 줄어들고 있는 경향이다. 버섯 수출은 2003년 이후 감소 추세였으나 2005년 이후 활발한 해외시장 개척으로 수출이 증가하고 있으며 2006년에는 일본으로 수출되는 영지버섯 등 건조 및 조제품의 수출은 감소한 반면 미국, 네덜란드, 중국으로의 팽이 및 새송이버섯의 수출이 증가하고 있다(표 14.1).

최근 버섯 추출물의 생리활성 기능에 관한 연구 결과가 많이 발표되면서 소비자 선호도가 증가하고 있다. 항암, 변비 개선, 건성 피부 완화, 항혈전, 항산화 기능 등의 버섯 및 버섯 추출물의 생리활성이 보고되었다.

1. 성상 및 영양

1) 분류

담자균류*Basidiomycota*는 핵의 융합과 감수분열이 이루어지는 기관으로서 담자기basidium를 형성하며 그 선단에 담자포자basidiospore를 외생하는 균류로서 1,400여 속 2만 2,000종이 알려져 있다. 낙엽이나 나무 등을 분해 환원시키는 힘은 대단히 크다. 수목의 뿌리와 공생하며 균근을 형성하고 식물의 생활을 돕기도 한다. 식물체나 다른 담자균의 자실체에 기생하고, 동물류의 분이나 토양 등에 부생한다. 느타리버섯속, 송이속, 뽕나무속, 광대버섯속, 민그물버섯속, 그물버섯속 등 주름버섯목과 꾀꼬리버섯속, 싸리버섯속, 불로초버섯속, 말징버섯속 등 대부분의 버섯이 담자균류에 속하는 버섯이다.

자낭균류*Ascomycota*는 약 3,200여 속, 3만 2,000여 종가량의 균군이 있으며, 균사체가 발달하여 유성생식에 의해 자낭을 만들고 자낭포자를 형성한다. 동물의 유체나 담자균류의 자실체에 기생하는 것도 있으나, 대부분은 식물체에 기생 또는 부생한다. 자낭균에는 동충하초속, 투구버섯속, 주발버섯속, 곰보버섯속 등이 있다.

2) 버섯의 일생

버섯의 성상은 영양기관인 균사mycelium에 포자를 지닌 자실체fruit body가 발육하며 포자가 발아하여 균사가 된다(그림 14.1). 균사는 실 모양이 되고 세포막으로 된 격막을 가지

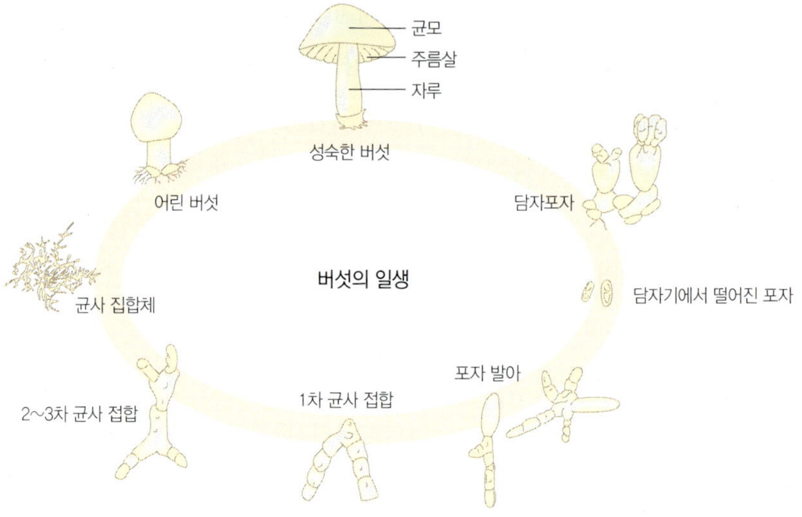

그림 14.1 일반적인 버섯의 일생

고 있으며 엽록소가 없어 광합성을 하지 못한다. 포자에는 유성포자와 무성포자가 있다.

버섯의 생식은 포자의 발아로부터 시작하여 균사의 영양 생장과 자실체의 생식 생장을 거쳐 다시 포자를 생산하는 일련의 과정이다(그림 14.1). 포자의 발아는 휴면 해제에서 발아관의 형성에 달하는 과정으로, 발아의 조건은 포자의 충분한 수분 흡수 외에 온도, 광선, pH, 가스 환경 등이 관여한다.

포자의 발아에 의해 1핵 균사(n)가 형성되며 이러한 1핵 균사체는 일정한 단계로 생장하면 서로 다른 1핵 균사와 만나게 되고 균사세포의 일부분인 세포벽이 융해되어 접합한다. 접합부를 통하여 한쪽의 핵이 다른 균사세포로 이동하여 1세포 내로 2개 핵을 갖는 2핵 균사를 형성한다. 2핵 균사는 1핵 균사체의 균사보다 굵고 생장이 빠르다. 이들 1핵, 2핵 균사체의 생장 기간을 영양 생장 기간이라 하며 이에는 온도, 광선, 가스, 영양 환경 등이 관여한다.

대부분의 2핵 균사는 꺾쇠 연결 구조를 가지고 있으며, 영양 생장으로 균사 내적인 양분의 비축과, 온도·습도·광선 등 외적인 요건이 갖추어지면 균사체가 서로 엉켜서 자실체의 모태인 원기를 형성하고 자실체로 발육한다. 자실체는 갓, 줄기, 주름살 등으로 분

생식 생물이 유전자를 전달하는 방법. 무성생식과 유성생식이 있으며, 유성생식은 암수 두 가지 성별이 존재해서 이 두 성별이 각각의 생식세포인 배우자(配偶子, gamete)를 만들고 이 두 배우자가 다시 결합하여 접합자(zygote)가 되는 생식 방법이다. 무성생식은 암수 구별이 없이 스스로의 유전자와 동일한 다른 개체를 만들어 내는 방법을 말한다.

화되며 이들은 모두 2핵 균사로 조성된다. 자실체는 생장하는 데 영양균사에 의한 물과 영양소의 연속적인 공급이 필요하며, 발육에 있어서의 외부 환경 조건으로 광선, 온도, 환기와 습도, 그리고 자실체 내의 생리활성물질 등에 영향을 받는다. 자실체에서는 자실층 주름(관공)의 선단에 있는 담자기를 구성하는 세포 내에서 처음으로 2핵이 융합하여 복상(2n) 핵을 형성하고, 계속해서 감수분열에 의해 4개의 핵으로 분열되어 각각의 담자기 위에 발생하는 4개의 돌기 내로 이동하여 단상(n)의 포자세포가 된다.

이상에서와 같이 버섯의 일생은 포자 → 1핵 균사 → 2핵 균사 → 자실체 → 포자의 생활 순환 과정을 가리킨다.

한편 식용균의 생활사에는 담자포자 또는 자낭포자로부터 이루어지는 대순환 과정 외에 무성포자에 의해 이루어지는 소순환 체계가 있다. 무성포자란 성결합을 거치지 않고 생성된 포자를 가리킨다. 예를 들면 흰목이, 팽이, 풀버섯 등은 무성포자인 아포자, 분생포자, 후막포자 등을 형성하며, 이들도 일정한 조건이 되면 균사체로 발육이 가능하다.

버섯류는 자실체의 모양에 따라 갓 모양을 갖는 표고와 송이버섯, 사람 귀 모양의 목이버섯, 빗자루 모양의 싸리버섯, 둥근 알 모양의 알버섯이 있으며 식용버섯과 유사하지만 독을 함유한 독버섯이 있어 섭취에 주의를 요한다.

3) 영양

버섯은 수분이 90% 이상이며 탄수화물이 3~6%, 단백질 1.5~2.0%, 지방 0.2~0.4%, 회분이 0.4~0.8%가 함유되어 있고 만니트mannit와 트레할로스trehalose가 주요 풍미 성분이다. 비타민 B_1, B_2 및 D의 전구물질인 에르고스테롤ergosterol이 함유되어 있어 자외선에 의해 비타민 D로 전환되어 비타민의 주요 공급원이 된다. 또한 정미 성분으로 글루탐산, 라이신, 알라닌 등의 아미노산 등이 함유되어 있다.

표고버섯의 경우 뼈를 튼튼하게 하는 데 도움을 주는 비타민 D, 조혈작용에 도움을 주는 비타민 B군 등의 성분이 풍부해 영양학적으로도 가치가 높다. 양송이의 경우 인체

독버섯 독을 함유하고 있어 식용할 수 없는 버섯. 독버섯의 유형으로는 자실체가 백색인 버섯(독우산광대버섯, 흰알광대버섯 등), 대에 침이 없는 버섯(독우산광대버섯, 흰알광대버섯, 알광대버섯 등), 갓에 사마귀나 비늘이 없는 버섯(큰갓버섯, 흰갈대버섯, 광대버섯, 마귀광대버섯 등), 토양, 퇴비, 부후목, 고사목에서 발생하는 버섯(목장말똥버섯, 갈황색미치광이버섯 등), 술을 마시면 증상이 나타나는 버섯(두엄먹물버섯, 배불뚝이깔때기버섯 등) 등이 있다.

비타민 D 강화 버섯 버섯의 자실체에 자외선을 조사하면 프로비타민(provitamin) D인 에르고스테롤(ergosterol)이 비타민 D로 전환된다. 이를 활용하여 비타민 D 강화 버섯이 생산된다.

표 14.2 식용 버섯의 건물 중 및 생물 중의 식이섬유, 조섬유 함량

식품명	영 명	식이섬유		조섬유
		건물 중 (%)	생물 중 (%)	생물 중 (%)
느타리버섯	Oyster mushroom	42.41	3.88	0.80
목이버섯 말린 것	Black mushroom, Juda's ear, dried	19.73	18.18	12.90
석이버섯 말린 것	Manna lichen, dried	60.98	52.87	9.60
양송이버섯	White button mushroom (*Agaricus bisporus*)	19.02	1.42	0.80
참나무 표고버섯	Oak mushroom	39.80	3.94	8.95
팽이버섯	Winter mushroom (*Flammulina velutipes*)	30.04	3.19	0.90
표고버섯 생것	Oak mushroom, raw (*Lentinus edodes*)	48.78	6.05	0.70

*southgate method로 측정된 값임.
자료 : 임수빈 외, 한국조리과학회지, 1991.

에서 합성되지 않는 필수아미노산의 함량이 높아 저열량 고단백 식품으로 가치가 높으며, 새송이버섯은 비타민 B_6가 특히 많이 함유되어 있으므로 혈액 생성, 신경 안정, 피부 건강에 좋다. 대표적인 식용버섯의 식이섬유 및 조섬유 함량은 표 14.2와 같다.

장기간 저장을 위해 생버섯의 효소 활성은 불활성화시키고 냉장, 냉동하거나 통조림이나 염지, 건조 처리한다. 대개 독버섯은 빛깔이 진하고 화려하거나 색이 쉽게 변하며 악취가 있거나 유즙을 분비하고 음습한 곳에서 자생하나 예외가 있으므로 주의가 필요하다.

4) 풍미성

버섯은 핵산 성분이 많아 기호성이 높은 식품이다. 표고버섯의 특이한 지미 성분(감칠맛)으로 알려져 있는 5′-구아닐산5′-GMP은 신선한 버섯의 상태에서는 거의 없지만 요리하는 과정에서 추출될 때 즙 속에 많이 존재하게 된다. 이는 RNA가 핵산분해효소의 작용으로 생성되는 것으로 알려져 있는데, 글루탐산나트륨과 상승작용을 하여 한층 더 지미 성분을 강화시켜 준다.

표고버섯의 저분자 펩타이드 물질의 경우에는 열수 추출액의 총질소량의 약 20%를 차지하며, 주요 구성 아미노산은 글루탐산, 시스틴, 아스파라긴산, 글리신 등이다.

쓴맛 성분인 고미 성분은 영지버섯에 존재하는 트라이터페노이드triterpenoid 성분으로 식

품 산업에 많이 사용되고 있으며, 약용으로 사용되는 한입버섯에 존재하는 크립토포르산cryptoporic acid이나 무늬노루털버섯의 살코도닌sarcodonin 정도가 고미 성분으로 알려져 있다. 버섯의 신맛 성분은 버섯 자체에서 만들어지는 것이 아니라 외부로부터 손상을 당하면 만들어지는데, 이러한 물질로는 안하이드로락타로루핀anhydrolactarorufin이나 블레닌blennin 등이 알려져 있다. 송이버섯 특유의 향기 성분인 1-octen-3-ol 정도가 알려져 있다.

5) 효능

다양한 버섯의 생리활성이 보고되고 있다. 팽이버섯*Flammulina velutips*은 항종양(항암 및 항바이러스), 콜레스테롤 저하작용(고혈압 방지), 피부미용 기능성이 있으며, 표고버섯*Lentinus edodes*은 항암 및 제암, 고혈압 강하작용, 간염 및 동맥경화 예방, 폐 질환 및 위장 질환 예방, 바이러스 면역 증강, 항체 생성 촉진, 콜레스테롤 저하, 자율신경 안정, 혈중지질농도 조절, 적혈구 증강작용이 보고되었다. 영지버섯*Ganoderma lucidum*은 정혈, 이뇨, 해독, 보간, 조압, 강심, 강정, 소염, 면역, 진정, 감당, 진통 작용 및 어혈 제거 등의 기능성이 보고되었다. 대부분의 버섯은 면역 기능을 증강시키는 물질인 베타-글루칸β-glucan을 갖고 있다. 버섯 유래의 베타-글루칸은 암세포의 증식을 억제하는 기능을 갖고 있으며, 이를 추출하여 한국 및 일본에서 의약품으로 판매되고 있다.

2. 종류 및 특성

1) 표고버섯*Lentinula edodes*

표고 또는 표고버섯(참나무버섯shiitake fungus)은 주름버섯목 느타리과에 속하는 버섯으로 봄부터 여름, 가을에 걸쳐 밤나무, 떡갈나무, 참나무 등의 죽은 나무에서 발생한다. '향담' 또는 '마고'라고도 하며, 한라산, 지리산, 오대산 등에서 재배된다. 중국, 일본, 타이완, 필리핀, 보루네오, 뉴기니, 말레이시아 등지에 분포한다. 한국에서 재배되는 버섯 중 대표적 품종이다. 자루는 굵고 짧으며, 지름이 5~10 cm 정도인 둥근 갓은 처음 자랄 때에는 구형이나 나중에는 만두형에서 편평하게 벌어지고, 담갈색, 다갈색, 자갈색 표면을

베타-글루칸(beta-glucan) 탄수화물 다당류의 일종. 포도당이 베타-글루코사이드(1,3/1,6 혹은 1,3/1,4)로 연결되어 소화가 되지 않으며 일정한 생리활성을 갖는 것으로 알려져 있다. 전분질은 포도당이 α-글루코사이드로 연결되어 있어 아밀레이스(amylase)와 같은 소화효소의 작용을 받아 올리고당 및 단당류가 되어 소화가 된다.

표고버섯(생것)

건표고버섯

그림 14.2 **표고버섯**

갖고 있으며 갈라진 틈이 많고 안쪽에는 주름이 많이 잡혀 있다. 육질은 두껍고 자루(균병)의 길이는 1~5 cm, 지름은 1 cm 정도이고 갓의 중앙 혹은 한쪽으로 기울어져 붙어 있고 갈색을 띤다. 어릴 때는 안쪽으로 갓의 가장자리가 말려 들고, 갓 아래쪽에 흰색의 솜털 모양의 막이 있는데 나중에 이 막이 터져서 갓의 주변에 붙으며, 자루에 고리를 남기지만 나중에 없어진다. 포자는 희고 좁은 타원형이다.

비타민 D 전구물질인 프로비타민 Dprovitamin D를 다량 함유하고 있으며 정미 성분을 보유하고 있어 구수한 맛과 향을 발생한다. 방향 성분은 유황 함유 성분을 갖고 있는 레티오닌lethionin이고 칼슘, 인 등의 무기질도 함유되어 있다.

보통 봄과 가을에 수확하며 3~4년 때 수확량이 많고 차차 줄어든다. 10~20℃의 온도와 충분한 습기가 있는 조건에서 재배되며 1~2주일이면 성장한다. 보통 갓의 크기가 1.5~1.8 cm일 때 갠 날의 오전 중에 채취한다. 표고버섯의 경우 채취 당시 보통 70~95%의 수분을 함유하고 있는데 이것을 10~13% 정도가 되도록 건조시킨 것을 '건표고'라고 한다.

2) 느타리버섯*Pleurotus ostreatu*

느타리버섯oyster mushroom은 주름버섯목 느타리과의 버섯이며 백색 목재부후균으로서 주로 폐면이나 볏짚을 이용한 발효배지를 사용해서 재배되고 있다. 활엽수의 고목에 군생하며, 특히 늦가을에 많이 발생한다.

그림 14.3 **느타리버섯**

갓은 너비 5~15 cm로 반원형 또는 약간 부채꼴이며 가로로 짧은 줄기가 달린다. 표면은 어릴 때는 푸른빛을 띤 검은색이지만 차차 퇴색하여 잿빛에서 흰빛으로 되며 매끄럽고 습기가 있다. 살은 두텁고 탄력이 있으며 흰색이다. 주름은 흰색이고 줄기에 길게 늘어져 달린다. 자루는 길이 1~3 cm, 굵기 1~2.5 cm로 흰색이며 밑부분에 흰색 털이 빽빽이 나 있다. 자루는 옆이나 중심에서 나며 자루가 없는 경우도 있다. 포자는 원기둥 모양이고 7.5~11×3~4 μm이고 포자 무늬는 연분홍색을 띤다.

느타리버섯은 1980년부터 인공재배가 시작된 이래 1991년을 기준으로 세계의 느타리버섯 생산량은 91만 7,412톤으로 총버섯 생산량의 21.5%를 차지하고 있다. 우리나라의 느타리버섯 생산량은 4만 5,000여 톤에 이르며, 이는 국내 버섯 총생산량 중 32.3%(2006 특용작물 생산 실적)를 점유하는 것이다. 대체로 3, 4월에 접종하고 10월경에 어린 버섯이 발생한다. 갓의 지름이 3~6 cm 정도 크기의 것을 채취한다.

국거리, 전골감 등으로 쓰거나 삶아서 나물로 먹는 식용버섯이며, 인공재배도 많이 한다. 거의 전 세계적으로 분포한다.

3) 양송이버섯*Agaricus bisporus*

그림 14.4 **양송이버섯**

'서양송이', '머시룸'이라고도 하며 주름버섯목 주름버섯과의 버섯이다. 영양기관인 균사체와 번식기관인 자실체(갓, 버섯대, 포자)로 되어 있다. 갓 지름은 5~15 cm이며 갓은 거의 공 모양에 가깝지만 점차 펴져서 편평해진다. 성숙한 갓은 흰색에서 연한 황갈색을 띠며 약간의 비늘이 있다. 살은 두껍고 희다. 주름은 자루에서 떨어져 나며 처음에는 흰색이고 차츰 분홍에서 암갈색, 곧이어 흑자색으로 된다. 버섯대는 4~8×1~3 cm로 흰색이며 속이 차 있다. 어렸을 때는 밑동이 불룩하고 성장함에 따라 위아래의 굵기가 같아진다. 버섯대 고리는 흰색 막질이다. 포자는 6.5~9×4.5~7 μm로 넓은 타원형이며 담자세포에 2개씩 붙는다.

양송이의 일반 성분은 재배 환경, 수확 시기 및 선도에 따라 상이하다. 단백질과 무기질이 많고 식이섬유는 다른 버섯에 비해 극히 적다. 유리아미노산과 비타민 B_1, B_2, 나이아신niacin, 에르고스테롤 등이 있다. 양송이를 채취 후 시간이 지나 갈색이 되는 것은 타이로시네이스tyrosinase 효소 작용에 의한 산화 메커니즘에 기인한다.

접종 후 1~5개월이 지나면 버섯이 발생하며 5~7일 경과 후 채취할 수 있다. 채취 후 바로 시장에 출하하거나 통조림으로 제조해야 한다. 저장이 필요한 경우 2~4℃의 통풍이 잘되고 어두운 곳이 좋다. 식용으로 사용되는 양송이는 신선해야 하며, 갓이 둥글고 육질이 딱딱하며 자루가 굵고 갓의 지름이 21~39 mm 정도 크기의 순백색의 병충해가 없는 것이 선호도가 높다.

세계 각국에서 널리 재배하는 식용버섯으로 표고, 풀버섯과 함께 세계 3대 재배 버섯의 하나이며 여러 품종이나 변종이 있다. 양송이는 17세기 말 프랑스에서 시작되었으며 재배법은 유럽에서 미국으로 건너간 후 일본을 거쳐 한국, 타이완에서 대량생산하고 있다. 한국의 양송이 재배는 1960년대부터 시작되어 중부 이남 지역에서 널리 재배하며, 주로 봄, 가을 2기작이 실시되고 있다. 통조림으로 가공 수출하거나 생버섯으로 국내에 시판되고 있다.

자연에서는 가을이 적기이나 인공재배로 1년 내내 시장에 출하된다. 잘린 부분은 공기에 접촉하면 갈색으로 변하기 때문에 레몬즙을 발라 pH를 낮추면 변색을 막을 수 있다. 오믈렛, 필래프의 요리에 넣거나 미트소스, 그라탕, 수프 등 각종 서양요리에 쓰인다.

4) 송이버섯*Tricholoma matsutake*

그림 14.5 **참송이**

주름버섯목 송이버섯과 버섯의 대표적인 식용 버섯으로 특유한 향과 씹는 맛이 있다. 주로 가을에 소나무숲 땅 위에서 무리를 지어 자라거나 한 개씩 자라는 향기가 짙은 버섯이다. 인공재배가 쉽지 않아 고가에 팔리고 있다. 버섯갓의 지름은 8~20 cm이다. 처음 땅에서 솟아나올 때는 공 모양이나 점차 커지면서 만두 모양이 되고, 편평해지며 가운데가 약간 봉긋하다. 갓 표면은 엷은 황갈색에서 진한 갈색의 섬유 모양 비늘조각으로 덮여 있고 오래 되면 흑갈색으로 된다. 어린 버섯은 흰색 솜털 모양의 피막에 싸여 있으나 펴짐에 따라 피막은 파여서 갓 가장자리와 버섯대에 붙어 부드러운 버섯대 고리로 남는다. 살은 흰색이고 꽉 차 있으며, 주름살도 흰색으로 촘촘하다.

버섯대는 길이 10 cm, 굵기 2 cm로 버섯대 고리의 위쪽은 흰색이고 아래쪽에는 갈색의 비늘껍질이 있다. 포자는 8.5×6.5 μm로 타원형이며 무색이다. 일반적으로 송이버섯pine mushroom은 20~60년생 소나무숲에 발생하며, 송이균은 소나무의 잔뿌리에 붙어서 균근菌根을 형성하는 공생균共生菌이다.

송이의 포자가 적당한 환경에서 발아된 후 균사로 생육하며 소나무의 잔뿌리에 착생한다. 송이균은 수목에서 균근을 통해 자당이나 포도당 등의 탄수화물, 아미노산 및 성장인자를 받고 대신 인, 칼륨 등 기타 무기물이나 물을 뿌리로 보낸다. 이와 같은 균근 관계는 수목과 균과 토양의 3요소가 잘 조화될 때 성립한다. 특히 화강암이 풍화된 흙과 상쾌한 환경을 가진 숲이 송이의 발생에 적당하다. 흰색 또는 연한 노란색의 살아 있는 잔뿌리가 흑갈색으로 변하면서 균근을 형성하게 된다. 균근은 땅속에서 방석 모양으로 생육 번식하면서 흰색의 뜸(소집단)을 형성하며 고리 모양으로 둥글게 퍼져나가는데 이것을 '균환菌環'이라고 한다. 균환은 땅속에서 매년 10~15 cm씩 밖으로 생장하며, 충분히 발육된 균사는 땅속 온도가 5~7일간 19℃ 이하로 지속되면 버섯이 발생하기 시작한다. 이 무렵에는 충분한 수분이 필요하다. 따라서 송이는 주로 가을에 발생하며 6~7월에 약간 발생하기도 한다.

한국의 송이 주산지는 태백산맥과 소백산맥을 중심으로 경북 울진, 영주, 봉화 지방과 강원 강릉, 양양 지방이다. 한국, 북한, 일본, 중국, 타이완 등지에 분포한다. 송이의 품질은 버섯갓의 피막이 터지지 않고, 버섯대가 굵고 짧으며 살이 두꺼운 것이 좋다. 또한 향기가 진하고 색깔이 선명하며 탄력성이 큰 것이 우량품이다. 송이는 생산 시기에 채취 집하되며 생송이로, 또는 냉동, 염장하거나 통조림으로 저장하여 이용한다. 송이는 활물기생균이므로 표고와 같이 종균에 의한 인공재배가 곤란하여 송이의 발생 임지에 대한 환경 개선과 관리에 의존하고 있다. 최근에는 소나무 묘목을 송이균에 감염시켜 이식하기도 한다.

5) 목이버섯*Auricularia auricular judae*

목이버섯black mushroom은 목이목 목이과의 버섯으로 '흐르레기'라고도 하며, 여름에서 가을까지 활엽수의 죽은 나무에 무리를 지어 자란다. 우리나라의 자연생 목이버섯 자생지는 강원도, 전라북도, 경상북도이다. 자실체는 지름 3~12 cm로 물결처럼 굽이친 귀 같은 모양을 하고 있다. 서로 달라붙어 불규칙한 덩어리로 되고 비를 맞으면 묵처럼 흐물흐물해진다. 건조하면 수축하여 단단한 연골질로 되고 물을 먹으면 다시 원형으로 된다. 몸 전체가 아교

그림 14.6 목이버섯

질로 반투명하며 울퉁불퉁하게 물결처럼 굽이친 귀 모양을 이루고 있다. 윗면은 극히 작고 촘촘하며 자갈색이고, 아랫면은 밋밋하고 광택이 있으며 자실층으로 덮여 있다. 담자세포의 돌기는 원뿔형이고 가로막에 의해 4개의 방으로 구분되며 각 방에서 돌기가 나와 그 끝에 1개씩 무색의 신장 모양의 포자 붙는다. 포자가 형성될 때는 표면에 흰 가루를 뿌린 것처럼 된다. 특히 뽕나무, 물푸레나무, 닥나무, 느릅나무, 버드나무에서 발생한 것을 5목이라고 하며 품질이 가장 좋다.

목이버섯은 석회와 인산을 많이 함유하고 있고 조섬유가 많으며 조단백질과 만니트가 적게 있어 풍미가 산뜻하다. 목이는 어린 버섯이 발생 후 채취 시까지 10~15일이 걸리며 4~6 cm일 때 채취하는 것이 적당하다. 함수율 8.5~10% 정도로 건조하면 저장성이 높아진다.

표고와 같이 참나무류 원목에 종균을 접종하여 재배하고 있으며, 생산지에서는 생것으로 식용되나 일반적으로 건조품이 이용된다. 중국요리에 널리 쓰인다. 부드럽고 쫄깃쫄깃한 맛이 있고, 검은 색깔을 띠어 시각적인 면에서 즐길 수 있는 식품이다. 시판되는 건조상품에는 목이와 유사종인 털목이가 혼입되어 판매되고 있다. 한국(속리산, 지리산, 한라산), 북한(백두산) 등 전 세계에 분포한다.

6) 팽이버섯*Flammulina velutipes*

팽이버섯winter mushroom 또는 팽나무버섯Enoki mushroom은 분류학적으로 담자균류의 주름버섯목 송이버섯과에 속하는 백색 버섯으로 주로 느티나무, 뽕나무, 감나무 등의 활엽수 고사목에 기생하며 자체의 효소로 목재의 셀룰로스, 헤미셀룰로스, 펜토산pentosan, 리그닌을 분해하여 영양분으로 변환시켜 활용할 수 있다.

그림 14.7 **팽이버섯**

갓 지름은 2~8 cm이며, 모양은 반구형을 거쳐 편평하게 된다. 표면은 점성이 강하고, 황갈색 또는 노란색을 띠며 주변은 엷은 색이다. 살은 흰색이나 노란색이며, 주름살은 조금 성기고 흰색이나 엷은 크림색으로 올린주름살이다. 자루는 높이 2~9 cm, 나비 2~8 mm로 연골질이며, 버섯대 표면은 어두운 갈색 또는 누런 갈색이고 윗부분의 색이 연하며 짧은 털이 촘촘하게 나 있다. 포자 크기는 5~7.5×3~4 μm이고 타원형이나 원기둥 모양이며 흰색을 띤다. 활엽수의 톱밥을 이용한 인공재배가 이루어지고 있다. 한국, 일본,

중국, 유럽, 북아메리카, 오스트레일리아 등에 분포한다.

7) 기타 약용버섯

(1) 복령Wolfporia

구멍장이버섯과Polyporaceae의 재배복령*Wolfiporia cocos*에 속하며 소나무나 전나무 뿌리에 기생하며 벌채 후 3~4년이 지난 나무뿌리 주위에 부정형으로 분포한다. 베타-글루칸 다당체가 많으며 진정작용, 이뇨작용 등의 기능성이 보고되었다.

(2) 저령Polyporus

복령과 같이 구멍장이버섯과로 단풍나무, 자작나무, 무궁화, 참나무 등의 시든 뿌리에 기생한다. 스테롤, 유기산, 다당류가 포함되어 있으며 해열, 이뇨, 항균 작용이 보고되었다.

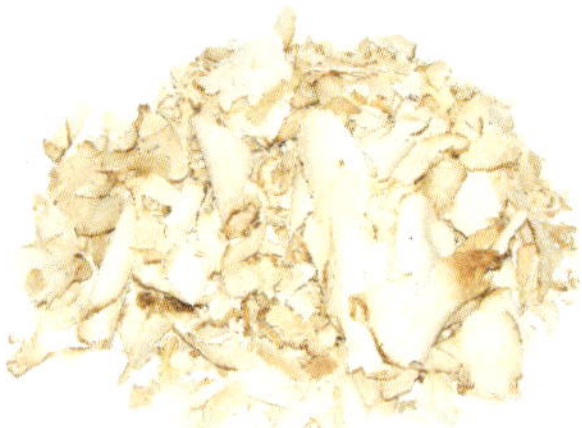

그림 14.8 **복령**

그림 14.9 **저령**

(3) 영지버섯Ganoderma

'불로초'로 불리며 불로초과의 만년버섯*Ganoderma Lucidum*에 속하고 북미, 아시아 태평양해안, 유럽 온대, 중앙아프리카의 산지(1,500 m) 등 온대에 널리 분포한다. 각종의 활엽수, 때로는 침엽수의 잘린 그루 위에, 시든 나무, 매목, 보기 드물게 생나무 수간 위나 뿌리 부분에 생긴다. 트라이터페노이드, 다당류가 많고 항고혈압, 항종양, 혈당 강하 등의 효능이 있다.

(4) 동충하초Cordyceps, vegetable worms

'하초동충'이라고도 한다. 동충하초과로 대부분 곤충에 기생하여 숙주가 되는 곤충의 시체에 자실체를 낸다. 숙주가 되는 벌레는 나비, 벌, 딱정벌레, 메뚜기 등이다. 이들 균은 숙주를 죽이고 곤봉 모양 또는 줄 모양 등의 자실체를 낸다. 따라서 겨울에는 벌레이던 것이 여름에는 버섯으로 변한다는 뜻에서 이런 이름이 붙었다. D-만니톨D-mannitol 등의

그림 14.10 **영지버섯**

그림 14.11 **노루궁뎅이버섯**

당류와 스테롤 등이 발견되었고, 강장, 진정, 혈압 강하, 항결핵균 작용 등이 있다.

이외에도 위, 장 등에 효용이 있는 노루궁뎅이버섯 등이 있다.

3. 취급 및 보관

버섯은 수분 함량이 높아 부패가 쉬워 표고버섯은 수분 함량을 10% 정도로 건조하여 저장성과 취급성을 높인다. 건조 방법으로는 목건법, 일광 건조법, 화력 건조법이 사용된다.

목건법은 버섯나무에 발생한 버섯을 그대로 말리는 방법인데 미생물이나 오염물질에 의한 부패로 품질이 불균일하며 버섯나무의 손상 등이 발생할 수 있어 잘 실행하지 않는다. 일광 건조법은 직사 일광을 이용하여 건조시키는 방법인데 대나무나 통나무로 건조대를 만들어 발이나 멍석을 깔고 주름과 자루가 위로 향하게 하여 포자의 낙하를 방지하며 2~4일간 말리면 된다. 화력 건조법은 열원을 이용한 건조 방법으로서 깨끗하고 광택이 있어 상품 가치가 있다. 근래에는 간접 가열 시 송풍장치를 많이 사용하는데 적절한 건조 표준온도에 맞추어 건조하도록 한다. 예를 들어 표고버섯의 경우 3단계의 화력 건조를 시도하며 초기에는 45℃로 3시간, 48℃로 1시간을 유지하고 이후 65℃에 도달하기까지 7시간을 건조하기도 한다. 최근 화력 건조법에 의해 발생하는 고열에 의한 버섯의 품질 저하를 최소화하고자 마이크로웨이브법, 진공 건조법 및 동결 건조법 등이 활용되고 있다.

CA 저장(controlled atmosphere storage) 밀폐된 공간에서 인위적으로 산소의 함량을 줄이고 이산화탄소 함량을 늘리는 가스 조성뿐 아니라 온도 및 습도를 조정하는 방법. 생물의 호흡작용을 인위적으로 늦춰 대사 속도를 조절하여 저장 기간을 증가시키는 방법이다.

MA 저장(modified atmosphere storage) 식품을 밀폐된 포장 안에 넣고 가스 조성을 조절하여 대사 속도를 늦추어 저장성을 증가시키는 방법.

버섯의 저장은 함수율을 10~13% 정도로 건조시킨 후 비닐봉지에 넣어 밀봉하여 냉암소에 보관한다. 상업적으로 건조 및 판매되는 버섯은 표고버섯, 목이버섯, 느타리버섯 등이다. 버섯 저장 방법으로는 저온 저장, CAcontrolled atmosphere 저장, MAmodified atmosphere 저장법 등이 양송이, 표고버섯에 연구되었다.

야생버섯에 의한 중독이 흔히 일어나는데 종류에 따라 치명적인 것도 있으나, 가벼운 위장 장애나 약한 알레르기 반응으로 끝나기도 한다. 따라서 식용으로 쓸 버섯은 정확하게 동정同定하는 것이 중요하다.

4. 조리 및 가공

버섯의 영양가는 높지 않으나 특유의 물성과 풍미를 지녀 다양한 요리에 활용된다. 특히 다양한 생리활성이 보고되면서 건조품을 그대로 활용하거나 또는 건조 후 분말화하거나 버섯 추출물을 활용한 염장캔류, 드링크류, 분말차류, 스낵류 등 단순 가공식품으로 개발되어 시판되고 있다. 최근 과립차류, 주류, 과자류, 장류 등에 활용되는 가공식품이 개발되고 있다. 현재 개발되어 시판되고 있는 가공식품류에는 영지버섯 및 운지버섯 추출물 첨가 드링크류, 양송이 통조림, 영지 및 운지차, 표고버섯 가루, 표고버섯 부침가루, 느타리버섯 및 표고버섯 건조품, 버섯 국수전골, 양송이 커리, 느타리버섯 및 표고버섯 스낵 등이 있다.

요리로는 찜, 볶음, 무침 요리 등 동서양의 다양한 요리에 두루 활용된다. 우리나라 요리의 경우 주재료라기보다는 보조재료로 활용된다. 전채요리, 수프, 샐러드, 채소요리 등 서양요리의 경우 표 14.3과 같은 비율로 버섯이 호텔 메뉴로 활용된다(표 14.3).

표 14.3 버섯을 활용한 요리를 메뉴로 갖는 경주 지방 호텔 수

(★ 호텔 수)

	양송이	표고	느타리	팽이	자연송이	기타
전채요리	★					
수프	★★★★★					
소스	★★★★★				★★	
샐러드	★★★★★			★★★★★		
채소요리(곁들임)	★★★★★	★	★			★★★★★

자료 : 한국관광산업학회, *Tourism research*, 2000

일반식품 또는 건강기능식품의 주원료로 사용할 수 있는 버섯의 종류로는 갓버섯, 곰보버섯, 공버섯(진주버섯), 구름버섯(운지버섯), 꾀꼬리버섯, 그물버섯, 나도팽나무버섯(맛버섯), 느타리버섯, 목이버섯, 흰목이버섯, 밤버섯, 송이버섯, 싸리버섯, 양송이, 영지버섯, 팽이버섯, 표고버섯, 황금뿔나팔버섯, 신령버섯, 흰꾀꼬리버섯, 번데기동충하초, 눈꽃동충하초, 다색벗꽂버섯, 보라버섯, 뽕나무버섯, 잎새버섯, 저령, 노루궁뎅이버섯, 개암버섯, 능이버섯, 그물버섯, 껄껄이그물버섯, 비단그물버섯, 수원그물버섯, 달걀버섯, 망태버섯, 먹물버섯의 어린 자실체, 뿔나팔버섯, 왕그물버섯, 은빛쓴맛그물버섯, 큰전나무버섯 등이 있다. 일반식품 또는 건강기능식품의 부원료로 사용할 수 있는 버섯의 종류로는 진흙버섯(상황버섯으로 *Phellinus linteus*, *Phellinus baumii* 이상 2종), 복령, 차가버섯, 말굽버섯 등이 있다.

버섯전골

재료

느타리버섯	150 g	홍고추	1개
양송이버섯	80 g	두부	150 g
표고버섯	100 g	쇠고기	100 g
팽이버섯	1봉지	육수	3컵
양파	1/2개	양념(간장 1 T, 설탕 1/2 T, 다진 파 1 T,	
무	1/2개	다진 마늘 1/2 T, 참기름 1/2 T,	
대파	1대	깨소금, 소금, 후춧가루 약간)	

조리방법

1. 느타리버섯은 길이대로 찢고, 양송이버섯, 표고버섯은 먹기 좋게 썬다. 팽이버섯은 밑동을 잘라 깨끗이 씻어 물기를 뺀다.
2. 무, 양파, 홍고추는 다듬어 채 썰고, 대파는 어슷썬다. 두부는 납작하게 썬다.
3. 쇠고기는 얄팍하게 썰어 분량의 양념을 넣고 버무린다.
4. 전골냄비에 채 썬 양파와 무를 깔고 그 위에 준비한 버섯과 쇠고기, 두부, 대파, 홍고추를 보기 좋게 돌려 담고, 육수를 붓고 끓인다.

단원정리

1. 버섯에는 잎과 엽록소가 없으며 꽃과 뿌리 또한 없어 영양분을 제공할 수 있는 생물체 및 물질에 기생하며 존재한다.
2. 버섯의 일생은 포자 → 1핵 균사 → 2핵 균사 → 자실체 → 포자의 생활 순환 과정을 가리킨다.
3. 식용버섯은 표고, 느타리, 송이, 양송이, 목이, 팽이버섯 등이 있고 다양한 기능성을 갖고 있어 기능성 식품의 주원료 및 부원료로 사용되는 버섯이 있다.

연습문제

1. 버섯의 일생을 설명하시오.

2. 우리나라에서 가장 많이 재배 및 생산되고 있는 버섯 종을 답하시오.

3. 버섯에 함유된 물질 중 자외선에 의해 비타민으로 전환될 수 있는 것을 답하시오.

4. 버섯을 장기간 보관하기 위해 제일 먼저 처리해야 하는 요소를 답하시오.

5. 버섯 중 면역 증강에 도움이 되는 성분을 답하시오.

6. 버섯의 주요 풍미 성분을 답하시오.

7. 활물기생균이라서 인공재배가 곤란한 버섯으로 주로 소나무에서 발견되는 식용버섯을 답하시오.

8. 중국요리에 널리 쓰이며 검은색이고 귀처럼 생긴 버섯을 답하시오.

9. 우리나라에서 가장 많이 재배되는 버섯을 답하시오.

정답 및 해설

1. 버섯의 일생은 포자 → 1핵 균사 → 2핵 균사 → 자실체 → 포자의 생활 순환 과정을 가리킨다.
2. 느타리버섯
3. 프로비다민 D 혹은 에르고스테롤
4. 생버섯의 효소를 불활성화시켜야 한다.
5. 베타-글루칸
6. 만니트(mannit)와 트레할로스(trehalose), 5′-구아닐산
7. 송이버섯
8. 목이버섯
9. 느타리버섯

제15장

향신료

학습목표

1. 향신료의 종류를 알 수 있다.
2. 향신료의 특성에 따른 분류와 방향적 특성, 기능성 및 유래에 대하여 알아본다.
3. 향신료의 식품 재료적 특성을 알고 요리 시 응용할 수 있다.

1. 서론

1) 정의

향신료는 미각, 후각, 시각, 통각 등 여러 감각신경의 자극을 통하여 맛을 향상시키거나 향을 변화시켜 식욕을 증진시키는, 방향성을 갖는 식물에서 얻는 조미료로 스파이스spice와 허브herb를 총칭한다.

스파이스는 주로 열대, 아열대, 온대 지역에서 생산되는 방향성 식물의 종자, 과실, 꽃잎, 종두, 잎과 줄기, 목피, 뿌리 등에서 얻는다. 자극적인 향미를 가져 음식물에 풍미를 더하거나 착색하거나, 또는 식욕을 증진시키거나 소화 흡수를 돕는 등의 작용이 있는 식물성 조미료를 총칭한다. 그 종류로는 후추, 계피, 너트멕, 메이스, 올스파이스, 생강, 정향 등이 있으며, 조리할 때 음식의 맛을 더하거나 소스나 피클 등의 향미를 더하는 용도로 사용된다.

허브는 목질태의 관목이 아니라 꽃이 피고 나중에는 시드는 부드러운 줄기를 가진 방향성의 약리학적 효능을 가지는 식물로, 그 어원은 라틴어의 'Herbra'에서 유래하였으며 초본을 의미한다. 식재료로서의 이용은 향신료의 일부분이라고 할 수 있으나 식용 이외의 생약용, 화장품용 등으로 다양하게 이용되어 '향이 있는 풀' 또는 '약용으로 유용한 풀' 등으로 정의되기도 한다.

2) 기능과 이용

향신료는 인간에게 여러 가지 유용한 기능을 한다는 것이 오랜 사용을 통하여 알려져 있다. 일반적으로 널리 알려진 향신료의 대표적 기능으로는 부향작용(방향성, 자극성, 상쾌성), 정미작용(신미성, 고미성, 감미성), 착색작용(적색, 녹색, 황색), 교취 및 탈취 작용, 항산화작용, 항균작용, 항곰팡이작용과 그 외의 여러 약리작용 등을 들 수 있다. 일상적인 요리 시 향신료의 항산화작용, 항균작용, 항곰팡이작용 등의 기능적 측면을 과도하게 의식하여 음식을 만들 필요는 없지만, 향신료를 능숙하게 사용하기 위해서는 향신료의 4대 기본 작용을 이해하고 있으면 좋다.

초본(草本) 땅 위로 나온 줄기의 목질부가 발달하지 못하고 한 해에서 두세 해 사이에 말라 죽는 식물.
탈취(脫臭) 냄새를 빼어 없앰.
지하경(地下莖) 땅속줄기.

- 부향작용 : 요리할 때 향신료를 사용하면 향기 성분이 요리에 풍미를 부여하고 식품의 품질 향상에 유용한 작용을 한다.
- 신미작용 : 향신료의 자극적인 매운맛이 타액, 위액 등 소화액의 분비를 촉진시킴으로써 식욕 증진과 함께 소화를 촉진하는 작용을 말한다.
- 착색작용 : 강황, 파프리카, 사프란 등의 향신료는 식품에 특유의 색을 부여함으로써 식품의 품위를 향상시키고 식욕을 증진시킬 수 있다.
- 교취 및 탈취 작용 : 향신료 특유의 향미가 방향성이 나쁜 냄새를 지우는 마스킹 masking 작용을 하는데 육류, 어패류 등 식품의 불쾌한 향기 성분과 향신료의 특정 성분이 화학적으로 결합하여 이취가 적은 성분으로 변화시키거나 향신료의 강한 향미 성분이 식품의 불쾌한 냄새를 탈취하는 작용을 말한다.

표 15.1 주요 향신료의 기본 작용

기본 작용	주요 향신료
부향작용	올스파이스, 정향, 시나몬, 바질, 딜, 너트멕, 메이스, 펜넬, 파슬리, 아니스, 타라곤, 마조람, 쿠민, 민트, 카다몬
신미작용	블랙페퍼, 화이트페퍼, 레드페퍼, 머스터드, 와사비, 산초, 생강
착색작용	터메릭(노란색), 사프란(황금색), 파프리카(적색)
교취, 탈취 작용	마늘, 클로브, 로즈마리, 양파, 월계수잎, 타임, 세이지, 코리안더, 캐러웨이, 생강, 오레가노

3) 분류

향신료의 원료 식물 중에서는 식물 전체를 향신료로 사용하는 경우도 있으나, 일반적으로 잎, 줄기, 뿌리 또는 지하경 등의 특정 부분이 향신료로 사용된다. 이러한 부분별

표 15.2 향신료의 분류

분류	이용 부분	향신료
허브류	잎	세이지, 타임, 파슬리, 오레가노, 마조람, 페퍼민트, 로즈마리, 타라곤, 바질
시드류	종자	캐러웨이, 펜넬, 쿠민, 딜, 아니스, 셀러리, 카다몬, 코리안더, 깨, 머스터드
스파이시류	과실	너트멕, 메이스, 바닐라, 블랙페퍼, 화이트페퍼, 올스파이스, 레드페퍼
	꽃, 봉오리	사프란, 클로브
	줄기, 뿌리	생강, 터메릭, 마늘, 양파
	껍질	시나몬, 카시아

사용은 향신료 원료 식물의 부위에 따라 함유하는 유효 성분에 차이가 있기 때문이다. 따라서 향신료의 분류는 일반적인 식물학적 분류법보다는 표 15.2와 같이 유효 성분을 함유하는 부위에 따른 분류법이 보다 많이 사용되고 있다.

4) 정유 성분

향신료의 방향성은 정유 성분의 구성 또는 그 양에 의해 차이가 나게 되고, 따라서 정유 성분의 구성 성분과 함유량은 품질 평가의 중요한 요소가 된다. 향신료에 함유된 정유 성분의 함량은 표 15.3과 같이 의외로 적은 편이나, 소량으로도 강한 방향성을 나타낸

표 15.3 향신료의 정유 함량

향신료명		정유량(%)
허브류	바질	0.2~0.4
	월계수잎	0.7~3.0
	마조람	0.7~3.5
	오레가노	0.2~0.4
	파슬리	0.1~0.3
	로즈마리	0.7~2.0
	세이지	1.5~2.5
	타라곤	0.2~0.8
	타임	0.7~2.5
시드류	아니스	2.0~3.0
	캐러웨이	3.0~6.0
	카다몬	3.0~8.0
	코리안더	2.0~3.0
	쿠민	2.4~4.0
	산초	2.0~6.0
	페퍼	0.6~2.6
	딜	1.0~4.0
	펜넬	1.0~6.0
스파이시류	올스파이스	3.0~5.0
	시나몬	1.0~2.4
	클로브	15.0~18.0
	마늘	0.1~0.2
	생강	0.4~3.0
	너트멕, 메이스	7.0~16.0
	양파	0.02~0.06
	사프란	0.5~1.0
	터메릭	1.0~6.0

정유(essential oil) 식물에서 얻는 특유의 향기를 가진 휘발성 기름.
근경(根莖) 뿌리줄기.
연마(polish) 표면을 갈아서 반들반들하게 하는 일.

다는 점에서 그 이용에 충분한 이해가 필요하다. 예를 들어 0.7~3%의 정유 성분 함량을 가지는 월계수 한 잎으로 전체 요리의 풍미가 달라지게 되는데, 이러한 향신료의 정유 성분은 재배 지역과 수확 시기에 따라 민감히 변화하게 된다.

2. 주요 향신료

1) 강황turmeric

(1) 성상 및 특징

강황은 생강과Zingiberaceae의 강황속Curcuma으로 분류되는 다년생식물로 학자에 따라 30~70여 종의 독립종이 존재한다고 밝히고 있지만 정확한 종의 수는 알려지지 않고 있으며, 외관상의 형태는 생강과 비슷하다. 강황은 인도를 중심으로 한 열대, 아열대 지역에서 주로 재배되고 있으며, 인도에서만 연간 생산량이 20~30만 톤에 달한다. 주로 근경根莖을 식용, 약용, 천연 염료로 사용하고 있으며, 특히 식용으로서 카레의 노란색을 내는 빼놓을 수 없는 착색성 향신료이다. 노란색을 내는 색소 성분은 커큐미노이드curcuminoid이고, 이는 커큐민curcumin, 비스데메톡시 커큐민bisdemethoxy curcumin, 데메톡시 커큐민demethoxy curcumin 3종의 화합물을 총칭한다. 색소 성분인 커큐미노이드 중 대부분을 차지하는 커큐민은 강황의 품종에 따라 0.5~6% 정도 함유되어 있다. 상업적으로 유통되는 강황은 형태 및 산지에 따라 구분하며, 이물질, 부서진 조각 혼입 등에 따라 품질 등급이 나뉘게 된다.

학명
Curcuma longa L.
가용부
뿌리줄기
원산지
열대 아시아, 인도네시아
주산지
인도, 중국, 스리랑카, 인도네시아, 베트남

강황은 수확 후 씻어 삶거나 스팀 처리를 하는데 이는 강황의 생명력과 생취를 없애고 강황 내 성분 중 전분을 호화시켜 색상을 균일하게 하며, 또한 건조 시간의 단축을 목적으로 한다. 삶은 강황은 자연 건조를 실시하거나 열풍 건조를 하는데 자연 건조는 10~15일이 소요된다. 수분 함량을 8~10%까지 건조한 강황이 저장 시 품질이 우수한 것으로 평가된다.

건조된 강황은 표면의 거친 잔뿌리와 껍질, 흙 등을 제거하기 위하여 드럼을 이용한 연마를 하는데, 이는 상품화의 마지막 단계로서 연마로 인한 수율 감소는 통상적으로 강황 중량의 5~8%에 이른다.

(2) 향미 특성

강황의 향미는 대개 토양취의 방향, 쓴맛, 아린 맛을 갖고 있다. 강황은 식품에서 향미보다는 커큐민에 의한 노란색의 착색 효과를 위해 사용하며, 방향성 성분으로는 투메론 tumerone, 진지베렌zingiberene, 시네올cineol, 캄펜camphene 등이 함유되어 있다.

(3) 요리 적성

카레분 제조 시 특유의 노란색 또한 강황에 의하여 나타난다. 카레분에는 평균적으로 강황이 20~30% 정도 배합되며, 근래에 이르러 강황의 건강 기능성이 밝혀지면서 필래프, 단무지, 겨자 소스 등의 식품에 노란색 및 건강 기능성을 부여하기 위하여 자주 이용된다.

그림 15.1 **강황 제품**

(4) 약리 효과

최근 강황은 항암 및 항염 효과, 치매 예방 효과, 다이어트 효과, 항산화 및 노화 억제 효과, 간장 기능 증진, 피부 미백 효과 등이 있는 것으로 알려져 의약 부분에서도 활발한 연구가 진행되고 있다.

(5) 유래 및 역사

인도와 말레이시아가 원산지인 강황은 오랜 옛날부터 열대 아시아를 중심으로 재배되

강황밥

재료

강황분	0.5 g
씻어 나온 쌀	400 g
물	560 mL

조리방법

1. 씻어 나온 쌀 400 g의 약 1.4배 정도의 물을 붓고, 강황분 0.5 g을 넣어 밥을 짓는다.

TIP
- 기호에 따라 강황의 양을 조절할 수 있다(0.5~3 g).
- 강황밥을 이용하여 김밥, 컵밥, 볶음밥으로도 응용할 수 있다.
- 압력밥솥의 경우 물의 양은 쌀의 1.2배가 적당하다.

재료

강황분	48 g
꿀	200 g
생강	50 g

조리방법

1. 생강은 편으로 썬다.
2. 강황분과 꿀, 생강을 섞어 유리병에 보관하고, 1작은술씩 덜어 따뜻한 물에 타 먹는다.

TIP

• 기호에 따라 꿀을 더 첨가해 먹을 수 있다.

어 왔다. 남아시아와 동아시아인들은 향신료로 사용하였을 뿐만 아니라 '인도의 사프란'이라고 부르며 염료로도 사용하였다. 강황은 심황, 울금 등 여러 이름으로 불리는데 엄밀히 말하면 강황薑黃과 울금鬱金은 다른 것이다. 강황은 통상적으로 식품에 사용하는 *Curcuma longa*를 일컫는 것이며, 일본에서는 가을 강황(아키우콘)이라고 말한다. 반면에 울금은 *Curcuma aromatica*로 일본에서는 봄 강황(하루우콘)이라고 하며, 맛이 매우 쓰고 아린 맛이 강해 식품보다는 약용으로 사용되어 왔다. 여러 약리작용을 가지는 것으로 알려진 커큐민의 함량은 카레의 원료로 사용되는 강황이 울금보다 높다. 또한 강황은 재배 지역에 따라 품질 차이가 크게 나타나는데, 이는 토질과 기후의 영향을 많이 받는 것으로 보인다. 일반적으로 인도에서 생산된 강황이 커큐민 함량이 높고 품질이 우수하다.

2) 코리안더coriander

(1) 성상 및 특징

코리안더는 미나리과의 일년생 초본으로 60~90 cm 정도 자란다. 뿌리는 가늘고 잎은 잘게 나뉘어 있으며, 꽃은 작고 백색 또는 핑크색이다. 완숙한 열매를 건조한 것이 코리안더, 즉 '고수'라고 알려진 향신료이며, 잎은 '실란트로cilantro'라고 한다. 'coriandrum'이란 명칭은 그리스어의 'koris', 즉 '빈대'라는 뜻이다. 잎사귀 및 녹색 미숙과에서 불쾌한

방향(aroma) 꽃다운 좋은 향내.
필래프(pilaf) 고기, 채소 등을 넣고 버터에 볶은 밥.

냄새가 느껴지나, 공 모양의 열매가 완전히 숙성하여 건조되면 나쁜 향은 없어지고 상쾌한 냄새가 나게 된다. 초봄에 종자를 뿌려서 4개월 정도 지나면 성숙하게 된다. 7~8월경 종자 색이 녹색에서 황갈색으로 변할 때 수확하는데 미숙과에는 불쾌취가 있으므로 완숙한 것을 수확해야 한다. 수확 후 코리안더를 쌓아놓고 수일간 숙성, 건조시키고 종자를 탈곡한 후 완전히 건조하여 밀봉한 용기에 넣어 보관한다. 약 4,000 m^2 당 대략 450~680 kg의 종자가 얻어지며 종자는 구형에 가까운 타원형이고 갈색, 황색, 적색을 띠며 직경은 대략 5 mm 정도 된다.

학명
Coriandrum sativum
가용부
열매, 잎, 씨, 뿌리
원산지
남유럽, 지중해 연안
주산지
인도, 모로코, 폴란드, 캐나다 등

(2) 향미 특성

코리안더의 푸른 잎과 미숙과는 빈대와 같은 냄새를 갖고 있지만, 종자는 완숙하면 레몬과 세이지를 혼합한 것과 같은 향을 느낄 수 있다. 향기 성분인 정유는 종자를 수증기 증류하여 얻는데 그 양은 종자의 2~3% 정도이다. 정유의 주성분은 리날로올linalool이며, 그 밖에 피넨pinene, 제라니올geraniol 등의 성분이 함유되어 있다.

(3) 요리 적성

코리안더의 잎은 인도 타입의 카레 요리 또는 처트니chutney를 만들 때 자주 사용된다. 중국에서는 '향채'라고 불리며 여러 요리에 사용된다. 사용법은 파슬리와 비슷하며 냉채, 볶음, 구이, 탕 등에 넣어 먹는다. 중국요리 중 양고기 요리에는 코리안더 잎을 잘게 잘라 넣어 소스로 이용하는데 이는 양고기의 냄새를 없애기 위함이다. 코리안더는 통째로 피클이나 카레 요리에 이용되지만 분말로 카레분에 첨가하기도 하고, 동남아시아에서는 생선, 수프 등에 잎을 주로 사용한다. 정유 성분은 향수, 캔디, 코코아, 초콜릿, 담배, 육제품, 빵·과자류, 알코올 음료, 특히 '진' 등의 착향에 이용된다.

(4) 약리 효과

코리안더의 종자에 소량 있는 스테로이드로는 시토스테린γ-sitosterin, 움벨리페론umbelliferon, 스코플레틴scopletin 등이 함유되어 있다. 종자로부터 얻는 추출물은 항균성이 있으며 종자는 건위, 구풍, 거담, 해독제로 이용된다.

(5) 유래 및 역사

코리안더는 고대 요리에 향미를 내는 향신료의 하나로 오래전부터 사용되어 왔다. 『성서』의 이집트 기록 제16장 31절에 이스라엘 사람들은 이것을 '만나'라고 불렀다는 기록이 있다. B.C. 1500년경 『에바스 고문』에는 의약용으로 이집트에서도 사용되었다는 기록이 있고 중세기에는 미약으로도 사용되었다. 17세기 초 파리에서는 '오로카루네'라는 술의 한 성분으로도 쓰였다.

3) 쿠민cumin

(1) 성상 및 특징

일년생 초본으로 외형은 캐러웨이와 유사하며 황갈색의 가늘고 긴 난형의 씨앗이다. 이집트가 원산지이나 오늘날에는 지중해 연안국에서 많이 재배하며 이란, 모로코, 레바논, 시리아에서 대량으로 생산되어 수출되고 있다. 일반적인 황갈색의 쿠민 이외에 보다 작은 검은색 쿠민을 '캐시미어 쿠민'이라고 하는데 이란, 파키스탄, 북인도 지역에서 야생으로 자라며 일부 지역에서 사용되고 있다.

학명
Cuminum cyminum
가용부
씨앗
원산지
지중해 연안, 이집트
주산지
인도, 우크라이나, 모로코, 알제리, 이집트, 이란, 멕시코, 중국, 터키

(2) 향미 특징

쿠민의 향미는 카레분과 칠리파우더의 중요한 성분이 되며, 쿠민만으로도 카레의 특징적인 향미를 느낄 수 있다. 향기 성분의 정유는 종자를 수증기 증류하여 얻으며 양은 2.4~4%이다. 정유의 주성분은 쿠민알데하이드cuminaldehyde와 쿠미놀cuminol로 정유의 35~62%를 차지한다. 그 이외에 피넨, 리모넨limonene 등이 함유되어 있다. 또한 종자로부터 용제 추출하여 올레오레진oleoresin을 얻을 수 있다. 쿠민 특유의 향미는 쿠민알데하이드에 기인하고 이 성분은 다른 성분과 혼합되었을 때 식품적 방향을 내지만 단독으로는 빈대와 같은 악취가 난다.

건위(健胃) 위를 튼튼하게 함.
구풍(驅風) 장에 쌓인 가스를 배설시키는 작용.
거담(祛痰) 가래를 없어지게 함.

(3) 요리 적성

카레분이나 칠리파우더는 여러 가지 요리에 적합하여 이용 범위가 넓다. 그러나 쿠민은 대부분 단독으로는 사용하지 않고, 별도의 2~3가지 향신료를 블렌딩하여 함께 사용한다. 네덜란드와 스위스에서는 치즈 풍미를 부여하기 위해, 프랑스와 독일에서는 케이크와 빵 등에 풍미를 부여하기 위해 이용되어 왔으며, 그 이외에 고기 요리와 피클, 소시지, 쟈스네, 미트 소스 등에 많이 사용하고 있다.

(4) 약리 효과

고대부터 약용식물로 이용되었으며, 인도 전통 의학에서도 흥분제, 구풍약, 건위약으로 사용하였다. 그 밖에 변비, 복통에도 이용되었으나 그 효과에 대한 과학적 근거는 미비하다.

(5) 유래와 역사

쿠민은 기원전 4000년경 이집트에서 왕이나 귀족 등의 신체 부패를 방지하기 위한 미라 등에 아니스, 마조람과 함께 사용되었으며, B.C. 1500년경부터 약용으로 사용하였다. 『성서』에서도 민트mint와 아니스anise, 쿠민 등의 십일조 헌납에 대한 대목이 있다. 쿠민 산지에는 많은 속설이 전해지고 있는데 구두쇠의 상징이 되기도 하였고, 행복한 앞날을 꿈꾸는 신랑, 신부를 위해서 예식하는 동안 쿠민을 지니게 하는 풍습도 있었다고 한다.

4) 펜넬fennel

(1) 성상 및 특징

펜넬은 미나리과에 속하는 건조한 과실로 지중해 지역이 원산지이나 오늘날에는 그와 유사한 기후대에서 많이 생산되고 있다. 길이는 3~4 mm이고 아니스와 유사한 향을 가지며 녹색을 띤 연한 황갈색의 길쭉한 타원형을 하고 있다. 주요 산지는 인도, 루마니아, 아르헨티나, 프랑스, 독일, 이탈리아, 일본, 미국 등으로 많은 지역에서 재배되고 있다. 건조 상태에서도 초록색을 띠며, 색이 강할수록 좋은 품질로 여겨진다.

(2) 향미 특징

향미는 품종에 따라 상당히 차이가 있지만 종자를 건조한 상태에서는 아니스와 비슷한 상쾌하고 화한 향과 달콤한 맛이 특징이다. 향기 성분인 정유는 종자를 수증기 증류하여 얻는데 함량은 1~6%이다. 정유의 주성분은 아네톨anethole로 정유의 50~60%를 차지하고 다음으로 펜콘fenchone이 10~20%를 차지한다. 그 이외의 방향 성분으로는 피넨pinene, 리모넨, 캄펜 등이 함유되어 있다. 펜넬은 아네톨의 함유량이 많은 만큼 단맛을 강하게 느낄 수 있으나, 쓴맛을 가진 캄펜의 함유량이 많으면 단맛은 약해지고 쓴맛이 강해지는 경향이 있다.

학명
Foeniculum vulgare
가용부
씨앗
원산지
남유럽, 지중해 연안
주산지
인도, 이집트, 영국, 독일, 이탈리아, 프랑스, 헝가리 등

(3) 요리 적성

펜넬은 유럽에서 '생선의 허브'라고 불릴 정도로 생선이나 염장 생선 등의 요리에 널리 이용된다. 일반적으로 바늘 형태의 생잎사귀는 생선 소스에 향을 부여하는데, 주로 청어, 연어 요리를 장식하는 데 사용된다. 펜넬의 교취작용은 생선의 비린내를 느끼지 못하도록 하며, 펜넬 종자는 그대로 분쇄하여 주로 빵이나 과자, 피클에 자주 사용된다. 달콤한 방향이 특징으로 과자류에도 사용되는 등 그 사용 범위가 넓다. 어린잎은 올리브유와 식초에 담가 조미료로 이용하기도 한다.

(4) 약리 효과

서양의 민간의학에서는 유즙 분비를 촉진시키고, 꽃자루는 월경 촉진, 이뇨 효과가 있으며 간장 및 방광 질환 시 이용한다. 일본에서는 한방약으로 급성 장 카타르성 질환, 구토, 복통 등에 이용하며, 정유에는 건위, 구풍, 거담 작용이 있다고 보고되어 있다.

(5) 유래와 역사

중국에서는 '회향'이라고 부르는데 신선도가 떨어진 생선에 이것을 이용하면 향기가 되살아나서 회향이란 이름이 붙여졌다고 한다. 그리스 말로는 'Marathon'이라는 뜻을 가지며 실제 고대 마라톤Marathon 전투 당시 펜넬 식물림에서 싸웠다는 기록이 있다.

5) 페누그릭fenugreek

(1) 성상 및 특징

일년생 콩과 식물로 그 원산지는 지중해 연안 지역으로 추정되며 오늘날에는 다른 나라에서도 많이 재배되고 있다. 외형은 직각의 장방형(長方形, 직사각형)으로 황갈색을 띠며 씨앗의 크기는 길이가 3~5 mm에 넓이가 2~3 mm이다. 길고 가는 낫 모양의 꼬투리 하나에 10~20개의 씨앗이 들어 있다.

학명
Trigonella foenum-graecum
가용부
씨앗
원산지
서아시아, 남동 유럽
주산지
프랑스, 독일, 그리스, 이집트, 수단, 중국, 모로코 등

(2) 요리 적성

단백질, 무기질, 지방 및 비타민 등이 풍부하게 함유되어 있어 영양가가 높다. 중동과 아시아 여러 국가에서는 문화와 종교적인 이유로 고기를 먹지 않는 채식주의자들의 영양원으로 중요한 먹을거리이다. 이집트와 에티오피아에서는 빵에 첨가하며, 어린 녹색 잎은 인도에서는 채소로서 여러 요리에 사용되고, 난nan, 차파티chapatti 등에 잘게 썰어 토핑으로 이용한다. 또한 씨앗을 발아시킨 어린 싹은 식초와 기름으로 만든 드레싱을 얹어 샐러드로 먹기도 한다. 카레에 이용할 때는 콩과 식물 특유의 비린 맛을 제거하기 위하여 약간 볶아서 사용한다. 볶으면 메이플향과 유사한 단향이 느껴지나 쓴맛이 강해지는 경향이 있다. 페누그릭의 알코올 추출물은 메이플향과 유사한 달콤한 카라멜취가 나서 메이플향 대용으로도 사용된다.

(3) 약리 효과

스테로이드 계열의 다이오스제닌diosgenin(황체호르몬의 원료물질)이 함유되어 있다. 다이오스제닌은 성호르몬이나 경구 피임약의 부분 합성의 출발물질로 중요하다.

(4) 유래 및 역사

페누그릭의 라틴명 'Trigonella'는 꽃이 삼각 형태인 것에서 작은 삼각형이란 의미의 라틴어에서 유래하였다. 고대 사람들은 각 가정마다 종자를 비치해 두고서 소화 촉진제로 사용했고, 그 나머지 식물체는 가축의 사료로 사용했다. 이집트의 민간요법에서는 종자를 물속에 완전히 침지시켜서 페이스트로 만들어 열병을 치유하는 약으로 복용해 왔다고 한다.

6) 너트멕nutmeg

(1) 성상 및 특징

너트멕은 살구처럼 생긴 과실의 씨앗으로, 완전히 숙성되면 과육이 갈라지면서 나무에서 자연적으로 씨앗이 떨어지게 된다. 이 씨앗을 '너트멕' 혹은 '육두구'라고 하며 붉은 자줏빛의 그물망 모양의 가종피로 둘러싸여 있는데, 이 가종피를 건조시키면 '메이스'가 된다. 너트멕은 가종피인 메이스와 분리하면 단단한 겉껍질shell로 싸여 있는데, 통상 이 겉껍질을 제거하고 분쇄하여 사용하나, 곱게 분쇄하기 위해서 겉껍질이 있는 상태에서 분쇄하기도 한다. 지방 성분이 많은 너트멕을 곱게 분쇄하면 페이스트상이 되기 때문에 이를 방지하기 위함이다.

학명
Myristica fragrans
가용부
씨앗
원산지
동인도제도, 몰타제도
주산지
인도네시아, 그레나다, 스리랑카

(2) 향미 특징

색다른 단맛과 자극적인 향미와 부드러운 쓴맛이 특징이다. 너트멕의 가종피인 메이스 쪽이 단맛, 자극감, 쓴맛이 약하며 섬세한 향을 갖고 있으나, 전체적인 향은 유사하다. 종자를 수증기 증류하여 정유를 얻으며, 주요 방향성 정유 성분은 피넨, 사비넨sabinene, 미리스티신myristicin, 리모넨, 터피넨γ-terpinene, 사프롤safrole 등이다.

(3) 요리 적성

단맛의 자극성 향기는 제빵에 잘 어울려 쿠키나 케이크, 도넛 같이 단맛이 특징인 제품에 적합하다. 또한 육류 요리인 햄버거, 미트볼, 미트 소스 등의 다진 고기 요리에는 고기의 누린 냄새를 제거하는 효과가 있어 필수 불가결하다. 그 때문에 고기 요리에 사용되는 소스나 토마토케첩 등에 주요 조미 원료로서 사용되고 있다. 그 밖에 푸딩, 커스터드, 에그노그eggnog, 구운 바나나, 치킨수프 등에도 잘 어울린다

(4) 약리 효과

한방에서는 변비 방지, 복통, 소화불량, 건위 약재로 배합하여 사용하고 있다.

(5) 유래와 역사

너트멕은 몰루카 제도뿐만 아니라 스리랑카와 말레이시아, 서인도 제도에서 재배되어 왔으며 그레나다Grenada 섬에서 세계 소비량의 40%가 생산된다. 나무 높이는 10~20 m에

이르는데, 긴 타원형 잎은 열대성 수목들에서 흔히 보듯이 질기고 녹색을 띤다. 굵은 자두나 살구와 비슷한 열매는 다 익으면 둘로 갈라져 새빨간 껍질이 덮인 씨를 드러내는데 이 씨를 둘러싼 새빨간 껍질이 메이스이며, 이 안의 단단한 껍질 속에 들어 있는 것이 너트멕이다. 너트멕 나무는 암수딴그루인 것이 특징이다. 12세기 영국에서는 너트멕 1파운드와 양 세 마리의 가격이 같을 정도로 귀했으며, 17세기에는 네덜란드가 너트멕 유통에 절대적인 지위를 누렸다.

7) 메이스mace

(1) 성상 및 특징

너트멕의 가종피로 붉은 자줏빛 나는 그물망 모양으로 너트멕을 감싸고 있는데, 이것을 분리하여 건조시켜 이용한다. 오렌지색이나 연한 황갈색의 색상을 띠고, 편편한 불규칙 가지들로 나누어져 있으며 보통 4 cm 정도의 길이이다. 건조하기 전에는 진한 자주색이나 건조시키는 동안 그 색상은 황금빛 나는 적황색을 띠게 되고, 완전히 건조된 것은 그 조직이 딱딱해져 각질화되어 부스러지기 쉽다. 메이스의 품질 등급은 밝은 갈색을 띠면 1등급으로 여겨지며, 암갈색과 흑갈색을 띠면 2등급, 3등급으로 나뉜다.

학명
Myristica fragrans
가용부
가종피
원산지
동인도 제도, 몰타 제도
주산지
인도네시아, 그레나다, 스리랑카

(2) 향미 특징

메이스와 너트멕의 향미는 구성 성분이 거의 유사하여 비슷하게 느껴질 수 있으나, 메이스는 너트멕보다 단맛, 자극감, 쓴맛이 약하며 섬세한 향을 갖는다. 이러한 차이는 너트멕의 에테르 추출물의 대부분이 지방인 것에 반하여 메이스의 에테르 추출물은 휘발성의 메이스유와 비지방질을 갖고 있기 때문이다.

(3) 요리 적성

과일파이, 파운드케이크, 체리파이, 구운 사과 등에 시나몬과 함께 사용하면 달콤한 향이 고급스럽게 느껴져서 제빵 및 디저트에 주로 이용된다. 또한 유럽이나 미국에서는 볼로냐소시지나 프랑크푸르트소시지, 햄 등의 육류 가공품에도 누린 냄새 제거 및 향기 부여를 위해 자주 사용한다.

(4) 약리 효과

메이스는 너트멕과 함께 인도네시아에서 전통적으로 설사, 불면증, 류머티즘에 효과가 있는 민간 약재로 쓰여 왔다. 그 밖에 항암, 항곰팡이, 항균, 살충 효과에 대한 연구 결과도 발표되었다.

(5) 유래와 역사

메이스는 너트멕과 함께 16세기 포르투갈 상인들 사이에서 중요하고 값진 향신료로 거래되기 시작하였다. 1796년에 영국이 메이스의 주산지인 인도네시아 반다섬을 점령하여 본격적으로 알려지기 시작하였으며, 스리랑카, 수마트라, 서인도제도에서 재배되기 시작하였다.

8) 생강ginger

(1) 성상 및 특징

다년생의 지하경으로 열대지방에서 많이 생육되고 있으며 원산지는 남아시아이다. 생강은 일 년 정도 자란 지하경을 파내어 세척하여 햇볕에 말리는데 근경은 백색의 육질로 섬유질이 많으며 강한 매운맛을 낸다. 수확 후 처리 방법에 의해서 건조 전에 완전히 제피한 것, 절반 가량 제피한 것, 제피하지 않은 것, 완전 제피한 것을 아황산으로 표백한 것으로 분류한다. 생강은 비옥하고 수분이 많은 토양에서 잘 자란다.

학명
Zingiber officinale
가용부
지하경
원산지
남아시아
주산지
서아프리카, 일본, 브라질, 자메이카, 중국, 호주

(2) 향미 특징

생강의 정유 성분은 건조된 생강 중 약 0.4~3% 정도 함유하고 있다. 주요 방향성 정유 성분은 시트랄citral, 메틸헵텐온methylheptenone, 노닐알데하이드nonylaldehyde, 리날로올linalool, 보네올borneol, 진지베롤zingiberol 등이며, 매운맛을 내는 주요 성분은 진저론zingeron, 쇼가올shogaol이다.

(3) 요리 적성

생강은 음료, 과자, 요리의 조미 성분, 육류의 이취 제거, 생선류의 비린내 제거에 주로 이용한다. 또한 생강빵, 케이크, 호박파이, 인디언 푸딩, 생강차에 사용하며, 카레 등에 매운맛을 내기 위해 후추 등과 혼합하여 이용하거나 채소 절임, 피클 소스를 만들 때는 통째로 여러 가지 향신료와 조미 원료를 넣고 끓여 특유의 향이 우러나도록 하기도 한다.

(4) 약리 효과

생강차는 아시아권의 민간에 류머티즘, 근육통 그리고 감기에 효과가 있는 것으로 알려져 있다. 또한 소화기관을 자극하여 소화를 촉진하고 위의 경련을 경감시키는 것으로 알려져 있으며. 그 외에 건위, 구취, 해독 작용이 있다.

(5) 유래 및 역사

생강은 오래전부터 세계 각지에서 이용된 대표적인 향신료로서 중국의 고서인 『논어』에는 공자가 한꺼번에 많이 먹지는 않았으나, 꾸준히 생강을 먹었다는 기록이 있다. 인도의 전통의학인 아유르베다ayur-veda에서는 생강을 '신이 내린 치료제'로 간주하고 있으며, 『아라비안나이트』에는 정력제로 등장하기도 한다. 한국에서는 『고려사』에 생강에 대한 기록이 있고, 고려시대 문헌인 『향약구급방』에는 약용식물로 기록되어 있다. 정약용의 『다산방』에는 중풍에는 생강즙을 먹고, 감기에는 달여 먹으면 낫는다는 기록이 있다.

9) 시나몬cinnamon

(1) 성상 및 특징

녹나뭇과의 나무껍질 말린 것을 말한다. 스리랑카에서 주로 생산되는데, 이곳 생산품은 지금도 여전히 양이나 질적인 면에서 우위를 점하고 있으며, 주로 말린quill 형태로 생산되고, 흔히 '실론Ceylon 계피'라고도 불린다. 세이셸Seychelles은 두 번째로 많은 양을 생산하며, 그 외에 마다가스카르에서도 소량 수출된다. 통상 계수나무 껍질을 24시간 발효 후 속껍질을 분리하여 건조한 것인데, 어린줄기의 얇은 껍질이 좋다.

학명
Cinnamomum zeylanicum
가용부
줄기 껍질
원산지
스리랑카, 남인도
주산지
스리랑카, 인도, 인도네시아

(2) 향미 특성

시나몬은 채집 부위, 산지 등에 의해 함유된 성분

이 다르기 때문에 그 방향성이나 단맛, 매운맛, 떫은맛에 차이가 있다. 일반적으로 약간의 매운맛과 단맛을 수반한 청량감과 독특한 방향성이 특징이지만 떫은맛과 수렴성이 없는 것이 좋은 품질의 시나몬으로 여겨진다. 향기 성분의 정유는 나무껍질 또는 잎, 어린 가지를 수증기 증류하여 얻으며 그 양은 1.0~2.4%이다. 정유의 주성분은 시나믹 알데하이드cinnamic aldehyde로 시나몬의 정유 성분 중 55~75%가 함유되어 있다. 시나몬의 성분에는 유제놀eugenol이 함유되어 있기 때문에 클로브나 너트멕과 유사한 방향을 느낄 수 있다.

(3) 요리 적성

시나몬 파우더는 단맛이 있어 일반적으로 단 향기의 특징이 있는 요리에 이용하면 한층 더 단맛을 높이는 상승 효과를 발휘할 수 있다. 설탕을 많이 사용한 케이크, 푸딩 등에 많이 사용된다. 과일의 단 향기와도 잘 어울려서 사과와 복숭아를 이용한 시럽조림이나 파이 요리에 사용하면 좋다. 특히 사과 풍미와 잘 어울리며 미국에서는 사과잼 등에 사용하는 경우가 많다. 멕시코의 매운 초콜릿에는 빠지지 않는 향신료이다.

(4) 약리 효과

서양에서는 예로부터 약용으로 사용되고 있으며 현재는 내과적 질환의 민간 만병통치약으로 널리 이용되고 있다. 한방에서는 건위, 구풍, 발한, 해열 등에 복용한다. 감기약, 배를 따뜻하게 하는 약 등에 사용된다. 시나몬 정유는 항균성이 있어 대장균, 포도상구균, 칸디다 알비칸균 등의 발육을 억제한다.

(5) 유래와 역사

계피나무를 지칭하는 ‘cinnamome’은 고대 그리스어의 ‘kinnamom’에서 파생되어 나온 말이고, 라틴어의 학명은 *Cinnamomum zeylanicum*은 실론섬의 계피나무를 말한다. 계피나무의 껍질은 실론섬이나 인도의 말라바르 해안에서 시작하여 인도양과 홍해, 나일강, 알렉산드리아를 거쳐 마르세유를 통해 프랑스 내륙으로 전파되었다. 포루투갈인들이 1505년 실론섬을 점령하면서 계피나무 껍질의 생산을 증대시켜 유럽 시장에 보다 싸게 공급하게 되었다. 실론섬의 계피나무는 높이가 10~15 m나 되어 울창하지만 경작할 때 수확하기 쉽게 2~3 m로 축소 개량하였다. 우기인 5~10월에 수확한다.

10) 카시아cassia

(1) 성상 및 특징

카시아는 일반적으로 시나몬보다 질이 떨어지는 것으로 여겨져 왔으며, 중국이 원산지이고 흔히 '카시아 계피'라고 불린다. 세계에서 가장 오래된 향신료이며, 중국 남부가 주산지이고 자바에서도 생산된다. 중국 남동부에서 생산되는 중국 카시아*C. cassia*, 동아시아 및 수마트라의 파당에서 생산되는 인도네시아 카시아*C. burmannii*, 베트남에서 야생으로 주로 생산되는 사이공 카시아*C. loureirii* 등이 여기에 포함된다. 향기는 시나몬보다 떨어지고 감미도 부족하다. 실론 계피인 시나몬에 함유되어 있는 리날로올, 유제놀은 함유되어 있지 않다. 향신료나 약용 또는 카시아 계피유 및 시나믹 알데하이드의 제조 원료로 사용된다.

학명
Cinnamomum cassia
가용부
마른 껍질
원산지
중국, 베트남
주산지
중국 남부, 인도네시아 파당, 베트남

(2) 향미 특성

카시아에 방향성 정유 성분은 1~2% 정도 함유되어 있고 그 주요 성분은 시나믹 알데하이드이다. 특히 중국산은 껍질이 두껍고 울퉁불퉁하며, 시나몬보다 시나믹 알데하이드가 더 많이 들어 있어서 향이 강하지만 유제놀 성분이 없어 부드럽고 섬세한 맛은 덜하다.

(3) 요리 적성

카레분, 음료수, 제빵, 과자류, 디저트류, 스튜 등의 식품에 사용되며, 시나몬과 큰 구분 없이 시나몬 대용으로 다양한 요리에 이용된다.

(4) 약리 효과

중국에서는 말린 카시아 껍질(계피)이 전통 약재로 사용되어 왔다. 카시아 계피는 당뇨병 환자 혈당의 급격한 강하 현상을 감소시키는 효과가 있으며, 인슐린의 활성을 조절한다. 이러한 효과는 카시아 계피의 수용성 추출물에 존재하는 폴리페놀 성분에서 기인하는 것으로 추정된다. 특히 영국 식품표준청Food Standard Agency, FSA에서는 계피(카시아, 시나몬)의 기능성을 다음과 같이 세 가지로 규정하고 있다. 첫째 당뇨병 관리를 위한 포도당 대사를 돕고, 둘째 식욕을 돋우고 소화를 도우며, 셋째 면역 기능에 도움을 준다.

카시아 계피에는 시나몬 계피에 비해 쿠마린coumarin 함량이 높은데, 쿠마린은 일부 동물실험에서 과다 섭취 시 간독성을 보였으나, 사람에서는 그 독성이 낮은 것으로 실험 결과 밝혀졌다. 이에 따라 유럽에서는 쿠마린에 대한 규제를 완화하여 매일 먹는 식품인 빵과 시리얼, 디저트류에서만 쿠마린 함량을 규정하고 있는데, 이는 일반 식품으로 섭취할 때는 전혀 문제가 없기 때문이다. 쿠마린은 항산화, 항염증, 항암, 항곰팡이, 항바이러스(특히 HIV)에 효과가 있는 것으로 알려져 있다.

(5) 유래와 역사

카시아와 시나몬을 구분하지 않고 일반적으로 '계피'라고 부르며 사용하고 있으나, 각각 지역에 따라 다양한 변종이 있어 정확히 품종을 분류하기는 매우 어렵다. 카시아의 산지별 및 국제적으로 판매가 되고 있는 변종은 다음과 같다. 중국 카시아는 *Cinnamomum cassia*로 남동부 아시아에서 재배되며, 인도네시아 카시아 *Cinnamomum burmarinii*는 인도네시아 수마트라의 파당에서 주로 재배가 이루어진다. 사이공 카시아는 *Cinnamomum loureirii*로 분류되며 베트남 북부지방에서 생산된 것이 향이 강하고 달콤하며 약간 매운맛이 있어 좋은 품질로 평가된다.

11) 후추pepper

(1) 성상 및 특징

백후추는 밝은 회황색 구형으로 지름이 3.5~6 mm이고, 표면은 매끄럽고 다소 선명한 선이 있다. 열매가 확실하게 익었다고 여겨질 때 수확하는데 그 색상이 노란색으로 변할 때 쯤부터 붉은색이 되기 전이 적당하다. 열매는 질기고 굵은 삼베 속에 넣어 물속에 침지시켜서 부드러운 과피가 부풀어오르면 마찰하여 과피를 벗겨 천일 건조시킨다.

학명
Piper nigrum L.
가용부
열매
원산지
인도 남부 말라바르 연안
주산지
말레이시아, 브라질, 스리랑카, 인도네시아, 보루네오, 수마트라, 인도 등

흑후추는 진한 갈색에서 검은색에 가까운 구형의 열매로, 지름이 3.5~6 mm 정도의 크기이다. 표면은 깊게 주름져 있고 반점이 남아 있는 것이 육안으로도 보인다. 수확은 덜 성숙되고 아직 푸른색일 때 열매를 채취해서 햇볕에 말리는데, 건조 과정에서 색상이 검은색으로 되면서 과피에 깊게 주름도 파인다. 따라서 백후추와 흑후추는 동일한 품종으로 성숙 정도를 달리하여 수확한 후 과피를 제거하는

과정을 거치면 백후추가 되고, 과피를 제거하지 않고 건조하면 흑후추가 된다. 세계적인 후추의 유명 산지는 말레이시아의 사라와크 주와 인도네시아의 람퐁이며, 최근엔 베트남과 인도 등에서도 생산량이 증가되고 있다.

(2) 향미 특성

후추의 매운 성분은 피페린piperine과 그 입체이성질체인 카비신chavicine 등이 있으며, 그 함유량의 많고 적음에 따라 매운맛의 강도가 결정된다. 향미는 백후추가 흑후추보다 마일드하며 고급품이다. 원래 후추의 방향 성분은 주로 외피에 함유되어 있으나, 백후추는 외피를 제거하였기 때문에 흑후추에 비해 관능 평가에서는 그 향미의 강도가 약 1/4 정도밖에 나타나지 않는다. 미숙과를 수증기 증류하여 정유를 얻으며, 정유의 양은 0.6~2.6%이다. 정유의 50% 정도는 모노터펜monoterpene류로 그 주성분은 피넨과 리모넨 등이다.

(3) 요리 적성

후추는 세계 각국에서 많은 요리에 적용되고 있는 향신료이다. 요리에 이용될 때에는 각 후추의 향미 특성을 고려하면 효과적으로 사용할 수 있다. 예를 들어 고기, 수프, 생선, 피클 등에 원형의 흑후추를 이용하여 스파이시한 방향만을 부여한다거나, 강렬한 매운맛과 상쾌한 방향을 음미하는 고기 요리에는 거칠게 분쇄한 분말 형태의 흑후추를 이용한다. 프랑스 요리의 화이트소스나 포타주 등에는 마일드한 향이 있고 매운맛이 약한 백후추를 이용하는 것이 좋다. 흑후추는 색이 검은색이기 때문에 백색 소스나 흰살생선에는 외관상 문제가 있으므로 백후추를 사용하는 것이 좋다. 흑후추의 방향성을 효과적으로 발휘하기 위해서는 요리를 먹기 전 단계에서 첨가하는 것이 좋다. 매운맛을 강조할 목적이라면 조리를 준비하는 단계나 조리 중에 사용하면 좋다.

(4) 약리 효과

여러 가지 동양의 향신료들과 같이 후추 또한 식용과 약용의 두 가지 용도로 모두 이용되어 왔다. 흑후추는 옛날에는 흥분제, 구풍제, 소화제, 변비, 콜레라, 관절염 등의 치료약으로 이용되었고, 최근에는 건위제로서 이용되는 경우가 많다. 한방에서는 발한, 복통 등의 병상에 이용하기도 한다.

(5) 유래 및 역사

후추는 먼 옛날부터 인도의 서쪽으로 흐르는 말라바르 해안에서 재배되었으며, 오늘날에는 많은 열대 국가에서 재배하고 있다. 많은 습도와 높은 온도를 요구하므로 후추 서식지는 강수량이 연간 2,000 mm가 넘는 저위도 지역으로 제한된다. 후추나무는 약 20년간 수확할 수 있으며, 한 그루당 매년 5~6 kg의 열매를 맺는다. 유럽 제국에 있어서 후추에 대한 이름은 거의가 '긴 후추'를 나타내는 산스크리트어인 'pippali'로부터 파생된 것이다. 중국에서 말하는 호초胡椒는 한나라 시대에 실크로드를 거쳐 서역으로부터 전래되었기 때문에 호(서역)의 초(산초)라는 의미에서 이름이 붙은 것이다.

12) 카다몬cardamom

(1) 성상 및 특징

카다몬은 생강과 초본으로, 근경으로부터 여러 가닥의 꽃차례花序를 내어 많은 꽃을 피우고 열매를 맺는다. 성숙과는 약 1.5 cm의 계란형 또는 타원형으로 중심에는 암갈색의 종자가 15~20개 들어 있다. 사프란 다음으로 고가의 향신료이다. 건조된 카다몬은 탈색되지 않은 녹색을 띤다.

학명
Elettaria cardamom
가용부
씨앗
원산지
스리랑카(실론), 인도 남부
주산지
인도, 과테말라, 탄자니아, 스리랑카 등

(2) 향미 특성

카다몬의 과실은 계란형이고, 외피에는 거의 향미가 없다. 내부에 함유된 종자의 성숙도에 의해 향미가 변화된다. 장뇌삼과 비슷한 향미로 전체적으로 향미가 강하며, 약간 자극적인 향미가 특징이다. 향기 성분인 정유는 건조한 성숙과를 수증기 증류하여 얻는다. 정유 함량은 3~8%로 정유의 주성분은 시네올, 터피네올terpineol로 정유의 40%를 차지한다.

(3) 요리 적성

카다몬의 방향은 상당히 강하기 때문에 육류 요리의 냄새 제거에 사용하면 효과가 있고, 적은 양으로 햄버거나 미트로프의 숨은 맛을 내기도 한다. 흔히 카레, 소스, 피클, 차, 디저트 등에 광범위하게 사용되며, 패스트리, 쿠키, 애플파이에 이국적인 풍미 부여를 위해서도 사용된다. 인도에서는 우유와 홍차를 넣고 카다몬, 생강, 계피 등을 넣어 함께 끓여 달콤하게 마시는 차에 즐겨 사용한다. 음주 후 카다몬을 입안에 넣고 있으면 알코올 냄새가 없어지기도 한다.

(4) 약리 효과

건위, 구풍약, 특히 이완성 소화불량에 이용되었고, 강한 교취작용을 활용하여 구강 청정제의 원료로도 활용되었다. 또한 방향성 정유 성분으로 시네올이 다량 함유되어 있는데, 이것은 방부 효과가 있는 것으로 알려져 있다.

(5) 유래와 역사

카다몬의 재배지는 연평균 온도가 22℃ 정도의 아열대 기후가 좋으며, 강우량은 250~400 mm이고 토질은 비옥한 다습성의 부식질 토양이 좋다. 과테말라가 원산지이며 스리랑카의 해발 760~1,500 m의 습한 지역에서도 잘 자란다. 인도산의 품질이 우수하다.

13) 클로브clove

(1) 성상 및 특징

클로브는 높이 10~15 m의 열대 상록수의 꽃봉오리(화관)를 건조한 것으로 '정향'이라고도 한다. 꽃이 만개했을 때는 장관을 이루나 향신료로 사용하기 위해서는 꽃봉오리가 피기 전에 따서 건조해야 하므로 황홀한 경치를 즐길 수는 없다. 이 꽃은 짧고 작은 잎줄기 끝에 다발로 피어나는데 아직 피어나지 않은 꽃봉오리는 처음엔 흰색에서 녹색으로 마지막에는 자주색이 되는데 건조하는 과정에서 흑갈색으로 변하게 된다. 이미 꽃이 피어 버린 클로브는 등급이 낮게 매겨진다. 건조한 클로브는 독특한 외관을 가지며 10~17.5 mm 정도의 크기이며, 하부는 4개 부위로 나뉘어져 있는 꽃받침에 의해 둘러싸여 있다.

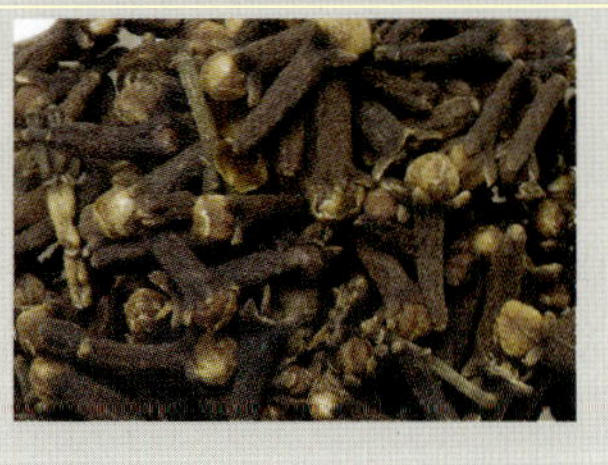

학명
Syzygium aromaticum
가용부
봉오리
원산지
인도네시아
주산지
인도네시아, 마다가스카르, 잔지바르, 말레이시아, 스리랑카

(2) 향미 특징

강한 자극성 냄새가 있으나 단맛의 바닐라와 비슷한 향미도 갖고 있다. 꽃봉오리가 열리기 전인 핑크색 상태에서 수확하여 건조하면 암갈색으로 변하고 향미가 강해진다. 건조한 화관을 수증기 증류하면 정유를 얻을 수 있으며 양은 15~18%이다. 향미의 주성분은

유제놀로 정유의 75~90%를 차지한다. 그 이외에 카리오필렌, 케톤, 바닐린 등의 방향 성분을 함유하고 있다.

(3) 요리 특성

클로브는 사용하는 방법에 따라서 단맛과 매운맛의 요리에 잘 맞는다. 이용 가치가 높은 스파이스로 고기 냄새를 제거하는 교취 효과가 있어 고기 요리, 특히 미트 소스나 햄버거 등의 구워 먹는 고기 요리에 이용하면 좋다. 클로브의 자극적인 향미는 자칫하면 혐오스럽기 때문에 극소량을 이용하면 요리 소재의 염려스러운 냄새를 효과적으로 제거할 수 있다. 바닐라와 같은 단맛을 활용한 구운 과자 등에 클로브 파우더를 이용하면 바닐라 냄새를 높이는 상승 효과를 발휘할 수 있다.

클로브 1개를 구운 사과, 오렌지, 레몬 등의 과일에 잘라 넣고, 칵테일이나 홍차 등을 첨가하면 독특한 향미를 즐길 수 있다.

(4) 약리 효과

급성 장점막 질환, 복통, 구토, 위통, 치통 등에 폭넓게 사용된다. 클로브는 위를 따뜻하게 하며 통증을 멈추는 작용이 있다. 유제놀은 말초신경을 마비시키는 작용이 있기 때문에 특히 치통을 멈추게 하여 치약 등에 정유를 사용하기도 한다.

(5) 유래와 역사

클로브라는 말은 프랑스말로 '종'을 의미하는 'clou'로부터 유래하였다. 이 'clou'에서 영어의 'clove'로 변화되었으며, 정향丁香의 '정'자도 종 모양을 닮았다는 의미에서 사용되었다. 클로브(정향)는 인도네시아 몰루카 제도가 원산지이며, 최대 소비국이기도 하다. 인도네시아 사람들은 정향을 담배에 섞어 피우는 습관이 있다. 이 나무는 무성함과 번영 그리고 행운을 암시할 뿐 아니라 항상 푸른 상록수로서의 신선함과 아름다운 방향으로 더운 열대지방의 모든 이들을 매료시키고 있다.

클로브의 재배지는 800 m의 고지대에 경사지고 배수가 양호한 열대성 토양이 좋으며 연평균 강우량이 약 2,500 mm 정도로 바람이 강하지 않은 장소가 적당하다. 클로브는 꽃봉오리 형태일 때 수확해서 사용하는 향신료로 20년간 수확할 수 있다. 수확은 1년에 한 번 내지 두 번 꽃봉오리가 붉게 물들기 시작할 때 이루어진다. 꽃봉오리는 손으로 따서 꽃자루를 분리한 후 황적색이 될 때까지 햇볕에 말려 품질에 따라 선별해서 출하한다. 한 나무에서 2 kg 정도가 수확되며 공정이 수작업으로 진행되어 가격이 높다.

14) 셀러리 시드celery seed

(1) 성상 및 특징

셀러리 시드, 즉 *Apium graveolens*는 초본과에 속하는 성숙한 씨앗을 건조한 것으로 남유럽이 원산지이다. 작은 장방형의 갈색 씨앗은 셀러리나무로부터 얻을 수 있고 녹색의 신선한 줄기는 채소로도 먹으며 많은 식품의 방향원이다. 453 g에 75만 개 정도의 작은 1 mm 미만의 갈색 씨앗이 들어 있다.

학명
Apium graveolens
가용부
씨앗
원산지
남유럽, 인도
주산지
프랑스, 스페인, 네덜란드, 인도, 미국, 영국

(2) 향미 특징

채소로서 알고 있는 셀러리는 잎과 뿌리에 신선한 향미가 있지만, 야생 셀러리는 물에 씻어도 상당히 쓴맛이 남아 있다. 셀러리 시드의 향미는 전형적인 풀 냄새와 씁쓸한 특징이 있으며, 맛을 잘 음미해 보면 일부 파슬리나 너트멕과 같은 단맛을 느낄 수 있다. 채소 셀러리와 비슷한 방향도 갖고 있다. 향기 성분의 정유는 종자를 수증기 증류하여 얻으며, 그 양은 2~3%이다. 정유의 주성분은 리모넨과 셀리넨selinene으로 정유의 70%를 차지한다. 이외에 세다놀라이드sedanolide, 세다노산sedanoic acid, 세스퀴터펜 알코올sesquiterpene alcohol 등의 방향 성분이 함유되어 있다.

(3) 요리 적성

채소 요리의 향미 부여에 적합하다. 특히 토마토주스와 토마토가 들어간 채소 주스 등에 셀러리 시드 파우더를 소량 첨가하면 토마토의 풋내를 마스킹할 수 있다. 신선하고 상큼한 향을 내기 위한 목적으로 채소 샐러드, 피클, 수프, 스튜 등에 이용하면 좋다. 테이블 스파이스로서 셀러리 시드 소금이 있는데 일반적인 배합은 셀러리 시드 파우더 25%, 식염 75% 정도이다. 또한 셀러리 후추는 셀러리 시드 파우더 30%, 흑후추분 70% 정도를 잘 혼합하여 사용한다.

(4) 약리 효과

서양의 민간약으로 잎과 줄기가 이뇨 또는 안염眼炎이나 유방 경결乳房硬結 외용약으로 이용되었다. 뿌리 부분은 변비에 대한 내복약으로 사용되었다. 일본 전통의학에서는 잎과 줄기는 발한, 이뇨, 궤양, 타박상 등에, 종자는 이뇨, 수종에 이용하고 있다. 비타민 함유량은 파슬리에는 못 미치지만 녹색부에는 2,100 IU, 백색부는 20 IU 함유되어 있다.

(5) 유래와 역사

셀러리는 채소로서 보급되어 재배되고 있지만, 향신료로서의 셀러리 시드는 옛날부터 유럽에서 '스몰리지smallage'라고 불리웠던 야생 셀러리의 씨앗이다. 일본 등에서 사용되고 있는 셀러리는 야생 셀러리와 동종에 속하는 것으로 개량된 품종의 일종이다. 이 식물의 속명을 '아피움'이라고 부르는 것은 습지에서 자라고 벌이 특히 좋아한다는 것에 기인한다.

15) 올스파이스allspice

(1) 성상 및 특징

올스파이스는 여러 가지 향신료를 잘 섞어 놓은 것으로 혼동되기도 하지만 단일 향신료이다. 후추, 시나몬, 너트멕, 클로브 등을 혼합한 듯한 향이 나며, 형태는 후추와 닮았으나 약간 더 밝은 갈색으로 후추보다는 좀 더 큰 둥근 형태를 갖는다.

(2) 향미 특성

올스파이스의 향미 특징은 주성분인 유제놀에서 유래한다. 올스파이스 정유 중에는 유제놀이 65~70% 함유되어 있는데, 시나몬, 클로브, 너트멕에도 공통으로 있는 것이다. 그 외에 방향성 정유 성분은 피넨α-pinene, 시네올1.8-cineol, 카리오필렌β-caryophyllene 등이 있다. 상쾌한 단맛, 그리고 쌉쌀한 쓴맛이 복합적으로 나타나서 단맛, 매운맛의 요리에도 잘 어울린다. 올스파이스는 향미가 시나몬, 클로브, 너트멕과 비슷하므로 응용 요리에도 같이 사용할 수 있다.

학명
Pimenta dioica
가용부
씨앗
원산지
서인도제도, 중앙아메리카
주산지
멕시코, 과테말라

(3) 요리 적성

올스파이스는 여러 가지 향신료가 혼합된 향미를 내어 사용이 편리하지만, 고가이므로 향미가 비슷한 너트멕이나 시나몬, 클로브 등을 병용하면 유리하다. 향신료는 단품으로 사용하면 특유의 한 가지 향이 돌출되는데, 이때 올스파이스를 첨가하면 조화로운 향이 발현된다. 예를 들어 다진 고기의 햄버거 요리에 너트멕을 사용할 때 올스파이스를 병용하면 너트멕 향도 올스파이스 향도 조화를 이루어 각각을 단독으로 사용할 때보다 기호적으로 좋아진다. 대부분의 과일, 호박, 고구마, 뿌리채소와도 잘 어울리며, 칠리, 코리안더, 마늘, 생강, 메이스, 겨자, 후추, 로즈마리, 타임 등의 향신료와도 잘 어울리는 향신료이다.

(4) 유래와 역사

본래 향신료는 유럽에서 재배되지 않고, 아라비아 상인에 의해 생산지인 남아시아에서 실크로드를 따라 유럽으로 전해졌다. 당시에는 가격이 매우 높아서 현지 가격의 400~500배 정도였다고 한다. 그로 인해 모험가들은 일확천금을 꿈꾸며 향신료를 찾아나서 세계 각지를 여행하기도 하였다. 스페인의 프란시스코 페르난데스도 이러한 모험가의 한 사람이었으며, 16세기 후반 그에 의해서 올스파이스가 자메이카 섬에서 발견되었다. 형태는 후추와 닮았으나 시나몬, 클로브, 너트멕 등을 혼합한 향미를 가지고 있어서 이때 '올스파이스'라고 이름을 지었다고 한다.

16) 사프란saffron

(1) 성상 및 특징

사프란은 7월에 구근을 심어 다음해 가을에 수확한다. 연보랏빛 꽃 중심부에 3개의 붉은 오렌지색 암술머리로 이루어진 노란 암술대 하나가 피어오르는데, 바로 이것을 이용한다. 손으로 꽃을 따서 조심스럽게 암술대만을 분리하여 바로 건조시킨다. 마른 사프란 1 g을 얻기 위하여는 160송이 이상의 꽃이 필요하다. 더욱이 많이 꽃이 피는 풀이나 나무와는 달리 사프란은 뿌리부터 기르는 구근식물로, 한 개의 구군에서 많아야 10송이 정도의 꽃이 피므로 생산량이 적어 매우 비싼 향신료이다.

학명
Crocus sativus
가용부
꽃(암술대)
원산지
지중해 연안, 서아시아
주산지
스페인, 그리스, 이탈리아

(2) 향미 특성

사프란은 식품에 노란색을 내기 위하여 사용하는 향신료로 색소 성분은 크로코사이드crocoside와 크로신crocine이며, 자극적인 향, 사향향, 꽃향기, 흙냄새, 쓴맛, 약품취 등이 있다. 향미는 생산지에 따라 약간의 차이가 있다.

(3) 요리 적성

스페인 전통 요리인 빠에야, 지중해식 생선 스튜 부야베스, 이탈리아 리소토 등의 요리에 노란색 색깔을 내기 위하여 사용한다. 너무 많이 사용하면 쓴맛과 약품취가 음식에 날 수 있으므로 주의해야 한다. 유럽풍 디저트류로 사프란이 첨가된 아이스크림도 있다.

(4) 유래와 역사

그리스 신화에서 최초로 불을 밝혔던 헤르메스가 사프란을 처음 만들었다고 전해진다. 아랍어 'zahafaran'에서 유래한 사프란이라는 이름은 노란색을 뜻하는데, 이 황금빛은 지혜와 계시를 의미하기 때문에 의식용으로 사용된다. 지금도 사프란은 종교적 축제나 페스티벌을 위한 특별한 요리에 사용하는데, 스웨덴에서는 사프란 번과 사프란 케이크가 매년 12월 13일St. Lucis's day에 열리는 페스티벌을 위해 만들어진다.

17) 월계수잎bay leaf

(1) 성상 및 특징

월계수 특유의 방향성을 가지는 잎을 지칭하며, 건조하거나 생잎 그대로를 요리에 사용한다. '로렐Laurel'이라고도 한다. 지중해 요리의 수프와 국 등에 자주 사용되며, 생잎은 향이 마일드하고 건조 후 몇 주가 지나야 강한 향미를 낸다. 캘리포니아 월계수잎은 캘리포니아 월계수*Umbellularia californica* 나무의 잎을 지칭하며 지중해 월계수잎에 비하여 향이 약하다. 인도 월계수잎은 시나몬과 비슷한 향미를 내는 *Cinnamomum tejpata* 나무의 잎으로, 겉보기에는 지중해 월계수와 비슷하나 맛과 방향성이 카시아와 유사하여 지중해 월계수잎과는 요리할 때 상당히 다르게 쓰인다. 인도네시아 월계수잎은 *Syzygium polyanthum*이라는 식물의 잎으로 육류에 주로 사용되는 허브이다. 인도 월계수잎과 마찬가지로 지중해 월계수잎과는 전혀 다른 종류이다.

학명
Laurus nobilis
가용부
잎
원산지
동부 지중해, 서아시아
주산지
터키

(2) 향미 특성

한 개의 잎 전체를 먹게 되면 월계수잎은 맵고 쓴 자극적인 맛을 낸다. 건조된 잎을 요리에 사용하면 오레가노와 타임의 방향과 유사한 방향성을 가진다. 향기 성분으로는 미르센myrcene과 유제놀을 함유하고 있다.

(3) 요리 적성

월계수잎은 유럽식 요리와 지중해식 요리에 빠지지 않고 등장하는 향신료이다. 북미 지역에서는 수프나 스튜, 고기, 해산물, 채소 요리 등에 폭넓게 사용되고 있으며, 프랑스식 요리에도 사용된다. 월계수잎은 대부분의 경우에 하나의 잎 전체가 요리에 이용되며, 조리 시 향미를 부여한 후 서빙 전에 제거한다. 월계수잎을 갈아서 요리에 응용하게 되면 잎 전체를 이용한 요리보다 월계수잎 특유의 방향을 더 강하게 느끼게 되나 서빙 전 제거가 어려워진다.

(4) 약리 효과

중세시대에는 월계수잎이 낙태를 촉진한다고 믿었다. 월계수잎이 함유하고 있는 라우르산lauric acid은 살충 효과를 가지고 있으며, 파테놀라이드parthenolide 성분은 편두통에 효과가 있는 것으로 알려져 있다. 인슐린 분비를 조절하여 혈당 조절 효과가 있고 잎의 유제놀 성분은 항염 효과와 항산화 효과를 가지고 있다. 외용제로 류머티즘에 사용되기도 하며, 박테리아와 곰팡이의 인체 감염을 막는 등 여러 가지 생리 효과를 나타낸다.

(5) 유래와 역사

월계수잎은 기록된 역사의 시작부터 재배되기 시작할 만큼 그 쓰임이 오래전부터 이루어져 왔다. 아시아 지역에서 유래하여 따뜻한 기후의 지중해 및 다른 여러 지역으로 전파되었다. 월계수나무와 월계수잎은 고대 그리스 시대에 뛰어난 사람을 찬양하는 추상적 표현으로 쓰였고 문학적으로도 중요한 의미를 지녔으며, 영광과 영예의 상징으로 여겨져 왔다. 로마인들은 월계수잎이 천둥과 충치를 막는다고 생각하였으며, 이후 이탈리아인들과 영국인들은 월계수잎이 행운을 가져오고 악귀를 쫓는다고 믿었다.

18) 스타아니스star anise

(1) 성상 및 특징

스타아니스는 중국 남부지방이 원산지인 목련과의 상록수 열매이다. '팔각'으로 불리기도 하며, 이름처럼 열매가 8개 각의 별 모양을 하고 있다. 스타아니스나무는 8 m까지 자라기도 하며, 100년 이상 살 수 있다. 하나의 스타아니스나무는 1년에 약 40 kg의 스타아니스 열매를 맺는다. 스타아니스를 햇빛에 말리면 본래 중량의 75%가량을 잃게 된다. 주된 향미 성분은 열매의 씨앗 부위가 아닌 열매의 껍질 부위에 함유되어 있다.

학명
Illicium verum
가용부
열매
원산지
중국 남부, 베트남 북부
주산지
캄보디아, 라오스, 일본, 필리핀

(2) 향미 특성

스타아니스는 아니스와 마찬가지로 아네톨 성분이 다량 함유된 정유 성분을 가지고 있기 때문에 그 향미가 비슷하다. 보통 스타아니스가 아니스보다 더 강한 향을 낸다.

(3) 요리 적성

스타아니스의 강한 향은 육류에 사용 시 누린내를 제거하는 데 효과적이다. 돼지고기, 닭고기, 오리고기 등 각종 고기 요리에 많이 쓰이고, 고기 육수나 생선 육수를 낼 때 통째로 넣으면 잡냄새를 제거해 주고 특유의 방향을 낸다. 스타아니스는 페퍼, 클로브, 카시아, 펜넬과 함께 중국의 대표적인 혼합 향신료인 오향의 원료로 사용된다. 국내에 잘 알려진 베트남 국수 요리인 포Pho에도 사용된다.

(4) 약리 효과

스타아니스가 사용된 음식을 먹으면 소화가 촉진되고, 호흡이 가벼워진다고 알려져 있다. 위장에 가스 찬 증상에 효과가 있으며, 기침과 기관지염에도 좋다. 스타아니스 차를 마시면 류머티즘이 개선된다고 하여 이용되어 왔으며, 함유 성분 중 스킴산shikimic acid은 항인플루엔자인 타미플루의 주요 성분이다. 스킴산의 인공적 합성이 가능해지기 전까지 스타아니스로부터 스킴산을 추출 및 분리 정제하여 타미플루를 제조하였다.

(5) 유래와 역사

중국에서는 수천 년 전부터 사용되어 왔으며, 유럽에는 16세기 말에 소개된 것으로 알려져 있다. 중국 송나라 때에는 스타아니스를 세금으로 내기도 했다는 자료가 있을 만큼 가치가 있었다. 스타아니스의 학명인 *Illicium*은 '미끼'를 의미하는데 유럽에서는 쥐덫의 미끼로도 쓰였다고 한다.

19) 오레가노oregano

(1) 성상 및 특징

오레가노는 민트과의 다년생 식물이다. 유럽과 지중해 지역, 그리고 남아시아와 중앙 아시아의 따뜻한 기후에서 유래하였다. 80 cm까지 자라며 잎의 길이는 1~4 cm 정도이다. 토양의 pH가 6.0~8.0인 약알칼리성 토양에서 잘 자라며, 꽃은 3~4 mm 길이에 보라빛을 띤다. 오레가노와 마조람marjoram은 두 종이 모두 오레가노로 통칭되는 등 종종 혼동되는 경우가 많다. 오레가노의 학명은 *Origanum vulgare*로 '와일드 마조람'으로 불리기도 한다. 반면 마조람의 학명은 *Origanum majorana*로 '스위트 마조람'으로 불린다.

학명
Origanum vulgare
가용부
잎
원산지
유럽, 지중해 지역, 중앙 아시아
주산지
그리스, 멕시코, 이탈리아

(2) 향미 특성

오레가노는 향이 강하고 약간 쓴맛을 낸다. 품질이 좋은 오레가노는 혀의 감각을 잃게 할 정도로 맛이 강렬하다. 말린 잎이 생잎에 비하여 강한 방향성을 가진다.

(3) 요리 적성

오레가노는 이탈리아 요리에 필수적으로 첨가되는데 바질과 함께 파스타소스, 피자, 채소 요리류에는 빠지지 않고 등장한다. 그리스, 스페인, 라틴아메리카 요리에도 폭넓게 이용된다. 오레가노는 파프리카, 후추, 타임, 소금과 함께 피자와 파스타소스로 이용되어 왔다.

(4) 약리 효과

오레가노는 페놀산과 플라보노이드 함량이 높아 강한 항산화활성을 가진다. 식품 유해 미생물에 대한 항균활성이 밝혀져 첨가 시 음식의 안전성 확보에 유리하다. 카바크롤carvacrol, 티몰thymol, 리모넨, 피넨, 카리오필렌caryophyllene 등을 함유하고 있으며, 감기, 인플루엔자, 미열, 곰팡이 감염, 소화불량 등에 효과가 있다고 알려져 있으며 차로 마실 경우 깊은 잠을 유도한다. 특히 높은 티몰 함량으로 인하여 강한 항균력을 지닌다. 최근 연구 결과 항생제 내성 포도상구균의 생장을 효과적으로 억제하는 것으로 나타났다.

(5) 유래와 역사

신화에서 오레가노는 사랑의 신인 아프로디테가 일으키는 즐거움의 상징이었다. 오레가노와 가장 관련이 깊은 음식은 피자이다. 남부 이탈리아 지역에서 수 세기 동안 피자 소스의 첨가물로 이용되어 왔으며, 제2차 세계대전이 끝나고 미군들이 귀환하면서 '피자 스파이스'라는 이름으로 들여와 미국에 알려지게 되었다.

3. 향신료를 이용한 대표 음식

1) 카레curry

카레는 여러 가지 향신료를 혼합하여 만드는데, 특성에 따라 10~30종류의 향신료를 배합하여 독특한 향기를 가진 다양한 맛으로 제조한다. 향신료의 대표적인 기능인 부향작용, 교취작용, 신미작용, 착색작용이 식품 속에서 조화를 이룬 향기로운 카레는 요리로서뿐만 아니라 건강과 관련된 웰빙 및 다이어트 식품으로도 최근 크게 주목받고 있다. 이는 향신료가 가지고 있는 각종 생리활성 성분에 대한 지속적인 연구로 그 기능성이 과학적으로 밝혀지고 있기 때문이다. 카레 특유의 노란색은 강황의 커큐미노이드라는 색소 성분에 의한 착색작용 때문이다. 강황에는 커큐미노이드를 비롯한 여러 가지 항산화물질이 있어서 항암 효과, 치매 예방, 간 기능 개선, 다이어트, 노화 억제 등 다양한 생리활성 기능이 있는 것으로 밝혀졌다. 또한 카레는 기능성뿐만 아니라 별다른 양념이 없어도 가정에서 손쉽게 만들 수 있고, 어떤 요리에도 조화롭게 어울려서 조미 양념으로도 널리 이용되고 있다. 「식품공전」의 카레 정의를 보면 "카레라 함은 향신료를 원료로 한 카레분 또는 이에 식품이나 식품첨가물을 가하여 만든 것을 말한다"라고 되어 있다. 여기서 카레분은 "강황(심황), 생강, 고수(코리앤더), 쿠민 등의 향신식물을 원료로 하여 건조·분말로 가공한 것을 말한다"고 정의하고 있다.

그림 5.2 카레 제품

우리가 마트에서 쉽게 접할 수 있는 카레는 카레분에 식품이나 식품첨가물 원료로 만든 것으로 형태에 따라 분말카레, 고형카레, 액상카레로 분류된다. 분말카레와 고형카레는 카레분 함량이 5% 이상이어야 하고 액상제품은 카레분 함량이 1% 이상이어야 한다.

카레는 일제강점기에 국내에 소개되었으며, ㈜오뚜기에서 1969년 '오뚜기 즉석카레'라는 제품명으로 분말카레를 국내 최초로 생산,

보급하여 대중화되었다. 분말카레와 고형카레 위주였던 카레는 시대의 변화와 함께 1981년 ㈜오뚜기에서 '3분 요리'란 브랜드로 간편하게 데워서 먹을 수 있는 레토르트 카레를 선보였으며, 최근엔 여러 회사에서 다양한 형태의 카레가 개발되어 시판하고 있다.

최근 카레는 카레라이스 외에도 다양한 요리에 사용되어 간편하게 이국적인 음식을 접할 수 있는 기회를 제공하고 있다.

2) 다양한 카레 응용 요리

과일 카레라이스

재료

카레분 약간 매운맛	100 g	양파	1/2개
사과	1/2개	식용유	2큰술
바나나	1개	물	700 mL(3 1/2컵)
감자	1/2개		

조리방법

1. 사과, 바나나는 껍질을 벗기고 먹기 좋은 크기로 썬다.
2. 감자, 양파는 손질 후 먹기 좋은 크기로 썬다.
3. 냄비에 식용유를 약간 두른 후 ②의 채소를 넣고 양파가 투명해질 때까지 볶는다.
4. ③에 물과 카레분을 넣고 뭉치지 않게 잘 풀어준 후 사과와 바나나를 넣어 걸쭉해질 때까지 끓인다.

카레 스파게티

재료

카레분 순한 맛	3큰술	베이컨	150 g
스파게티	200 g	양송이버섯	2개
올리브유	2큰술	물	400 mL(2컵)
감자	1개	우유 또는 생크림	400 mL(2컵)
양파	1개		

조리방법

1. 끓는 물에 스파게티 면을 넣고 삶아 낸 뒤 찬물에 헹궈 둔다.
2. 감자, 양파, 양송이를 적당한 크기로 썰고 올리브유를 두른 팬에 감자, 양파, 양송이, 베이컨의 순으로 볶는다.
3. 물에 카레를 풀고 우유 또는 생크림을 넣고 끓여 준다.
4. 점도가 생길 정도로 끓으면 스파게티 면을 넣고 2~3분간 볶으면 완성된다.

카레 김밥

재료

카레분	2큰술	김밥용 햄	2줄
밥	2공기	파프리카	1개
참치	1캔(150 g)	김밥용 김	2장
게맛살	1줄		

조리방법

1. 참치는 기름을 빼고, 게맛살, 햄, 파프리카는 김 길이에 맞추어 길게 썬다.
2. 볼에 밥과 카레를 넣고 골고루 비빈다.
3. 김을 놓고 밥 위에 준비된 재료를 깔아 준 후 동그랗게 만다.
4. 먹기 좋은 크기로 썰어 완성한다.

※ 기호에 따라서 카레 분말의 양을 조절하면 된다.

카레 빠에야

재료

카레분	40 g	마늘	1개
쌀	150 g	홍합	50 g
양파	1개	새우	3개
피망	1개	오징어	50 g

조리방법

1. 팬에 기름을 두르고, 다진 양파, 피망, 다진 마늘, 불린 쌀과 물을 약간 넣고 투명해질 때까지 볶는다.
2. 쌀이 말갛게 되면 물을 붓고 홍합, 새우, 오징어를 넣어 익을 때까지 저으면서 볶아 준다.
3. 모든 재료가 익으면 카레 가루를 넣어 간을 하여 완성한다.

카레 부르스트

재료

카레분	15 g	케첩	30 g
소시지	6개	허니머스터드	30 g
후렌치후라이	100 g		

조리방법

1. 소시지에 칼집을 내고 기름을 두른 팬에 굽는다.
2. 후렌치후라이를 기름에 튀겨 낸다.
3. 그릇에 소시지와 후렌치후라이를 담아 케첩과 허니머스터드를 뿌리고, 카레 가루를 뿌려 완성한다.

단원정리

1. 스파이스와 허브를 총칭하는 향신료는 인간에게 오래전부터 유용하게 사용되어 왔다.
2. 향신료의 식품에서 기능은 향을 부여하는 부향작용(방향성, 자극성, 상쾌성), 매운맛, 쓴맛, 단맛을 주는 정미작용(신미성, 고미성, 감미성), 색상을 나타내는 착색작용(적색, 녹색, 황색), 나쁜 냄새를 제거하는 탈취작용이 있는데, 일반적으로 이것을 향신료의 4대 기본 작용이라고 말한다.
3. 각각의 향신료에 대한 향기 성분과 그 향신료의 식품에서의 기본 작용을 숙지하여 식품 가공 시 활용하면 식품의 향과 맛을 다양하게 표현할 수 있다.
4. 최근 향신료의 생리활성물질에 대한 연구가 여러 분야에서 활발히 진행되고 있으며, 항산화, 항암, 항당뇨 등에는 효과가 있는 것으로 밝혀져 식품으로서뿐만 아니라 의학 분야에서도 향신료에 대한 관심이 증대되고 있다.

연습문제

1. 향신료란 무엇인지 설명하시오.

2. 향신료는 사용 부위에 따라 구분되는데 종자(씨앗)를 사용하는 향신료의 종류를 쓰시오.

3. 다음의 10가지 향신료를 허브와 스파이스로 분류하시오.

세이지, 너트멕, 타임, 시나몬, 파슬리, 터메릭, 오레가노, 메이스, 올스파이스, 생강

4. 향신료의 주요 기능 4가지를 설명하시오.

5. 카시아와 시나몬의 차이점에 대하여 답하시오.

6. 중국의 전통 향신료 조합인 오향을 구성하는 향신료 5가지를 답하시오.

7. 항인플루엔자 제제인 타미플루의 원료 식물을 답하시오.

8. 강황이 함유하고 있는 커큐미노이드 성분 3가지를 답하시오.

9. 클로브의 대표적인 향기 성분을 답하시오.

10. 피자 스파이스라고 불릴 만큼 피자와 파스타 등 이탈리아 요리에 빠지지 않는 향신료를 답하시오.

정답 및 해설

1. 향신료는 감각신경을 자극하여 맛을 향상시키거나 식욕을 증진시키는 방향성을 갖는 식물에서 얻은 조미료로 스파이스(spice)와 허브(herb)를 총칭한다.
2. 캐러웨이, 펜넬, 쿠민, 딜, 아니스, 셀러리 시드, 페누그릭, 카다몬, 코리안더, 깨, 머스터드
3. 허브 : 세이지, 타임, 파슬리, 오레가노
   스파이스 : 너트멕, 시나몬, 터메릭, 메이스, 올스파이스, 생강
4. 1) 부향작용 : 요리에 풍미를 부여하고, 식품의 품질 향상에 유용한 작용
   2) 신미작용 : 식욕 증진 및 소화 촉진을 시키는 것으로 음식에 매운맛을 부여하는 작용
   3) 착색작용 : 식품에 특유의 색을 부여하는 작용
   4) 교취 및 탈취 작용 : 식품의 나쁜 냄새를 마스킹(masking)하거나 나쁜 냄새를 없애는 작용
5. 시나몬은 학명이 *Cinnamomum zeylanicum*이고, 카사아는 *Cinnamomum cassia*이며, 카시아는 주요 향기 성분인 시나믹 알데하이드의 함량이 높아 특유의 향이 강한 반면 시나몬은 카시아보다 시나믹 알데하이드는 적게 함유하지만 유제놀 성분이 함유되어 있어 부드럽고 섬세한 맛을 가진다.
6. 스타아니스, 페퍼, 클로브, 카시아, 펜넬
7. 스타아니스
8. 커큐미노이드(curcuminoid)는 커큐민, 비스데메톡시 커큐민, 데메톡시 커큐민 3종의 화합물로 구성되어 있다.
9. 유제놀(eugenol)
10. 오레가노

CHAPTER **16**

제16장

식품첨가물

학습목표

1. 식품첨가물의 종류 및 용도를 알 수 있다.
2. 식품첨가물의 필요성을 이해할 수 있다.
3. 식품첨가물의 안전성을 이해할 수 있다.

식품첨가물은 현대 식품 산업의 발전과 불가분의 관계를 가지고 있다. 1차 산물을 가공해서 식품으로 제조하여 대량 유통하거나 장기간 저장할 때 미생물 오염에 의한 식중독 예방 및 저장성 증진, 기호성 향상, 영양 강화 등을 목적으로 사용하는 식품첨가물은 식품 산업에서 필수 불가결한 요소이다.

식품은 생명 유지에 필요한 영양소 및 에너지를 공급하는 1차 기능, 먹는 즐거움을 주는 기호성의 2차 기능, 질병 예방 및 건강 증진의 3차 기능을 가지고 있다. 자연계에 존재하는 식품을 그대로 섭취할 경우에는 보존성 및 기호성이 떨어져 가공을 하게 되는데 이 과정에서 식품첨가물의 사용은 필수적이다. 산업이 발전함에 따라 가공식품의 수요가 크게 증가되고 있는데 식품 제조, 가공 단계에서 식품의 기능을 유지하는 동시에 저장성을 향상시키기 위한 목적으로 식품첨가물의 사용은 필수 불가결하다. 예로서 식품의 영양적 가치를 증진시키기 위해 영양강화제가, 식품의 품질 개량 및 유지를 위해 밀가루개량제 및 유화제가, 식품 제조 공정 중에 거품 생성을 방지하기 위해 거품제거제가, 기호성을 향상시키기 위해 향미증진제, 착색료 및 향료 등이 사용된다. 또한 식품의 저장성 향상을 위해 보존료 및 산화방지제 등이 식품첨가물로 사용되고 있다.

식품첨가물은 건강에 해를 미칠 우려가 없어야 하고 이것을 사용함으로써 소비자에게 이익을 줄 수 있어야 한다. 식품첨가물은 이것 없이는 식품 산업이 존재할 수 없다고 말할 수 있을 정도로 식품 산업에 필수적이지만, 모든 화학물질이 그렇듯이 과량 섭취 시 인체에 유해할 수 있다는 양면성을 가지고 있는 물질로서 식품의 제조, 가공 및 저장에 도움이 되는 많은 기능을 가지고 있다. 현대사회는 식품과학 기술의 발달로 가공식품의 종류가 증가하고 간편, 편의성이 증대된 인스턴트식품의 증가로 식품첨가물의 사용이 늘고 있다. 식품첨가물은 안전성이 입증된 물질에 한하여 사용이 허가되며 올바르게 사용하도록 기준과 규격이 「식품첨가물공전」에 수록되어 있다.

1. 식품첨가물의 정의

「식품위생법」 제2조에서 식품첨가물은 "식품을 제조·가공·조리 또는 보존하는 과정에서 감미, 착색, 표백 또는 산화방지 등을 목적으로 식품에 사용되는 물질을 말한다. 이 경우 기구·용기·포장을 살균·소독하는 데에 사용되어 간접적으로 식품으로 옮아갈 수 있는 물질을 포함한다."로 정의하고 있다. FAO Food and Agriculture Organization(유엔식량농업기구)와 WHOWorld Health Organization(세계보건기구)가 합동으로 만든 식품첨가물전문가위원회 Joint FAO and WHO Expert Committee on Food Additives, JECFA는 식품첨가물을 "식품의 외관, 향미, 조직감 또는 저장성을 향상시키기 위해서 식품에 보통 미량으로 첨가되는 비영양성 물질"이라고 정의하고 있으며, 미국 학술원National Academy of Science 산하 식품보호위원회에서는 "식품첨가물이란 생산, 가공, 저장 또는 포장의 어느 국면에서 식품 중에 첨가되는 기본적인 식량 이외의 물질, 또는 이들의 혼합물로 우발적인 오염물은 이에 포함되지 않는다."라고 정의하고 있다. 일본은 식품첨가물을 "식품의 제조 과정에 사용되거나 혹은 가공·보존의 목적으로 식품에 첨가, 혼합, 침윤, 기타의 방법으로 사용되는 물질을 말한다."라고 정의하고 있다. CACCodex Alimentarius Commission(국제식품규격위원회)에서 2007년 채택한 식품첨가물의 일반 사용 기준인 GSFAGeneral Standard for Food Additives에는 "식품첨가물이란 그 자체로는 통상적으로 식품으로 섭취되지 않고 영양가가 있든 없든 식품의 전형적인 재료로 사용되지 않는 물질로서 제조, 가공, 포장 또는 수송에 있어서 식품에 기술적인 목적(관능적 특성)을 주기 위해서 의도적으로 첨가하는 물질이며 직접, 간접적으로 식품에 남을 수 있다."로 정의되어 있다.

이러한 정의를 종합하면 식품첨가물이란 식품 본래의 성분 이외에 식품에 첨가되는 물질로서 명백한 사용 목적이 있고 식품과 공존해야만이 의의를 가지며 단독으로는 우리의 식생활과 관계가 없는 비식품이라고 할 수 있다. 식품첨가물은 식품의 구성 성분이 아니며 보편적으로 섭취하는 물질이 아니면서 식품의 제조 및 가공 과정 중 기술적, 영양적 효과를 얻기 위해 식품에 의도적으로 첨가하는 물질이다. 이들은 최종제품인 식품에 남아 있건, 남아 있지 않건 상관없이 식품의 제조, 가공, 보존 중에 사용되었으면 식품첨가물로 취급된다. 예로서 과산화수소는 살균제 용도로 사용되는데 "최종식품의 완성 전에 분해하거나 또는 제거하여야 한다."라는 사용 기준이 있다. 따라서 최종식품에 과산화수소가 남아 있지 않더라도 식품의 제조, 가공 중에 사용되었다면 식품첨가물이다.

식품첨가물과 의약품은 모두 안전성이 충분히 입증된 물질인 경우에 사용하지만, 의약품은 특정한 사람에게 특정한 목적으로 치료 효과를 나타낼 수 있는 양을 의식적으로 단기간에 먹는 반면 식품첨가물은 식품에 첨가되어 일반인이 잘 모르게 평생 섭취하게 되므로 더 엄격한 안전성 검토가 이루어진다.

식품첨가물 식품을 제조·가공·조리 또는 보존하는 과정에서 감미, 착색, 표백 또는 산화방지 등을 목적으로 식품에 사용되는 물질.

「식품위생법」 제7조에 의하여 식품 또는 식품첨가물의 제조·가공·사용·조리 및 보존의 방법에 관한 기준과 그 식품 또는 식품첨가물의 성분에 관한 규격을 정하여 고시하도록 되어 있는데 식품의 기준과 규격은 「식품공전」에, 식품첨가물의 기준과 규격은 「식품첨가물공전」에 수록되어 있다. 설탕, 포도당, 과당, 올리고당과 같은 당류는 「식품공전」에 기준과 규격이 수록되어 있으므로 식품이다. 전분도 「식품공전」에 기준과 규격이 수록되어 있으므로 식품이지만, 변성전분은 「식품첨가물공전」에 기준과 규격이 수록되어 있으므로 식품첨가물이다.

2. 식품첨가물의 필요성

식품첨가물은 오래전부터 사용되어 왔다. 예를 들면 와인 제조 시 사용하는 이산화황, 염지 과정에 사용하는 아질산염 등은 경험적으로 오랫동안 사용되어 온 식품첨가물이다. 20세기 중반에 시작된 식품 가공 산업의 발전은 식품첨가물의 사용을 크게 증가시켰다. 식품첨가물은 가공 공정상 꼭 필요한 경우, 즉 식품의 보존을 위해, 기호성 향상을 위해, 그리고 영양 강화 등의 목적으로 사용된다.

가공 공정상 꼭 필요한 경우, 즉 식품첨가물이 없다면 식품이 제조될 수 없는 예로 껌, 두부 및 빵을 들 수 있는데 껌은 식품첨가물인 껌기초제가 없으면 제조할 수 없고, 두부도 응고제가 없으면 제조할 수 없다. 또한 팽창제를 사용하지 않으면 밀가루 반죽이 부풀지 않아 빵을 만들 수 없다. 이외에도 많은 식품첨가물이 식품의 가공 공정상 필수 불가결하게 사용되고 있다.

식품의 보존성 및 저장성은 현대사회에서 식품의 대량 생산, 유통을 가능하게 해주는 중요한 요소이다. 만일 보존료가 없다면 식중독에 의한 위험이 크게 증가할 것이며, 식품을 장기간 보관하기도 어려울 것이다. 따라서 식품첨가물은 식품 안전 확보에 중요한 역할을 한다. 지방 산화는 지방을 함유한 식품에 있어서 피할 수 없는 현상이고 지방 산화가 일어나면 식품의 품질이 저하될 뿐 아니라 건강에 유해한 독성물질을 생성하기도 한다. 따라서 산화방지제의 사용은 식품의 저장성 증진뿐만 아니라 안전한 식품의 공급이라는 측면에서 중요하다.

식품의 향미, 색깔 및 조직감을 개선하여 기호성을 향상시키는 것은 인간에게 먹는 즐거움을 줄 뿐 아니라 식량 자원의 낭비를 막기도 한다. 향미증진제, 향료, 착색료 및 감미료 등이 식품의 기호성을 향상시키기 위해 사용된다. 영양강화제는 식품 가공 중 손실되는 영양소를 강화해 주므로 건강 증진에 도움을 준다.

3. 식품첨가물의 분류

식품첨가물은 제조 방법에 따라 화학적합성품과 천연첨가물로 분류하기도 한다. 하지만 식품첨가물을 제조 방법에 따라 화학적합성품과 천연첨가물로 분류하는 국가는 없으며 합성/천연의 분류도 의미가 없다. 따라서 우리나라는 2016년 4월 29일 고시를 통해 식품첨가물의 분류 체계를 '화학적합성품/천연첨가물' 구분 없이 식품첨가물로 통합하였다. 2018년 1월 1일부터 우리나라 식품첨가물은 식품첨가물과 혼합제제류로 분류된다.

화학적합성품이란 화학적 수단으로 원소 또는 화합물에 분해반응 이외의 화학반응을 일으켜서 얻은 물질을 말하며 화학물질 등에서 화학적으로 합성한 것과 동물, 식물, 광물 등 천연물 또는 그 추출물을 원료로 하여 이에 화학반응을 일으켜서 얻은 것도 포함된다. 자연계에 존재하지 않는 물질을 화학적으로 합성한 것을 인공artificial이라 하고(예를 들어 타르색소), 자연계에 존재하는 성분을 화학적으로 합성한 것을 nature-identicalNI이라고 한다. 예로서 안식향산은 살구나 매실 등 자연계에도 존재하는 성분이고 프로피온산도 스위스치즈에 존재하는 성분으로서 우리는 이 성분과 동일한 물질을 화학적으로 합성하여 식품첨가물로 사용하고 있다. 천연첨가물은 동물, 식물 등 생물자원을 소재로 하여 이를 추출한 다음 첨가물로서의 유효 성분을 분리, 정제하여 얻어지는 것(예를 들어 심황색소, 레시틴) 또는 발효에 의해 얻는 효소류 및 효소반응에 의해 얻어지는 물질(예를 들어 글루코아밀라아제, 효소분해레시틴), 그리고 천연의 불용성 광물성물질(예를 들어 규조토, 백도토)을 말한다. 혼합제제류는 식품첨가물을 2종 이상 혼합하거나, 1종 또는 2종 이상 혼합한 것을 희석제와 혼합 또는 희석한 것으로, L-글루탐산나트륨제제, 면류첨가알칼리제, 보존료제제, 사카린나트륨제제, 타르색소제제, 합성팽창제baking powder 및 혼합제제 등이 있다.

d-α-토코페롤*d*-α-tocopherol은 식용식물성 기름에서 추출한 것이다. 한편 비타민 E*dl*-α-tocopherol는 화학적으로 합성한 것이다. 이 둘은 천연에서 얻든, 합성을 하든 동일한 구조를 가지고 있다. 다만 천연에서 추출한 것은 α-토코페롤이 *d*-형만 존재하지만 화학적으로 합성을 하면 *d*-형과 *l*-형이 같이 존재한다.

나라마다 식습관과 식문화가 다르고 식품의 종류에도 차이가 나므로 지정된 식품첨가물도 국가마다 차이가 있다. 식품첨가물은 신규로 지정되기도 하고 지정이 취소되기도 하기 때문에 식품첨가물의 수는 유동적이다. 우리나라는 화학적합성품과 천연첨가물로 나누어 관리해 왔으나, 2016년 3월부터 천연과 합성의 구분이 없이 사용하게 되었다.

식품첨가물의 일반 사용 기준으로 "식품 제조, 가공 과정 중 결함이 있는 원재료나 비위생적인 제조 방법을 은폐하기 위하여 사용하여서는 안 된다."고 규정하고 있다. 즉 식품첨가물은 식품의 위화adulteration의 목적으로 사용하면 안 된다. 예로서 파프리카추출색소는 고춧가루에 사용할 수 없다. 또한 식품첨가물은 물리적, 영양적, 기타 기술적 효과를 달성하는 데 필요한 최소량으로 제한 사용하여야 한다. 「식품첨가물공전」에는 식품첨가물의 사용 기준이 있는 것과 없는 것이 있는데 사용 기준이 없는 것은 이러한 일반 사용 기준에 준해서 사용하여야 한다.

식품첨가물 중에는 천연에서 유래되는 안식향산 및 프로피온산처럼 식품 제조, 가공 시 의도적으로 첨가하지 않았음에도 존재할 수도 있다. 따라서 식품 중의 보존료 적합 여부 판정 시 천연에서 유래된 것은 판단할 수 있도록 하고 있다. 또 어떤 식품에 사용할 수 없는 식품첨가물이 그 식품첨가물을 사용할 수 있는 원료에서 유래되었을 경우에는 그 식품 중의 식품첨가물 함유는 원료로부터 이행된 범위 안에서 식품첨가물 사용 기준의 제한을 받지 아니할 수 있다.

4. 식품첨가물 사용의 결정

모든 화학물질은 독이 될 수도 있고 약이 될 수도 있다. 즉, 아무리 안전한 물질이라고 하더라도 다량 섭취하면 우리 몸에 해가 될 수 있다. 예로서 설탕, 소금 같이 안전한 식품도 다량 섭취하게 되면 인체에 해가 될 수 있다. 식품첨가물은 식품에 사용되어 우리에게 이로움을 주기도 하지만 잘못 사용하면 위해를 가하기도 하는 양면성을 가지고 있다. 따라서 식품첨가물의 사용은 위해와 이익의 균형risk-benefit balance에 의해 결정된다. 즉 식품첨가물이 우리에게 주는 이익benefit이 위해risk보다 훨씬 크면 사용을 허가하게 되는 것이다.

식품첨가물을 사용함으로써 사람에게 주는 이익은 첫째, 건강상 이익을 들 수 있다. 보존료나 산화방지제는 식품의 품질을 보존하여 식중독 예방 등 식품 안전성을 향상시키며, 영양강화제는 식품의 영양적 가치를 증진시킨다. 둘째는 향료, 착색제, 발색제, 향미증진제, 감미료와 같이 식품의 향, 색, 맛을 개선하여 식품의 기호성을 증진시킨다. 셋째는 경제적 이익을 들 수 있는데, 식품첨가물을 사용함으로써 다양한 식품의 대량 생산, 유통이 가능하다. 또한 바쁜 현대사회에 식사의 편의성이 증대된 것도 식품첨가물이 우리에게 주는 이익으로 볼 수 있다.

미국에는 「딜레이니 조항Delaney clause」이라고 해서 발암성이 판명된 물질은 식품첨가물로 사용할 수 없다는 조항이 있다. 사카린나트륨은 당뇨 환자나 비만인 사람처럼 당 섭취를 줄여야 하는 사람들을 위해 개발된 합성감미료이다. 하지만 사카린나트륨이 동물실험에서 방광암을 유발할 수 있다는 연구 결과가 나오자 미국 FDA는 「딜레이니 조항」에 의해 사카린나트륨의 사용을 금지하고자 하였다. 하지만 당뇨 환자나 비만인 사람들이 미국 의회에 사카린나트륨 사용을 허가해 달라는 청원을 하게 된다. 미 의회는 사카린나트륨이 당 섭취를 제한해야 하는 사람들에게 주는 이익이 발암 위험성보다 훨씬 크다고 판단해 사용 금지를 유예하였다saccharin moratorium. 아질산염의 경우도 아질산염에 의해 발암 가능성이 있는 나이트로사민의 생성 가능성이 있지만 아질산염을 사용하지 않았을 때 일어날 수 있는 클로스트리듐 보툴리눔*Clostridium botulinum*에 의한 식중독 가능성이 훨씬 더 위험하므로 위해와 이익의 균형에 의해 아질산염을 사용하게 되는 것이다.

5. 식품첨가물의 일일 섭취허용량

안전한 식품첨가물 섭취량의 기준으로 ADIacceptable daily intake(일일 섭취허용량)가 사용된다. ADI는 일생 동안 매일 먹더라도 유해한 작용을 일으키지 않는 체중 1 kg 당 일일 섭취허용량(mg/kg 체중/1일)으로 정의된다. ADI는 일생 동안 섭취할 경우에 발생하는 만성 독성을 근거로 산출된 값으로, 동물실험에서 유해한 영향이 관찰되지 않는 화학물질의 최대섭취량인 최대무독성량no observed adverse effect level, NOAEL에 안전계수(통상적으로 100)를 나누어서 계산한 값이다. 또한 식품에 사용하는 사용 기준을 설정할 때는 ADI값보다 훨씬 적은 양을 사용 기준으로 설정한다. ADI를 산출할 때 고려한 안전 폭이 크기 때문에 장기간에 걸쳐 섭취한 양이 ADI 이하라면 일시적으로 ADI를 초과하여 섭취하더라도 건강상 문제가 되지 않는다.

JECFA에서는 주기적으로 식품첨가물의 안전성을 평가하여 안전성에 문제가 있다고 판

JECFA Joint FAO and WHO Expert Committee on Food Additives. 국제식량농업기구/세계보건기구 합동 식품첨가물전문가위원회.

명되면 지정을 취소한다. 지정될 당시의 과학적 지식에 의해 안전하다고 평가된 식품첨가물도 과학 기술의 발달로 안전성이 재평가될 수 있다. 2004년 파라옥시안식향산프로필이 생식 독성이 있다는 연구 결과가 발표되었다. 2006년 EU는 연구 결과를 검토한 후 지정을 취소하였다. 이에 우리나라는 2008년도에 파라옥시안식향산프로필을 지정 취소하고, 2009년도에는 파라옥시안식향산부틸, 파라옥시안식향산이소부틸 및 파라옥시안식향산이소프로필의 지정을 취소한 바 있다. 과거 천연첨가물로 분류되었던 꼭두서니 색소처럼 안전성 때문에 취소된 품목도 있다.

6. 식품첨가물의 종류

우리나라 「식품첨가물공전」은 식품첨가물의 용도를 감미료, 고결방지제, 거품제거제, 껌기초제, 밀가루개량제, 발색제, 보존료, 분사제, 산도조절제, 산화방지제, 살균제, 습윤제, 안정제, 여과보조제, 영양강화제, 유화제, 이형제, 응고제, 제조용제, 젤형성제, 증점제, 착색료, 추출용제, 충전제, 팽창제, 표백제, 표면처리제, 피막제, 향미증진제, 향료 및 효소제 등 31개로 분류하고 있다.

일반적으로 식품첨가물은 단일 용도로 사용되지 않고 다용도로 사용되기 때문에 용도를 분류하는 데 많은 어려움이 따른다. 하지만 주 용도별로 우리나라 「식품첨가물공전」에 기준과 규격이 설정된 식품첨가물을 살펴보면 다음과 같다. 식품첨가물을 용도별로 분류해 살펴보면 식품첨가물의 기능을 파악하는 데 도움이 될 것이다.

1) 산도조절제acidity regulator

식품의 산도 또는 알칼리도를 조절하는 것으로 구연산citric acid, 글루코노-δ-락톤glucono-δ-lactone, 빙초산glacial acetic acid, DL-사과산DL-malic acid 및 DL-주석산DL-tartaric acid, 구연산삼나트륨trisodium citrate(구연산나트륨), 구연산칼륨potassium citrate 및 산성피로인산나트륨disodium dihydrogen pyrophosphate 등이 있다. 글루코노-δ-락톤은 두부 응고제 및 팽창제로도 사용된다.

2) 고결방지제anticaking agent

식품의 입자 등이 서로 부착되어 고형화 되는 것을 감소시키는 것으로 규산마그네슘

magnesium silicate, 규산칼슘calcium silicate, 실리코알루민산나트륨sodium silicoaluminate, 페로시안화나트륨sodium ferrocyanide, 페로시안화칼륨potassium ferrocyanide 및 페로시안화나트륨calcium ferrocyanide 등이 있다. 흡습성이 있는 분말이나 입자 형태의 식품은 주위의 수분을 흡수하여 덩어리를 형성한다. 흡습성 식품의 저장 중 단단한 고체 덩어리가 형성되어 품질 저하를 일으키는 것을 방지하기 위하여 사용한다.

3) 거품제거제antifoaming agent

식품의 거품 생성을 방지하거나 감소시키는 것으로 규소수지silicone resin 및 이산화규소silicon dioxide 등이 있다. 거품이 생성되면 작업이 어렵고 발효미생물의 호기 조건을 방해하여 미생물 생육이 억제되기 때문에 발효나 농축 등 식품 제조 과정에서 발생하는 불필요한 거품의 생성을 억제 또는 제거하는 용도로 사용된다.

4) 산화방지제antioxidant

산화에 의한 식품의 품질 저하를 방지하는 것으로 디부틸하이드록시톨루엔dibutylated hydroxy toluene, BHT, 부틸하이드록시아니솔butylated hydroxy anisole, BHA, 터셔리부틸하이드로퀴논tert-butylhydroquinone, TBHQ, 에리토브산erythorbic acid, 에리토브산나트륨sodium erythorbate, L-아스코빌스테아레이트L-ascorbyl stearate, 아스코빌팔미테이트ascorbyl palmitate, EDTA2나트륨disodium ethylenediaminetetraacetate, EDTA칼슘이나트륨calcium disodium ethylene-diaminetetraacetate 및 갈산프로필propyl gallate 등이 있다. 이 10종의 산화방지제는 명칭과 용도를 함께 표시해 주어야 한다〔예를 들어 디부틸하이드록시톨루엔(산화방지제)〕. 이외에도 비타민 C, *d*-α-토코페롤*d*-α-tocopherol, 차추출물tea extract, 차카테킨tea catechin, 포도종자추출물grape seed extract

그림 16.1 **탄산음료**
(산도조절제 사용 예)

그림 16.2 **커피믹스**
(고결방지제 사용 예)

그림 16.3 **두부**
(거품제거제 사용 예)

그림 16.4 **식용유**
(산화방지제 사용 예)

및 γ-오리자놀γ-oryzanol 등이 산화방지제 용도로 사용된다.

5) 착색료color

식품에 색을 부여하거나 복원시키는 것으로 식용색소녹색제3호fast green FCF, 식용색소녹색제3호 알루미늄레이크fast green FCF aluminium lake, 식용색소적색제2호amaranth, 식용색소적색제2호 알루미늄레이크, 식용색소적색제3호erythrosine, 식용색소적색제40호allura red AC, 식용색소적색제40호 알루미늄레이크, 식용색소적색제102호ponceau 4R, 식용색소청색제1호brilliant blue FCF, 식용색소청색제1호 알루미늄레이크, 식용색소청색제2호indigocarmine, 식용색소청색제2호 알루미늄레이크, 식용색소황색제4호tartrazine, 식용색소황색제4호 알루미늄레이크, 식용색소황색제5호sunset yellow FCF, 식용색소황색제5호 알루미늄레이크, 동클로로필copper chlorophyll, 동클로로필린나트륨sodium copper chlorophyllin, 철클로로필린나트륨sodium iron chlorophyllin, 이산화티타늄titanium dioxide, 삼이산화철iron sesquioxide, 수용성 안나토annatto, water-soluble, 카민carmine, β-카로틴β-carotene, 동클로로필린칼륨potassium copper chlorophyllin 및 β-아포-8′-카로티날β-apo-8′-carotenal 등이 있다. 이 26종의 착색료는 명칭과 용도를 함께 표시해 주어야 한다〔예를 들어 식용색소황색제4호(합성착색료)〕. 이외에도 감색소persimmon color, 치자적색소gardenia red, 치자황색소gardenia yellow 및 카라멜색소caramel color 등 50여 품목이 있다.

그림 16.5 **사탕(착색료 사용 예)**

우리나라에서 타르색소는 9종 16품목이 허용되어 있다. 알루미늄레이크는 타르색소의 알루미늄착화합물로, 수용성 타르색소로는 시간이 오래 걸리고 균일하게 착색되기 어려운 분말식품, 유지식품, 알사탕 및 껌 등에 사용하여 착색 효과를 나타낸다. 타르색소는 석유화학 부산물인 타르tar에서 추출한 벤젠, 톨루엔, 나프탈렌 등을 재료로 하여 만들어진다. 주로 사탕, 음료수, 아이스크림, 추잉껌, 과자 등의 가공식품에 사용되고 있으며, 우리나라에서 타르색소는 9종 16품목이 허용되어 있다. 현재 허용되고 있는 것은 모두 수용성이다. 타르색소는 아조기(–N=N–)를 가진 것이 문제가 되며 분자 중에 SO_3H기가 있고 COOH기와 OH기가 킬레이트를 형성하지 않는 한 독성이 없다고 알려져 있다. 현재 우리나라에서 허용되어 있는 것들은 COOH기가 없어서 킬레이트를 형성할 수 없으므로 독성에는 별문제가 없다고 본다. 녹색3호는 EU에서는 식품첨가물로 지정되어 있지 않고 적색2호 및 적색102호는 미국에서 지정되어 있지 않다. 적색2호와 적색102호는 어린이 기호식품에는 사용하지 못한다.

카라멜색소caramel color는 Ⅰplain caramel, Ⅱcaustic sulfite caramel, Ⅲammonia caramel 및 Ⅳ sulfite ammonia caramel가 있다. 암모늄화합물을 사용하는 카라멜색소 Ⅲ과 Ⅳ에서 4-MEI4-methylimidazole가 문제가 되기도 한다. 4-MEI는 암모니아와 당의 가열에 의해 생성되는 물질로서, 국제암연구소IARC에서 발암물질 그룹 2B로 분류된 물질이다.

코치닐추출색소는 15세기부터 식품에 사용해 온 동물성 색소로서, 열이나 빛에 안정한 수용성 색소이다. WHO에서는 알레르기 반응을 유발할 가능성이 있다고 경고하고 있다.

6) 발색제color retention agent

식품의 색을 안정화시키거나 유지 또는 강화시키는 것으로 아질산나트륨sodium nitrite, 질산나트륨sodium nitrate 및 질산칼륨potassium nitrate 등이 있다. 아질산염은 육류의 색도 유지시키는 주용도 외에도 보툴리누스세균*Clostridium botulinum*의 생육을 억제하는 보존료로서의 기능도 한다. 이 3종은 명칭과 용도를 함께 표시해 주어야 하는데 발색용은 발색제로 보존용은 보존료로 표시한다.

그림 16.6 **소시지**(발색제 사용 예)

질산염은 육류의 숙성과 보존을 위하여 수백 년 동안 사용되어 왔다. 서양에서는 오랫동안 육제품을 저장할 때 염지curing를 해왔는데 이때 경험적으로 초석을 사용했고 이 초석에 질산염이 함유되어 있어서 육제품의 색을 보존하게 된 것이다. 육류의 선홍색은 헤모글로빈hemoglobin이나 미오글로빈myoglobin에 기인하는데 이 색소가 산화되면 메트헤모글로빈methemoglobin 또는 메트미오글로빈metmyoglobin이 되어 갈색으로 변하게 된다. 이때 아질산이 분해되어 생성된 산화질소NO가 헤모글로빈이나 미오글로빈과 결합하여 나이트로소헤모글로빈nitrosohemoglobin 또는 나이트로소미오글로빈nitrosomyoglobin을 생성하여 선홍색이 유지되는 것이다. 1890년대에 들어와서 질산염을 첨가한 육류의 색깔이 잘 보존되는 것은 질산염에서 유래한 아질산염에 의해 일어난다는 것이 알려짐에 따라 질산염 대신 아질산염을 사용하게 되었다. 아질산염은 발색제와 보존료로서의 기능 외에도 풍미를 좋게 하고, 지방 산화를 억제하는 작용도 가지고 있다. ADI

는 아질산나트륨이 0~0.06 mg/kg 체중이고 질산나트륨과 질산칼륨은 0~3.7 mg/kg 체중으로 알려져 있다.

아질산염은 아미노산 등 2급 아민과 산성 조건에서 가열에 의해 나이트로사민nitrosamine을 생성한다고 알려져 있다. 나이트로사민은 국제암연구소 발암물질 분류 등급에 따르면 group 2B(인체 발암성에 대한 증거가 제한적이고 동물 발암성에 대한 증거도 불충분한 경우)에 속한다. 실제로 섭취한 아질산이 나이트로사민으로 전환되는 비율은 매우 낮은 것으로 보고되고 있다. 또한 비타민 C나 에리토브산과 같은 산화방지제를 첨가하면 나이트로사민의 생성을 억제할 수 있다. 아질산염의 사용 기준은 식육 가공품의 경우 우리나라는 70 ppm 이하가 남도록 사용하여야 하며, 이는 미국의 200 ppm, EU의 100 ppm에 비하여 낮게 설정된 것이다. 다량의 아질산염을 섭취하면 메트헤모글로빈이 생성되어 산소 운반 능력을 저하시키는데 소량 섭취 시에는 메트헤모글로빈 환원효소에 의하여 헤모글로빈이 되므로 정상 기능을 회복한다. 영아는 메트헤모글로빈 환원효소가 부족하므로 아질산염을 3개월 미만의 영아에게는 사용하면 안 된다.

채소류에는 질산이 많이 들어 있고 섭취한 질산은 체내에서 아질산으로 전환된다. 미국 성인의 경우 하루 동안 아질산염에 노출되는 비율은 장내 생성 90 mg, 침 15 mg, 식품첨가물 3 mg으로 식품첨가물에서 유래하는 아질산염의 비율은 전체 노출량의 3%에 불과하다.

나이트로사민은 생체 내(위 등)에서 생성되는 내인성 나이트로사민이 외인성보다 10배 이상 많다고 알려져 있다. 아질산염은 과채류, 질산염이나 아질산염에 오염된 물, 아질산염이 첨가된 육가공품 등에 의해 노출되는데 이 중 90% 이상이 채소류에 의해 노출된다.

7) 유화제emulsifier

물과 기름 등 섞이지 않는 두 가지 또는 그 이상의 상phases을 균질하게 섞어 주거나 유지시키는 것으로 글리세린지방산에스테르glycerin esters of fatty acids 소르비탄지방산에스테르sorbitan esters of fatty acids, 프로필렌글리콜지방산에스테르propylene glycol esters of fatty acids, 자당지방산에스테르sucrose esters of fatty acids, 폴리소르베이트20, 60, 65, 80polysorbate 20, 60, 65, 80, 스테아릴젖산나트륨sodium stearoyl lactylate, 레시틴lecithin, 효소분해레시틴enzymatically decomposed

그림 16.7 **아이스크림(유화제 사용 예)**

lecithin 및 유카추출물yucca extract 등이 있다.

유화제는 또한 녹말의 노화를 방지하며, 거품을 안정화시킬 뿐 아니라 빵류에서 글루텐과 상호작용하여 반죽의 부피를 유지시켜 준다. 유화제는 한 분자 내에 극성인 부분과 비극성인 부분으로 구성되어 있다. HLBhydrophilic-lipophilic balance는 유화제의 친수성 및 친유성을 나타내는 지표로서 0~20 사이의 값을 가진다. HLB값이 크다는 것은 유화제가 친수성이 크다는 것이고, 작다는 것은 유화제가 친유성이 크다는 것이다. 유화제의 HLB 값이 0~3이면 거품제거제, 4~6이면 W/O형 유화, 7~9이면 습윤제, 8~18이면 O/W형 유화에 적합하다.

8) 향미증진제flavoring enhancer

식품의 맛 또는 향미를 증진시키는 것으로 5′-구아닐산이나트륨disodium 5′-guanylate, 5′-이노신산이나트륨disodium 5′-inosinate, 5′-리보뉴클레오티드이나트륨disodium 5′-ribonucleotide, 5′-리보뉴클레오티드칼슘calcium 5′-ribonucleotide, L-글루탐산나트륨monosodium L-glutamate, 글리신glycine, 카페인caffeine, 호박산이나트륨disodium succinate 및 효모추출물yeast extract 등이 있다. 카페인과 L-글루탐산나트륨은 명칭과 용도를 함께 표시해 주어야 한다.

L-글루탐산나트륨은 사용 기준이 없으며 카페인은 콜라형 음료에만 사용하도록 되어 있다. L-글루탐산나트륨은 0.03% 이상의 농도에서 감칠맛을 나타내며, 통상적으로 0.2~0.8% 사용하면 향미 증진 효과가 가장 좋다.

L-글루탐산나트륨은 우리나라에서는 조제 유류, 영유아용 조제식, 성장기용 조제식, 기타 영유아식 등을 제외한 일반 식품에 물리적, 영양적, 기타 기술적 효과를 달성하는데 필요한 최소량만 제한 사용하도록 관리하고 있다. 다량 섭취 시 나타나는 증상으로 중국음식점증후군Chinese restaurant syndrome이 보고된 바는 있으나 이후 실시한 연구에서 관련이 없는 것으로 나타났다. 또한 Codex, EU, 미국, 일본 등 대부분의 국가에서 사용이 허용되어 있다. JECFA에서는 L-글루탐산나트륨이 독성이 매우 낮아 식품 제조 시 효과를 나타내는 수준으로 사용했을 때 건강상 위해를 주지 않는 물질ADI : not specified로 평가하고 있다. ADI가 "not specified"란 건강에 아무런 위해가 되지 않아 사용량을 설정할 필요가 없

그림 16.8 **어묵(향미증진제 사용 예)**

다는 것을 의미한다. L-글루탐산나트륨은 아미노산인 글루탐산의 나트륨염이다. 글루탐산은 단백질의 구성 성분으로 존재하거나 유리 상태로 생체나 식품 중에 존재한다.

글루탐산은 뇌에서 신경전달물질로 사용된다. 실험동물에게 글루탐산을 주입하면 뇌에 있는 신경세포를 손상시킨다고 알려져 있다. 하지만 식품으로 글루탐산을 섭취하면 이러한 일은 일어나지 않는다. 1995년 FASEB(미국 실험생물학회연합) 보고서는 L-글루탐산나트륨이 안전하다고 결론지었다. 글루탐산은 많은 생명체 내에 존재한다. 인체 내에서 또는 치즈, 우유, 고기, 콩, 버섯 같은 단백질 함유식품에서 자연적으로 발견된다. 유리 글루탐산은 식품의 향미를 증진시킨다. 토마토, 치즈, 간장의 향미 증진 효과는 유리 글루탐산에 기인한다.

L-글루탐산나트륨에 대한 안전성은 오랫동안 논쟁이 되어 왔다. L-글루탐산나트륨의 유해성은 미국 Olney 박사가 마우스에 L-글루탐산나트륨을 과량으로 주사하면 뇌조직에 손상이 일어난다고 보고하면서 야기되었다. Olney 박사는 마우스에 체중 kg당 2 g의 L-글루탐산나트륨을 피하주사한 결과 뇌조직에서 손상이 일어났으며, 4~8 g을 주사했을 때는 시신경 장애가 일어났다고 보고하였다. 하지만 이러한 실험에 대해 불합리하다는 주장이 제기되었는데, 인체 내에는 약 10 g의 유리 글루탐산이 존재하는데 주로 근육과 뇌에 존재한다. 식품으로 섭취하는 유리 글루탐산은 1~2 g이다. 인체에는 보호작용이 있어서 식품으로부터 섭취한 글루탐산이 뇌조직으로 이행되는 양은 매우 제한적이다. 마우스에 과량의 L-글루탐산나트륨을 피하주사하면 신경 독성이 일어나지만 사료와 함께 경구투여하면 체중 kg당 45 g을 먹여도 신경 독성을 나타내지 않는다. 과량의 L-글루탐산나트륨을 주사했을 때 사람, 원숭이 같은 영장류에서는 혈액 내 L-글루탐산나트륨이 정상치를 유지하여 신경 독성을 일으키지 않는다.

또한 L-글루탐산나트륨이 중국음식점증후군과 관련이 있다고 알려져 있었으나, Kerr 등이 진행한 실험에서 중국음식점증후군을 모르는 사람들에게 L-글루탐산나트륨이 들어 있는 것을 알리지 않고 L-글루탐산나트륨을 넣은 식품을 먹게 했을 때 1~2%만이 그 증상을 느꼈고 0.19%만이 중국음식과 관련이 있다고 생각했다. 중국음식점증후군을 알고 있는 사람은 12%가 그 증상을 느꼈다고 한다. 이러한 결과는 중국음식점증후군과 L-글루탐산나트륨과의 관계가 사람들의 편견에 좌우한다는 것을 말해 주는 것이며 중국음식점증후군은 커피나 토마토주스를 마신 후에도 느껴진다고 하였다. 미국은 L-글루탐산나트륨을 GRASgenerally recognized as safe로 인정하였으나 L-글루탐산나트륨의 유해성 논쟁이 일자 L-글루탐산나트륨을 재검토하여 L-글루탐산나트륨은 현재 조미료로 사용하고 있는 수준에서 인체에 해를 준다는 증거나 이유가 없다고 결론 내렸다. 미국 식품과학회 Institute of Food Technologists, IFT도 수년간 과학적인 연구 결과를 토대로 L-글루탐산나트륨은 안전하다고 결론지었다. 다만 L-글루탐산나트륨에 민감한 개인이 있으므로 표시labeling를 의무화하기로 하였다.

9) 밀가루개량제flour treatment agent

밀가루나 반죽에 첨가되어 제빵 품질이나 색을 증진시키는 것으로 아조디카르본아미드azodicarbonamide, 과산화벤조일(희석)diluted benzoyl peroxide, 과황산암모늄ammonium persulfate, L-시스테인염산염L-cysteine monohydrochloride, 염소chlorine 및 이산화염소(수)chlorine dioxide, ClO_2 등이 있다.

밀가루는 카로티노이드 색소를 함유하고 있어서 제분 후 일정 기간(2~3개월) 숙성을 시키는데 숙성을 시키지 않으면 좋은 품질의 밀가루를 얻을 수 없다. 밀가루를 저장하면 공기 중 산소의 산화작용에 의해 밀가루 단백질분해효소의 활성이 저하되고, 카로티노이드 색소의 분해가 일어나 숙성과 표백이 이루어지나 시간이 오래 걸리므로 밀가루개량제를 사용한다. 또한, 제빵 저해물질을 파괴시켜 분질을 개량하는 용도로 사용한다. 밀가루개량제의 효과는 산화에 의한 표백작용과 숙성에 의한 것이다.

10) 젤형성제gelling agent

젤을 형성하여 식품에 물성을 부여하는 것으로 염화칼륨potassium chloride, KCl과 젤라틴gelatin이 있다.

그림 16.9 **젤리(젤형성제 사용 예)**

11) 피막제coating agent

식품의 표면에 광택을 내거나 보호막을 형성하는 것으로, 광택제glazing agent라고도 부른다. 담마검dammar gum, 몰포린지방산염morpholine salts of fatty acids, 밀납beeswax, 석유왁스 petroleum wax 및 쉘락shellac 등이 있다.

GRAS(generally recognized as safe) 일반적으로 안전하다고 인정되는 물질.

12) 습윤제humectant

식품이 건조되는 것을 방지하는 것으로 글리세린glycerin, 프로필렌글리콜propylene glycol 및 폴리덱스트로스polydextrose가 있으며, 감미료인 락티톨, 만니톨, L-말티톨 및 말티톨시럽, D-소비톨 및 D-소비톨액, 에리스리톨, 자일리톨 및 폴리글리시톨시럽 등도 습윤제의 용도로도 사용된다.

그림 16.10 껌(습윤제 사용 예)

13) 보존료preservative

미생물에 의한 품질 저하를 방지하여 식품의 보존 기간을 연장시키는 것으로 데하이드로초산나트륨sodium dehydroacetate, 소브산sorbic acid, 소브산칼륨potassium sorbate, 소브산칼슘calcium sorbate, 안식향산benzoic acid, 안식향산나트륨sodium benzoate, 안식향산칼륨potassium benzoate, 안식향산칼슘calcium benzoate, 파라옥시안식향산메틸methyl *p*-hydroxybenzoate, 파라옥시안식향산에틸ethyl *p*-hydroxybenzoate, 프로피온산propionic acid, 프로피온산나트륨sodium propionate 및 프로피온산칼슘calcium propionate 등이 있다. 이 13종의 보존료는 명칭과 용도를 함께 표시해 주어야 한다[예를 들어 안식향산나트륨(보존료)]. 라이소자임lysozyme, 자몽종자추출물grapefruit seed extract, 나타마이신natamycin, 니신nisin 및 ε-폴리리신 등은 천연에서 얻는 보존료이다. 아질산염류과 아황산염류는 각각 발색제와 표백제가 주 용도이지만 보존료로서의 효과도 있다. 간혹 보존료 대신 방부제란 용어를 사용하는데 이는 잘못된 용어이다.

데하이드로초산나트륨은 자연치즈, 가공치즈, 버터류 및 마가린류에 사용하도록 사용기준이 정해져 있다.

식품 유형에 따른 보존료의 사용 기준을 보면 과일·채소류 음료(비가열제품 제외)에는 안식향산류와 소브산류를 사용할 수 있고, 기타 음료(분말음료 제외), 인삼·홍삼 음료, 간장에는 안식향산류를 사용할 수 있고, 과실주에는 소브산류만을, 탄산음료류(탄산수 제외)에는 안식향산류만을 사용할 수 있다. 잼류에는 안식향산류, 소브산류, 파라옥시안식향산에스테르류 및 프로피온산류를 사용할 수 있다. 식육 가공품(포장육, 양념육류, 분쇄가공육제품, 갈비가공품, 식육추출가공품, 식용우지, 식용돈지 제외)이나 어육 가공품에는 소브산류가 사용된다.

우리나라 「식품첨가물공전」에 안식향산, 안식향산나트륨, 안식향산칼륨 및 안식향산칼슘이 허가되어 있는 안식향산은 GRAS 물질로 알려져 있다. 안식향산은 사과, 계피, 정향, 크랜베리, 자두 및 딸기 등 천연에 존재하는 물질로 일일 섭취허용량ADI이 0~5 mg/kg 체중으로 설정되어 있고 인체 내에 섭취되어도 축적되지 않고 배설된다.

안식향산과 비타민C가 함께 존재하는 음료의 경우 벤젠이 검출될 수도 있다. 식품에 자연적으로 존재하거나 산화방지제 또는 영양 강화 등의 목적으로 첨가한 비타민C가 안식향산과 화학반응을 일으켜 벤젠이 생성될 수 있다. 이는 음료류 중 비타민C가 제조 용수 및 제품 원료에 존재하는 구리Cu, 철Fe 등의 금속촉매에 의해 산화되어 산소를 환원시키고 수퍼옥사이드음이온라디칼superoxide anion radical, O^{2-}을 형성하여 과산화수소H_2O_2를 생성하고, 안식향산은 과산화수소 및 산소로부터 형성된 하이드록실 라디칼hydroxyl radical에 의해 벤젠을 생성하게 된다. 따라서 음료류에서 생성될 수 있는 벤젠의 양은 먹는 물 수질 기준인 10 ppb로 정하고 있다. 현재는 비타민 음료에 안식향산나트륨을 사용하지 않거나 천연에서 얻은 보존료를 대체 사용하거나 또는 살균 공정을 강화하고 있다.

파라옥시안식향산에스테르류는 파라벤paraben이라고도 불리며 캡슐류, 잼류, 망고처트니, 간장, 식초, 과일·채소류 음료(비가열제품 제외), 기타 음료(분말음료 제외), 인삼·홍삼 음료, 소스류 및 과실 채소류(표피부분에 한함) 등에 사용된다.

2004년 EFSAEuropean Food Safety Authority(유럽식품안전청)는 파라옥시안식향산프로필의 안전성에 관한 여러 연구논문을 종합적으로 평가한 결과, 파라옥시안식향산프로필이 성장기 쥐rat에서 성호르몬과 수컷 생식기관에 영향을 미친다고 발표하였다. 2006년 EU에서는 파라옥시안식향산프로필이 생식 독성 등 안전성에 문제가 있다고 판단하여 사용 금지 조치하였다. 이에 우리나라는 2008년 파라옥시안식향산프로필의 지정을 취소하였고, 파라옥시안식향산부틸, 파라옥시안식향산이소부틸 및 파라옥시안식향산이소프로필 등도 2009년 지정 취소하였다. 따라서 현재 우리나라에서 사용이 허가된 파라옥시안식향산에스테르류는 파라옥시안식향산메틸과 파라옥시안식향산에틸 두 종류뿐이다.

14) 충전제packaging gas

산화나 부패로부터 식품을 보호하기 위해 식품의 제조 시 포장 용기에 의도적으로 주입시키는 가스로서 산소oxygen, 수소hydrogen, 아산화질소nitrous oxide, 이산화탄소carbon dioxide 및 질소nitrogen가 있다.

15) 분사제propellent

용기에서 식품을 방출시키는 가스로서 산소, 아산화질소, 이산화탄소 및 질소가 사용된다.

16) 팽창제raising agent

가스를 방출하여 반죽의 부피를 증가시키는 것으로 탄산나트륨sodium carbonate, 탄산수소나트륨sodium bicarbonate, $NaHCO_3$, 탄산암모늄ammonium carbonate 및 탄산수소암모늄ammonium bicarbonate 등이 있으며 이들은 가열에 의해 분해되어 탄산가스나 암모니아 가스를 발생시켜 팽창제로 작용한다. 하지만 이들 팽창제는 가스가 발생한 다음에 식품을 알칼리성으로 만들어 갈변이 되거나 향미에 부정적인 영향을 끼친다. 따라서 이와 같은 결점을 개선하기 위하여 이들 팽창제에 산성물질을 혼합한 것이 혼합제제류인 합성팽창제baking powder이다.

합성팽창제의 산성물질로 사용되는 식품첨가물은 글루코노-δ-락톤, 황산알루미늄암모늄aluminium ammonium sulfate, 황산알루미늄칼륨aluminium potassium sulfate, DL-주석산수소칼륨potassium DL-bitartrate, L-주석산수소칼륨potassium L-bitartrate, 산성피로인산나트륨disodium dihydrogen pyrophosphate 및 산성알루미늄인산나트륨sodium aluminium phosphate, acidic 등이 있다. 황산알루미늄암모늄은 '암모늄명반', 황산알루미늄칼륨은 '명반'이라고도 부르는데 이들 수용액은 산성을 나타내어 팽창제의 산성물질로 작용한다.

명반에 들어 있는 알루미늄은 중금속이 아니며 다른 중금속처럼 독성이 있지는 않지만 알츠하이머와 연관성이 있다는 보고도 있다. 알루미늄은 자연계에 널리 존재하는 물질로서 명반을 사용하지 않아도 검출될 수 있다.

효모yeast는 설탕을 분해하여 이산화탄소CO_2를 발생하므로 팽창제로서 작용한다.

그림 16.11 **빵(팽창제 사용 예)**

17) 안정제stabilizer

두 가지 또는 그 이상의 성분을 일정한 분산 형태로 유지시키는 것으로 시클로덱스트린cyclodextrin, 시클로덱스트린시럽cyclodextrin syrup 및 옥시스테아린oxystearin 등이 있다. 증점제 용도로 사용되는 식품첨가물은 모두 안정제로서의 용도도 함께 가지고 있다.

18) 감미료sweetener

식품에 단맛을 부여하는 것으로, 고감도 감미료로는 사카린나트륨sodium saccharin, 아스파탐aspartame, 글리실리진산이나트륨disodium glycyrrhizinate, 네오탐neotame, 수크랄로스sucralose 및 아세설팜칼륨acesulfame potassium 등이 있으며 이 6종은 명칭과 용도를 함께 표시해 주어야 한다[예를 들어 사카린나트륨(감미료)]. 천연에서 얻어지는 것으로 스테비올배당체steviol glycoside, 감초추출물licorice extract, D-리보오스D-ribose, D-자일로오스D-xylose, 토마틴thaumatin, 효소처리스테비아enzymatically modified stevia 및 에리스리톨erythritol 등이 있다. 당알코올류로는 D-소비톨D-sorbitol, 만니톨mannitol, 락티톨lactitol, 자일리톨xylitol, D-말티톨D-maltitol, 이소말트isomalt 및 폴리글리시톨시럽polyglycitol syrup 등이 있다.

사카린나트륨은 용성사카린이라고도 불리며 열에 안정하고 물과 알코올에 잘 녹는다. 감미도는 설탕의 300배이다. 농도가 높으면 쓴맛을 나타낸다. 보통 0.02~0.03% 이하로 사용한다. 사카린나트륨은 1879년 미국 존스홉킨스 대학교의 Remsen과 Fahlberg가 우연히 발견하여 1894년 독일에서 공업적으로 생산하게 된 고감도 감미료로서 당뇨나 비만 등으로 설탕 섭취를 제한하여야 하는 사람들에게는 중요한 감미료로 오랫동안 이용되어 왔다. ADI는 0~5 mg/kg 체중이다. 우리나라는 현재 어린이 기호식품을 포함한 23개 식품군에 사용이 허용되어 있다.

1974년에는 동물실험에서 사카린나트륨이 방광암을 유발한다는 연구 결과가 발표되었으며, 캐나다 및 미국에서는 안전성을 이유로 사카린나트륨의 사용을 금지하였다. 그 이후 사카린나트륨의 발암성에 대한 많은 연구 결과 사카린나트륨은 방광암 발생과는 관련성이 없는 것으로 밝혀졌다. 따라서 1999년 국제암연구소는 사카린나트륨을 발암물질 목록에서 삭제하였고, 2000년 미국 국립독성학프로그램National Toxicology Program, NTP도 사카린나트륨을 발암물질 목록에서 삭제하였다. 2010년에는 미국 환경보호청Environmental Protection Agency, EPA의 유해물질 목록에서 삭제되어, 현재는 사카린나트륨이 발암물질이 아니라는 사실이 인정되고 있다.

그림 16.12 **과자류(감미료 사용 예)**

아스파탐은 1965년 미국에서 개발되어 1981년 미국에서 사용이 허가되었다. 아스파탐은 아미노산 아스파트산aspartic acid과 페닐알라닌phenylalanine이 결합된 다이펩타이드dipeptide의 메틸에스테르이다. 물에는 녹으나 알코올에는 잘 녹지 않는다. 아스파탐은 설탕에 비해 180~220배의 감미도를 가지며 온도가 높으면 쉽게 분해되어 감미를 잃게 된다. 아스파탐은 ADI가 0~40 mg/kg 체중이고, 현재 미국, EU, 아시아, 아프리카, 호주 등 세계 200개국 이상의 나라에서 사용되고 있다. 다만, 페닐케톤뇨증phenylketonuria 환자의 경우 아스파탐에 함유된 아미노산인 페닐알라닌이 분해되지 않으므로 섭취에 주의해야 한다.

수크랄로스는 설탕분자의 일부를 3개의 염소Cl로 치환한 감미료로 1976년 영국에서 개발되었다. 위장에서 분해되지 않으므로 칼로리가 없다. 설탕 600배의 감미도를 갖고 있으며, 설탕과 감미 특성이 유사하여 설탕을 사용하는 모든 식품에 적용할 수 있다. 물에 용해도가 높고, 높은 온도에서도 안정하다. ADI는 0~15 mg/kg 체중이다.

아세설팜칼륨은 1967년 독일에서 개발된 감미료로 설탕의 200배의 감미도를 가지고 있으며, ADI는 0~15 mg/kg 체중이다.

네오탐은 아스파탐에서 유래된 고감도 감미료로, 감미도는 설탕의 7,000~13,000배이며 ADI는 0~2 mg/kg 체중이다.

스테비올배당체는 남미 파라과이가 원산인 스테비아*Stevia rebaudiana* Bertoni의 건조 잎을 열수로 추출, 정제하여 얻은 것으로 주성분은 스테비올배당체이다. 스테비올배당체에는 9개의 배당체가 들어 있는데 아글리콘aglycone은 스테비올steviol이며 스테비오사이드stevioside와 리바우디오사이드 Arebaudioside A가 주요 감미 성분이다. 감미도는 각각 설탕의 250배와 350배이다.

토마틴은 서아프리카 열대우림에서 서식하는 토마토코쿠스 다니엘리이*Thaumatococcus daniellii* Benth의 종자를 물로 추출한 후 정제하여 얻어지는 것으로서 분자량이 22,209taumatin I와 22,293taumatin II인 두 종의 단백질로 구성되어 있으며, 아미노산 중 히스티딘histidine이 없다. 물과 알코올에 잘 용해되며 가열에 안정하다. 감미도는 설탕의 2,500~3,000배이다.

감초추출물은 콩과 감초*Glycyrrhiza glabra* L., *Glycyrrhiza uralensis* FISCH. 또는 그 밖의 같은 속 식물의 뿌리 및 근경을 물로 추출하고, 이를 정제하여 얻어지는 물질로서 주성분은 글리실리진산glycyrrhizinic acid, glycyrrhizin이다. 감미도는 설탕의 200배이며 오래전부터 간장에 사용

페닐케톤뇨증(phenylketonuria) 페닐알라닌을 타이로신으로 변환하는 효소가 결핍되어 페닐알라닌이 혈액이나 뇌에 과도하게 축적되어 지능이 저하되는 선천성 대사 이상.

되어 왔고 별도의 사용 기준은 없다.

19) 증점제thickening agent

그림 16.13 **양갱(증점제 사용 예)**

식품의 점도를 증가시키는 것으로 알긴산나트륨sodium alginate, 변성 전분food starch modified, 아라비아검arabic gum, 로커스트콩검locust bean gum, 글루코만난glucomannan, 구아검guar gum, 잔탄검xanthan gum, 카라기난carrageenan, 히드록시프로필메틸셀룰로스hydroxypropylmethyl cellulose 및 펙틴pectin 등이 있다.

20) 표백제bleaching agent

식품의 색을 제거하기 위해 사용되는 것으로 아황산나트륨sodium sulfite, 산성아황산나트륨sodium bisulfite, 메타중아황산나트륨sodium metabisulfite, 메타중아황산칼륨potassium metabisulfite, 차아황산나트륨sodium hydrosulfite 및 무수아황산sulfur dioxide, SO_2(이산화황) 등이 있다. 이 6종은 표백용은 표백제로, 보존용은 보존료로, 산화방지용은 산화방지제로 표시한다.

아황산염은 수백 년 동안 식품 보존을 위해 사용되어 왔다. 아황산염은 표백작용, 갈변반응 억제, 항산화작용 및 미생물 번식 억제를 하며, 포도주 제조 시 잡균의 번식을 억제하여 포도주의 향미를 개선하고, 빵이나 과자 반죽의 질감을 좋게 한다. 아황산염은 비효소적 갈변 및 효소적 갈변을 방지하는 데 널리 사용되고 있어 감자가루나 건조과일의 갈변 방지에 사용된다.

미국 FDA는 이산화황과 아황산염을 GRAS로 간주한다. 하지만 아황산염은 육류, 비타민 B_1의 급원으로 간주되는 식품과 생과일이나 생채소에는 사용할 수 없다.

체내에 흡수된 아황산은 동물 체내에 존재하는 아황산산화효소sulfite oxidase에 의해 황산염으로 산화된 다음 소변으로 배설되기 때문에 정상인이라면 허용섭취량을 초과하지 않는 한 크게 문제될 것이 없다. 하지만 천식 환자나 아황산 알레르기 환자는 섭취에 주의하여야 한다. 아황산염을 10 ppm 이상 함유하는 식품의 경우에는 표시를 의무화하고 있다. 아황산은 양파나 마늘 등의 식물체 중에도 자연적으로 존재하며, 가공식품이나 발효식품에도 들어 있다.

21) 살균제germicide

식품 표면의 미생물을 단시간 내에 사멸시키는 작용을 하는 것으로 오존수ozone water, 이산화염소(수)chlorine dioxide, 차아염소산나트륨sodium hypochlorite, NaClO, 차아염소산칼슘calcium hypochlorite, 차아염소산수hypochlorous acid water 및 과산화수소hydrogen peroxide 등이 있다. 보존료는 미생물에 대하여 정균작용을 하지만 살균제는 미생물을 단시간 내에 사멸시키는 작용을 한다.

22) 이형제release agent

식품의 형태를 유지하기 위해 원료가 용기에 붙는 것을 방지하여 분리하기 쉽도록 하는 것으로, 유동파라핀liquid paraffin과 피마자유castor oil가 있다.

23) 껌기초제chewing gum base component

적당한 점성과 탄력성을 갖는 비영양성의 씹는 물질로서 껌 제조의 기초 원료가 되는 것으로 초산비닐수지polyvinyl acetate, 폴리부텐polybutene, 폴리이소부틸렌polyisobutylene, 에스테르검ester gum, 검레진masticatory substances 및 로진rosin 등이 있다. 원래는 껌기초제로 천연수지인 치클이 사용되었으나 현재는 합성수지가 많이 사용되고 있다.

24) 효소제enzyme preparation

반응 속도를 높여 주는 생체촉매로 식품첨가물이며 글루코아밀레이스glucoamylase 등이 있다.

25) 여과보조제filtering aid

불순물, 미세한 입자 등을 흡착하여 제거하기 위해 사용되는 것으로 규조토diatomaceous earth, 메타규산나트륨sodium metasilicate, 백도토kaolin, 벤토나이트bentonite, 산성백토acid clay, 탤크talc 및 활성탄active carbon 등이 있다.

여과보조제는 가공보조제processing aid인데 가공보조제는 어떤 특정한 목적에 사용되는 것이 아니라 식품의 제조, 가공 과정이나 기타의 목적으로 널리 사용되지만 식품의 본질적 특성에는 영향을 주지 않는다. 또한 최종제품에 잔류할 수도 있으며, 잔류물은 건강에 위해가 되거나 최종제품에 어떠한 기술적 효과를 주어서는 안 된다.

가공보조제는 사용 기준이 최종식품 완성 전에 제거하여야 하는 것(예를 들어 이온교환수지, 수산, 수산화나트륨, 염산, 황산 등)과 식품 중에 잔존량이 0.5% 이하이어야 하는 것(규조토, 벤토나이트, 산성백토, 탤크, 백도토, 퍼라이트 및 활성탄 등)이 있다.

우리나라, 일본 및 미국은 가공보조제를 식품첨가물로 관리하고 있지만, Codex와 EU는 가공보조제를 식품첨가물과 별도로 관리하고 있으며, 별도의 가공보조제 목록이 있다.

26) 영양강화제nutrient

식품의 영양학적 품질을 유지하기 위해 제조 공정 중 손실된 영양소를 복원하거나, 영양소를 강화시키는 것으로 비타민, 아미노산 및 무기질이 있다.

27) 향료flavoring agent

식품에 특유한 향을 부여하거나 제조 공정 중 손실된 식품 본래의 향을 보강시키는 것으로 합성향료synthetic flavoring substances와 천연향료natural flavoring substances가 있다. 합성향료는 18개 유별 품목(방향족알데하이드류, 방향족알코올류 등), 72개 개별 품목(개미산게라닐, 개미산시트로넬릴 등)으로 관리하여 왔으나 2007년 12월 14일부터 합성향료 허용 물질 목록positive list에 포함된 2,400여 개의 품목만 사용할 수 있도록 향료 관리 체계를 개선하였다. 천연향료는 273개의 향료 기원물질과 식품 원료에서 추출, 증류 등의 제법에 의해 얻는 것으로 정유, 추출물, 올레오레진 등을 말한다. 천연향료는 적합한 용매(에탄올, 이소프로필알코올, 헥산)를 사용하여 추출하며, 사용된 용매들은 잔류 용매의 규격에 적합하도록 제거하여야 한다.

그림 16.14 **시리얼(영양강화제 사용 예)**

그림 16.15 **착향 음료(향료 사용 예)**

28) 응고제firming agent

식품 성분을 결착 또는 응고시키거나, 과일 및 채소류의 조직을 단단하거나 바삭하게 유지시키는 것으로 글루코노-δ-락톤, 염화마그네슘magnesium chloride, 염화칼슘calcium chloride, 조제해수염화마그네슘crude magnesium chloride(sea water), 황산마그네슘magnesium sulfate 및 황산칼슘calcium sulfate 등이 있다.

29) 제조용제processing agent

식품의 제조·가공 시 촉매, 침전, 분해, 청정 등의 역할을 하는 보조제 식품첨가물로서 메톡사이드나트륨sodium methoxide, 수산oxalic acid, 염산hydrochloric acid, 황산sulfuric acid, 수산화나트륨sodium hydroxide 및 이온교환수지ion exchange resin 등이 있다. 제조용제는 여과보조제와 함께 가공보조제processing aid에 속한다.

30) 추출용제extraction solvent

유용한 성분 등을 추출하거나 용해시키는 것으로 메틸알코올methyl alcohol, 부탄butane, 아세톤acetone, 이소프로필알코올isopropyl alcohol, 초산에틸ethyl acetate 및 헥산hexane 등이 있다. 추출용제는 식품에서 유용 성분을 추출할 때 또는 건강기능식품의 기능성 원료를 추출할 때 사용되는 식품첨가물이다.

31) 표면처리제surface finishing agent

식품의 표면을 매끄럽게 하거나 정돈하기 위해 사용되는 것으로 탤크talc, 칸델릴라왁스candelilla wax, 석유왁스petroleum wax, 쉘락shellac 및 폴리비닐알코올polyvinyl alcohol 등이 있다.

7. 식품첨가물의 표시

식품에 사용한 식품첨가물은 모두 표시하여야 한다. 또한 복합원재료에 포함된 식품첨가물이 해당 제품에 효과를 발휘하는 경우에는 그 식품첨가물의 명칭을 표시하여야 한다. 아스파탐을 사용한 제품에는 '페닐알라닌 함유'라는 내용을 표시하여야 한다. 아황산류의 경우 이를 첨가하여 최종제품에 이산화황SO_2으로 10 mg/kg 이상 함유한 경우에는 표시를 하여야 한다.

또한 소비자가 오인·혼동하는 표시를 하면 안 된다. 예를 들어 보존료는 원래 면류, 김치 및 두부 제품에는 사용하지 못하게 되어 있는데 면류, 김치 및 두부 제품에 '무보존료'라고 표시를 하면 안 된다. 합성향료만을 사용하여 원재료의 향 또는 맛을 내는 경우 그 향 또는 맛을 뜻하는 그림이나 사진 등의 표시를 하면 안 된다.

'맛' 또는 '향'을 내기 위하여 사용한 합성향료를 제품명 또는 제품명의 일부로 사용하고자 하는 때에는 원재료명 또는 성분명 다음에 '향' 자를 사용하되, 그 활자 크기는 제품명과 같거나 크게 표시하고, 제품명 주위에 '합성OO향 첨가(함유)' 또는 '합성향료 첨가(함유)' 등의 표시를 하여야 한다. 예를 들면 '딸기향캔디(합성딸기향 첨가)'와 같이 표시하여야 한다.

식품의 가공 과정 중 첨가되어 최종제품에서 제거되는 식품첨가물은 그 명칭을 표시하지 않는다. 식품첨가물은 「식품첨가물의 기준 및 규격」에서 고시한 명칭을 사용하여야 한다. 따라서 MSG는 고시된 명칭이 아니므로 표시하면 안 된다.

혼합제제류 식품첨가물은 혼합제제류의 구체적인 명칭을 표시하고, 괄호로 혼합제제류를 구성하는 식품첨가물 등을 모두 표시하여야 한다.

8. 식품첨가물과 과민성hypersensitivity

알레르기 반응은 면역반응과 관련이 있고, 불내증intolerance이란 독성을 나타내는 양보다 훨씬 적은 양에서 부작용을 나타내는 것을 말한다. 알레르기 반응은 아니지만 부작용을 보이는 경우에 과민성이란 용어를 사용한다.

식품첨가물에 의한 불내증은 극히 드물다고 알려져 있다. 즉, 식품에 의한 불내증은 성인의 경우 2%, 어린이의 경우 20%인 데 반하여 식품첨가물에 의한 불내증은 0.01~0.23%로 알려져 있다.

식품첨가물이 나타내는 과민성에 대한 연구에서 EU에서는 역학조사를 실시한 결과 전체 인구의 0.06%가 황색4호에 대해 과민성을 보였고, 안식향산나트륨에 대해서는 0.05%가 과민성을 보였다고 한다. 아스피린aspirin에 과민성을 보인 군이 전체의 0.5%인 것에 비하면 낮은 비율이다. 덴마크에서는 인구의 0.01~0.12%가 황색4호와 안식향산나트륨에 과민성을 나타낸다는 보고가 있다. 프랑스의 경우에는 인구의 0.03~0.15%가 황색4호에 대해 과민성을 경험했다고 한다. 즉, 식품첨가물에 의한 부작용은 드물고 식품첨가물에 의한 알레르기 반응은 더욱 드물다고 한다.

한때 과자에 사용된 식품첨가물이 아토피피부염을 유발할 수 있다는 내용이 방송되어 큰 파장을 일으킨 적이 있었다. 국제적으로 식품첨가물과 아토피피부염과의 직접적 상관관계에 대한 실험은 수행된 바가 없으나 우리나라 식품의약품안전처는 7종의 식품첨가물(식용색소적색2호, 적색3호, 황색4호, 황색5호, 차아황산나트륨, 안식향산나트륨 및 L-글루탐산나트륨)과 아토피피부염과의 상관관계를 규명하고자 용역연구사업(2006년, 서울대학교 의과대학 등 5개 대학 컨소시엄 형성, "식품첨가물 7종의 알레르겐 확인시험")을 수행하였다. 이 연구에서 이중맹검경구유발시험을 시행한 결과 식품첨가물 7종에 대하여 아토피피부염 환자의 10%(4명/37명)가 진양성반응을 보였고, 8%(3명/37명)가 가양성반응을 보였으나 이 두 발생률 간의 차이는 없었다. 이러한 결과로 볼 때 아토피피부염 환자에서 7종의 식품첨가물이 이상반응을 유발한다고 할 수 없다고 결론 내렸다. 또한 식품첨가물 7종의 특이 IgE는 측정되지 않아 식품첨가물에 의한 이상반응은 면역반응이 아니며, 식품첨가물에 대한 알레르기 유발성은 확인할 수 없었다고 결론지었다.

9. E-번호와 국제번호체계International numbering system, INS

EU는 사용이 허가된 식품첨가물에 대하여 E-번호를 부여하고 있다. E-번호가 부여된 식품첨가물은 안전성이 입증된 식품첨가물을 의미하며 번호로부터 어느 정도 식품첨가물의 용도를 예측할 수 있다. E-번호는 표시할 때 공간을 줄일 수 있는 장점이 있다.

E-번호는 식품첨가물의 용도별로 같은 번호체계를 부여하는 것으로 3자리 또는 4자리 숫자로 구성되어 있다. 100번대의 번호는 주로 착색료에 부여되며, 200번대는 보존료, 300번대는 산화방지제, 안정제, 산도조절제, 인산염 등에 부여되어 있다. 400번대는 증점제, 유화제, 안정제 및 젤형성제에, 500번대는 산도조절제 및 고결방지제에, 620부터 642까지는 향미증진제에 부여되어 있다. 700번대와 800번대는 식품첨가물에는 사용되지 않고 사료첨가제에 부여하며, 900번대는 피막제, 밀가루개량제, 충전제 및 감미료에 부여되어 있다. 변성 전분처럼 1400번대의 4자리 번호를 가지고 있는 것도 있다. 효소도 1100번대의 4자리 숫자를 가진다. INS는 E-번호에 기초하여 Codex에서 채택한 번호체계이다. E-번호에서 E를 빼고 INS를 적는다.

※ 본 장의 내용은 〈식품첨가물의 안전성(백형희 외, 한국식품안전연구원 식품안전총서 3)〉의 내용을 발췌, 수정한 것입니다. 또한 본 장의 용어는 「식품첨가물공전」에 따라 표기하였습니다.

단원정리

1. 식품첨가물은 식품을 제조·가공·조리 또는 보존하는 과정에서 감미, 착색, 표백 또는 산화방지 등을 목적으로 식품에 사용되는 물질이다.
2. 식품첨가물은 가공 공정상 꼭 필요한 경우, 식품의 보존을 위해, 기호성 향상을 위해, 그리고 영양 강화 등의 목적으로 사용된다.
3. 우리나라는 2018년 1월 1일부터 식품첨가물의 분류 체계를 '화학적합성품/천연첨가물' 구분 없이 식품첨가물로 통합한다.
4. 식품첨가물의 일일 섭취허용량은 일생 동안 매일 먹더라도 유해한 작용을 일으키지 않는 체중 1 kg당 일일 섭취허용량(mg/kg 체중/1일)을 말한다.
5. 우리나라는 식품첨가물의 용도를 감미료, 고결방지제, 거품제거제, 껌기초제, 밀가루개량제, 발색제, 보존료, 분사제, 산도조절제, 산화방지제, 살균제, 습윤제, 안정제, 여과보조제, 영양강화제, 유화제, 이형제, 응고제, 제조용제, 젤형성제, 증점제, 착색료, 추출용제, 충전제, 팽창제, 표백제, 표면처리제, 피막제, 향미증진제, 향료 및 효소제 등 31개로 분류하고 있다.

연습문제

1. 식품 산업에서 식품첨가물의 필요성에 대해 설명하시오.

2. 식품첨가물의 일일 섭취허용량(ADI)에 대해 설명하고 ADI를 어떻게 구하는지 설명하시오.

3. 비타민 C 함유 음료에서 벤젠 생성 기능성으로 인해 문제가 된 적이 있는 식품첨가물을 답하시오.

4. 식품첨가물로서 아질산염을 사용 시 식품에 주는 이익(benefit)과 위해(risk)에 대해 설명하시오.

5. 식품첨가물로서 아황산염의 용도를 쓰고 사용 시 주의할 점을 설명하시오.

6. 감미료의 종류 세 가지를 쓰시오.

7. 다음 중 식품첨가물의 용도가 다른 하나를 고르시오.

① 안식향산나트륨 ② 소브산칼륨

③ 파라옥시안식향산메틸 ④ 수크랄로스

8. 다음 중 가스를 방출하여 반죽의 부피를 증가시키기 위해 사용하는 식품첨가물을 고르시오.

① 아질산나트륨 ② 산성아황산나트륨

③ 탄산수소나트륨 ④ 에리토브산나트륨

정답 및 해설

1. 가공 공정상 식품첨가물이 꼭 필요한 경우는 껌, 두부 및 빵을 들 수 있다. 껌은 껌 기초제가 없으면 제조할 수 없고, 두부도 응고제가 없으면 제조할 수 없다. 식품첨가물은 식품의 보존성 및 저장성을 위해 필요하다. 만일 보존료가 없다면 식중독에 의한 위험이 크게 증가할 것이고, 식품을 장기간 보관하기도 어렵게 된다. 또한 식품첨가물은 기호성 향상을 위해, 그리고 영양 강화 등의 목적으로 사용된다. 식품첨가물은 현대사회에서 식품의 대량 생산, 유통을 가능하게 해주는 중요한 요소이다.
2. ADI는 일생 동안 매일 먹더라도 유해한 작용을 일으키지 않는 체중 1 kg당 일일 섭취허용량(mg/kg 체중/1일)으로 정의된다. ADI는 일생 동안 섭취할 경우에 발생하는 만성 독성을 근거로 산출된 값으로 동물실험에서 유해한 작용을 일으키지 않는 양에 안전계수 100을 나누어서 계산한 값이다.
3. 안식향산나트륨
4. 아질산염이 식품에 주는 이익은 육가공제품의 선홍색을 유지하고, 식중독균인 보툴리누스세균(*Clostridium botulinum*)의 생육을 억제하며, 풍미를 좋게 하고 지방 산화를 억제한다. 하지만 아질산염은 아미노산 등 2급 아민과 산성 조건에서 가열되면 발암 가능성이 있는 물질인 나이트로사민을 생성할 가능성이 있다고 알려져 있다.
5. 아황산염은 표백작용, 갈변반응 억제, 항산화작용 및 미생물 번식 억제를 하며 포도주 제조 시 잡균의 번식을 억제하여 포도주의 향미를 개선하고, 빵이나 과자 반죽의 질감을 좋게 한다. 천식 환자나 아황산 알레르기 환자는 섭취에 주의해야 한다.
6. 아스파탐, 수크랄로스, 아세설팜칼륨
7. ④
8. ③

제17장

식품의 유통

학습목표

1. 유통의 기능 및 농축산식품의 특수성을 알 수 있다.
2. 유통 관리체계 하에서 적용되는 품질인증제도, 우수농산물관리제도, 원산지표시제 및 지리적 표시제, 생산이력제도, 유전자변형농산물표시제, 환경인증제도 등을 이해할 수 있다.
3. 소비자의 변화 추이와 유통시장의 향후 방향을 예상하여 볼 수 있다.

1. 농수축산물의 유통시장 기능

농수축산물이 생산자로부터 최종 소비자에게 전달되는 과정을 '유통'이라 하는데 유통의 기능으로는 여러 가지가 있다. 첫째는 상품을 수집해서 필요에 따라 분산시키는 기능으로, 생산자로부터 소비자에게 전달하는 것이다. 둘째로는 상품의 판촉을 위해 필요한 정보를 수집하고 배분하는 기능을 수행하기 위하여 조사 연구하는 것이다. 셋째, 상품의 정보가 어떤 것인가를 소비자에게 전달하는 커뮤니케이션communication의 수행이 포함되어야 한다. 넷째, 농수축산물의 원활한 판매를 위해 생산자를 대신하여 소비자와 접촉하며, 반대로 소비자를 위해서 구매 대행자로서의 역할을 수행하는 것이 포함된다. 다섯째, 유통 과정 중에 고객들의 욕구에 맞게 상품을 분류, 포장, 재가공, 조립, 재생산하는 기능이 수행되어야 한다. 여섯째, 운송, 보관, 하역, 포장 등 거래와 관련된 물리적 유통physical distribution 활동을 수행하면서 재고를 보유함으로써 제품의 진부화, 손실, 변질 등 물질적 위험은 물론 가격 변동과 같은 경제적 위험 부담을 감수하기도 한다.

2. 농수축산물의 유통 특수성

농수축산물은 일반 상품의 유통과는 다른 차별성과 독자성을 가지고 있다. 일반적으로 농수축산식품은 음식물을 총칭하는데 유해한 물질을 함유하지 않는 천연물이나 가공식품으로 생물학적·이화학적 특성을 가지고 있다. 우선 계절적인 요인에 따라 생산은

그림 17.1 **농수산물 도매시장**

제한적이지만 소비는 연중 지속적으로 발생하기 때문에 보관이 매우 중요하며, 수확기에는 대량으로 출하가 발생하여 가격이 폭락하는 문제점이 있다. 농수축산식품은 대부분 수분이 많아 저장성이 떨어지며, 부패하거나 손상되기가 쉬워 수송 중에도 부패 방지를 위해 냉동차와 같은 특수시설이 필요하다. 또 균질한 상태로 생산되는 것이 아니기 때문에 상품이 균일하지 않아 일정한 품질을 유지하기가 쉽지 않다. 따라서 표준화·등급화가 요구된다. 반면 상황에 따라 쉽게 용도를 변경할 수 있는 대체성이 큰 특성이 있다. 농수축산 식재료들은 상품 가치에 비해 부피가 크고 운반과 보관 비용이 많이 발생한다. 마지막으로 소득 변화에 따른 수요의 변화가 적고, 공급도 경지 면적이 고정되어 조절이 어렵기 때문에 수요와 공급이 비탄력적으로 이루어진다.

아울러 농수축산물 유통은 유통 참여자가 일반 공산품과는 다른 특성을 가지고 있다. 농수축산물 유통에는 영세하고 소득이 낮은 농업인과 상인이 관여하기 때문에 일반 기업과는 다른 특수성이 존재하며, 소비 측면에서도 소비자의 건강에 지대한 영향을 미치기 때문에 식품 및 농산물 유통에 대한 정부의 관여도가 높고 국가적인 표준이 필요하다. 결국 농수축산물 유통은 농수축산물의 상품적 특성과 농수축산물 유통을 둘러싼 사회경제적 환경의 특수성 때문에 일반적인 유통과는 다른 독자성과 차별성을 가진다. 농수축산물 유통에서는 도매 시장과 같은 도매 기구의 역할이 무엇보다 중요하며, 등급, 규격 등 정부에 의한 표시제도 및 인증제도가 공산품을 만들어 팔 때보다 중요하다.

3. 소비자의 변화 추이와 향후 방향

소득이 확대되고 경제가 발전하면서 소비자들의 소비 패턴이 양적인 면에서 질적인 면으로 바뀌어 가고 있으며 이러한 소비자들의 욕구에 부응하여 유통 환경도 발전해 나아가야 할 것이다. 50년 전만 하더라도 배고픔에서 벗어나려 애쓰던 우리들이 어느새 영양을 생각하고 건강을 생각하는 소비 패턴으로 변화하게 된 것이다. 이러한 소비 양상은 크게 3단계로 나누어 살펴볼 수 있다.

제1단계는 경제적으로는 후진국이며 시장이 제대로 형성되었다고 보기 어렵고 식생활은 단순히 기아로부터 해방되었으면 하는 정도이다. 따라서 제품 간의 차별성이 거의 없고 생

유통 생산된 물품이 생산자로부터 최종 소비자에게 전달되는 과정. 이 과정에서 발생되는 저장, 재포장, 재생산 등의 모든 과정을 포함한다.

산과 저장이 용이한 식품 위주로 유통시장에서도 도소매가 구분되지 못하고 현물 간의 직접 거래가 이루어진다. 따라서 주곡 위주의 생산을 하며 소량 다품목 생산을 한다.

제2단계는 중진국으로 발전하여 공업화나 도시화가 어느 정도 이루어졌고 상품의 차별화는 뚜렷하지 않으나 분산 또는 집중 시장 형태로 발전이 되며 식생활은 영양학적으로 균형을 이루려 노력하는 단계이다. 어느 정도 경제적으로 발전하여 생산과 저장이 용이한 단계를 넘어서 가공식품과 편이성을 추구하기 시작하는 단계이다. 신선한 식품에 대한 요구가 높아지고, 대량으로 유통되기 시작하면서 슈퍼마켓이나 연쇄점 등이 증가하기 시작하는 시기로, 주곡은 자급하게 되고 신선한 식품들이 확대되면서 대규모 상업농이 개시되고 생산 기반이 점차 확충된다.

제3단계는 선진국 수준으로 발전하여 고도로 도시화가 이루어지고 공업화되어 대중소비 단계에 이른다. 선진 단계의 산업화가 이루어지고 상품이 차별화되며 시장은 분산 또는 집중 형태로 토착화된다. 식생활은 건강을 먼저 생각하게 되고 가능한 조리 시간이 단축되고 편리한 형태의 식품, 그리고 건강을 생각하는 식품을 선호하게 된다. 따라서 유통 경로가 다양화되고 맞춤 생산이나 맞춤 유통이 이루어져 도소매업이 대형화되고 직거래가 확대된다.

생산 구조 시스템은 신선한 것을 찾게 되어 콜드체인cold chain 시스템이 보편화되고 가공식품을 집중적으로 생산하게 되며 지역 특화나 표준화된 상품을 연중 대량으로 생산하게 된다. 이처럼 경제 발전에 따른 소득 개선이 소비 구매 패턴을 바꾸게 되고 이는 생산 구조 시스템을 변화시키고 유통시장의 변화까지도 요구하게 된다. 오늘날 소비자들의 선호도가 달라지고 시장이 변화하면서 농산물에 대한 소비 구조에서 나타난 패턴 변화를 보면 그림 17.2와 같다.

한편, 농수축산물의 유통과 관련하여 저장 기술이나 수송 기술, 나아가 포장 기술까지도 급속하게 발전하였고 최근에는 IT 기술까지 접목이 가능하여 유통시장의 발전은 무한할 것으로 기대되고 있다. 이제까지 나타난 기술 환경의 변화를 보면 다음과 같다.

첫 번째로는 수송 기술의 변화이다. 재배단지에서 소비자에게 용이하게 이동시키는 도

콜드체인 시스템(cold chain system) 농산물을 수송 보관하는 과정에서 호흡열 및 미생물의 활동으로 인하여 품온이 상승하여 품질이 변화하는 과정을 막기 위하여 예열 냉각하여 수송에 관여하는 모든 시스템의 온도를 유지, 관리하는 시스템.

펠릿(pellet) 보통 플라스틱으로 구성된 물건을 이동할 때 밑에 까는 판. 지게차에 의해 수송이 용이하도록 제조되어 사용된다.

RFID(Radio Frequency Identification) '전자태그'라고 불리는 것. 라디오 파장을 이용하여 태그 안에 저장된 정보를 읽어 유통 관리에 활용한다. 창고의 저장 및 관리, 판매대에서 계산, 생산 이력 정보의 제공 등에 활용된다.

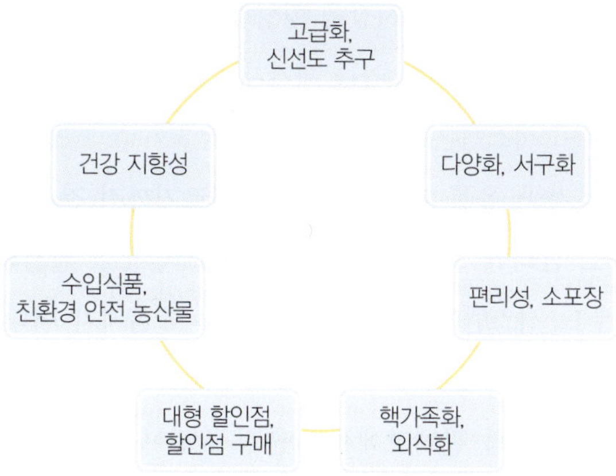

그림 17.2 **농산물에 대한 소비 패턴 변화**

로의 확장은 물론이고 컨테이너, 트레일러 등 대형 수송 차량이 증가하였고 펠릿pellet에 의한 신속한 수송이 가능하게 되었으며, 최근에는 비행기까지 동원되어 신속한 배달이 가능해졌다. 또한 물류센터들이 유통 중심 지역에서 제 역할을 하고 있다.

두 번째로는 예열냉각 시스템 등과 같은 기술의 도입으로 농축산물의 저장 환경이 크게 개선되었다. 특별히 신선한 채소를 먹고자 하는 고객들의 욕구를 충족시키기에 충분하다. 수확 후 호흡을 통해 열이 발생되는 경우 부패가 빨라질 수도 있고 빠른 시간 내에 수송을 완료해야 하는 경우 예냉 처리나 강제 건조 등의 방법을 사용하지 않으면 상품성 유지가 어렵다. 부패가 일어나기 쉬운 채소류의 상품성을 높이기 위해 또는 농수축산물의 신선도를 유지하기 위하여 수확 후 처리 기술은 필수적이며, 이런 기술의 발달로 품질의 저하를 최소화하고 수확, 도축 후 손실을 크게 줄일 수 있다. 농가에서 생산된 고품질의 농산물도 유통 과정 중 제대로 관리하지 못하면 품질이 변질되어 경제적인 손실을 초래할 수도 있는데 수확 후 처리 기술의 발전은 상품의 경쟁력까지도 높이는 계기가 되었다.

세 번째로는 유통시장의 큰 변화는 무엇보다도 IT 기술의 접목이다. 최근 인터넷의 보급으로 산지와 직거래가 손쉽게 이루어지는 계기가 마련되었으며, 바코드나 RFIDRadio Frequency Identification와 같은 기술이 접목되어 창고 내에 저장 중인 상품의 양과 입고일자 등이 전산으로 실시간 처리되다 보니 재고 관리에 필요한 인력을 줄일 수 있고 창고 관리도 원활하게 이루어지고 있다. 뿐만 아니라 소비자들이 구입한 물품에 대한 계산이 한 순간에 이루어지는 시스템까지 접목되어 보다 편리한 상품 구매와 판매 경쟁력이 동시에 이루어지는 환경 등이 구축되었다. 그리고 상품에 대한 구체적인 정보까지도 손쉽게 접근할 수가 있어 신뢰할 수 있는 유통시장을 형성하기에 이르렀다. 이러한 정보 기술의 발전은 전자상거래를 더욱 확충시킬 수 있는 계기가 되고 있다.

향후 유비쿼터스 푸드 시스템은 RFID/Ubiquitous Sensor Network 기술을 활용하여 식품의 원료 생산부터 가공, 유통, 판매, 소비자에 이르기까지 전 단계에 걸쳐 품질, 공정, 정보 등을 실시간으로 관리할 수 있는 첨단 유통 시스템으로 발전해 갈 것이다. 따라서 이러한 유비쿼터스 푸드 시스템이 마련되면 소비자와 공급자가 어디서나 실시간으로 식품 관련 정보를 휴대폰이나 키오스크 등을 통해 확인할 수 있다. 예를 들어 개인의 건강과 영양 상태에 알맞도록 식품 판매장에서 맞춤형 쇼핑이 가능해지며, 음식 선택과 요리 정보 등을 실시간으로 파악할 수 있게 된다. 또 식품의 생산부터 소비에 이르는 전 단계의 환경과 품질 상태를 감시할 수 있게 되어 제품의 포장을 뜯지 않고도 온도 변화 등에 따른 식품의 상태도 알 수 있게 된다. 단체급식소의 경우 음식 재활용을 방지하고 신선도 관리, 유통 정보 제공 등이 가능해지며 거래 정보를 이용해 부정식품 유통도 차단할 수 있다. 모든 분야의 발전이 그러하지만 다른 분야와의 융합은 새로운 유통시장을 만들어 나갈 것으로 기대된다.

4. 소비자 구매에 영향을 미치는 요인

소비자들이 특정 식재료를 선택, 구입함에 있어 여러 가지 요인들이 영향을 미친다. 이러한 요인들을 잘 파악하고 있는 것은 유통시장에서 우위를 확보하는 데 매우 중요한 역할을 한다. 크게 보면 문화적 요인, 사회적 요인, 심리적 요인, 기타 등으로 나누어 볼 수 있다.

1) 문화적 요인

국가 간은 물론이거니와 지역 간에도 식생활 문화가 차이를 보여 이런 요인들이 식품재료를 선택하는 데 큰 영향을 미친다. 대표적인 것으로 돼지고기를 금기시하는 이슬람 문화권에서는 돼지고기가 들어간 햄도 선택하는 데에는 한계가 있다. 나라나 종교, 인종 간 구매 동향에 차이가 있으므로 이런 요인을 잘 이해해야 한다.

유비쿼터스 사용자가 네트워크나 컴퓨터를 의식하지 않고 장소에 상관없이 자유롭게 네트워크에 접속할 수 있는 정보통신 환경.

2) 사회적 요인

사회계층은 경제력에 따라 라이프 스타일이 차이가 나며 구매력의 정도에도 차이가 생긴다. 가족의 구성 형태와 그들의 연령층이 어떻게 구성되어 있는가에 따라 식품 구매는 달라질 수 있다. 외국 여행을 많이 다녀본 경험이 있는 사람과 국내에서만 주거생활을 한 사람 간에는 새로운 음식을 선택하는 데에 차이가 있다.

3) 심리적 요인

급한 성격인지 아니면 차분한 성격인지에 따라 패스트푸드나 슬로푸드의 선택이 다를 수 있는 것처럼 어떤 욕구를 갖고 있는가에 따라 식품 구매가 달라진다. 식품심리학자에 따르면 채식을 주로 먹은 사람보다는 고기를 주로 먹은 사람들이 성격이 난폭하고 급하다는 통계 자료가 있는데, 심리적인 요소를 구성하는 태도, 개성, 경험으로부터의 행동 변화 등과 같은 요소들이 식품 구매에 영향을 미치는 것으로 알려져 있다.

4) 기타

식재료를 선택함에 있어 중요한 요소는 품질인데 색, 향기, 겉모양, 표준화된 등급, 포장, 안전성, 신선도, 유통기한 등이 이를 판단하는 중요한 요소로 선택 결정에 영향을 미친다.

이러한 요인들에 따라 구매가 결정된다면 각각에 해당되는 사람들을 대상으로 한 시장이 보다 세분화되어야 할 것이다. 소비자의 구매 동향을 제대로 파악할 수 있다면 유통시장에서 보다 빠르게 앞서 나갈 수 있을 것이다.

5. 농수축산물의 품질 관리체계

국민소득이 증가하고 생활 수준이 향상됨에 따라 소비자들의 식품 소비 패턴이 양보다 질을 중시하는 경향으로 바뀌어 가고, 인터넷의 보급과 시민의식의 발달로 식품 안전에 관련된 정보를 많이 접하고 있다. 전 세계적으로 광우병, 조류독감, 구제역, 돼지콜레라, *E. coli* O-157, 다이옥신 등 인간의 생명을 위협하는 각종 대형 사고들과 식품 안전에 대한 관심이 증대하고 있다. 이에 따라 각국에서는 농수축산물이 생산자로부터 소비자의 식탁에 이르는 모든 과정에 대해서 안전과 품질을 관리하는 제도를 도입하게 되었다. 소비자들이 농수축산물에 대해 신뢰할 수 있는 여러 가지 인증제도가 도입되기 시작한 것도 이런 환경 변화 때문이다.

'농장에서 식탁까지' 고품질의 안전한 농수축산물을 공급하는 체계를 구축하기 위해 다양한 노력을 수행하고 있으며 그중 대표적인 것이 바로 안전성 강화와 품질 관리체계의 도입이다. 우리나라의 경우, 우선 농산물의 안전성 조사를 강화하기 위해 국립농산물품질관리원에서 농산물 안전성 조사를 담당하고 있으며, 산지에서부터 도매시장 판매 단계까지 생산 및 유통의 모든 과정의 농산물을 조사하도록 하고 있다. 조사 대상이 되는 항목으로는 잔류 농약, 중금속, 곰팡이 독소 등이 포함되어 있다.

농가 단계에서 안전하고 우수한 농산물을 생산하도록 유도하기 위해 우수농산물관리제도와 이력추적제도가 도입되었고, 고품질 농산물에 대한 보호를 위해 품질인증제도와 친환경인증제도 및 지리적 표시제도까지 실시되고 있다. 또한 소비자들에게 알 권리를 보장하기 위해 국내외 농산물에 대해 원산지 표시제도를 실시하고 있으며 유전자변형농산물GMO에 대해서도 표시제도를 의무적으로 실시하고 있다. 이러한 농수축산물의 안전성과 품질 관리체계는 그림 17.3과 같은 기본 틀로 구성되어 있다. 지금부터는 최근에 실시하고 있는 몇 가지 주요 제도들에 대해 살펴보고자 한다.

안전 농산물 생산 공급체계	고품질 농산물 보호체계	소비자 보호를 위한 표시체계
• 생산 단계 안전성 조사 체계 강화	• 품질인증 및 친환경인증 제도	• 원산지 표시제도
• 우수농산물 관리제도(GAP)	• 지리적 표시제도	• 유전자변형농산물(GMO) 표시제도
• 생산이력제도(traceability)		

그림 17.3 농수산식품의 안전성과 품질 관리체계

지리적 표시제 특정 지역의 농산물이나 가공품을 타 지역의 생산품으로부터 보호할 목적으로 해당 지역의 산물에 대해서만 지역의 농산물임을 표시할 수 있도록 제한을 둔 제도. 예를 들면 보성 녹차, 보르도 포도주가 있다.

유전자변형농산물(GMO) 동식물이 갖고 있는 본래의 유전자 정보를 바꾸어 새로운 기능이 추가된 정보를 바탕으로 여러 가지 기능이 개선된 동식물을 지칭.

1) 농산물 품질인증제도

농산물 품질인증제도는 소비자의 맛과 안전성에 대한 요구에 부응하고 품질이 우수하고 안전한 농산물의 생산을 차별화하기 위해 실시하고 있다. 농산물의 안전성을 높이기 위해 시행되고 있는 인증제도로는 품질인증제도, 친환경인증제도와 우수농산물 관리제도GAP가 있으며, 식품 회수제도인 리콜recall제는 유통 중인 식품의 안전성을 관리하기 위한 제도이다.

품질인증제도는 농수산물의 유통 구조를 개선하기 위한 대책의 일환으로, 지역 특산품에 대해 공공기관이 품질을 인증함으로써 소비자로 하여금 품질에 대한 신뢰도를 제고할 수 있도록 하고 인증의 객관성과 공신성을 부여하기 위해 시행한 제도이다. 품질인증을 통과한 농산물은 포장 외부에 '품品'자 마크가 부착됨으로써 소비자가 쉽게 식별할 수 있다.

품질인증은 유기 재배, 무농약 재배, 저농약 재배 및 일반 재배의 4단계에 대한 품질인증을 실시하고 있으며, 곡류와 과실류, 특용작물, 축산물 등은 주로 일반 재배 품질인증이, 채소류는 유기 재배와 무농약 재배에 대한 품질인증이 주류를 이룬다. 유기농산물에 대한 관심이 확대되면서 이에 대한 품질인증이 이루어지고 있으며, 신선 채소류와 쌀의 유기 재배 및 무농약 재배 농산물의 품질인증이 이루어져 왔다. 최근에는 한우고기와 자연방사닭, 유정란에 대해서도 품질인증을 실시하고 있으며, 저농약에 대한 품질인증을 실시하였다.

친환경인증제도는 안전한 농산물의 생산을 목적으로, 그리고 지속 가능한 농업 환경을 보전하는 것을 염두에 두고 추진된 제도로서 친환경 농업 자재를 사용하는 것을 기본으로 하며 농약, 비료의 사용을 가능한 한 제한하고 있다. 친환경인증은 유기, 무농약, 저농약 인증 3단계가 있으며 그 개요는 표 17.1과 같다.

표 17.1 친환경인증제도 세부 기준 비교

인증제도	유기	무농약	저농약
품종	유기종자, 비GMO	무농약종자, 비GMO	비GMO
기록 관리	2년 이상 영농 기록 보관	1년 이상 영농 기록 보관	
재배 포장	인증 신청 전 2년간 유기 재배 포장	-	
농약, 비료	화학비료, 농약을 사용하지 않고 재배	농약은 사용하지 않고 화학비료 1/3 사용	농약, 화학비료 1/2 이하 사용
안전성 기준	다음에 대해서만 허용 기준치의 1/10 이하 허용 •바람에 의한 비산 및 농업용수에 의한 오염 •기타 불가항력적 경우		허용 기준치 1/2 이하

자료 : 국립농산물품질관리원

2) 우수농산물 관리제도

우수농산물 관리제도good agricultural practices는 농축산식품의 안전성에 대해 소비자들에게 신뢰를 주기 위해 생산 및 수확, 취급 단계에서 안전하고 위생적인 농축산물을 공급할 수 있도록 생산자 및 관리자가 지켜야 하는 제도로, 위해 요소를 차단할 목적으로 시행하고 있다. 농산물의 생산과 취급 환경에 대한 위해 요소를 최소화하고 소비자에게 안전한 식품을 제공하기 위하여 농축산물의 재배, 수확, 수확 후 처리, 중금속의 잔존 여부, 미생물로부터 안전하게 관리되는가, 또 저장 과정 중 화학제의 처리 등을 소비자가 알 수 있도록 정보를 전달하는 체계이다. 이러한 제도를 도입하는 목적은 생산자들에게 안전한 농산물을 재배할 수 있는 규범을 제공하고 생산이력에 대한 추적을 가능하게 하여 생산자들이 각 단계에서 농축식품의 안전에 대한 책임을 확실하게 함으로써 소비자들에게 신뢰를 확보하는 데 있다.

좀 더 구체적으로 우수농산물 관리제도는 생산부터 수확 후 처리 단계까지 물리·화학적 위해 요소를 관리하는 제도로서 미생물, 비료, 농약, 중금속 등의 위해 요소와 환경요소, 그리고 생산 이력을 추적할 수 있는 기록사항 등을 중점 관리하여 최종 농산물의 안전성을 보장하기 위한 제도이다. 국제표준규격Codex, 국제식량기구FAO 등 국제기구를 중심으로 이 제도가 세계적으로 확산되고 있다. 유럽연합, 미국, 캐나다 등에서 논의가 진행 중이며 아시아에서도 일본, 중국 등에서 정부 차원의 제도 도입을 적극적으로 추진하고 있다. 특히 유럽연합의 선도적인 유통업체들은 GAP 농산물만을 취급할 것을 선언할 정도로 GAP제도에 관심을 갖고 있다.

우리나라에서도 국제 기준에 부합하는 고품질 농산물을 생산하여 수출을 증대하고 농가의 경쟁력을 강화하기 위해 2002년 약용작물을 시작으로 우수농산물 관리제도의 도입을 결정하였다. 이에 따라 2003년 시범사업 이후 우수농산물 관리제도로 인증된 농산물에 대한 인증 로고를 사용하고 있다.

3) 유전자변형농산물 표시제

유전자변형농산물GMO 표시제도는 아직 GMO 농산물의 위해성이 과학적으로 입증되지 않았지만 위해성 여부에 대한 논란이 사회적 이슈가 되고 있고 안전성에 대한 소비자들의 관심이 높기 때문에 소비자에게 올바른 정보를 제공할 목적으로 법제화되었다.

농산물의 경우 콩, 옥수수, 콩나물, 감자 등 4개 품목을 대상으로 유전자변형농산물이 3% 이상 혼입되어 있거나 포함 가능성이 있는 경우 이를 명시하도록 규정하고 있다. 농산물은 GMO의 포함 여부 및 가능성 정도에 따라 '유전자변형', '유전자변형 포함', '유전자변형 포함 가능성'의 3가지로 표시할 수 있다.

농산물과 더불어 유전자재조합식품 표시제도는 GMO를 주요 원료로 하여 제조, 가공된 식품 또는 식품첨가물 중에서 제조, 가공 후에도 유전자재조합 DNA 또는 외래 단백질이 남아 있는 식품을 대상으로 한다. 제조, 가공에 사용한 원재료 중 많이 사용한 4가지 주요 원재료 중 한 가지라도 GMO를 사용한 경우 이를 표시해야 한다. 표시 방법은 '유전자재조합식품' 또는 '유전자재조합 ○○ 포함 식품'으로 규정되어 있으며, 유전자재조합 여부를 확인할 수 없는 경우에는 '유전자재조합 ○○ 포함 가능성 있음'으로 표시할 수 있다. 현재 GMO 표시는 「농산물품질관리법」에 근거하고 있으며, 유전자재조합식품 표시는 「식품위생법」에 근거하고 있다. GMO 표시제도의 시행은 아직 많은 문제점을 가지고 있다. 무엇보다도 GMO의 위해성에 대한 과학적 검증기법을 조속히 개발해야 하고, 이를 위해 GMO 검정을 정확하고 정밀하게 수행할 수 있는 분석장비를 대폭 보강해서 대상 품목의 유통에 대한 감시 기능을 강화할 필요가 있다. 아울러 정보 공유체계를 활용하여 수입농산물에 대한 효율적인 관리가 이루어져야 한다.

4) 원산지 표시제도와 지리적 표시제도

농수축산물 및 가공식품의 원산지 표시제도는 외국의 농산물이 국내 농수축산물 및 가공품으로 둔갑하여 판매, 유통되는 것을 방지하고 허위로 표시하는 행위를 단속함으로써 국내 농어민을 보호하고 소비자에게는 보다 정확한 원산지 정보를 제공하여 '알 권리'를 충족시키기 위해 도입한 제도이다.

국내 농산물에 대한 원산지 표시는 '국산'이나 '국내산' 또는 생산된 시·군의 명칭을 표시해야 하며, 수입농산물에 대해서는 '국명(산)'을 표시해야 한다. 가공식품의 경우에는 배합비율이 50% 이상인 원료는 그 원료를 표시하고, 배합비율이 50% 이상인 원료가 없는 경우는 배합비율이 높은 순서로 2가지의 원료를 포함하여 원산지를 표시해야 한다. 현재 식당에서 나오는 반찬까지도 포함시키고 있다.

「농산물품질관리법」에서는 1999년부터 모든 농산물과 가공품을 대상품목으로 하여 지리적 표시제를 도입, 시행하고 있다. 이 제도는 지리적 특성을 가진 우수 농수산물과 가공품의 품질을 향상하고 지역특화 산업으로 육성하는 한편 소비자들의 알 권리를 충족시키기 위한 목적으로 시행되고 있다.

지리적 표시제는 농산물 및 그 가공품의 명성, 품질, 기타 특성이 지리적 특성에 기초하는 경우 일정한 지역이나 지방에서 생산된 제품임을 표시하여 보호하도록 한 제도이다. 유명 특산품의 경우 품질 특성과 지리적 요인과의 관계 등을 통해 적정성이 입증되었을 때 지리적 표시를 등록할 수 있도록 규정되어 있으며, 현재까지 인삼류 및 인삼제품류, 녹차, 쌀, 버섯, 복분자주를 비롯하여 점진적으로 확대되고 있다(표 17.2).

표 17.2 현재까지 승인된 지리적 표시제가 적용된 산물들

지리적 지역	품목	지리적 지역	품목
보성, 하동, 제주	녹차	원주 치악산	복숭아
의성, 단양, 남해, 삼척	마늘	창녕, 무안	양파
청양, 괴산, 영양, 영월	고춧가루	밀양	얼음골 사과
괴산	고추	한산	모시
이천, 여주, 철원	쌀	보성	삼베
고창	복분자(주)	진도	홍주
순창	순창전통고추장	진부	당귀
영광, 군산	찰보리쌀	해남	고구마
김천, 영동, 영천	포도	진도	대파
제주	돼지고기	서생	간절곶배
정선	황기	영암	무화과
함안, 고령	수박	해남	겨울 배추
성주	참외	고흥	유자
무안	백련차	고려	홍삼, 백삼, 태극삼, 수삼
강화	약쑥	청도	미나리
김천	자두	강릉	한과
충주, 청송, 무주, 예산, 영주	사과	담양	딸기
횡성, 홍천, 함평	한우(고기)	영광	모싯잎송편
홍천, 정선	찰옥수수	평창	산양삼
인제	콩	고령	감자
포항	시금치	의령	떡
부산	토마토	고흥	유자
광양	매실	여수	갓
금산	깻잎		

*2017년 6월 기준

5) 생산이력제도

생산이력제도traceability는 농축산식품의 안전성 문제 내지 위해 요인에 대하여 국민 건강의 안전 차원에서 비롯되었다. 특히 최근 계속되는 구제역과 돼지콜레라의 발생, 유럽과 일본의 광우병 발생 소식, *E.coli* O-157에 의한 식중독 사건 등은 농축산물의 소비를 크게 둔화시키고 이는 결국 농가 경영에 심각한 타격을 주고 있다. 이 밖에도 유전자변형 농산물의 잠재적인 유해 가능성, 중국산 농산물의 금지 농약 검출 사건, 중국산 수산물의 납 혼입 사건과 수은 검출 사건, 다이옥신 문제 등 식품 관련 사건들이 계속해서 발생하고 있다. 이러한 식품 관련 사건들의 공포로부터 벗어나 식품의 안전성을 확보하여 부가가치를 창출하기 위해서 농산물의 생산에서부터 가공, 유통에 이르는 전 과정에 걸쳐 철저한 관리가 필요하게 되었다.

선진국 형태의 식품 안전성 관리체계 중 하나로 1995년부터 시작된 '식품안전관리인증기준HACCP'은 식품을 생산함에 있어 원료의 관리, 제조, 가공 및 유통의 전 과정에서 위해물질의 혼입이나 식품이 오염되는 것을 방지하기 위한 제도이다. 하지만 식품안전관리인증기준은 기준이 되는 적용 대상이 가공원료로서 수확 후 농축산물의 취급 단계에 있어서 부분적으로 생산, 가공되는 공정의 잠재적 위해에 대해 초점을 두고 있기 때문에 농축산물이 생산되는 과정에서의 위해 요소를 관리하는 데에는 한계가 있다. 예를 들면 소가 병이 들어 항생제를 투여한다거나 하는 문제 등을 말한다. 따라서 이런 문제를 포괄하는 시스템이 주목받게 되었는데 그것은 농축산물의 생산 과정을 역추적할 수 있는 '생산이력 정보체계'이다. 이 시스템은 취급 단계에서 위해 요소를 집중적으로 관리할 수 있는 식품안전관리인증기준과 달리 생산 단계부터 가공, 유통, 판매 단계에 이르는 전 과정을 소비자가 역추적하여 확인할 수 있는 시스템이다. 사료의 종류와 양, 질병에 관한 기록 및 투여된 항생제의 종류와 양, 체중 관리와 관련된 기록 사항, 도살 장소 및 보관 상태, 보관 장소 및 조건 등 각종 정보를 소상히 파악할 수 있는 제도로, 어떤 과정과 장소를 거쳐 소비자 손에 도달하였는지에 관련된 사항을 모두 역추적하는 것이 가능한 방법이다. 본래 이 제도는 광우병 파동으로 심각한 타격을 입은 유럽에서 축산식품 분야를

생산이력제(traceability) 농축산물의 생산자, 생산에 관여한 일체의 정보, 가공에 관련된 정보, 유통 및 저장에 관련된 일체의 정보를 통해 어떤 절차를 거쳐 어느 장소에서 처리되었는가를 한눈에 파악할 수 있도록 관리하는 제도.

HACCP 식품의 원료 구입에서부터 가공, 포장, 저장, 유통에 이르는 일체의 과정에서 위해가 발생할 수 있는 부분을 집중적으로 관리하여 피해를 최소화하고자 도입된 위해 안전 관리 방법. 식품안전관리인증기준이라고 한다.

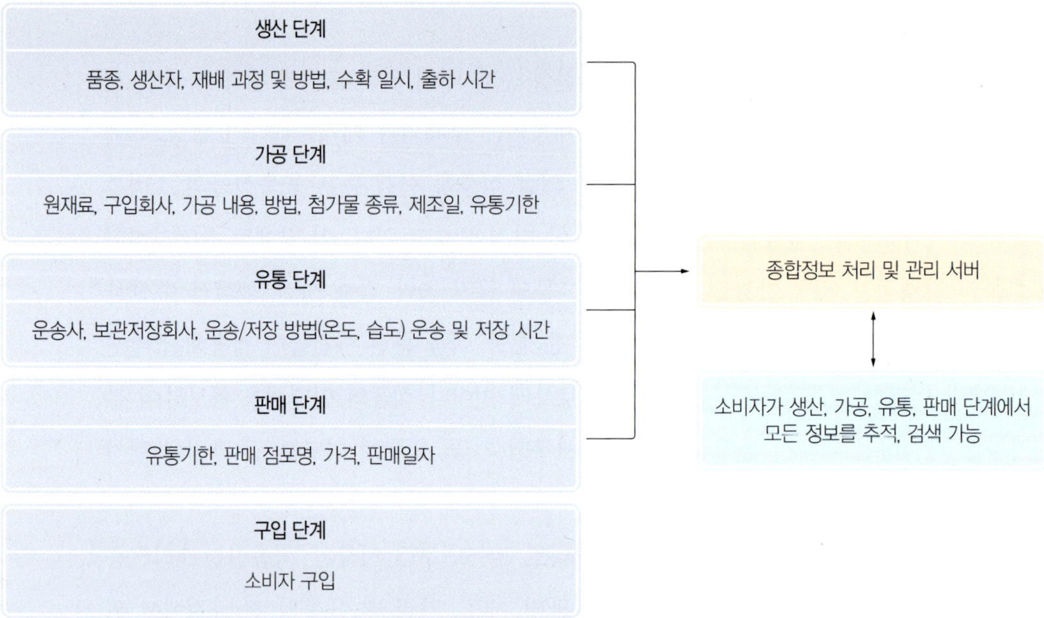

그림 17.4 생산이력제도의 정보체계 구조

중심으로 도입이 되었고, 일본에서도 광우병 파동 이후 도입이 되어 축산식품뿐만 아니라 일반 농산물에까지 확대 적용하고 있다.

국제표준화기구 ISO 8402(품질 경영 및 품질 보증 용어)에 따르면 생산이력제도는 추적성을 "기록된 식별 수단(증명)을 통해 어떤 활동 공정, 제품 등의 이력과 적용(용도) 또는 위치를 추적(검색)하는 능력"이라 정의하고 있으며 ISO 9000에서는 "고려 대상이 되어 있는 것의 이력, 적용 또는 소재를 추적할 수 있는 것"으로 정의하고 있다. 유럽연합의 「식품일반법」에는 "식품, 사료, 식품으로 가공되는 동물, 가공식품 및 사료의 원료가 되거나 될 것으로 예상되는 물질의 생산, 가공, 유통의 모든 단계를 통해 추적하고 소급 조사할 수 있는 능력"으로 정의하고 있다.

이러한 시스템을 뒷받침하기 위해서는 역으로 거슬러 올라가 모든 내용을 소비자가 확인할 수 있도록 각 단계에서 기록된 내용을 바코드 또는 IC카드, RFID, 인터넷 등을 통하여 검색할 수 있는 시스템이어야 한다.

단원정리

1. 유통은 단순히 생산자로부터 소비자에게 전달하는 것만이 아니라 재가공, 재포장, 재생산 등의 기능을 갖고 있으며 정보를 상호 전달해 주는 가교적인 역할을 한다.
2. 농수축산 식재료는 일반 공산품과 달리 계절에 따라 생산되며 수확 후에도 생화학적 변화가 일어나 품질을 변화시킬 수 있으므로 유통 과정 중 예냉각 처리 기술이 도입되어야 하는 등 수확 후 처리 기술이 요구되는 점 등 차별성이 있다.
3. 식재료의 안전을 위해 다양한 품질 관리체계가 유통 과정 중에 요구되며 이러한 다양한 관리체계를 통하여 보다 안전하고 신뢰할 수 있는 농수축산식품을 소비자에게 전달할 수 있다.

연습문제

1. 유통의 기능으로 상품의 전달, 조사 연구, 운송, 보관, 하역, 포장 등의 기능 외에도 몇 가지가 더 있다. 어떤 것들인지 답하시오.

2. 일반적인 공산품과 달리 농수산축산 식재료는 특수성을 띠고 있다. 대표적인 특수성 3가지만 요약하시오.

3. 유통시장에서 콜드체인(cold chain)이 요구되는 가장 중요한 이유를 답하시오.

4. 최근 소비자들이 요구하는 제품 및 유통시장의 특징은 무엇이라고 보는가? 키워드로만 답하시오.

5. 유통시장에서 적용되고 있거나 향후 이용 가능한 IT분야의 기술에는 어떤 것들이 있는지 답하시오.

6. 소비자가 식재료를 구입할 때 고려하게 되는 요소들에는 어떤 것들이 있는지 답하시오.

7. 다음 서로 연관성이 제대로 이루어지지 않은 것을 고르시오.

① 소비자 보호를 위한 표시체계 – GMO 표시제도 ② 고품질 농산물 보호체계 – 지리적 표시제

③ 소비자 보호를 위한 표시체계 – 원산지표시제도 ④ 고품질 농산물 보호체계 – 생산이력제도

⑤ 안전 농산물 생산 공급체계 – GAP

8. 생산이력제도에 기록으로 남길 필요가 없는 항목을 고르시오.

① 농약 살포량 ② 수확량 ③ 질병 시 주사한 항생제량

④ 유통 중 저장온도 ⑤ 유통회사명

정답 및 해설

1. • 상품의 정보를 전달하는 커뮤니케이션을 수행
 • 소비자와 생산자 역할을 대신하여 가교 역할
 • 상품을 분류, 포장, 재가공, 조립 등 재생산의 기능
2. • 생산은 계절에 따라 차이가 크며, 대량 출하 시 가격 폭락 가능성이 있다.
 • 수분이 많아 저장성이 떨어지며 부패하거나 손상되기가 쉽다.
 • 균질한 상태로 생산되는 것이 아니라서 표준화·등급화하기가 어렵다.
3. 신선한 것을 소비자가 요구하며 호흡열 때문에 쉽게 부패될 염려가 있기 때문이다.
4. 신선도 추구, 건강 지향성, 안전 농산물, 편리성, 소포장, 다양성, 고급화, 대형 할인점 등
5. 유비쿼터스, RFID, USN, 전자상거래
6. 색, 향, 신선도, 안전성, 겉모양, 표준화된 등급, 포장, 유통기한 등
7. ④ 생산이력제도는 안전 농산물 생산 공급체계에 해당된다.
8. ② 수확량은 아무 관련이 없다.

부록

1. 데치기blanching 공정

데치기란 채소류를 냉동 또는 건조하고자 할 때 전처리 공정으로서 물에 넣어 살짝 익히는 공정을 말한다.

데치기를 하는 이유는 첫째 채소의 색을 변화시키는 효소의 작용을 억제시켜 채소의 녹색을 유지하기 위해서다. 녹색을 띠는 엽록소가 파괴되지 않게 유지하는 일이 중요하다. 일반적으로 끓는 물에 넣어 재빨리 삶는데, 고온에서 단시간 가열 처리하는 것이 산뜻한 녹색을 내는 요령이다. 가열할 때 용액이 산성이면 변색되기 쉽고 알칼리성이면 비교적 안정하며, 용액 중에 소금이나 황산구리를 넣으면 빛깔이 좋아진다.

두 번째 이유로는 지방의 산패는 -18℃에서도 일어나므로 냉동을 하더라도 지방 산패는 지속될 수 있다. 따라서 지방 산패에 관여하는 효소를 불활성화시킬 목적으로 수행한다. 지방 산패뿐만 아니라 비타민의 파괴 등도 억제할 수가 있다. 효소 라이페이스lipase, 아스코르브산산화효소ascorbate oxidase, 퍼옥시데이스peroxidase 등을 불활성화시킨다.

세 번째로는 채소류에 포함되어 있는 기체-가스 성분을 제거하여 부피를 최소화할 수 있다. 냉동을 하거나 운반함에 있어 부피의 최소화는 매우 중요하다.

2. 염장법 또는 피클링pickling

피클링은 소금 절임에 의한 방법으로 신선한 오이나 그 밖의 채소를 소금물용액에 침지하여 24시간 내에 연화 과정이 일어나고, 천천히 발효와 함께 부패가 혼합하여 일어나는 과정이다. 소금을 첨가하는 이유는 자연에 존재하는 젖산균의 성장을 원활히 하여 급속히 생산된 젖산이 소금의 작용으로 인한 맛을 상호 보완할 수 있도록 하기 위해서이다.

염장법은 소금의 삼투작용에 의한 식품의 탈수로 인하여 세균 성장에 필요한 수분이 줄어들고, 오염되어 있는 미생물도 소금에 의한 높은 삼투압으로 원형질 분리가 일어나 생육이 더 이상 일어나지 않게 된다.

3. 젤화gelation

졸이 유동성을 잃어 젤리가 되는 것이다. 콜로이드 입자(고체)가 유체流體 중에 분산하여 유동성을 나타내는 콜로이드용액을 졸이라 한다. 교차결합cross linkage에 의하여 고분자

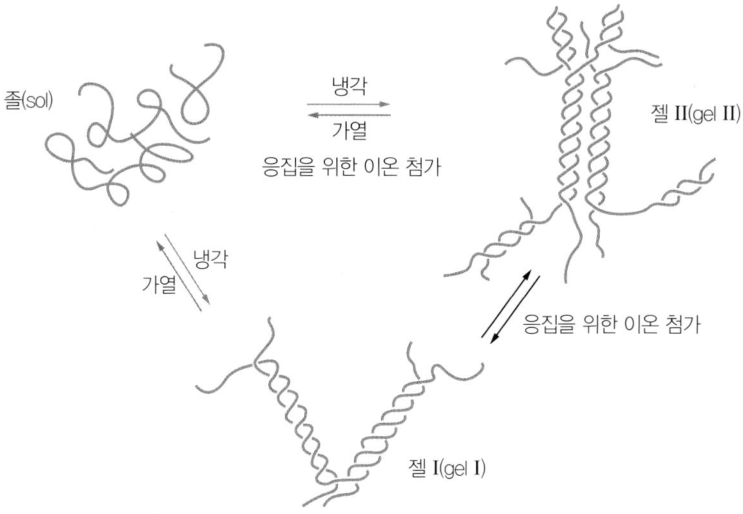

그림 부록 1. **졸-젤의 상호 변화**

가 3차원적 그물 구조를 취하여 용매에 잘 녹지 않게 된다. 반응성이 높은 단위체가 중합 또는 축중합, 그래프트중합 등의 반응에 의해 생성되는 고분자화합물이 교차결합을 이루는 반응을 일으켜 3차원 그물 구조를 가지는 경우가 많다. 이러한 구조를 가진 생성물은 용매에 팽윤만 될 뿐 녹지는 않는다. 젤화의 일반적 특징으로는 계系의 뚜렷한 탄성 증가, 급격한 점성도 상승 등을 들 수 있다.

고기의 연제품은 어육에 2~3% 식염을 가하여 고기갈이한 육meat paste, surimi을 가열하여 젤화한 제품이다. 연육은 어육 중의 섬유상 단백질을 순화하여 소비톨, 인산염 같은 단백질변성방지제를 가하여 -20℃ 이하에서 저장되는 반제품이다. 연육은 어종, 원료의 크기, 선도, 계절, 육질 처리 방법 등에 따라서 품질 등급이 나뉜다. 어육에 존재하는 수분은 근섬유세포, 근원섬유 및 액토미오신actomyosin 필라멘트 사이의 모세관 힘에 의하여 유지되고 있다. 단순히 어육을 가열하면 단백질 섬유가 변성 응고하여 보수력이 상실되므로 고기 육 중의 수분은 드립drip으로 빠져나오게 되고 젤 형성에 관여하지 못하게 되어 탄력 있는 젤로 되지 못하고 부서지기 쉬운 덩어리 상태로 된다.

냉동 고기풀surimi을 장시간 방치하거나 가열하면 점착성을 잃고 탄력이 있는 젤로 된다. 젤화가 일어나는 것은 근원섬유 단백질이 망상 구조를 형성하기 때문이다. 원료 어종과 단백질 종류별로 망상 구조를 형성하는 가열 조건에 따라 연제품의 탄력은 많이 달라진다. 통상 가열 온도가 높고 가열 속도가 빠를수록 탄력이 강해지고, 저온 장시간 가열하면 탄력이 약하게 된다. 연제품의 품질 요소는 탄력과 색깔이며, 젤 형성 능력과 탄력은 고기풀의 품질, 첨가물의 종류 및 사용량, 가열 방법 등에 영향을 받는다.

어육의 젤 형성 능력은 어종에 따라 매우 다르다. 일반적으로 온수성 어류 단백질이 냉수성 어류보다 더 안정하며, 백색육이 적색육보다 젤 형성능을 더 장기간 유지할 수 있다. 명태 등 냉대성 어종은 0℃ 부근이 가장 젤 강도가 높다.

식량자원의 감소에 따라 연제품의 원료가 부족하므로 사용을 하지 않거나 이용률이 낮은 수산자원이나 축산자원을 이용한 소프트한 식감의 고영양식품의 개발이 필요하며, 식용 가치가 비교적 낮은 원료를 혼합하여 젤화를 통해 품질이 향상된 젤화 식품을 만들 수 있다.

4. 산가수분해법으로 단백가수분해물 제조 시 MCPD 및 DCP 생성 메커니즘

단백가수분해물HVP을 산가수분해법으로 제조 시 강염산을 사용하기 때문에 원료에 함유되어 있는 지방이 염산과 반응하여 다음과 같은 메커니즘에 의해 클로로프로판올chloropropanol계 화합물이 생성된다.

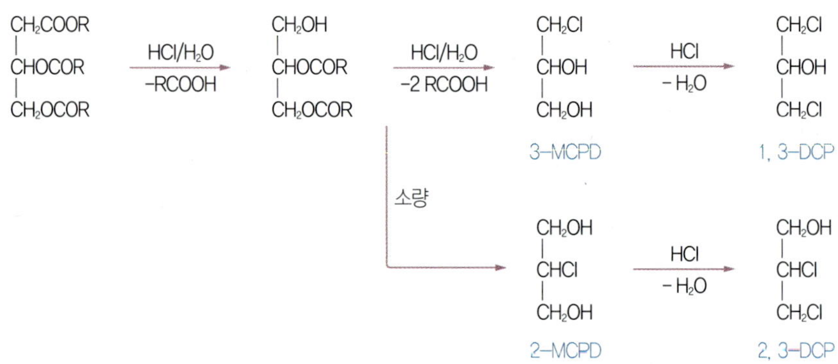

그림 부록 2. 3-Monochloropropane-1,2-diol과 1,3-dichloropropane의 생성

5. 채소 및 과일에 함유된 효소들의 역할과 기능

품목	효소	역할 및 기능
무	diastase, glycosidase	전분 분해, 천연 소화제
	catalase	산화작용을 저해
	myrosinase	시니그린 분해, 매운맛 알릴 아이소티오시아네이트(allyl isothiocyanate) 생성
맥아	amylase	식혜, 물엿의 제조 및 맥주 양조 등에 이용
쑥갓	ascorbate oxidase	비타민 C를 산화
당근, 오이	ascorbate oxidase	비타민 C를 산화
쥬키니(애호박)	ascorbate oxidase	비타민 C를 산화
시금치	chlorophyllase	시금치 엽록소의 갈변
갓	myrosinase	시니그린 분해, 매운맛 겨자유(mustard oil) 생성
파	alliinase	알리신으로 분해, 자극적인 냄새를 유발
마늘	alliinase	알리신이 생성, 비타민 B_1과 결합, 알리티아민(allithiamine) 형성
양파	protease	고기의 연육작용
우엉	polyphenol oxidase	폴리페놀의 산화, 색이 갈색으로 변함
연근	polyphenol oxidase	타닌과 클로로겐산의 산화로 갈변
꽃양배추	myrosinase	글루코라파닌(glucoraphanin)으로부터 아이소시아네이트(isocyanate) 냄새 생성
무화과	ficin	고기의 연육소
파파야	papain	고기의 연육소
파인애플	bromelain	고기의 연육소
키위	actinidin	고기의 연육소
배추	polygalacturonase	김치의 연화
	polymethylgalacturonase	김치의 연화
바나나	polyphenol oxidase	후숙작용 시 갈변화
사과	polyphenol oxidase	갈변화
	protopectinase	불용성 프로토펙틴 분해, 수용성화, 연화, 단맛 증가
배	protease	소화작용에 도움, 고기의 연육소
감귤	naringinase	쓴맛을 내는 나린진(naringin)의 분해

6. 당알코올

당알코올에는 자일리톨xylitol, 에리스리톨erythritol, 말티톨maltitol, 락티톨lactitol, 소비톨sorbitol, 만니톨mannitol, 팔라트니트(아이소말트), 팔라티노스palatinose 등이 있다. 이들은 식품 제조 공정에서 가공보조제로 많이 이용되며 식품의 품질을 향상시키는 기능을 하는 식품첨가물로 결정화 조절, 보형성, 안정성의 개선, 점도, 조직감, 용해성, 저장성, 보수성 등이 있으며 이외에도 복원성, 금속 제거, 항산화, 연화제, 증량제 등으로도 사용되기도 한다.

결정화 조절

당식품의 저장 중 일어나는 물리적 변화 중 문제가 되는 것은 당의 결정화이다. 당을 주원료로 사용하는 과자 종류의 경우 조직 특성을 위해 설탕 결정과 시럽의 혼합물이 서로 평형을 유지하고 있으나 유통 과정 중에 당의 결정화가 촉진되어 식품의 조직이 변화되거나 제품의 저장성 및 상품성이 떨어지는 현상이 일어난다. 이러한 현상을 방지하기 위하여 전화당을 사용하고 있으나 소비톨이나 글리세롤과 같은 당알코올을 사용하게 되면 과자가 딱딱해지는 현상을 방지하여 결정 생성을 억제하므로 저장성을 향상시킬 수 있다.

용해도가 낮은 에리스리톨이나 팔라트니트 등은 결정화가 잘되는데 이러한 결정화 속성은 로젠스, 폰당, 퍼지fudge 등과 같이 설탕에 의해 결정성을 수반하는 식품 응용에 특히 유익하다.

비결정성 소비톨을 5% 정도 아이스크림에 첨가하면 입안에서 느껴지는 바디감이나 조직감이 개선될 수 있다. 아이스크림 제조 시 사용되는 기기sharp-edge 가장자리의 얼음 결정 생성 현상을 막을 수도 있다.

비타민 C의 안정화

비타민 C는 식품 중의 불안정한 영양 성분이며, 가열조리 중이나 식품의 보관 중에 산화, 분해되기 쉽다. 특히 수용액 중에서는 이러한 경향이 현저하다. 소비톨을 비롯한 당알코올 등이 비타민 C의 안정화에 효과가 있다. 시판 비타민 C 첨가 청량음료 중의 비타민 잔존율을 고려하여 첨가하면 비타민 C의 안정화 효과를 기대할 수 있다.

저칼로리/인슐린 비의존성

에너지계수를 적용하면 4 kcal/g이 되지만, 당알코올은 생체 중의 소화관 내에서 소화 흡수가 되기 어렵기 때문에 이용되는 에너지 값은 설탕이나 포도당보다 낮다. 자일리톨의 경우 2.4 kcal/g이며 에리스리톨의 경우 0~0.2 kcal/g으로 낮은 칼로리뿐만 아니라 혈당치나 인슐린치의 급격한 상승도 나타나지 않아 당뇨병 환자를 위한 식품에 이용된다.

보형 조절 기능

포도주나 전통주 등에 에리스리톨이 첨가되면 점성의 변화는 물론 단맛과 더불어 부드럽고 산뜻한 맛을 제공한다. 검류와 같은 농후제를 사용할 수 있지만 향미가 있는 식품은 농후제를 사용하는 경우 당알코올을 사용하는 경우보다도 불안정하기 때문에 농후제 대체용으로 많이 사용하고 있다. 점성을 증가시킬 목적으로는 주로 에리스리톨이나 소비톨을 사용하며, 점성을 저하시킬 목적으로는 주로 프로필렌글리콜propylene glycol과 같은 폴리올polyol을 사용하여 적절한 점성을 유지할 수 있다.

흡습성(보수성)

흡습성은 물을 흡수하고 보유하는 성질로 분자량이 클수록 수분 변화가 지연되는 경향을 나타내므로, 특정한 환경에서 당알코올의 탈습에 의한 식품 품질의 변화를 어느 정도 막을 수 있다. 흡습성과 보수성은 과자와 같은 제품의 신선도 유지와 당의 결정 형성 방지에 영향을 미치는 인자이다. 따라서 이와 같은 문제가 일어나는 제품의 경우 대략 5% 이하의 당알코올을 사용하는데 이렇게 하면 신선도를 유지할 수 있고 결정 생성을 억제할 수 있다. 그러나 추잉껌 표면의 경우 흡습성이 클수록 제품의 품질이 떨어지므로 이런 현상을 막기 위하여 흡습성이 낮은 만니톨을 전분과 함께 사용하여 상쾌한 맛과 더불어 흡습을 방지할 수 있는 것이다. 만니톨의 경우 흡습성이 거의 없다.

용해성

당알코올의 분자량에 따라 용해 정도가 다른데 분자량이 작은 것이 용해 상태가 좋아 가능한 이러한 당알코올을 사용하는 것이 바람직하다. 당알코올의 용해성이 향료 산업에 이용되는데, 당알코올이 향료 운반제 또는 향료 피막제로 사용될 수 있으며 향의 release control을 통해 일정 양의 향을 맛볼 수 있게 조절해 준다. 또한 각종 향료의 특성을 증진시키거나 용해를 목적으로 이용된다.

금속 제거 기능

당알코올은 구조적으로 -OH기를 많이 갖고 있어서 피트산phytic acid과 마찬가지로 금속을 킬레이팅chelating할 수 있는 능력이 있다. 따라서 과실 음료, 포도주 제조 공정 중에 침전이 일어나거나 혼탁을 유발하는 원인물질을 제거하는 데 소비톨을 이용하고 있다.

유지식품의 경우 주로 불포화지방산의 이중결합이 산화반응을 하여 산패가 일어나는데 이러한 산패 촉진물질로 작용하는 금속을 제거함으로써 유지의 산패를 방지할 수 있다.

보존 기능(저장성)

수분활성도는 식품의 저장성을 간접적으로 표시해 주는 지표로서 식품의 수분활성도를 낮추어 주면 그만큼 미생물의 번식이나 성장이 이루어지지 못하여 안전하다고 할 수 있다. 설탕에 재어 두는 것도 바로 이런 목적이며 소비톨은 이런 수분활성도를 낮추어 주는 물질로 알려져 있다. 당류는 고농도에서 삼투압 효과가 있어 항미생물작용을 하지만 당알코올은 저농도에서도 수분활성도를 낮추어 주는 효과로 미생물이 이용할 수 있는 수분의 비율을 낮추어 미생물 생육 억제 효과를 가져온다.

미생물의 생육 억제

자일리톨은 미생물의 성장을 억제시키는 효과가 있으므로 20%의 자일리톨이 첨가된 처리구는 설탕이나 포도당은 물론 소비톨과 같은 당알코올을 첨가한 것에 비하여 미생물(*Bacillus subtilis*와 *E. coli*)의 성장이 각각 15%, 50%로 감소된 효과를 보여 준다. 자일리톨은 충치유발균*Streptococcus mutans*의 성장을 억제시키는 비우식성非齲蝕性 설탕 대용 감미료로 사용되고 있으며, 우식 진행 억제제로도 사용되고 있다.

감미 및 냉량감

당알코올은 부드러운 감미를 가지며 감미의 정도는 설탕과 거의 같다. 설탕보다 빠르게 단맛이 없어지는 것으로 알려져 있고, 용해 시에 흡열량이 높기 때문에 강한 냉량감cooling effect을 갖는다. 감미도가 낮기 때문에 이들을 이용한 무설탕제품은 맛에 있어서 설탕을 사용한 것보다 뒤떨어지지만 자일리톨을 사용함으로 인해 무설탕제품의 맛을 개선할 수 있다.

7. 어육연제품

어육연제품이란 어육에 소량의 식염을 가하고 마쇄하여 얻은 연육을 가열하여 젤화시킨 제품을 말하며, 어종이나 어체의 크기와 관계없이 원료의 사용 범위가 매우 넓고 맛의 조절이 자유로우며, 외관, 풍미, 물성이 어육과는 다르고, 바로 섭취할 수 있어서 일반적인 수산 가공식품과는 다른 특징을 가지고 있다.

1) 제조 원리

어육 중에 존재하는 수분은 근섬유, 근원섬유 및 액토미오신 필라멘트actomyosin filament 사이의 모세관 힘에 의해 유지되므로 단순히 어육을 가열하게 되면 단백질 섬유가 변성, 응고하여 보수력을 상실하게 되고 수분은 드립으로 빠져나가게 되어 어육은 탄성을 가지는 젤이 되지 못하고 부서지기 쉬운 덩어리 상태로 변한다. 하지만 어육에 2~3%의 식염을 가하여 마쇄하면 근원섬유를 구성하는 액토미오신이 용해되어서 점성이 높아지고, 음의 전하로 하전된 액토미오신의 정전기적 반발력에 의해서 분산되어 점성이 높은 졸sol 상태가 된다. 이것을 가열하거나 상온에서 오래 두면 망상 구조를 가지는 탄력이 있는 젤이 된다. 이때 식염에 의해 단백질의 보수성이 높아지기 때문에 물분자는 단백질에 강하게 수화된 채 망상 구조 속에 남아 있게 된다.

2) 제조 방법

- 원료어 : 명태 이외에 임연수어, 전갱이, 갈치, 조기 등 10여 종의 어류가 이용되고 있다.
- 원료 처리 : 머리와 내장을 제거하여 잘 씻은 다음 소형어는 그대로, 대형어는 두 겹

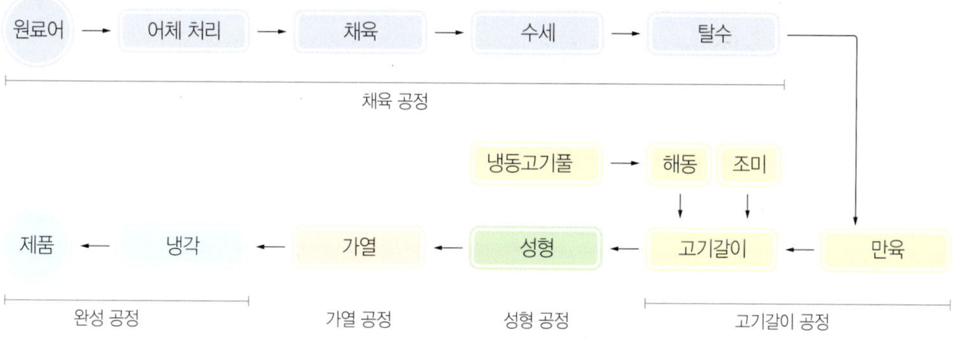

그림 부록 3. 어육연제품 제조 과정

편뜨기 또는 세 겹 편뜨기를 한다.

- 채육 : 롤식 또는 스탬프식 어육 채취기를 이용하여 뼈, 껍질, 비늘 등을 제거하고 어육만 얻는다.
- 수세 : 어육의 5~10배에 해당하는 물에 담가 교반하고 윗물을 버리며 다시 물로 씻는 과정을 3~4회 반복한다. 수세 과정을 통해서 어육에 혼입된 오물, 혈액, 색소, 지방, 껍질, 엑스분, 수용성 단백질 등이 제거되어 제품의 색을 희게 하며, 탄력을 강하게 하고 보존성을 높여 준다.
- 탈수 : 소규모일 때는 마대에 넣어 짜고 대규모일 때는 압착기나 원심탈수기를 사용한다.
- 만육 : 물기를 뺀 어육은 섬유가 길고 뼈 등의 이물이 혼재하므로 만육기chopper를 이용하여 잘게 끊어 주거나 여과기strainer를 사용하여 뼈, 비늘 등의 이물을 제거하고 어육만을 얻는다.
- 고기갈이 : 마쇄기grinder나 세절기silent cutter를 이용하며, 고기갈이의 정도는 기계의 종류, 육량, 어육 종류에 따라 다르다. 예를 들면 판붙이어묵Kamaboko을 제조할 경우에는 먼저 10~15분간 어육만 초벌갈이를 하고, 식염을 가하여 20~30분간 두번갈이를 하며, 마지막으로 다른 부원료를 넣어 10~15분간 세번갈이를 한다. 그러나 부들어묵, 튀김어묵 등을 만들 때는 처음부터 부원료를 어육에 첨가하여 고기갈이를 한다.
- 성형 : 고기갈이를 마친 고기풀은 그 점착성을 이용하여 손 또는 성형기로 적당한 모양으로 성형한다. 판붙이어묵은 판에 올리고, 부들어묵은 꼬치에 붙이며, 어육 소시지는 케이싱에 채운다.
- 가열 : 연제품 제조에 있어서 가열하는 목적은 탄력 있는 젤의 형성과 고기풀에 부착되어 있는 세균을 사멸시키는 데 있다. 일반적으로 연제품의 경우에는 중심 온도가 75℃ 이상, 어육 소시지, 햄 등은 80℃ 이상으로 가열하여야 한다.
- 냉각 : 가열이 끝난 것은 빨리 냉각하는데, 어육 소시지와 같은 포장제품은 냉수에 담가 급냉하고, 일반 연제품은 송풍냉각을 한다. 냉각이 끝난 제품은 동결하지 않을 정도의 저온(2~5℃)에서 보관한다.

8. 유가공품의 개별 표시 기준

1) 강화우유는 강화한 성분명 및 함량을 표시하여야 하며 1 L당 비타민 A는 2,000 IU, 비타민 D는 400 IU 이상인 경우에 한하여 강화우유로 표시할 수 있다.
2) 유산균 첨가제품의 경우에는 특정 균의 함유 사실을 표시하고자 하는 경우에는 그 균의 함유 균수를 표시하여야 한다.
3) 살균제품 또는 멸균제품인 경우에는 '살균제품' 또는 '멸균제품'으로 구분하여 표시하여야 하고, 살균온도 또는 멸균온도 및 시간을 표시하여야 하며, 저온장시간살균 또는 고온단시간살균을 표시하고자 하는 경우에는 '파스퇴라이제이션'으로 표시할 수 있다.
4) 우유류 중 유지방을 감하여 표준화한 경우에는 '표준화 제품', '표준화 우유' 또는 '스탠다디제이션' 등을 표시하고 유지방 함량을 표시하여야 한다.
5) 저지방우유류는 유지방분의 함량을 표시하여야 하고, 유지방분의 함량이 0.5% 이하일 경우에는 '탈지우유', '탈지강화우유' 또는 '환원탈지유'로 표시할 수 있다.
6) 저지방가공유 중 유지방분이 0.5% 이하인 제품은 탈지가공유로 표시할 수 있다.
7) 발효 후 가열 처리된 제품에는 '발효 후 가열 처리제품'이라는 표시를 하여야 한다.
8) 멸균된 농축우유 또는 탈지농축우유는 각각 '무가당연유' 또는 '무가당탈지연유'로 표시할 수 있다.
9) 농축유류, 자연치즈, 유청류, 조제분유의 경우 특정 성분을 제품명으로 사용하여서는 아니 된다.
10) 농축유류 중 가당제품은 사용한 당류의 종류 및 함량을 표시하여야 한다.
11) 유크림류는 조지방 함량을 표시하여야 한다.
12) 혼합분유는 조제분유로 오인되게 하는 표시를 하여서는 아니 된다.
13) 유단백가수식품의 경우 조단백질·아미노산성 질소의 함유 비율을 표시하여야 한다.
14) 조제분유는 다음 사항을 표시하여야 한다.
    가) 조제분유는 조산아 또는 미숙아용은 각각 '조산아용' 또는 '미숙아용'으로 표시하여야 하며 영·유아에 먹이는 방법을 표시하여야 한다. 이때 조제분유 등 분말상의 조제유류의 경우 '조유 후 바로 수유하시고 남은 양은 재수유하지 말고 버리십시오.'라는 내용의 안내표시를 하여야 한다.

나) 100 kcal당 철 1 mg 이상 함유된 제품은 '철강화조제유'라고 표시할 수 있다.

다) 조제분유 및 조제우유는 '모유가 아기에게 가장 좋은 식품입니다.'라는 내용의 안내표시를 12포인트 이상의 활자로 표시하여야 한다.

라) 조제유류의 영양 성분 표시는 영·유아에게 먹이는 방법에 따라서 조유했을 때의 100 mL당 함유된 값으로 표시할 수 있으며, '[별표1] 1. 아.'에 따른 영양 성분 표시에 있어 1일 영양 성분 기준치에 대한 비율(%)의 표시를 생략할 수 있다.

마) 기타 조제분유 및 기타 조제우유는 아래의 영양 성분에 대하여 영양 성분 표시를 하여야 한다.

(1) 조단백질, 조지방, 비타민 A, 비타민 D, 비타민 C, 비타민 B_1, 비타민 B_2, 나이코틴산, 비타민 B_6, 엽산, 판토텐산, 비타민 B_{12}, 비타민 K_1, 비타민 E, 나트륨, 칼륨, 염소, 칼슘, 인, 마그네슘, 철, 요오드, 구리, 아연, 망간.

15) 아이스크림·아이스밀크, 아이스크림믹스·아이스밀크믹스는 유지방분의 함량을 표시하여야 하고, 저지방아이스크림과 저지방아이스크림믹스는 지방분의 함량을 표시하여야 한다.

16) 아이스크림류에는 보존 조건과 보존 온도를 표시하여야 하며, 실중량을 부피로 표시할 수 있다.

17) 아이스크림 분말류에는 제품 단위중량당 가수량을 표시하여야 한다(권장 가수량은 제품 중량의 2배).

18) 아이스크림류·아이스크림분말류·아이스크림믹스류의 유산균 함유제품은 유산균 함유제품과 발효유 함유제품으로 구분하고, 아이스크림류는 함유 유산균 수를 표시하여야 한다.

9. 건강기능식품에서 생리활성물질을 함유한 식재료와 식품

생리활성 기능	고시형 건강기능식품	개별 인정형 건강기능식품
항산화	베타-카로틴, 비타민 C, E, 구리, 셀레늄, 망간, 녹차 추출물, 엽록소 함유 식물, 클로렐라, 스피루리나, 코엔자임 Q_{10}	끼꼬망 포도종자 추출물, 피크로제놀, 복분자 주정 추출 폴리페놀 EA108, 유니벡스 대나무잎 추출물
피부미용	엽록소 함유 식물, 알로에, 비타민 A, 베타-카로틴	*N*-아세틸글루코사민, 히알루론산나트륨, 소나무껍질 추출물 등 복합물, 곤약감자 추출물, 쌀겨 추출물
뇌 기억력 개선	오메가-3지방산, 레시틴	대두 포스파티딜세린, INM 176 참당귀 주정 추출 분말, 테아닌 등 복합 추출물, 피브로인 추출물 BF-7
면역 증진	인삼, 홍삼, 알로에 젤, 알콕시글리세롤 함유 상어간유	금사상황버섯, 게란티 바이오-Ge 효모, L-글루타민, HemoHIM 당귀 등 혼합 추출물
항염증 및 항알레르기	-	*Enterococcus faecalis* FK-23 효소 및 가열 처리 분말
체중 조절	식이섬유, 공액리놀레산, 가르시니아 캄보지아 껍질 추출물	히비스커스 등 복합 추출물, APIC대두배아 열수 추출물 등 복합물, 그린마떼 추출물, 디글리세라이드 및 중쇄지방산 함유 유지, 콜레우스 포스콜리 추출물, 깻잎 추출물
혈당 조절	-	난소화성 말토덱스트린, 바나바 주정 추출물, 피니톨, 구아바잎, 솔잎 증류농축액, 홍경천 등 복합 추출물, 참밀알부민, 동결건조 누에분말
고지혈증 개선	오메가-3지방산, 감마리놀렌산, 홍국, 레시틴, 키토산/키토올리고당	알로에 추출물 분말, 알로에 복합 추출물 분말, 폴리코사놀-사탕수수 왁스알코올, 스피루리나, 유니벡스 대나무잎 추출물, 식물스타놀에스테르, 아마인, 난소화성 말토덱스트린, 보이차 추출물, 보리 베타글루칸 추출물
동맥경화 개선	DHA/EPA, 감마리놀렌산, 레시틴, 영지버섯 자실체 추출물, 식물스테롤/식물스테롤에스테르, 홍삼, 엽산	피크노제놀-프랑스해안송껍질 추출물, 정제오징어유, 은행잎 추출물, DHA 농축유지, 정어리 정제어유
혈압 조절	코엔자임 Q_{10}	카세인가수분해물, 가쯔오부시올리고펩타이드, 정어리펩타이드, 올리브잎 주정 추출물 EFLA943
골다공증 개선	칼슘, 비타민 D, 글루코사민, *N*-아세틸글루코사민, 뮤코다당·단백, 프락토올리고당, 대두이소플라본 추출물	차조기 등 복합추출물(KD-28), 로즈힙 분말, 황금 등 복합물, 초록입홍합 추출 오일복합물
치아 건강	프로폴리스 추출물, 칼슘	자일리톨
장 건강	알로에 전잎, 식이섬유, 알로에 젤, 프락토올리고당, 프로바이오틱스	아이소말토올리고당, 대두올리고당, 라피노스, 분말 한천

자료 : 이형주 외, 기능성식품학, 2011

참고문헌

국내 문헌

국립농산물품질관리원, 농산물 원산지 관리 10년사, 2004.

김기숙·김향숙·오명숙·황인경, 조리과학, 수학사, 2005.

김동환·김병률·김재식, 농산물유통론, 농민신문사, 2010.

김중현(역), 향신료의 역사 (Jan-Marie Pelt의 Les Epices), 좋은책만들기, 2005.

나병진·하상도, 소금의 유효성 및 안전성, 식품과학과 산업, 42(2): 60-73, 2009.

노봉수 외, 식품가공저장학, 수학사, 2009.

농림부 국립농산물품질관리원, 알기 쉬운 지리적표시제, 2004.

농림수산식품부, 농림수산식품 주요통계, 2009.

농촌진흥청 국립농업과학원, 식품성분표 제8차 개정판, 2011.

농촌진흥청 농촌자원개발연구소, 식품성분표(제7차 개정판), 도서출판 효일, 2006.

농촌진흥청, 식품성분표 제7차 개정, 2006.

문범수, 식품첨가물, 수학사, 2002.

문범수·이갑상, 식품재료학, 수학사, 2004.

민경업, 식품첨가물 7종의 알레르겐 확인 시험, 식약청 용역연구사업 연구결과보고서, 2006.

백형희. 재미있는 식품첨가물, 수학사(2016)

송재철, 식품재료학, 교문사, 1992.

송재철·박현정, 식품첨가물학, 내하출판사, 1998.

식품저널 편집부, 식품유통연감, 식품저널, 2009.

신효선·이서래, 최신식품화학, 신광출판사, 1995.

엄애선 외, 우리나라 영·유아용 조제식의 영양소 규격기준 개선방안연구, 한국식품영양과학회지, 36(5): 569-577, 2007.

오만진 외, 농산식품가공학, 선진문화사, 2007.

오훈일·이형주·문태화·노봉수·김석중, 식품화학, 수학사, 2008.

이상훈, 해조류로부터 식 의약 소재 개발의 현황과 전망, 식품기술, 24(2): 165-175, 2011

이서래, 식품안전성 논쟁사례, 수학사, 1999.

이성갑·김동수, 수산식품가공이용학, 광문각, 1999.

이철호, 식품위생사건백서 I, 고려대학교출판부, 1997.

이철호, 식품위생사건백서 II, 고려대학교출판부, 2005.

이형주·장해동·이기원·이홍진·강남주, 기능성식품학, 수학사, 2011.

임수빈·김미옥·구성자, 식용버섯 중 식이섬유소의 함량 측정, 한국조리과학회지, 7(3): 69-76, 1991.

장판식·노봉수·유상호·김묘정·김영완, 이해하기 쉬운 식품효소공학, 수학사, 2017.

장학길, 식품재료학, 신광출판사, 2001.

전정욱·이건원·김용기·윤충섭, 국내산 조제분유의 최근 연구 개발동향, 한국유가공기술과학회지, 26(2): 1-8, 2008.

정동효, 식품의 생리활성, 선진문화사, 1998.

정용진, 국내 식초 시장의 현황과 전망, 식품과학과 산업, 42(2): 52-59, 2009.

최홍식, 식품과 현대인의 식생활, 지구문화사, 1999.

홍진숙·박혜원·박란숙·명춘옥·신미혜·최은정·정혜정, 식품재료학, 교문사, 2008.

홍진영·염초애·신선영, 한국산 조란류의 피단제조에 관한 연구, 한국조리과학회지, 5(1): 63-67, 1989.

황재희 외, 식품재료학, 도서출판 효일, 2005.

국외 문헌

武政三男, スパイスのサイエンス, 文園社, 1990.

岩井和夫, 中谷延二 編集. 香辛料成分の食品機能, 光生館, 1989.

朝岡勇, 朝岡和子, 日曜日の遊び方 スパイスの名人宣言, 雄鶏社, 1996.

Aguilera, J. M. & Lillford, P. J., *Food Materials Science*, SpringerVerlag, 2008.

Akoh, C. C. & Min, D. B., *Food Lipids: Chemistry, Nutrition, and Biotechnology*, CRC Press, 2002.

Belitz, H. D. & Grosch, W., *Food Chemistry*, Springer, 1999.

Branen, A. L., Davidson, P. M., Salminen, S., & ThorngateIII, J. H., In *Food Additives*, Marcel Dekker, Inc., 2002.

British Pharmacopoeia Commission, ***British Pharmacopoeia***, TSO(the Stationery Office), 1973.

Brown, A., ***Understanding Food: principles and preparation***, Wadsworth/ThomsonLearning, 2004.

Dan Jurafsky, ***The Language of Food: A Linguist Reads the Menu***, W. W. Norton & Company, 2014

FAO/WHO, Codex Alimentarius Commission. Vol. 1A. General Requirements, 2004.

FAO, Yearbook of Fishery and Aquaculture Statistics, 2014

FAO, Yearbook of Fishery Statistics-Capture Production, 2007.

Fortin, F., ***The Visual Food Encyclopedia***, Wiley Publishing, Inc., 1996.

Goodburn, K., In EU Food Law, Woodhead Publishing Limited, 2001.

Hena Jacob, Salim Pushpanath, ***Flavours of Kerala***, Dee Bee Info Publication, 2001.

Hui, Y. H., ***Food Biochemistry and Food Processing***, Blackwell Publishing, 2012.

Hui, Y. H., In ***Encyclopedia of Food Science and Technology***, John Wiley & Sons, Inc., 1992.

IFT, Monosodium glutamate(MSG), ***Food Technology***, 41(5), 1987.

McWilliams, M., ***Food Fundamentals***, John Wiley & Sons, Inc., 1985.

Nagodawithana, T. W., ***Savory Flavors***, Esteekay Associates, Inc., 1995.

Purseglove, J. W., Brown, E. G., Green, C. L., & Robbins, S. R. J., ***Spices***, Longman Inc.,1981.

Reed, G. & Nagodawithana, T. W., ***Yeast Technology***, An AVI Book, 1991.

Sallie Morris & Lesley Mackley, ***The Spice Book***, Southwater, 1997.

Saltmarsh, M., In ***Essential Guide to Food Additives***, Leatherhead Publishing, 2000.

웹사이트 및 사진 자료

대한양계협회 홍보자료

농촌진흥청 국립식량과학원 작물정보센터(www.nics.go.kr/CropWebzine/index01.asp)

사단법인 전국버섯생산자협회(http://mushkorea.org/mall/index.php)

산림바이오에너지, 2008.

수산정보포털(https://www.fips.go.kr)

http://blog.naver.com/qazxsw60?Redirect=Log&logNo=80115147731

www.yellow-egg.com

찾아보기

ㅊ

ㅋ

ㅎ

영문

A

B

C

저자소개

노봉수
서울대학교 식품공학과 학사, 석사
University of California, Davis 석사, 박사
(주)동서식품 기술연구원 연구원
(주)보락 기술고문
현) 서울여자대학교 식품공학과 교수
식약처 식품평가원 전문위원

백형희
서울대학교 식품공학과 학사, 석사
Louisiana State University 식품공학과 박사
Mississippi State University 식품공학과 Post Doc.
KAIST, 한국식품연구원 연구원
Rutgers University 식품공학과 방문교수
현) 단국대학교 식품공학과 교수

윤현근
서울대학교 식품공학과 학사, 석사
Cornell University 식품과학과 박사, Post Doc.
삼양제넥스 생명공학연구소 연구원
현) 성신여자대학교 식품영양학과 조교수

이희섭
서울대학교 식품공학과 학사, 석사, 박사
서울대학교 농업생물신소재 연구소 Post Doc.
Burnham Institute for Medical Research Post Doc.
현) 부산대학교 식품영양학과 조교수

이승주
서울대학교 식품공학과 학사, 석사
University of Massachusetts, Dept Food Engr 석사, 박사
(주)두산 기술원 선임연구원
현) 동국대학교 식품생명공학과 교수
농림축산식품부 ARC 지능형농식품포장연구 센터장

이재환
서울대학교 식품공학과 학사, 석사
Ohio State University 식품공학과 박사
The University of Massachusetts Amherst 식품공학과 방문교수
현) 성균관대학교 식품공학과 교수

정승현
충남대학교 식품가공학과 학사
충남대학교 식품공학과 석사, 박사
식품기술사
현) (주)오뚜기중앙연구소 수석연구원

[개정판]

생각이 필요한 **식품재료학**

2025년 8월 10일 개정판 8쇄 발행
2017년 8월 21일 개정판 1쇄 발행
2017년 2월 10일 초 판 8쇄 발행
2011년 3월 5일 초 판 1쇄 발행

지은이 노봉수 · 이승주 · 백형희 · 이재환 · 윤현근 · 정승현 · 이희섭
발행인 이 영 호
발행처 **수 학 사**
10881 경기도 파주시 회동길 56 기한재 1층
출판등록 1953년 7월 23일 제2020-000143호
전화번호 031) 946-4642(代) 팩스 031) 944-1457
http://www.soohaksa.co.kr
디자인 북큐브

정가 28,000원

ISBN 978-89-7140-711-0 (93570)